国家出版基金项目

教育部文科重点研究基地重大项目

叶朗 主编　朱良志 副主编

中国美学通史

汉代卷

HISTORY

OF

CHINESE

AESTHETICS

任 鹏 著

江苏人民出版社

图书在版编目(CIP)数据

中国美学通史. 汉代卷 / 叶朗主编；任鹏著. ——
南京：江苏人民出版社，2021.3
ISBN 978 - 7 - 214 - 23588 - 6

Ⅰ. ①中… Ⅱ. ①叶… ②任… Ⅲ. ①美学史－中国
－汉代 Ⅳ. ①B83－092

中国版本图书馆 CIP 数据核字(2020)第 036314 号

中国美学通史

叶　朗　主编　朱良志　副主编

第二卷　汉代卷

任　鹏　著

项 目 策 划	王保顶
项 目 统 筹	胡海弘
责 任 编 辑	胡海弘
装 帧 设 计	周伟伟
出 版 发 行	江苏人民出版社
地　　　址	南京市湖南路 1 号 A 楼，邮编：210009
网　　　址	http://www.jspph.com
照　　　排	江苏凤凰制版有限公司
印　　　刷	苏州市越洋印刷有限公司
开　　　本	652 毫米×960 毫米　1/16
印　　　张	214.75　插页 32
字　　　数	2 980 千字
版　　　次	2021 年 3 月第 2 版
印　　　次	2021 年 3 月第 1 次印刷
标 准 书 号	ISBN 978 - 7 - 214 - 23588 - 6
总 定 价	880.00 元(全八册)

江苏人民出版社图书凡印装错误可向承印厂调换

总　序

一

中国历史上有极为丰富的美学理论遗产。继承这份遗产，对于我国当代的美学学科建设，对于我国当代的审美教育和审美实践，对于21世纪中华文化的伟大复兴，有着重要的意义。近代以来，梁启超、王国维、蔡元培、朱光潜、宗白华等前辈学者对这份美学理论遗产进行了整理和研究，取得了重要的成果。20世纪80年代以来，学术界开始尝试对中国美学的发展历史进行系统的研究，出版了一批中国美学史的著作。我们试图在前辈学者和学术界已有研究成果的基础上，写出一部更具整体性和系统性的中国美学通史，力求勾勒出中国美学思想发展的内在脉络，呈现中国美学的基本精神、理论魅力和总体风貌。

二

我们在《中国美学通史》的写作中注意以下几点：

一、《中国美学通史》是关于中国历史上美学思想的发展史。美学是对审美活动的理论性思考，是表现为理论形态的审美意识，所以这部美学通史不同于审美文化史、审美风尚史等著作。

二、中国美学史的发展,在一定程度上体现为美的核心范畴和命题的发展史。一个时代美学的核心范畴和命题的形成和发展,反映那个时代美学的基本精神和总体风貌。这部通史重视研究各个时期的重要美学概念、范畴和命题,力求通过这样的研究勾勒出一个理论形态的中国美学发展的历史。

三、这部通史注意在历史发展过程中把握中国美学的内在逻辑线索,不同于孤立地介绍单个的美学家和单本的美学著作。

四、中国美学的一个重要特点是它不限于少数学者在书斋中做纯学术的研究,而是与人生紧密结合,与各个门类的艺术实践紧密结合,它渗透到整个民族精神的深处。因此,我们这部通史既注意在哲学、宗教等相关著作中发现有价值的思想,又注意发掘艺术理论、艺术批评中所蕴涵的丰富的美学思想,同时还注意到各个时代的社会生活中寻找美学理论与现实人生相互联结的各种材料,以更深一层地显示美学理论的时代特色。

五、这部通史注意新材料的发现,同时力求以研究者独特的眼光去发现和照亮历史材料中的新的意蕴。这部通史的写作还力求体现我们这个时代的时代精神。这部通史从上古时期的商代开始一直写到1949年,反映中国美学从上古时代到近现代的全幅波动,但并不意味着把它写成过往时代历史材料的堆积,我们力求使这部通史反映当代的理论关注点,反映当代的美学理论的追求,从而在某种程度上使它成为一部闪耀着当代光芒的美学史。

三

这部《中国美学通史》是由教育部文科重点研究基地北京大学美学与美育研究中心组织编写的。由叶朗任主编,朱良志任副主编。全书由江苏人民出版社出版。

这部美学通史共有八卷,分别是先秦卷、汉代卷、魏晋南北朝卷、隋唐五代卷、宋金元卷、明代卷、清代卷、现代卷。

这部书的著者以北京大学的学者为主,同时邀请了国内其他高校的一批有成就的中青年学者参加。本书从 2007 年启动,前后经过六年多时间。全书初稿完成后,又组织几位学者进行统稿。参加统稿的学者为:叶朗、朱良志、彭锋、肖鹰。统稿时对各卷文稿作了若干修改,其中对个别卷作了较大的修改。

这部美学通史被列入教育部文科基地重大项目,并获得国家出版基金资助,我们对此表示深深的谢意。本书编写过程中得到北京大学相关部门的帮助,很多学者参加过本书从提纲到初稿的讨论,在此一并表示谢意。

由于多方面的原因,全书还存在着很多缺点,敬请读者提出批评意见。

目　录

序 言

　　公元前 221 年,秦王嬴政扫除六合,中央政府的支配力扩展到前所未有的广阔疆域,统一帝国时代自此展开。从秦王朝建立至汉魏禅代时止,历经西汉、新莽、东汉诸朝,帝国的形势虽屡经变动,其统一的面貌却大体得以维持;长达四百余年的统一的历史,奠定了后世"中国"的主要性格——自此即使陷于分裂,"中国",也至少作为统一的理想而持续存在。作为皇帝与民众、士人与贵族、思想家与政治家们共同面对的现实处境,大一统格局的维系与发展成为时代性的命题。围绕着这一核心观念,秦汉帝国的思想意识开始受到强有力的引导,并生发出一系列的问题。诸如国家政策与经典的确立、地域文化与风俗的交融、教育制度与知识的规整、融通天人的宇宙观念、知识分子的自我定位,等等,陆续进入人们的视野。由于这一点,与处于分裂状态的战国时期不同,秦汉帝国开始展现出独特的面貌,并在思想、文化、艺术诸领域全面而深刻地表现出来。这些因素互相交错、刺激并引导着审美思考,从而造就了以前未曾有的审美思想、审美意识与审美观念。

　　在秦汉帝国奠立之初,中央集权国家的运转尚处于试验阶段,为了确定理想的政治运作方式而不断探寻;作为与此紧密相连的另一面,在思想与文化的竞技场上,来自不同地域与学派的因素互相交汇、激荡,无休止地重复着争论、渗透与融合的情形。作为这一不断努力的结果,在历经漫长的统治之后,统一国家的观念已然深入人心,成为自上至下的共识。对于汉末的知识分子与民众来说,致力于维护中央集权国家的存在,乃是不言自明的共同理念;个体与国家之间的二元框架,从根本上成为制约思考之倾向与方式的基础①。不难想见,围绕着这一显著的转变,相关的现实与思想均相应地产生了种种变化。例如,在这一过程中,政府在教育与学术方面发挥着不容忽视的遴选、赞助与指导的功能,它直接推动着经典传统的文本化,同时也塑造了儒家思想的主流地位,后者作为经典的守护者而备受尊崇。这些历史状况对秦汉美学发生了非常重要的影响,甚至可以说,它在某种程度上造就了秦汉美学的主要性格。

作为疆域空前广大的帝国,秦汉被看作中国历史上最为强盛的时期之一,充沛的国力与高扬的姿态,支撑起对逝去历史的各种想象,甚至贯穿于现代民族与国家的自我认同之中。在政治史与社会史的历程中,秦汉中央集权的建立乃是非常显著的事件,中国史的研究往往以此为重点,多方面地描绘出帝国辉煌的外观。与此形成鲜明反差的是,思想史与精神史的书写却相对暗淡。按照普通的理解,当先秦时期百家争鸣的局面不再,思想即转入了长期的沉潜或消化的阶段;直至魏晋南北朝,借助于外来思想的刺激,中国思想终于再一次迎来了异彩纷呈的高峰期。不过,秦汉时期的思想史、文化史与精神史,并未被相应地赋予独特的性格,毋宁说它基本上仍是作为先秦与魏晋南北朝之间的过渡期而被认识的。易而言之,这一时期被塑造成相当沉闷而平淡的阶段,哲学思想、文学乃至艺术理论莫不如此。与这一普遍架构相对应,美学史的情形也大致相同:与先秦、魏晋南北朝激烈壮阔的局面相比,秦汉这一漫长阶段似乎波澜不惊,呈现出较为平静乃至沉滞的状态,美学思想中似乎充斥着

---

① 法国学者白乐日(Etienne Balazs)曾经强调了中国哲学中政治与社会维度的重要性,在他看来,"中国哲学基本上是政治哲学",正是这一性质,导致汉代学者在长期安定的局面之下,不再对古代激进的思想体系产生兴趣。参见[法]白乐日:《汉末的政治哲学与社会危机》,载白乐日著:《中国的文明与官僚主义》,第183页,台北:万象图书股份有限公司,1992年。

雷同与承袭的成分，而相对缺少理论上的突破与创新；各种庞杂甚或荒谬的思想体系，因其难以理解而备受冷落。至少在美学史的多数著作中，秦汉时期之相对缺乏活泼的吸引力，乃是客观存在的现象。如果允许在此做一不恰当的比喻，那么秦汉时期仿佛是交响乐中冗长的慢板乐章，它意味着高潮来临之前令人难耐的平静。

　　与其他时期相比，秦汉美学往往显得沉闷和乏味。从根本上说，这种低迷的状况并非中国美学界独自造成的结果，而是源自对待秦汉思想的整体立场。早在中国现代学术的开创期，胡适、冯友兰和顾颉刚等学者已经为秦汉思想研究定下了黯淡的基调①。这一否定态度又为此后的港台新儒家和大陆学界分别继承。在文学方面，亦存在类似的情形。对秦汉哲学与文学的否定性评价，在 20 世纪中后期的一段时期内达到了顶点。

　　不过事实可能远非如此。中国美学的历史，如果比拟为诸多支流所组成的水系，其间纵横交互、纷错歧出；而美学史研究的目的，即在于探寻水系的聚散分合，掌握行进的脉络与趋势。由于年代的久远，在辨认细部脉络时无法尽如人意，但是仍不妨碍从整体轮廓上予以把握。很难相信在如此漫长的历史中，当美学长河自先秦发源以后，仅仅是平静且单调地流淌，最终突然隐没在魏晋时期的奇丽山川之间。如果择取秦汉时期的若干截面并加以对比，只需对思想与艺术稍作了解，其间鲜明的差异势必激起我们的惊奇。应该承认，与思想与艺术现象相伴而生的美学，同样充满了转折与起伏；秦汉美学并不是作为思想高峰之反衬的低谷。

　　与普通的印象相反，在时代剧烈变革的刺激之下，秦汉时期的美学思想不断地展现出殊异的面貌，在四百余年的时间里始终没有停滞于某

---

① 相关论述，可参考胡适：《中国中古思想史长编》，合肥：安徽教育出版社，2006 年；冯友兰：《中国哲学史》，上海：华东师范大学出版社，2000 年；顾颉刚：《秦汉的方士与儒生》，上海：上海古籍出版社，2005 年。除中国学者以外，在日本学者如狩野直喜的《中国哲学史》中，秦汉的思想也同样没能够避免迷信与非科学的批评。

一单调或较为固定的状态。不仅如此，随着存世文献研究的持续深入，以及大量出土文献与文物的重现天日，秦汉美学思想的丰富性正在以前所未有的速度展现。一方面，对于传统美学文献的阐释仍在不断推进，跨学科研究的深入进行，为重新审视和发掘美学资源提供了有力的支持；另一方面，层出不穷的地下发现（如简帛文献与出土美术品），也为美学史研究增添了新的材料，这些发现往往改变了此前对学术史与思想史的习惯性理解，从而在中国美学的整体网络中，映射出饶有趣味的崭新图景。即使暂不考虑学术研究在此后的可能的进展，单就现有的状况而言，秦汉美学的研究也已经在很大程度上突破了旧有框架。针对这一状况，我们有必要选择更加适宜的新原则或新标准，以衡量该时期美学思想的内涵。

面对秦汉整体形象的丰富与不断更新，我们需要在美学史的领域内集中反思如下的一系列问题：秦汉美学在中国美学史之整体中究竟占有怎样的地位；它为此后的文学、艺术等审美活动以及人生境界的追寻提供了怎样的理论资源，又如何制约着后世美学的发展方向；它的内部包含着哪些显著变化，这些变化何以发生以及如何发生；作为先秦与魏晋南北朝的中间阶段，如果说它并非纯粹的过渡，那么积极的承继性作用是如何显现的；审美思想转变的途径又是如何展开的；秦汉美学究竟具有怎样的独特性格，等等。只有努力从中国美学史的整体理解出发，在宏观的视野中尝试着解答这些问题，才有可能深化对秦汉美学的理解。

鉴于上述情形，参照历史发展的整体进程，努力把握美学史领域的变化，深入展开清晰、准确而富于前瞻性的研究，成为本卷的主要目标。作为开始的概说部分，下面将分别就本卷在分期、研究现状及存在的问题等方面展开相关的说明，以便对秦汉美学的纲领与特质形成初步的印象。在分别论述的过程中，由于文献与思想、研究现状与目标等因素之间相互交错，因此难免有重复之处。需要特别指出的是，在中国美学史的研究历程中，诸多著作为本卷提供了各方面的参考，并时时充当着路

标与指南针的角色。因此,尽管文中更多地针对前期研究的不足而展
开,但这并不意味着对已有成果的否定;后继者的质疑与批评,正是对筚
路蓝缕之历程的最诚恳的致意。

第一节　秦汉美学分期的说明

将秦汉美学视为连接先秦与魏晋的相对独立的形态,未必是圆满的
处理方式。年代上的切分,在为学术研究带来便利的同时,也隐含着割
裂历史思想源流的危险。如果过分注意分离的一面,并将其投射到对历
史现象的理解中去,则可能会引起原本并不存在的错觉,即在承认该阶
段之美学特质的同时,相对忽略与前后阶段的内在联系。例如,相对于
西汉与东汉的关联,东汉中后期与魏晋的相似性或许更为明显,但是在
一般性的思想史论述中,东汉被纳入汉代内部,从而与魏晋构成对峙的
印象。针对这一问题,有必要做出如下说明:采用秦汉美学的分期,并不
意味着对王朝编年的机械采用。在此还需要思考:在该时段内诸种思想
现象何以构成同一个整体;与前后阶段相比,究竟存在着何种关联。

在中国美学史的写作中,汉代与魏晋的分期差异不大;至于秦与两
汉部分的关系,则或分或合并不确定。因此这里的说明主要侧重于秦与
两汉的关系。相对于本书合并二者的做法,将秦附于先秦之后的方式似
乎更为常见,它们往往将《韩非子》与《吕氏春秋》等内容描述为先秦美学
的终结,从而与两汉美学明确地区分开来。从年代上来看,由于《韩非
子》与《吕氏春秋》二书均成书于秦统一之前,且除此之外,在短暂的秦
代,鲜有明确纪年的美学文献,因此这一区分方式自有其合理之处。不
过,在本书中不拟采取这种划分方式。从较浅的层面来看,这种分期实
质上取消了秦代的存在;就更深层的理由而言,它没有充分考虑战国末
期到秦汉初期的思想发展演变的形态。鉴于分期的这一差异,我在此尝
试着进一步提供秦汉合卷的较充分的理由。这里所谓的秦汉合卷,实际
上是从稍早于统一局面形成之前的战国末期开始,也就是说,《韩非子》

与《吕氏春秋》等文献将纳入秦汉美学的整体框架之内。

从某种意义上来说,一切历史的发展都不是孤立而起的,任何社会或思想界的变动,均是各种或隐或显的复杂因素综合作用的结果。因此,美学史的分期,在截断历史之流的同时,往往与思想演变的实际情形相互出入,颇有方枘圆凿之处。在极端的状况下,分期不过是研究过程中的权宜之计,它并不意味着思想也必定同时发生了截然的变化。进一步而言,分期在反映研究者学术立场与见解的同时,也难免透露出某种主观偏好的因素。在处理秦代美学的归属时,由于这些问题同样存在,因此难免令人踌躇。

就社会形态与学术思想各方面的发展而言,秦与战国末期的联系,如同秦汉之关系一样紧密,将秦划归前后均不乏论据,这增加了分割研究板块的难度。不过,从整体上来看,将略早于秦的部分思想现象纳入后一阶段,是有其充分的合理性的。关于这一点的理解,事实上已不限于单纯的年代问题。虽然在表面上,分期问题不过显示为研究起止界限的确定,但是,如果承认美学史的写作目标不止于罗列材料与事件,而是要进而努力展现内在的脉络,那么关于如何分期的判定,势必在更深的层次上牵涉到如何理解秦汉美学乃至中国美学之整体特质的问题。对此不妨从如下的若干方面展开说明。

首先,从历史整体的外围来看,在政治与社会性格的方面,从战国末期经秦到西汉,显示出相当强的延续性。众所周知,战国末期的混乱状态,至秦统一时戛然而止;经过短暂的集权形态,在秦汉之际再次复现了由分而合的历史场景。在致力于创建大一统帝国的过程中,西汉前期在很大程度上沿袭了秦王朝的具体措施,诸如严酷的法家制度、文化禁锢政策等等,而这些正体现出秦应对战国末期的策略。由于西汉初期制度多因袭前代,其间实际上存在着连贯的发展趋势。这一向中央一统不断迈进的历程,构成了秦汉数百年思想的基本背景,不可忽视。这种历史的因循形态与隋唐时期颇为相似;因此在各种中国史分期中,秦之于汉正如隋之于唐,二者往往被合并为整体而加以处理。

其次,从思想的层面加以分析,不难发现更多的内在联系。在受政治影响较为直接的思想领域中,大一统局面的形成及维持,乃是笼罩于其他思想主题之上的时代主旋律。从战国末期经秦到两汉,对这一问题的思考和反应,构成了思想意识中最为显著的主线。易而言之,尽管所处时代不同,但是许多思想上的努力,均具有彼此相似的性质,从秦统一形成前夕的《吕氏春秋》,到西汉前、中期的《淮南子》与《春秋繁露》,莫不是此一方面的积极表现。尽管这些著作在思想派别与立场上存在显著的差异,但是,就试图提供统一帝国之基本方案的性质而言,可以说是贯通于秦汉的一脉。

除上述较为外显的因素之外,秦汉在学术领域同样关联紧密。择其大要而言,这种内在的联系,最集中地表现于文献及其所承载的学术思想,对此我们需要从更深的层次来进行理解。早自战国开始,文献在不断的传授、重写、复制、编撰及传播过程中,呈现出异常复杂的演变情形。诸多出土的简帛文献充分证实了这一点。单就文献的编纂与形成而言,其历程往往贯穿于战国与秦、汉,直到相当晚的时期才呈现为相对确定的文本形态。几乎在所有存在争议的文献中,我们既能找出较早的思想因素,又不难发现较晚时期的变动痕迹。由于文献始终处于流动性的状态之中,思想也相应地处于非常活泼的状态,我们很难想象如何在战国(特别是后期)、秦、汉之间做出有效的区分①。

文献编纂的持续进行长达数个世纪,强调这一事实,有助于我们改变对于汉代的如下偏见:汉代的思想基本停留在复述与承袭先秦思想的层次上。事实上,从战国到秦汉,鲜少存在对先前文献的单纯的复制与抄袭;文献编撰及文本化的持续变动历程,意味着思想阐发的积极性并未消失。伴随着文献编纂与重写的努力,对于学术思想的整体性把握也始终在进行。我们对于先秦学术的理解,在很大程度上来自汉代的重

---

① 关于中国早期文献传播的形态及其对学术史的可能的影响,参考(美)柯马丁(Martin Kern):《方法论反思:早期中国文本异文之分析和写本文献之产生模式》,载陈致编《当代西方汉学研究集萃·上古史卷》,上海:上海古籍出版社,2012年。

构①;而对于这一始自战国末期的努力(如《庄子·天下》),我们有时很难将其与所谓的先秦学术原貌剖离开来。在貌似客观化的学术溯源工作中,渗透着系统化与分类的努力。与此相关的乃是关联性思维与先秦哲学传统的融合。

自战国末期开始,思想的发展方向出现了显著变化,其不同于先秦之处,在于思想家们开始接受阴阳与关联思维的浸渍。阴阳与关联思维在先秦时仅受到政治家、占卜者、天文星象专家、方士等群体的青睐,而尚未被孔孟老庄等哲学家所接纳和消融②。至战国末期,这一主题始成为哲学家与思想家研究的重要对象。因此,秦汉的思想家们采纳阴阳五行学说以包融万有,其意义绝不应粗浅地看作对先秦思想的简单排列与折中,而是与此相反,在表面的重新组合之中发展和创造了新质,即人与宇宙万物之间的感应比类的"序秩理数"结构。

如果《史记》中的记载足够准确,那么这种融合是从公元前3世纪左右开始的。"五德终始说"这一在战国后期耸动诸侯的理论,由邹衍始倡其端,并在数十年后仍保持着强烈的理论吸引力,最终为中央所正式接纳,成为秦王朝的官方意识形态③。事实上,作为神话等前哲学思维存在的阴阳关联思维及宇宙观,应远早于文献形成及哲学分析的时代;但是直到战国后期为止,哲学家们反思传统并加以哲学化的工作仍没有发展到涵盖阴阳与关联思维的阶段。在此意义上,作为具有准确编年的文

---

① 例如,任继愈曾经指出,《史记·太史公自序》中所记载的"六家",并不是符合先秦思想派别的实际状况,而是建立在对汉初学派的理解之上。参任继愈《先秦哲学无六家——读六家要旨》,《中国哲学史论》,上海:上海人民出版社,1981年。

② "关联思维"一词由葛瑞汉在论文《阴阳与关联思维的本质》中使用。鉴于葛氏研究在相关领域内作为典范性著作极受重视,且这一术语同时关涉中西哲学的语境,颇有助于清晰的分析,故本书沿用该术语,以便于秦汉美学思想的性质展开说明。参考:(英)葛瑞汉:《阴阳与关联思维的本质》,载艾兰、范毓周等合编:《中国古代思维模式与阴阳五行探源》,南京:江苏古籍出版社,1998年。

③ 关于秦汉王朝对"五德终始说"之利用状况的分析,参看王爱和:《五行之相克相生与秦汉帝国的形成》,载艾兰、范毓周等合编《中国古代思维模式与阴阳五行探源》,第386—399页。

献,《吕氏春秋》一书成为思想发展的转折点。正如葛瑞汉所指出的那样,儒、墨、道、法等派别的哲学家们,基本上并不处理阴阳与关联思维的主题,而至《吕氏春秋》时,这一现象遂发生显著的改变①。作为融合方士、政治家、天文家之传统与先秦哲学家传统的著作,《吕氏春秋》已经在相当程度上偏离了先秦的哲学主线,而是下启秦汉的阴阳关联思维。该书将各种自然现象与人类文明的构成因素纳入宇宙论的体系之内;在囊括宇宙的恢弘格局中,对学术的理解自然也不例外,不同思想派别的并立,意味着在学术与思想的领域出现了综合的必要,从而在某种程度上成为时代的象征。从战国末到秦汉时期,这一综合的倾向尤为显著。鉴于此,与其将《吕氏春秋》视为先秦美学的结束,倒不如从先秦阶段中分离出来,并视之为秦汉美学整体的开端。

　　除了关联性思维的应用与宇宙论的持续构建之外,在战国末期与秦汉之间,还存在着其他的思想关联。其中或许最值得注意的因素便是经学传统的奠定。冯友兰在《中国哲学史》中,根据这一事实,将中国哲学的发展区分为"子学时代"与"经学时代"②。按照该说明,自汉代开始,中国哲学思想之新成分的出现,往往采取对经典进行阐释的方式,亦即以经学之"旧瓶"盛放思想之"新酒"。尽管对于这种区分尚存在异议,但是"诠释工作和诠释性的思考模式支配着大多数前现代文明的思想史"③,传统中国亦是如此。"董仲舒之主张行,而子学时代终;董仲舒之学说立,而经学时代始。阴阳五行家言之与儒家合,至董仲舒而得一有系统

---

① 葛瑞汉:《阴阳与关联思维的本质》。
② 冯友兰认为,所谓"子学时代",是指在礼坏乐崩、封建崩溃的背景下,先秦诸子秉持开放精神、各自从不同方向探索,从而形成"道术为天下裂"的思想阶段;所谓"经学时代",则是指在汉代独尊儒术之后注重神学与经义解释的漫长的思想阶段。见《中国哲学史》上册,第二章"泛论子学时代",上海:华东师范大学出版社,2006 年。
③ John B. Henderson, *Scripture, Canon, and Commentary: A Comparison of Confucian and Western Exegesis*, (Princeton)Princeton University Press,1991,p. 1.

之表现。自此以后,孔子变而为神,儒家变而为儒教"[1];汉代经学传统的形成,对于中国哲学思想、政治甚至整个历史产生了深刻而全面的影响,这是毋庸置疑的。事实上,经学之成立对美学的影响也非常明显,——只需确认《毛诗序》和《楚辞章句序》等文献仍属于章句之学的外围,就不难想象其所受影响之深。

需要补充的是,在经学形成的过程中,秦代的历史发挥了微妙的作用。汉代经学的建立,正是以秦王朝的文化政策为前提的。秦统一之后,为将学术一统于官方,命令销毁流传于民间的全部旧有的经典文本,包括与文艺关系最为紧密的《诗经》。西汉前期虽然承袭了秦代的文化禁锢政策,但是在其后的文化重建过程中,中央政府转而鼎力支持各种思想学派,以彰显经学的地位;并且在保存古典学问的外衣之下,完成了对此前各类经典文本的过滤与改写,其中自然也包括美学的诸多文献,例如《礼记·乐记》便是一例。对于强调师承关系的汉代经学家而言,所有的传授路径都在战国末期的荀子这里交汇,这意味着从战国末期到西汉的经学历史被梳理得非常清楚,至少在想象与记忆的层面上完成了这一形态。

从历史事实的层面来看,随着秦王朝采取"焚书坑儒"等一系列控制文化的行动,在某种程度上造成了经学文献的缺失,这成为其后经学重建的直接起因。汉代经学学者对此有着清晰的认识。但是秦的作用并不仅仅限于单纯的文献与知识传授的层面。从汉代经学得以确立的内在机制来看,秦充当了汉代之自我肯定的媒介物——后者在延续和继承前代政治遗产的同时,又刻意强调彼此间的差异,这一微妙姿态意味着汉代思想家们自觉的分离意识。从汉代建立伊始,陆贾、贾谊等早期的

---

[1] 冯友兰:《中国哲学史》上册,第 25 页。此外,台湾学者龚鹏程对冯氏中国哲学史分期提出疑问。他认为,以子学与经学相对立的二分模式中,"经学时代"实际上来自于对西方中古经院哲学的模仿,即,强调在从董仲舒到康有为的漫长历史中,中国哲学缺乏新的创造动力,而原有的精神又受到歪曲。这种对西方的比附是相当牵强的。见龚鹏程:《汉代思潮》,第 2—3 页,北京:商务印书馆,2005 年。

思想家们便开始致力于塑造秦的负面形象,通过对秦之苛政的否定与扬弃,建立起汉代之理想化的逻辑起点。这一逻辑同样表现在思想文化方面:在秦的负面形象(如对文化的破坏)与汉的积极表现(文献的收集、建立学官等措施)之间,构建出后者否定与克服前者的张力。正是凭借着这一张力,经学的航船才得以扬帆启程。

因此,在秦与汉代(尤其是西汉)之间,存在着事实与思想逻辑的双重关系,它将秦汉凝合成紧密的整体。在经学传统形成的过程中,秦汉不仅在文献的衍变史上存在着事实的关联,而且在思想机制的脉络上也构成了彼此对立的两极。秦代文化政策所造成的缺失,公允地说,在相当程度上来自于汉代的想象性建构;汉代的思想家们通过贬低与拒斥的行动,将秦纳入经学产生的场域,前代所造成的空缺召唤着弥补的努力,从而为进一步的发展预留了空间和发展动力。经学的建立,不仅需要汉武帝与董仲舒这类积极倡导的人物,同时也需要历史事实与思想建构的双重基础;从某种意义上说,秦的存在参与填充了这一基础,而这一点的重要性可能并不逊于前者。

基于上述的各种理由,将秦与两汉合并为整体,并纳入稍早的若干重要文献,更有助于客观地反映美学史的内在脉络。与此相比,汉魏之际的划分并未形成关键性的差异,主要集中在对跨越汉魏的少量美学思想的处理。汉代与魏晋南北朝美学之间的切分,在一定程度上取决于我们对于历史的理解。由于汉代——尤其是东汉——在相当多的方面已经为其后的时代奠定了基础,或至少埋下伏线,那么,汉魏之际的显著转变是否成立,是否可以凭借着某一外在的标志将二者分开,便是值得怀疑的。为了避免这一问题,同时出于方便,本卷拟采用王朝编年作为外在的框架,这意味着将大致以公元前 221 年秦王朝的统一作为起点,并且以公元 220 年汉魏更替作为结束。对于上限来说,从战国末期开始与国家统一联系紧密,以及在秦汉时期积极趋于形成的各种文献将一并纳入;对于时代的下限而言,其间的延续性或许并不亚于转折的突变性,因此,拟将曹丕的《典论·论文》放置在汉代部分进行论述。这样做的原因有二：首先，从该文献的内在理路来看，它较多地沿袭了东汉美学思想的发展，并与稍早的某些思想具有相同之处，并在此基础上，造成了某些转折性的变化；其次，从严格的文本年代来看，按照相关考证，这篇文献很可能是在汉魏禅让之前写成的，这使得它恰好落在汉王朝的编年范围之内①。

第二节　秦汉美学研究中存在的若干问题

与秦汉美学的丰富内涵相比，当前的研究尚远未能充分拓展各种阐释的可能性。这一状况的形成，源于各方面的复杂因素，其中既包括客观方面材料处理的难度，又存在主观阐释的不足。因此，需要对秦汉美学领域中的各种问题加以说明，以便明确进一步研究中所应采取的对策。

由于美学自身具有跨学科的性质，因此就综合条件而言，美学史的研究，须以同时代的哲学思想、文化、艺术乃至整体历史的研究为基础，同时结合自身的学术规则而展开。因此，从某种意义上说，我们对于秦汉乃至更长历史阶段的综合状况的理解，以及对美学尤其是中国美学之整体特性的认识，均潜在地制约着秦汉美学研究的广度与深度。站在今天的立场，回顾此前的研究状况，可以肯定其中有些方面已不再符合我们的认识，甚至在整体结构上也颇有牵强之处，亟须调整。

一、秦汉时期的关联思维模式

秦汉思想具有若干不同于其他历史时期的特征，其中最主要的一点，当推感应比类的关联性思维结构。早在 20 世纪 30 年代，姚舜钦即在其所著《秦汉哲学史》中指出，秦汉时期的哲学思想是"混成的""翻陈

---

① 王梦鸥：《曹丕〈典论·论文〉索隐》，《古典文学论探索》，台北：正中书局，1983 年。

出新"和"互相融通的"①；而葛瑞汉所指出的"折衷主义"的倾向，也正是就此而言。所谓"关联思维"，是指一种主要基于阴阳与五行（Five Phrases；Five Processes）分类并试图在万物之间建立感应关系的思维模式，它经由人事与自然范畴的关联而将人类文明纳入宇宙秩序之中，从而最终完成天人合一的庞大系统②。虽然这一思维模式在更早的时期即已产生，其影响力也在后世绵延不绝，但是秦汉则为其提供了最为充分的表现形态。正是在这一时期，关联性思维开始进入哲学思考的领域，并以宇宙论的形式吸引了思想家们的注意力；相应地，当秦汉帝国退到历史的帷幕之后，关联思维也不复拥有往日的荣耀，随之逐渐消退，最终远离哲学思想的中心。冯友兰清楚地把握了这一分际，他指出，"盖中国早期之哲学家，皆多较注意于人事，故中国哲学之宇宙论亦至汉初始有较完整之规模。"③需要补充的是，尽管从宋代开始，由于受到精微缜密的新儒学的挑战，关联思维被迫退至边缘，但是出于对《周易》思想的痴迷，宋儒仍然为它保留着一席之地；作为对这一衰退趋势的平衡，关联思维在医学、艺术、技术等诸多领域中仍然占据着更显著的优势。

由于关联思维在秦汉时期呈现为囊括天人、涵容一切的思想风潮，因此它往往在某种程度上被视为中国传统思想的缩影。在最近一个世纪以来，存在着两种相反的态度。作为赞赏或肯定的立场，关联思维被看作是中国独特的思维模式，由此而衍生出与西方分析思维的种种对比，诸如有机与机械、感应与因果、模糊与精确、感性与理性等对立的序列，并被视为中西思维的根本性差异——例如法国汉学家葛兰言，即将汉代的关联性思维视为中国文明的精粹；他还进一步认定，这正是中国传统思想超越西方之处。与此相反，关联思维在更多情况下被看作是原始思维的某种遗迹，由于未能进化到更高的理性思维的阶段、违背逻辑与理性的原则而招致批评；由于这一点，秦汉时期被视为中国哲学思想

---

① 姚舜钦：《秦汉哲学史》，上海：商务印书馆，1936 年。
② ［英］葛瑞汉：《论道者：中国古代哲学论辩》，第 356 页，北京：中国社会科学出版社，2003 年。
③ 冯友兰：《中国哲学史》，上册第十五章，第 291 页。

的低谷甚至倒退期,进而又作为传统中国思想的缺陷引起对后者的全盘否定。客观地说,这两种态度虽然在表面上呈现出针锋相对的立场,但是无论赞抑或否定,都建立在同样的认识基础之上,即,将汉代关联思维抽象为中国传统思维模式的某种本质,并将其放置在与西方相对立的位置之上加以比对。这意味着对关联思维及中国传统思想的某种偏见。

上述偏见的产生主要基于两个根本性的错误认识:首先,忽视了秦汉关联思维模式的特质,没有按照中国思想发展的历史脉络,将其理解为先秦时代关联思维与哲学传统相融合的更高层次的产物,而是将其简单地等同于某种人类共有的原始思维,从而在根本上抹去了秦汉思想自身的特性。由于先秦时期的哲学家们几乎没有涉及阴阳与关联思维的内容,因此如果忽视《左传》等文献中所包含的大量相关记载,很容易造成某种错觉,仿佛秦汉的关联思维与先秦的哲学思考形成了两种对立的形态。其次,在将关联思维与逻辑性的因果思维进行比较时,存在年代及对象选择的谬误:将传统中国的思想与现代西方思想——或者作为这一思想之源头的西方古典分析传统——加以对比,并不是完全合理的做法。事实上,在人类的一切思维活动中,都存在着关联思维的作用;从最常见的语言现象,到逻辑性最为突出的哲学在内,其思想运作的底层都流动着关联性思维——它作为潜在的结构制约着所有浮出意识表面的自觉思维活动。因此,所谓关联思维与逻辑思维的区分只是相对程度的差异,而并不是绝对化的鸿沟,这一差异实际存在于所有的思想传统与所有时代。

由于没有清楚认识到关联思维的普遍性,它与因果性逻辑思维的差异被无形中夸大并且趋于固定化,从而造成一系列认识的偏离。首先,在中国遭遇现代西方时,这一差异迅即投射到中西比较的领域,某种中西之间的绝对差异随之建构起来,传统中国思想被塑造为迥殊于西方或现代性的奇异的他者;其次,在接受西方现代学科格局时,这一不恰当的对立又相继引入中国哲学与中国美学的内部,秦汉思想模式遂成为与先秦及魏晋南北朝之理性哲学形态相对立的存在。就后者而论,由于秦汉思想中充斥着无法为一般哲学传统所通约的成分,同时又忽视了其自身区别于一般关联思维（特别是原始思维）的独特性，因此它在哲学史与深受前者浸渍的思想史中，呈现出某种程度上的晦暗甚至缺失。之所以形成这一局面，乃是因为我们在哲学史、思想史与美学史的写作中，不自觉地赋予逻辑因果思维以价值上的优先性甚至唯一的存在价值。这种优先性首先产生于西方中心主义的"哲学的傲慢"，在西方之外设定不同于"自我"的他者；其后，在学术现代化展开的过程中，这一立场又在"现代/历史"的遭遇中，重新表现为现代自我的优越意识，而不自觉地移植到对传统学术的研究之中，从而构建起理性与非理性、关联思维与因果思维的二分架构。

对秦汉关联思维模式的错误认识，直接导致了中国哲学史与思想史研究中的严重问题，陈启云针对汉代哲学思想的研究状况展开了如下批评："首先要提出的困扰问题是：当代治中国思想史或哲学史者，对汉代思想极度轻蔑和贬斥的态度和观点。此类学者，大抵以先秦子学和宋明（义）理学为依归，而比附于西方哲学；以此为尺度，而认为汉代思想庸俗、荒诞、迷信、混乱、幼稚，是中国哲学之衰乱期。"[1]这一尖锐的批评，就秦汉思想整体而论也是完全成立的。事实上，对于秦汉哲学思想的误解，从根本上影响和制约了秦汉美学的研究。其中最突出的范例当属"气"的哲学。在与心性论哲学的对比中，秦汉以"气"为主的哲学很少受到公允的评价。但是，中国文学与艺术中的许多实践与理论，又是以气论为哲学基础的；因此，如果对秦汉哲学采取不恰当的贬斥的立场，那么中国美学也很难获得客观的评价[2]。

---

[1] 陈启云：《汉代思想文化涵义的新诠释》，《儒学与汉代历史文化》，第 21 页，桂林：广西师范大学出版社，2007 年。

[2] 龚鹏程指出，大陆学界长期受意识形态的干扰与束缚，普遍从机械教条的唯物主义出发对秦汉展开全面的否定性评价；与此同时，在港台以宋明理学为思想骨干的新儒家，则以心性哲学为中国哲学的主流，贬抑汉代的"气的哲学"与宇宙论。例如，牟宗三即认为宋明儒者继承了先秦孔孟学说"逆气显理"的正途，而汉代哲学则表现为"顺气言性"，这是哲学的"偏锋"与"歧出之形态"；劳思光进一步发挥牟说，直接指斥汉代哲学为"宇宙论中心之哲学"，"自汉至唐末，中国文化精神之衰落及哲学思想之混乱，皆已至极可惊之程度"，"两汉经术，为后世所称，然按其实情，则儒学大义已乖，儒学似兴而实亡。孔孟心性之论及成德之义，皆湮没不彰，此中国哲学之大劫也"。见龚鹏程《汉代思潮》，第 6—7 页，北京：商务印书馆，2005 年。

按照前述所谓"哲学"的标准，秦汉思想乃是相当生硬的混合物，它将理性的先秦诸子学说纳入荒诞的阴阳五行架构之中，从而导致前者遭受扭曲与压制。倘若接受这一见解，秦汉时期的思想则被切割成彼此分离的两块：阴阳五行架构的部分由于造成哲学思想的"混乱"而受到否定；剩下的则是对于先秦思想的重复与沿袭。但是，这样的理解方式在很大程度上消解了秦汉思想的价值，并没有正视其原本的性质。

从战国时代起，在激烈的相互批评与竞争中，思想与学术不断地发生着融合的趋势。秦汉思想家们在接受阴阳五行与关联性思维模式之后，其视野更是逾越了先秦的思想派别，希冀从整体上融通万有，使之合为一体，这一综括性的特点对秦汉美学乃至后世的中国美学发生了巨大的影响。从根本上看，秦汉美学对于中国美学史的最大意义，或许并不在于提供若干新锐的概念、命题与论著，而是在时代性的思潮之中，确立起某些基础性的思维模式。这些思维模式在中国美学史的发展历程中，除了部分直接体现于美学理论，更多的则作为深层的积淀发挥滋养的作用。需要强调的是，这些思维模式并不是原始思维的产物，而是在经过漫长的发展之后，又结合先秦哲学思想而产生的。当世界万物被融合在统一的架构之中时，相互关联的时空带动万物不断循环，形成生生不已的条理化的世界。在人与宇宙万物感应比类的结构中，拥有因果关系链条所不具有的亲和性，它为思维的审美化提供了充分的空间：各种现象被提升至思维的表层，借助感性的外观而显示出世界的本相。由于以上的原因，秦汉美学史中最难以把握而又最为独特的部分，并不来源于某一思想家或派别的精彩的具体观点，而是该时代共同造就的思想范畴与思维模式。如果忽略了思维模式的作用，而只是单纯依据历史的时间顺序，依次安插各种美学观点，则恐不足以涵括秦汉美学的全体，更无法深入探究其核心的部分。

秦汉时代的文献，需要放置在历史与思想的具体语境中加以理解，这一点看似简单，实际上却难以贯彻，理由之一即在于所谓语境的还原乃是相当繁复困难的工作。风行于秦汉的关联性思维所具有的独特面貌,由于文献散佚的原因,事实上很难恢复,因此在深入研究的过程中,不可避免地掺杂我们的理解。不过,这并不意味着诸种外围的批评尽数可以成立——至少对于我们所自觉到的所有后世的观念,我们都应当保持充分的警惕。一言以蔽之,我们应该努力展开还原的工作,思考秦汉时期思维模式的特殊性,并考察它在历史中发挥着怎样的作用,我们应如何按照原初的脉络展开恰如其分的理解。

二、文献的拓展与再理解

从客观因素来看,目前秦汉美学研究相对滞后,其中一个原因即是对文献的利用不足。首先单就存世材料而言,已有美学史的涉及面相对较窄,仅仅容纳了哲学性的美学范畴、命题和部分文学艺术理论。这些选择反映出对于中国美学主体的理解;不过可以肯定的是,只凭借这些内容,恐怕远不足以了解秦汉美学的整体,却很可能导致认识的贫瘠与枯涸。举例来说,在汉代的经学、谶纬、方术和医学文献中,包含着丰富的美学思想,如能增进对它们的理解,势必在很大程度上深化和改变秦汉美学的整体认识。想象一下经学传统在中国长期发展的事实,就可以感受到秦汉美学研究在此方面的根本缺失。此外,根据《七略》与《汉书·艺文志》这些渗入儒家意识的图书目录,以及其他的辑佚书来看,在汉代文献中方术、谶纬类的材料占据了很大比重,其中颇多涉及审美的部分。与此类似,早期医书中关于身体结构与性质的描述,无疑有助于丰富对感性主体的相关认识。但是,由于这些材料大多残缺,难窥全貌,对于其断简残篇的处理,尚处于发掘与整理的阶段;或者在年代方面不易断定,再加上传统学术现代化以来,对于其中的部分内容始终怀有偏见,这些因素都限制了研究深入开展的可能性。总之,以传世文献中的这部分材料为基础,结合学术史与思想史的进展,尚有很大的发掘空间,值得研究者进一步努力。自然这也是一项长期而充满挑战的工作。

除了文献数量方面的因素以外,在文献利用的质量上也存在着种种不足。如前所述,从战国到秦汉这一相当长的历史阶段中,文献在形成年代、性质及相互关系等方面均显现出十分复杂的种种不确定性。秦汉与战国文献联系的紧密，一方面促使我们正视秦汉美学思想中积极的创造性因素，另一方面又为我们理解这一对象增添了难度。从文献承载思想及其传播的具体形态来看，秦汉可说是中国思想持续变动的时期，其间不停地融合、消化此前的思想遗产——这一过程并不是消极被动的接受，而是同时不断创造新思想的积极展开的过程。出土文献的表现，有助于我们理解这方面的情形。

提到秦汉时期的文献，一般的印象不外乎是：秦汉是各种传世文献逐渐定型的时期；在文献不断变动并趋于稳定的过程中，其自身的外观承载着所有的意义。这一印象虽然具有某种程度的真实性，但其中也因囿于后世纸本文献的复制传播形态而引发了部分不正确的认识。结合出土简帛文献的形态，我们获得进行更为深入全面之考察的可能性。正如部分研究者所指出的那样，文献的性质不仅包括其自身外观、形态所包含的信息，同时也与其传播形态密切相关。而后一因素实际上已经超越了纯粹记录的性质，进而在更广阔的层面上与学术思想的传授方式相结合①。事实上，秦汉时代的早期文献，很少凭借自身即可充分获得独立传播的功能，它总是与学术、思想的传授过程密切结合，并在后者之中展示自身的存在。

从先秦时期开始，直至秦汉帝国的早期，书写系统始终处于定型的过程之中，大量的同音或音近的字形异文，导致同音字的问题永久地留存于文本的内部。这一状况影响甚至决定着学术开展与传播的形态——例如经学传承中师授体系的存在。当文献不再限于想象中的单纯复制功能，而是在口授、记忆和反复综合之中不断融入主观理解的因素，那么，对于普遍存在于各种出土文献与传世文献之间的大量文本异文现象，就可以做出更恰当的理解。作为常见的现象，同一主题文本的变动有时来自段落的不同次序，但更多的情况则表现为部分字词的细微

---

① 柯马丁：《方法论反思：早期中国文本异文之分析和写本文献之产生模式》。

差异。需要指出的是，即使是这些细微的差异，也往往并不意味着原本与衍生文本之间存在正确与错误的差别，它甚至根本否定了所谓"原本"的存在，而是容纳了价值平等的不同文本在各自生成的过程中的相互影响、借用、交错与悖离，也容纳了其间各自所指向的文本与思想的独特性——即在不同文本中，借助于不同的字词选择而滋生出不同的思想。由此可知，在侧重文本之语音形态的秦汉前期，如何为某一读音确定相应的文字，往往并非纯粹的训诂学层面的问题，而是从整体上涉及如何理解文本并将其意义予以确定的根本性问题；因此，即使细微如一个字，它的变动也完全可能引出变异极大的思想系统。

从这一更全面的认识出发，我们不妨重新考虑战国至秦汉期间文献不断变动的本质，这些变动虽然在表面上带来了混乱与不确定的形态，不免给文献学家造成种种疑惑与理解的障碍，但是它恰恰昭示了思想本有的活泼形态，有助于我们克服传统的文献"树形图"之类的缺乏弹性的概念，并将文献的存在与传播形态予以丰富与完善[①]。按照这一更加合理的看法，在文献形成稳定文本之前，甚至在形成之后的一段时间内，不同的理解始终在继续进行，并造成面目各异的文本；从根本上说，这些或传世或泯灭的不同文本在原则上具有同等的价值与地位。除非获得更加坚实的证据，否则我们不能先入为主地赋予其中任何一种文本以阐释地位的优先性。

基于这一见解，我们完全有必要重新审视秦汉时代的美学文献，并对其展现的形态进行反思。其中最突出的例子莫过于《礼记·乐记》与《诗大序》。这两种重要的美学文本彼此之间具有相当多的共性，同时又

---

① 鲍则岳（William G. Boltz）在论述早期中国文本时，严格遵守西方传统语文学中经典文本批评的原则，包括界定原本与一系列衍生文本之关系的"文本族谱"（stemma codicum，即"树形图"）。尽管鲍氏的研究在很大程度上促进了我们对这些早期文献的理解，但是不可否认，所谓"树形图"等一系列文献学的系统观念，实际上包含着存在某一文献之原本以及在原本与子文本之间存在严格复制关系的预设。如果参照上海博物馆藏楚简、郭店楚简以及其他传世文本的相互关系，那么这一预设并不完全符合事实，它来自后世纸本文献之抄写、复制原则的过分推衍。参前引柯马丁论文，第354—355页。

向外扩散，与《荀子·乐论》《史记·乐书》以及一部分简帛文献（如郭店楚简《性自命出》）构成了相互关联的网络。按照通常的阐释，它们之间由于具有相当明显的共同部分，因此存在着文献流传的先后关系，至少，它们都指向某一个可能无法得见的原本，从而构成了文献的"家族"；根据文本各部分的差异、秩序与组合关系，我们可以推断何者居前、何者居后，并且进一步来判断它们在思想史上的位置与价值。不难想象，时间上较晚的文献，往往因沿袭了在先者的内容而丧失相应的价值。但是，如果能够超越后世普遍流行的文本"复制"的观念，而是结合文本书写、口传与师授等活动，努力还原文本再创造的原初形态，那么，我们的注意力便能够从互相重合的部分移开，转而注意存在差异的因素，诸如字词、段落次序和有无、拼合状况等，而这些正是该文本的独创性所在。例如在《礼记·乐记》中，"情动于中而发于声"这一核心命题中的"声"，在《毛诗序》中则改为"言"字，虽然只是一字的改动，却意味着论述的重心从音乐性转移到文学性的方面，这导致两种文献在论述主旨与逻辑上均发生了根本性的变化。尽管《毛诗序》因移用了他者的论述结构而稍显生硬，但是，无法否认其中存在着阐发新思想的努力，这很难用简单的肯定或否定的态度加以概括，否则将导致美学思想演变形态的遮蔽。此外，在其他沿用先秦儒家或道家美学思想的秦汉文本中，也往往出现这种情况。此类状况提示我们，即使是重合度很高的文献，我们也不应仅仅着眼于其相同部分，而轻易地断定其缺乏创造性；而是应针对少数细节的不同，以及文献段落次序的差异，认真考察该文本在思想上所蕴含的积极尝试。我们应该从这一角度出发，来重新思考秦汉文献中的文本重构的性质。

除上述关于文献相似性的思考之外，还有一种类似情形较易引起误解，这一情形更加倚重于文献中的思想因素。在部分秦汉文献中，经常将先秦的不同思想资源加以综合性的吸收。在这一情况中，被引述的文献与其来源较少本质性的差异，因此，就文本的重合部分单独进行考察，似乎只不过是单纯的引述或者抄录，并无值得注目之处。不过如果引述的材料来源不一，那么就会引发新的问题。例如在《淮南子》的不同篇章里，可以看到对《老子》《庄子》以及其他思想文献的援引；在《礼记·乐记》中，它也同时包含着与郭店简《性自命出》《荀子·乐论》的关联。由于这些被引述的思想间的关联在表面上不够紧密和圆融，而是充满了差异甚至轩轾之处，很容易造成拙劣驳杂的印象，这难免导致此类文献缺乏独创价值的结论。针对这种情形，或许应尝试从不同的角度加以接受。

对于《乐记》这类糅合各种思想资源的文献而言，不同文字之间的矛盾，反而确证了该文本兼纳诸家学说并加以折衷的实质。不过，对于《淮南子》囊括不同思想的做法，则需要从更高的思想层次予以解释。正如《论六家要旨》从"道家"超越诸家学说的性质出发，吸取众家之长，这一"因循"或"随顺"的立场在表面上保持各种思想原貌的同时，又能够"采儒墨之善，撮名法之要，与时迁移，应物变化"，《淮南子》的策略亦是如此。如果不能明了这一点，那么就难以理解秦汉思想所潜藏的变化。这一点实际上在前面论述"思维模式"的部分里，已经做过相关的讨论。

基于对秦汉关联思维模式的反思，与其将综合性的秦汉文献简单地看作是拼合各种思潮的产物，片面强调因袭前人的一面，不如将其视作卓越的思想家的如下努力，即为达成思想的完整体系而努力构建起不同思想成分的有机组合体。从战国晚期至秦汉时期，各种不同的思想逐渐走向融合交汇，关于宇宙、社会与人类的知识在这个时代才真正地共同综合成一个完整的庞大体系。因此，即使单纯排列先秦已有的各种思想因素，在新的思想体系内为其确定新的位置，这一事实本身已具有非常重要的思想史意义。

《淮南子》一书在思想史及美学史上的重要性毋庸置疑，它在某种程度上反映出西汉前期思想体系化的努力——而这一努力与更早形成的《吕氏春秋》有相似之处。出自门下众多宾客之手的事实本身，已经充分地表明《淮南子》一书实际上容纳了不同的思想。因此，仅仅关注不同篇章思想的来源,并致力于在历史中清晰地描绘出文本演变的动态线,实际上已经是囿于单一学术立场而进行追溯的种种表现,反而忽视了当时集体写作及编撰成书的意义。《淮南子》之所以全面引述各种思想并尽力保持原有面貌,根本目的在于从思想上完全掌握整体的世界;在具体的写作过程中,则因出于众人之手,在思想的细节与局部方面难免出现各种不合之处,但这属于相对次要的问题。总之,囊括一切的全新视域出现于战国晚期,并在秦汉帝国建立之后一跃而成为时代的风潮,它不仅体现在《吕氏春秋》《史记》《春秋繁露》等传世文献的书写中,而且体现在汉赋、画像石等各种具体的文学与艺术中;对于《淮南子》的编纂工作,我们也应当从这一角度加以考虑。

三、写作基本模式的局限及其克服

秦汉美学史的写作,一向以重要传世文献及代表性的思想家为中心而展开,并最终呈现为若干著作与思想家的时间序列。按照这一写作惯例,《吕氏春秋》《淮南子》《礼记·乐记》《春秋繁露》《毛诗序》以及《论衡》等等,无可非议地占据了最突出的位置。围绕着这些经典著述,秦汉美学史的框架基本形成。

按照一般美学史的处理,除了秦代部分以外,儒家、道家、屈赋美学与艺术理论大致构成了汉代美学的四个主要部分。依据这一划分,《淮南子》充当了道家美学的代表;董仲舒、扬雄和班固的思想以及《毛诗序》则属于儒家美学;司马迁继承了屈原的精神,展现出冲破儒家"温柔敦厚、怨而不怒"之网罗的风格,被看作是屈赋美学的体现者。此外,论及汉代艺术的美学内涵时,则主要以东汉的若干篇书论和汉赋等作为代表。综合而言,秦汉美学的内容主要是由秦代美学与汉代的四部分内容构成的,这与我们对秦汉思想的一般印象颇为不同。在秦汉的思想、文学著作及各类艺术之中,一般充溢着神秘、华丽但又繁复、深晦的氛围。但是,秦汉美学史的格局在此则显得异常清晰和整齐;思想的界定如此分明,而线索又如此清晰,这很可能表明,对秦汉美学史的上述理解尚有讨论的余地。

将秦汉美学划分为若干主线,确有条理明晰的优点,但同时也含有过分简单化的危险。这一区分模式含有如下的假设,即儒、道和屈赋传统作为时代的主流,足以概括美学思想的梗概。由于儒、道和屈赋的典范皆来自先秦,因此,秦汉美学很难体现出独立的意义和价值,它在某种意义上沦为先秦的某种变体或附属物。除此之外,秦汉在与魏晋的比较中也同样黯然失色。魏晋南北朝一般被看作思想活跃、文学艺术自觉的时期。相形之下,秦汉不过是高潮来临前的酝酿期。例如,新道家思想对繁琐儒家经学的摒弃,"诗言志"向"诗缘情"的转变,人物品藻的勃兴、自然之独立价值的发现、文学理论的繁荣,在在强化了秦汉与魏晋的对比。这些强烈的对比,实际上从另一方面否定了秦汉的独特价值。

通行模式之所以重视儒、道和屈赋美学,在很大程度上还取决于该时期文献的性质。相对于其他时期,秦汉美学文献实际上处于相当尴尬的境地,这成为美学史的关键问题:第一,与其漫长的历史相比,相对完整且背景清晰的文献较少,更多是比较琐碎的断简残章,例如经注与谶纬;第二,在这些流传下来的相对完整的篇章中,又有相当部分是对晚周思想的继承、展开和重新组合,而未必全是新颖的思想成分;第三,大量文献难于确定年代,例如《礼记》《黄帝内经》和《诗大序》。因此,如何利用这些文献便成为棘手的问题。按照后世著述的标准来看,秦汉文献表面上较多地袭取了先秦诸家的思想而少有独特的发展,另一方面则零碎的材料堆积,缺乏年代而难以利用。通行的研究模式更倾向于选择时代明确的完整文献,在很大程度上避开了这一问题。不过,在简化并凸显美学史之明晰结构的同时,也放弃了利用更加丰富而多样的文献来复原美学史的可能性。这一状况是导致秦汉美学晦暗不彰的重要原因之一。

直至今日,上述模式仍然具有巨大的影响力。这种截然分明甚至失于板滞的汉代四分法,构成了许多秦汉美学史著作的共同特征。尽管秦汉美学史的写作已有多年的积累,但是其整体架构并没有发生根本性的改变。此外,受限于当时对美学的理解,以"美"为中心的一系列问题成为讨论的焦点,有学者将其称为中国美学探索中的一次迷航①。这种讨论焦点的偏离,也在一定程度上遮蔽了秦汉美学的核心问题。尽管我们对此不断反思,但是仍未能完全跳出这一局限。

在近来的美学史中,突破上述模式的努力已经有所显现:或者将注意力从少数的思想家转移到时代性思潮上来;或者尝试通过术语重构突破先前的定论;或者注意结合新出土的文献,从新的角度展开解读。这些努力从不同的侧面展开了有效的研究,但是其局限性依然比较明显——不仅未能完全脱离通行的模式,而且新的阐释与理解是否完全合理仍有待商榷。总之,普遍存在的通行模式,在很多方面限制了对于秦汉美学的深入认识。我们需要对此进行反思。

在上述写作模式中,首先引起反思的是以哲学派别作为划分标准的做法,即以所谓"儒家美学""道家美学"之类的术语进行内容切分的方式。认真追究起来,这一做法至少含有两种可能的缺陷。

第一,诸如"儒家""道家"等学派的划分,并不完全是对先秦实际情形的忠实描述,而是在对学术思想进行反溯的过程中逐渐建立起来的。如前所述,秦汉时期是文献不断变动的时代,伴随着文本传承、生成与编纂的交错进行,学术分类与目录学的格局也处于流动变化之中。在不断变化的思想派别分类中,所使用的派别名称都含有相当丰富的内涵,彼此间又充满着各种差异,因此使用它们对秦汉的美学进行梳理,很容易导向本来可能并不存在的联系,或者遮蔽同一类别内部的差异性,这些均容易造成对历史的误解。例如"道家"一词,是在相当晚的《史记》中才出现的,它不仅用来指称先秦的老子、庄子及其他先秦道家,而且也囊括了西汉初年的黄老、神仙等思想与宗教因素在内;当该术语在《汉书·艺文志》的"诸子略"部分再次出现时,该书的儒家思想基础又赋予其以另外的含义。当我们沿用这一约定俗成的术语时,很容易不自觉地坠入某

---

① 〔德〕卜松山:《中国的美学与文学思想》,上海:华东师范大学出版社,2010年。

种不合理的预设。

第二，即使我们尽量谨慎地使用这些术语，小心翼翼地绕开所有可能引起误解的因素，它们仍然在某种程度上妨碍着研究的深入进行。正如前面讨论思维模式和文献时所述，秦汉美学思想的典型特征在于其间渗透了关联性思维的因素，也就是说，即使是单纯复述或引用此前的思想资源，它们在这一过程中依然得到了超越于自身之外的意义——排列与组合的方式可能意味着崭新的思维结构的产生。但是，如果采用上述术语进行梳理，那么它们将诱使我们转移注视的焦点：从涵容各种思想的关联思维模式移开，转向对其中任一思想线索的追溯与比较。尽管这有助于我们理解秦汉之际思想的微妙变化，却未必就是这些文献本身所要显示的主要方面；在带来助益的同时，也会促发很多令研究者始料未及的消极影响。

例如，当研究者专心于分析《吕氏春秋》或《淮南子》中某段引文与其先秦渊源的关系时，实际上在某种程度上忽视了这些文献的整体性质；当我们进而按照《汉书·艺文志》的说明将其视为"杂家"时，这一后起的名词再次混淆了它们的性质，它们被强行纳入本来并不存在的学术格局之中，而后者不过是后世对此前的想象性追忆与判定。在此，我们的研究方向反复受到误导而走向歧途。

毋庸讳言，秦汉美学史的写作惯例中，包含着对哲学史与文学史架构的过分倚重，以"儒""道"等术语进行分类即属其一端。尽管美学与哲学、文学的关系极其紧密，但是过于依赖哲学与文学理论的事实，仍然表明秦汉的美学史研究并未完全展现其自身的独特性质。如何克服这一限制，从哲学与文学理论的叠合投影之中重获自由，这归根到底取决于如何拓展对美学学科的理解，以及如何调整研究的方式。

在重新审视秦汉美学的过程中，如何理解"美学"的学科性质至关重要。前面已经说过，此前关于中国美学的讨论过多地拘执于以"美"为核心的一系列问题。这一"迷航"在某种程度上已经得到矫正；不过，单纯将焦点从"美""丑""崇高"转移到"神韵""妙"等中心范畴，并不意味着问题得到了彻底的解决。如果稍稍关注中国美学的历史，呈现在我们面前的是一系列抽象的概念、范畴与命题，它们往往带有强烈的哲学性格，而不能充分反映与时代审美现象的关联，这一点在秦汉时期表现得相当突出。由于此前的美学研究在很大程度上沿袭了哲学研究的范式，主要集中于哲学性概念的探讨，这一研究范式势必造成如下的可能性：一旦无法寻找出代表性的哲学家与美学家，那么该时代的美学思想即随之归于沉寂。易而言之，这种研究方法显然忽视了为时代所共享的审美思潮的可能的存在；因此，它似乎难以深入反映某些思想基础层面所发生的变动。

在思想史的研究中，素有所谓"大传统"与"小传统"之分，这基本上也正是"精英文化传统"与"民间文化传统"的分际。在早期的秦汉美学研究中，不必讳言，基本上是围绕着精英思想家的美学展开的。由于传世的早期文献基本上出自精英士人之手，而中国的哲学、思想、文学与艺术也在很大程度上为精英思想家所掌控，尤为重要的是，审美的原则与理想受到精英思想家的强有力的约束与导向；因此，针对秦汉时期的美学而言，精英思想家的表现是无法避开的重点。但是，如何发掘这一层面的美学内涵，尚有向更深层次延伸的必要。

如果说，秦汉时期除了精英思想家的美学论著以外，尚存在诸多时代性的审美思潮，这一点大致不会遭到否认。问题在于如何将后者纳入美学史的框架之内。对此，我们不妨通过一个譬喻加以类比。在中国美学这座五彩缤纷的花园中，文学、绘画、音乐、建筑、园林、戏曲等艺术奇葩摇曳生姿，而美学则是环绕这些根株、不断提供营养的"感性"土壤；正是借助于审美意识与审美思考的滋生，才得以形成姹紫嫣红的局面。从这一比喻考虑，我们可以拓展中国美学的研究范围，即不再单纯地囿于对少数精英思想家的论著的阐发，而是进一步探寻更为普遍的审美意识，从呈现在眼前的花朵枝叶直潜入根株的深层。这一普遍化也更加深层化的理解，对于秦汉时期尤其必要。

如果返回"美学"学科的命名，认真思考"美学"（aesthetics）的原意，那么所谓"感性学"的内涵或许可以提供某种启示——无论美学的理论如何精微而富于哲学性，但是它始终是在面对"感性"的问题；我们很难设想完全剔除"感性"因素的美学的存在。因此，不同时代"感性"的种种发生方式及其变动，以及围绕审美主体的"感性"所生发的一系列现象，仍然是美学研究的重要内容。基于这一理由，扩大秦汉美学研究的范围，拓展美学之内涵的理解，意味着对美学的研究方法做出调整，首先是研究对象的拓展。

需要强调的是，重新回到"感性"，并不意味着完全遵照西方美学的规定对中国美学强加限制；而是恰恰相反，要从所谓"感性"的起点重新出发，寻求中国传统美学的独特性。就这一目的而言，关于以"美"为中心的一系列范畴的讨论，其"迷航"的性质较为明显，校正其错误也相对容易；而潜藏更为隐蔽、更容易受到忽视的因素，乃是对"重视心灵、重视生命"之基本层面的认识。在建立起中国美学史这一学科时，在很大程度上参照了以西欧为中心的美学史框架，而且还是相对较为简单的理论与历史框架，诸如实践与唯物的反映论、思想史的进化论等等；这些缺陷在当时是不可避免的。但是，随着隐藏在西方美学内部的预设大量移入中国美学史研究，并内化为后者开展的起点，我们有必要重新确定更加合理的航行方向。

在学术现代化的过程中，西方的学术体系被引入并俨然成为难以质疑的前提。但是，正如一切思想史研究中普遍存在的情形，从最基本的审美"感性"的层面开始，已经包含了现代美学观念的"误植"与"年代谬误"。学术观念的整体植入，不仅在局部的范畴、概念、命题的理解上可能引起误导，而且在整体结构上也可能造成某种程度的遮蔽，诸如"欣赏""作品""美感"等基本名词，实际上均潜藏着西方哲学与美学的先在预设。美学学科成立以来，在提供研究方法与方式的同时，隐含着以特殊情形充当普遍原则的不自觉的意识。如果把美学学科的研究方法比喻成锋利的解剖刀，那么这一工具是否完全适用于中国传统美学的肌体，或许仍不无疑问。首先，西方美学的预设，未必完全适用于中国美学,不免会造成后者内在脉络的割裂;其次,沿着这种方式展开,有可能集中于中国在西方参照系中凸显的某些特殊问题,而这并不一定就是其内在理路中最有价值的问题。然而,随着美学基本范畴的建立,其间包含的问题意识不自觉地延伸到对于中国美学的理解之上。

从某种意义上来说,中国美学内在地具有比较美学研究的性质;我们对传统资源的审视,总是努力超越现有的位置,从外在的他者的角度反观自身。"它山之石,可以攻玉",尽管外来学术框架隐含着上述种种问题,其积极的意义却更加值得重视。通过对中国美学文献的认真分析,同时结合当代西方哲学在自我批判中所揭示的一系列问题,例如对传统哲学之二元论基础的解构,对身体之作用的再认识等等,有助于我们克服中国美学研究中的"西方"色彩,还原传统中国思想中"重视心灵、重视生命"的特质与价值,这一点不仅决定着若干重要的美学问题的理解,诸如身体的结构与性质、快感、情欲等等;而且从根本上决定着审美活动的基本结构,例如审美主体与作品的关系、自我的位置、沟通与交流的角色等等。

身体、情感、欲望、快感等因素,由于身心二元思想架构的影响,在此前的美学理解中曾受到某种程度的曲解与抑制,不过这种情形正在逐渐改变。如上海博物馆藏楚简《孔子诗论》和郭店简《性自命出》中关于"情"之自然来源的讨论,为重新审察秦汉的抒情传统提供了新的可能性;而后者原本是作为魏晋"缘情"之保守的对立面而存在的。医学中对于身体与血气的相关研究,为我们提供了志意发动与传达的具体的可能性,同时也为音乐演奏与部分汉赋诵读的作用增进了理解。对艺术之感性展现形态的新理解,为审美活动结构的整体调整提供了一定的可能性。

除此之外,感性的因素还表现出更为复杂和深入的形式,它破除了常见的关于形式与内容、符号与所指的关系的思维定式。在东汉中后期,以不断壮大的士人阶层为中心,"文"的因素备受关注,借助于这一具有感性外观的因素与宇宙的内在关联,各种新兴的文学与艺术分享了崇高的神圣性,这一分享的过程甚至衍展到后世的绘画、篆刻等艺术之中。在古文字的研究、文学中对称因素的泛滥、书法及其理论的兴起、文学理论的进展等方面,我们不难感受到某种内在的相关性将其贯通为一体。它在传统美学思想中作为基本观念意识发挥着广泛的影响力,但是,长期以来却被片面地视为形式性的因素而加以轻视。尽管这种共同因素在精英士人的美学论著中没有获得充分的显现,甚至未必展现为抽象的理论形态,但是它对于我们思考秦汉美学向魏晋美学的进展具有极其重要的意义。

第三节　秦汉美学史的整体理解

如前所述,如何突破秦汉美学史的旧有模式,实际上已经超出了单一学科的领域,要求对该时代的学术、思想、文艺进行重新理解。秦汉长达四百余年的历史,乃是单一个体无法想象的近乎无限的漫长历程;且在大部分的时间里,汉帝国始终自视为唯一的文明地域。在这样的状况下,我们很难想象秦汉在先秦与魏晋的夹缝中长期维持低谷的状态。秦汉与其他时代的对比格局,奠基于我们对于历史的理解,它在一定程度上又影响了秦汉美学书写的范式。因此,对整体轮廓的通见是否合理,对于理解秦汉美学具有重要的意义。

通常认为,武帝时期儒学的确立和东汉政权的建立,不仅在政治与社会方面影响巨大,而且还分别意味着黄老与儒家思想、今文学与古文学的兴替,因此被顺理成章地看作重要的转折。此外,倘若将秦汉时期放在更大的历史坐标中来审视,则不难发现,秦与汉初思想的某种一致性对于后世具有非同一般的意义;而东汉中期(公元1世纪)以后的剧烈变化,则在很大程度上扭转了原先的发展方向;据此可以认为,公元1世纪前后的差异,甚至可能超过东汉与魏晋之间的差异。以这些重要变化为中心,秦汉的历史呈现出不断的波折与动荡。忽略这一背景,而欲对美学史做出孤立的理解,几乎是不可能的。

在思想领域,秦帝国建立前后是值得瞩目的时期。前面指出,与先秦孔、孟、老、庄等哲学家的传统相对,同时还存在着政治家、占卜者、天文星象专家、方士等群体的阴阳与关联思维的传统。大致在秦朝统一前不久,两种传统开始合流,其标志便是《吕氏春秋》中的"月令"模式。与一般美学史将该书处理为先秦美学之尾声的做法不同,我认为它恰恰标志着美学史上一个伟大时期的开始。以此为起点,经过儒生的吸收与融合,阴阳五行思想的影响渐臻顶峰。尽管该思想在后世较少受到积极的评价,但它无疑为此后的传统思维模式奠定了基础。

汉初的思想继承战国末期至秦代的思想整合趋势,体现出对宇宙人生整体的全面思考和思想体系的构建,这一潮流以《吕氏春秋》到《淮南子》的线索最为明显,且在董仲舒等人的思想中也有鲜明的体现。这些思潮呈现出秦汉早期的思想家们努力把握世界全体的自信与乐观,对美学具有不容忽视的影响。"赋家之心,苞括宇宙",所描述的正是这一审美特色。

汉武帝对儒学的推崇,为美学注入了新的内容。一方面,汉赋作为新的文学形式大量出现,这推动了对纯粹音乐性与审美性语言之自觉意识的首次出现;另一方面,儒家的评价标准大量渗透到音乐和诗歌理论之中。二者表面上具有相互矛盾的性质,但是事实上可能并非如此。关于儒家美学理论的性质,目前仍然需要进行细致的研究,以便进一步确定汉代儒家美学的真正内涵,而不是将其轻率地简单化与标签化。

以两汉的交替为契机,儒家士人对政治社会变革的热烈理想渐归于沉寂,怀疑的气氛占据了上风。如果说风气在此发生了明显的变化,那么,是否同样存在美学思想的相应变化,是我们需要严肃思考的问题。较此稍迟,从公元1世纪开始,士人的"自觉"逐渐普遍化。余英时曾指出,所谓"自觉"既包括士人群体的自觉,也包括个体的自觉。如果这一说法无误,那么该趋势对美学史的影响可能是决定性的;据此,魏晋与两汉对立的传统美学史格局或许将会发生全面的改变。也就是说,真正的变化可能早在东汉中叶前后即已开始发生。

随着中央集权趋于巩固,士人的身份和地位发生了历史性的新变化。这不仅促进了文人写作意识的兴盛,也促进了作为文人身份认同媒介的书法艺术与人物品藻的兴起,它们直接刺激了书论与清谈的出现。流行于魏晋时期的人物品藻,体现着优雅睿智的审美趣味,在中国美学史上占有非常重要的地位。事实上,这种审美趣味在东汉后期已有所体现。东汉士人们在品藻中努力追求言语游戏的效果,从而造成了由伦理向审美的风潮的扭转。这将我们的视线自然地牵引向动人心魄的魏晋南北朝。

就上述粗略的描述来看,秦汉美学史的内容很难用通行的写作模式加以概括。早在秦汉初期,思想家们的视野开始按照融通的理想超越儒、道等派别,这使得依托先秦哲学构架的旧有阐释在相当程度上失去了效力。在秦汉美学史的研究中,需要拓展对美学之性质的理解,重新确立时代性的重要问题,并根据各种文献,尝试着提出最为合理的答案。关于这一方面,将在下面努力予以展示。

一、阴阳五行思想与关联性思维

作为中国传统思想的基本成分,阴阳五行思想与关联性思维占据着重要的位置。这种思维方式意味着万物超越因果而彼此发生着关联。由于事物间的关系凭借着阴与阳这样的"类"而得以建立,因此没有受制于因果关系的逻辑链条,也就是说,人们对事物自身进行直观的认知。感性意义的秩序超过了逻辑意义的秩序,因而这种直观的认知本身即具有审美的意味。此外,阴与阳的关系乃是共存互补、互相转化的关系,而不是一方舍弃或克服另一方的关系,这一内涵也影响了后世的哲学与艺术。

与阴阳学说相似,五行学说提供了另一种解释世界的可能性,并且最终与阴阳相结合。需要提及的是,李约瑟(Joseph Needham)论证的相制与相化原则,表明"五行"结构具有相当稳定的性质,同时又具有内在转化与发展的动力。这一情形暗示着,古代思想家们对五行的理解深度可能远远超出我们的想象。由此,秦汉阴阳五行学说与关联性思维的发展,不能简单地看作清明、理性的哲学思想与迷信、荒诞成分的混合,而应看作以崭新的方式重新建构思想学说的基础,并提供人与宇宙万物之间的感应比类的结构。如前所述,在这种结构中拥有因果关系链条所不具有的亲和性,它为思维的审美化提供了足够宽阔的空间。这正是秦汉美学非常重要的特质之一。

二、气化的情感世界

在以儒家心性学为中心的新儒家看来,"顺气言性"的秦汉思想,其价值远低于"逆气显理"的宋明儒学,因此被斥为二流的哲学①。但是,一般在谈论秦汉"气"的思想时,过多注重批评的一面,而不太注意感性主体之建立的积极面。"气"的存在,为天人在同一构成层次内的沟通提供了可能性,同时也促使我们重新考察审美主体和审美客体的关系。在一切皆表现为气之流转的宇宙中,个体的身体内部流动着血气,同时又借助于精气的出入,与外界保持着自由的沟通,并抗拒精神和肉体的简单二分化。由此,礼乐与身体、艺术与身体的相互关系成为不可忽略的主题。进而言之,由气聚集而成的万物,按照往复变化的原则,不断地表现为气的聚散,并周流于宇宙之间。这种一体化的构成有助于促成万物之间的亲缘性。

以气作为媒介,"感应"成为不同类别事物之间相互作用的特殊方式。钱锺书指出,"物我之相未泯,而物我之情已契",故外物成为人们赏观与融会的对象。董仲舒的《山川颂》最早探索了这一"流连光景"的可能性。对自然的审美意识在此已有所发展。在汉代形成的"悲秋"观念,同样是"气感"的产物。这种与季节相应的摇落凄怆的悲伤,与儒道思想

---

① 由于汉代哲学强调"气"而非一般视作中国哲学之主脉的心性论,哲学家们或是将汉代哲学看作是中国哲学的歧出形态,如牟宗三《中国哲学十九讲》一书中对汉代哲学的忽略;或认为汉代是中国哲学的衰颓期,如劳思光《新编中国哲学史》第二卷中的做法。这些见解并非真正直面汉代哲学思想的结果,但是对秦汉的哲学与美学研究所造成的负面影响却不容忽视。

的影响无关，而是与外物相接、自然生发的结果。进一步考虑到魏晋六朝文论中对气和"感"的强调，我们不难发现，文论中"气"的范畴并非突然产生的，而是在秦汉时期已经奠定了基础。文学中的情感因素，正是在与物相感之下被引发的，这是产生于先秦而在秦汉又得以充分发展的思想传统。

三、音乐与诗歌理论

音乐与宇宙本体之间往往被认为存在着某种神秘的对应关系。在《礼记·乐记》中，世界被设想为充满乐感的和谐律动的宇宙；与此大宇宙相对应，又存在着内在于每一个体的小宇宙。在流行不息的变化发展中，和谐感的体现成为其鲜明的特色：在与宇宙模式的结合中，"乐"不再局限于声、音、乐等音乐元素之间的格局，也不再仅仅是儒家君子安顿自我、整合社会的工具，而是成为弥盈六合、周流上下的天地的交响。它打通了我与非我的界限，并且将政治教化的功利因素消融于无形的宇宙秩序之中。这种"大乐与天地同和"的文艺观对后世影响深远，同时也向我们呈现了秦汉美学思想的典范模式。

主张"诗言志"的《毛诗序》，是历史上最重要的儒家美学文献之一。由此衍生的"诗言志"与"诗缘情"两种理论的差异，往往被处理为两汉与魏晋的界限，于是产生了所谓"文学自觉"或"审美自觉"的概念。但是，"诗"所言之"志"，既有通向伦理教化的一面，也有重视个体情感的一面。在《诗大序》中，存在着与《礼记·乐记》的思想渊源。其中对于自然过程的遵循，以及对于情感的重视，表明诗歌的阐释不再依赖于某一外在的权威，而是更多地将源泉建立于自然的性质之上。此外，"言"对"声"的置换，则是非常值得注意的变化。这可能影响到《毛诗序》中审美与道德教化的微妙关系——而这一模式进而延续到了《文心雕龙》的时代。需要提及的是，按照汉代的周易注释，"人文"之"文"不仅是宇宙秩序的自然显现与流露，更是圣人取法于天地万物的创造。它是高于自然之文的。随着圣人作为经典编辑者的身份得以确定，以圣人或圣人经典为中心的态度开始形成。这在很大程度上与《诗大序》到《文心雕龙》中充满张力的二元格局有关。

四、文学与工艺的纯粹审美化

汉武帝对辞赋的偏好,促成了文学史上的重要变革。司马相如为首的文人们沿袭东方诸侯王宫廷的先例,致力于华丽的汉赋的创作。中国文学素来重视非虚构的素材和对语言表现的特别尊重,进入汉代,这一倾向表现得更加明显。正如吉川幸次郎所说,脱离日常生活的、陌生而又整齐的词汇被大量使用,音乐感与美感则成为写作时主要考虑的内容[1]。以艺术感染力为目标的语言——即纯粹以美的快感为目标的语言——的制作及鉴赏,成为人类生活中不可缺少的部分。自觉的文学生活从此成为中国文化的重要组成部分,它是作为此前所未曾有的新艺术而诞生的。

扬雄将赋的写作称为"雕虫篆刻",这表明汉赋的风格与工艺有相通之处。与秦汉的精致工艺相似,汉赋铺陈繁复、夸饰恣肆的风格,对主题进行细致类分、穷尽追摹的形态,无不显示出一种对整体世界进行擘划与追踪的敏感意识。汉大赋的飞扬气度,表明了汉初的思想家们努力把握世界全体的自信与乐观,对美学具有不容忽视的影响。宗白华将传统之美分为"初发芙蓉"与"错彩镂金",后者正是汉赋与秦汉工艺所共有的风格[2]。借助于繁复的线条、鲜明的色彩、整齐的形式与强烈的对比,秦汉工艺并未因其繁冗而沦于形式、松弛无力,而是以其美丽的外表与细致的描绘带给观者强烈的快感。正是在汉代,以工艺为主要内容的《考工记》作为《冬官》的替代物被编入了《周礼》——这或许并不是巧合。

---

① 〔日〕吉川幸次郎:《论司马相如》,《中国诗史》,上海:复旦大学出版社,2001年。
② 宗白华:《中国美学史中重要问题的初步探索》,载《宗白华全集》第三册,第450—453页,合肥:安徽教育出版社,1994年。

五、情感与个体意识的自觉

在《吕氏春秋》中，情欲第一次获得自足的存在价值。作为秦汉思想的主要内容之一，关于"情""性"等范畴的讨论一再触及这一主题。与阴阳观念相对应，秦汉人不仅肯定内在的本性，而且同样接受因外物刺激或诱发而得以外显的情感或欲望。即使情欲泛滥，也并不排斥通过依顺情欲使其畅通而完成节制的过程。从正面规定情感或情欲，并采取随顺疏导的节制方式，是秦汉较为突出的观念。这一观念，与《诗经》"好色而不淫"的传统相通，也与汉赋"劝百讽一"的特有模式相通，它在后世仍然以某些注重感官愉悦的文学或艺术形式传承下来，例如风行于齐梁的宫体诗①。

在秦汉特别是汉代，音乐中的"悲"是非常引人注目的审美情感。早在秦汉之际，人们已经注意到个体与外在的力量（尤其是"天"）之间的不一致，从而产生了内心深处的不安②。尽管努力把握与追踪外在世界的变化，仍无法消除个体在宇宙整体中的渺小、有限所带来的悲伤感。在音乐赋中，"悲"成为共同的感伤主题，这与"琴声悲"的认识恰相一致。对个体在宇宙中的位置进行再思考，并由此意识到个体在宇宙网络中的有限性，感叹人生的短暂与无常，导致了一种深层次的"悲"——人生感、历史感、宇宙感——的产生，这不妨看作某种深层次的审美意境。这种悲伤的情调，在汉代特别是中后期，占有极其突出的地位，而其前导，则可以追溯到西汉前期枚乘的《七发》及宣帝时王褒的《洞箫赋》。

上述部分是按照对秦汉美学的整体理解所归纳出的若干可能的问

---

① ［美］柯马丁：《〈毛诗〉之后：中古早期〈诗经〉接受史》，载陈致主编：《跨学科视野下的诗经研究》，上海：上海古籍出版社，2010 年。

② ［日］吉川幸次郎：《对常识的反抗》，《中国诗史》。关于这一问题，徐复观在论述司马迁思想的时候也做了类似的阐述。见徐复观：《论〈史记〉》，《两汉思想史》第三卷，上海：华东师范大学出版社，2004 年。

题。其中隐含着一些核心范畴,例如"和""象""序秩理数""感"与"类"等等。它们在此前的美学史中,或者存在着阐释的偏差,或者尚未引起足够的重视。需要说明的是,由于在前面已经涉及一些问题,因此这里对于主题与问题的排列,主要出于思考与行文的方便,而未必一一对应于此后各章的内容。实际上,在本书的写作格局上,希望能够尽可能地以问题意识为中心,兼顾主要思想家与时代思潮的年代顺序。不过,每一个核心问题总是具有自身的演变史,同时又与其他问题发生相互的影响、融合与交错,在这种情况之下,整体的布局难免出现与历史顺序不尽重合的状况。

美学研究的主旨在于讨论历史上各种相关文本与审美现象,在对研究对象加以认真考察的同时,也有必要不断转换问题意识,拓宽研究视野,反思所使用的理论工具。美学史的研究促使我们直面历史的各种复杂现象,并不停地对已有阐释做出调整。"中国美学"的整体形象,除了在研究过程中不断形成之外,别无他途,对于秦汉时期也是如此。如果说,包括秦汉在内的中国传统美学需要促成自身的再生,从而为构筑世界性的美学贡献自身的力量,那么关于上述方面的思考或许有助于提供某种程度的裨益。沿着这一方向,努力地调整研究与写作的方式,以期逐渐接近理想中的美学史,或许并不是过分的奢望。

第一章　大一统意识的萌生：《韩非子》与
　　　　《吕氏春秋》

　　伴随着六国的纷争状态归于统一,剧烈的政治与社会变革产生了异常重要的影响;特别是秦王朝的建立,这一前所未有的变动不仅在现实世界激荡起剧烈的波澜,同时在思想界也造成了无法估量的深刻变化。对于中国美学的发展来说,自战国后期开始,随着统一大势趋于明晰,某种思想上的一致性也逐渐呈现。作为现实影响于思想界的对应物,美学思想的整体进展大致呈现为两种策略:一方面针对现实状况而拟定具体的文化政策,以及围绕这一核心问题展开种种思考;另一方面则试图建立囊括天人的思想秩序,它昭示着与天地万物保持和谐的审美理想的出现。如果各自举出代表性的文献,那么《韩非子》与《吕氏春秋》大致可以指示这两种不同的倾向。虽然它们对于时代现实的反映存在着程度上的差别,但是从根本上说,它们均体现了时代催生思想的程式。

　　需要说明的是,《韩非子》与《吕氏春秋》这两部文献,均是面临着大一统即将完成的政治社会形势,伴随秦王朝的成立过程而完成的。它们的成书年代均较为明确,大多数篇章完成于秦帝国建立的前夕;在确定后出的少数部分中,也明显包含有某些综合战国思想的成分。如果严格按照作者及文本的年代——例如韩非子(约前280—前233),或《吕氏春秋》(完成于前235年)——我们有充足的理由将其划入先秦部分而不致引起非议。不过,考虑到其中展示出来的写作策略和思想立场,我们仍然将其划入稍后的秦汉时代。也就是说,它们实际上更多地反映出秦汉初期美学思想上承战国、下启两汉的过渡性质。此外,与其他难以断定年代的文献相比,二者的位置相对清晰,这也为辨别各类混合的思想成分提供了相对稳妥的参照系。

本章在论述《韩非子》与《吕氏春秋》美学思想的同时,充分肯定二者具有独特的思想属性,但这并不意味着试图割裂它们与前后时代的联系。正如它们综合继承了战国丰富的思想资源,在稍后的汉代甚至更晚的六朝时期,它们也同样表现出持续的影响力。例如《吕氏春秋》关于音乐的美学理论,即无法从历史之流中孤立地抽取出来;而《韩非子》通过文体在美学方面发生的影响,也作为战国论辩的余风一直绵延到六朝时期。基于这一认识,在正式介绍秦代美学思想之前,简要介绍战国末期的思想变动,仍然是有其必要的。

第一节 战国末期的思想背景:邹衍与荀子

针对先秦思想,我们或许可以沿用葛瑞汉的二分法,将其大致区分为两种性质不同的思想传统:首先是哲学家的传统,其中包括最为著名的轴心时代的思想家们,他们建构了中国哲学与美学的主要框架,并且就若干核心问题进行了深入的思考;但是,或许出自某种共同的习惯,他们几乎从不涉及宇宙论的问题,甚至是自觉避开这方面的内容。而事实上,先秦思想界并不缺乏关于宇宙论及类似主题的讨论,只不过它们充溢于另一种传统之中,即由占卜师、厨师、物理学家、音乐家、工匠以及各种政府管理者共同组成的思想传统,这些人员频繁使用各种数字对世界进行分类,并建立起庞大而复杂的关联网络,宇宙在其视野中呈现为类化感应的整体有机系统。从总体上看,两种思想传统的差异是相当明显的,对于技术人员和政府管理者来说,他们的讨论注重自然、社会与宇宙等各种现象的内在联系;与此同时,伟大的哲学家们则仿佛刻意回避对整体宇宙之性质的思考——即使是活动于统一前夕的荀子,也拒绝为《周易》提供儒家经典的崇高地位,而这一文献恰恰是宇宙论的渊薮与集大成者①。在两种传统之间呈现出来的断裂性的鸿沟,在美学领域也造成了相应的差异:或者围绕着若干美学范畴展开哲理性的思考;或者将审美领域纳入恢廓的宇宙体系,尤其是审美与政治社会领域的关联,致力于展现审美的综合形态。——而二者的弥合,则构成秦汉美学的历史性主题。

迟至战国末期,上述状况发生了显著的变化,两种传统开始相互融合渗透,并汇集为思想的主流。在集大成的《吕氏春秋》完成之前,值得一提的是《易传》与邹衍的思想,二者在某种意义上已作为关联思想的先驱而存在。按照《史记·孟荀列传》的记载,邹衍在战国后期具有耸动诸侯的巨大吸引力,这似乎源于与政治密切相关的"五德终始说"②。值得注意的是,邹衍的理论虽然对秦帝国的意识形态发生了巨大的影响,但是他在五行架构中突出"德"之因素的努力,恰足以反映出战国末期思想融合的状况;或许正是由于这一原因,司马迁将其放置在孟子与荀子的传记之中,亦即纳入儒家的序列——这给我们造成了邹衍之哲学家身份的错觉。不过客观地说,在汉代被纳入《论六家要旨》的邹衍及所谓"阴阳家",仍处于哲学派别之外的世界。他与《左传》所载的医官、史官、乐师等属于同一类型,同时也是通过预言神秘事物获得诸侯尊敬的始作俑者。无论是在《吕氏春秋》中,还是在汉代思想家的论述中,邹衍都是一个异质的存在——他或者完全未被提及,或者仅作为异想天开式的人物

---

① 葛瑞汉还列举了其他的一些例子,如公元前3世纪末叶前成书的军事著作中,不包含五行相克的成分。参考葛瑞汉:《阴阳与关联思维的本质》,载艾兰等编:《中国古代思维模式与阴阳五行说探源》,第8—9页。

② 《史记·孟荀列传》:"适梁,惠王郊迎,执宾主之礼。适赵,平原君侧行撇席。如燕,昭王拥彗先驱,请列弟子之座而受业。筑碣石宫,身亲往师之。"徐复观针对这段记载,考证了事件的历史真实性。见徐复观《两汉思想史》第二卷,第4—5页。

而出现①。

邹衍的遭遇证实:关联思维与哲学的合流是一个逐渐展开的过程,尽管在战国末期这一进程确已显著加快。作为这一进程中的标志性事件,迟至汉代,关联思维才第一次伴随着《周易》进入儒家经典,从而为正统思想家们所正式接纳,并堂而皇之地登上了哲学思想的中心殿堂。在理解这一思想风潮的变动时,我们有必要对邹衍的思想略加考察,以便于理解其间不同的思想进阶。

关于邹衍的事迹,仅见于《史记·孟子荀卿列传》《封禅书》及少量的佚文。根据这些记载,邹衍的思想格局恢弘而不囿于一隅。他总是以当前自我的经验为中心,由此出发并向外依次类推,一直延伸到无限的时空,再重新返回以确认自身的位置。例如"大九州说"等思想均是如此。由于思考的对象多超越经验所及,故往往被视为"闳大不经"。

> (邹衍)深观阴阳消息而作怪迂之变,《终始》《大圣》之篇十余万言,其语闳大不经,必先验小物,推而大之,至于无垠。先序今以上至黄帝,学者所共术,大并世衰,因载其禨祥度制,推而远之,至天地未生,窈冥不可考而原也……先列中国名山大川通谷,禽兽水土所殖,物类所珍,因而推之,及海外人之所不能睹。
>
> (《史记·孟子荀卿列传》)

邹衍所提出的五德终始说,乃是在大一统前夕对稳定的宇宙构造的

---

① 在罗列各家学说的《荀子》《吕氏春秋》《庄子·天下》和《淮南子》中,均未述及邹衍,这或许可以视为其未被列入哲学系统的证据;与此相关,先秦哲学中唯一提到邹衍的文献来自《韩非子·饰邪》中诘难占卜的部分。此外,《吕氏春秋》作为最早提出关联系统的有确切纪年的哲学文献,并未论及邹衍与五行、历法、朝代兴替等之间的关系。其后汉代儒生多借用邹衍的理论架构与方士相抗衡,但是邹衍也从未获得儒生们的公开接受,汉代论及邹衍者如司马迁、桓宽、王充等,皆视其为一异想天开式的人物。在《汉书·艺文志·诸子略》的"阴阳家"部分,著录了"《邹子》四十九篇""《邹子终始》五十六篇",但是这些文献似乎没有引起充分的注意。在《艺文志》中,"阴阳家"分别出现于"诸子略"与"数术略",按照陈振孙《直斋书录解题》"此论其理,彼论其数"的看法,二者存各自侧重于理论与实践的方面。综合这些信息,虽然邹衍作为"阴阳家"被列入司马谈的《论六家要旨》,但事实上很难说已经获得哲学家的身份。

整体性设想,邹衍由于此说而极受各国诸侯的青睐①。诸侯对邹衍学说的器重,意味着宇宙论的关联并不是纯粹出于想象的游戏,也不是在缺少其他可行选择的情况之下迫不得已而提供的替代行动。虽然在后人看来,邹衍的这一思想中,存在着种种不尽如实乃至异常荒谬之处,但是整体关联结构的设定,实际上意味着秩序的纯化,即思想家在分析思想运作之前已在其中发现了自我,并且以此为中心,对于外在的各种事物与现象获得秩序上的支配。

所谓邹衍及其思想,实际上并不限于单独的个人及其学说。在《史记》中,在关于邹衍的记载之后,还有继承该传统的邹奭与其他方士的存在②。不仅如此,邹衍的学说,其本身即残缺不全③。单纯根据这些残存的片断,固然难以确定原初的面貌;不过不妨设想,在当时作为声势浩大的思想潮流,其间应涵括了以邹衍及邹奭为首的许多思想者的努力,而在复杂的传承与传播的过程中,如果有不同的思想见解得以滋生,亦属正常的情形。

邹衍的"五德终始"思想在当时并非孤例。与这种囊括天人的尝试相一致,在大致同时代的其他早期文献中,也同样体现出从整体上把握与理解宇宙的努力。例如《尔雅》一书,依照瑞典学者高本汉的研究,判断其可能为经众人之手完成于公元前3世纪的著作④。该书共分为十九

---

① 《史记·孟荀列传》:"邹衍以阴阳主运,显于诸侯;而燕齐海上之方士,传其术,不能通;然则怪迂阿谀苟合之徒自此兴,不可胜数也。"

② 《史记·孟荀列传》:"邹奭者,齐诸邹子;亦颇采邹衍之术以纪文……邹衍之术,迂大而闳辩,奭也文具难施……故齐人颂曰:谈天衍,雕龙奭。"《史记·封禅书》:"自齐威宣之时,邹子之徒,论著终始五德之运。及秦帝,而齐人奏之,故始皇采用之。"后一记载明言"邹子之徒"和"齐人",这表明邹子的学说并未及身而止,而是在齐地得以传播,并且经久不衰,后来对秦始皇亦发挥了影响力。

③ 《吕氏春秋·应同》所载五德说,又见《玉函山房辑佚书》卷七七《邹子》。《文选·魏都赋》及《晋武帝华林园集诗》李善注并引《七略》:"邹子有终始五德。言土德从所不胜,木德继之;金德次之,火德次之,水德次之。"见《文选》,第一册287页,第三册953页,上海:上海古籍出版社,2005年。

④ 关于《尔雅》的成书年代及内容介绍,可参考[英]鲁惟一主编《中国古代典籍导读》,第99—104页,沈阳:辽宁教育出版社,1997年。

篇，其中前三篇讨论较为抽象的名词，后面十六篇则为专门的名词解释，分别按照宫室、器物等大类依次排列。这种划分的方式实际上暗含着对于宇宙万物与人类社会的理解。从邹衍与《尔雅》的例子可以看出，时代思潮已经发生巨大的变化，先秦诸子未曾考虑的阴阳与关联思维，正在以前所未有的力度四处扩张，从诸侯王的宫廷直到字典的编纂。

受到这一时代思潮的影响，战国末期的儒学宗师荀子，也表现出与此前不同的情形。荀子与孔、孟不同，他明确意识到《周易》的存在，尽管他并不视其为经典；此外，他又开始集中讨论音乐教化、统治政策等颇具时代性的问题。从如下两方面可以看出荀子对秦汉美学的巨大影响力：首先，荀子作为儒家经典的传承者，处于几乎所有汉代经学的源流汇合之处；其次，荀子对若干重要美学问题的思考，包括《乐论》，为《礼记·乐记》和《毛诗序》等稍晚的文献所继承，并在后世发挥着深远的影响。从学术源流和思想活动两方面来说，荀子均为秦汉时期导夫先路。我们可视其为两种思想传统合流之前的典范，他作为不同于邹衍诸人的另一传统的代表者，事实上已经置身于秦汉之思想混融的格局。

相对于这里所做的粗浅勾勒，战国末期思想界的面貌固不止如此简单。不过这里特意仅仅突出邹衍与荀子的原因主要在于，他们分别代表了此前所提到的两支先秦思想传统。邹衍作为阴阳五行与关联思维的代表人物，从不曾被对方的阵营所接受；而荀子也仅限于和另一方产生了少量的接触。即使在战国末期，思想的融合仍有待进一步努力，由此可见战国末期到秦汉这一时期之内，传统中国的思想界是如何的风起云涌。面对着这一巨大的差异，我们有理由去深入探索秦汉时期不同思想家们的思维世界。

第二节　《韩非子》的美学思想

韩非，约生于公元前 280 年，卒于前 233 年，是战国后期法家的主要代表人物。韩非出身韩国贵族，曾经与李斯一同师事荀子，后来在学术思想上综合商鞅之"法"、申不害之"术"与慎到之"势",而成为法家学派的集大成者。韩非著有《孤愤》《五蠹》《说难》等十余万言,因受秦王政激赏而入秦,但终因谗言自杀狱中。尽管韩非之死下距秦帝国的统一尚有十余年,但是其思想具有较强的前瞻性,特别是文艺政策等部分,是他为秦帝国所绘制的蓝图的一部分。韩非的学说见于《韩非子》一书,《汉书·艺文志》载录五十五篇,大部分为韩非所作;尽管含有一些错简和伪托之作,仍大体可以作为判定韩非思想的依据。

按照通行的思想流派划分,韩非的思想主要倾向于法家,但其中又含有儒家与道家的双重影响。《解老》与《喻老》二篇,是现存最早的阐释老子思想的著作,故《史记》将其与老子列于同一传记,并评价其"喜刑名法术之学而其归本于黄老"(《史记·老子申韩列传》)。作为荀子的弟子,他也受到其师的影响,认为人性本恶;但是韩非否认儒家圣王教化的可行性,因此人与人之间的关系,纯粹是相互利用、可以展开功利计算的性质。由于这一原因,韩非子所设计的治国政策——包括文化政策在内——总体上以钳制民众心智、罢黜聪明为宗旨,其最终目标,乃是要为统一的中央政府提供富国强兵的有效方案。

韩非针对文艺政策展开了直接的论述,这一政策功利、冷漠而又相当实用,因此虽然屡遭批评,其影响却在后世绵延不绝。韩非清楚地预见到,战国末年混乱纷争的局面终将归于一统,因此为中央政府制定合理有效的政策是非常必要的。当统一局面形成时,郡县制帝国的建立,将会使每一个体直接纳入中央政府的管理之下,从而导致社会结构以及个体与政府之相互关系的根本变化。因此如何促成政府对民众的人身支配,从思想文化方面实现有效的控制,遂成为当务之急。

在人类的现实生活中,政治社会是不容忽视的维度;尤其是在大一统政治作为现实背景的秦汉时期,关于审美与政治之关系的思考,几乎出现在所有最为重要的美学文献之中,对于韩非这样异常注重现实的思想家来说更不例外。根本的差别在于,其他注重个体与群体政治之联系的思想家,或许会采取较温和的态度,思考政治向审美领域的渗透,或者将审美有效地转化为政治策略,例如儒家与《吕氏春秋》的作者们即是如此。但是韩非却秉持着相当现实而明确的原则,将其论证建立在对现实世界的认识之上,从不盲信所谓的传统;在他看来,一切政治措施的设置,皆应以"当今之世"的真实状况为依据,因此,对于不合时宜的各种传统的依傍,唯有弃绝一途。

> 上古之世,人民少而禽兽众,人民不胜禽兽虫蛇。有圣人作,构木为巢以避群害,而民悦之,使王天下,号曰有巢氏。民食果蓏蚌蛤,腥臊恶臭而伤害腹胃,民多疾病。有圣人作,钻燧取火以化腥臊,而民说之,使王天下,号之曰燧人氏。中古之世,天下大水,而鲧、禹决渎。近古之世,桀、纣暴乱,而汤、武征伐。今有构木钻燧于夏后氏之世者,必为鲧、禹笑矣;有决渎于殷、周之世者,必为汤、武笑矣。然则今有美尧、舜、汤、武、禹之道于当今之世者,必为新圣笑矣。是以圣人不期修古,不法常可,论世之事,因为之备。
>
> （《韩非子·五蠹》）

韩非在此沿用了较为流行的人类历史观念,即以技术进展作为划分文明阶段的标志。这种观念亦表现在《周易·系辞传下》中,即通过离、益、噬嗑诸卦所组成的链条形式,构成对人类文明发展过程的说明。尽管二者援例相似,而用意则截然不同。对于韩非而言,每一时期的圣人均面对不同的处境,为了解决民众生活的困难与痛苦,这些圣人或"构木为巢",或"钻燧取火",或"决渎",或"征伐",从而完成了时代的使命。但是,无论其功绩如何卓著,圣人的行动并不能导出"修古"的论断,如果过分地执著于这些行动,那么无疑是犯了胶柱鼓瑟、刻舟求剑的错误。据此而言,由于时代的发展不断催生新的问题,因此密切注意现实状况的发生与变化,并随之制定适宜的行动方案,正是"不法常可"的内涵所在。按照韩非的看法,针对战国大一统的趋势,因袭古代的旧有方案已不足以妥善应对。"上古竞于道德,中世逐于智谋,当今争于气力"(《五蠹》),注重强力的现实要求尽快地富国强兵。因此韩非的整体立场可以看作是极富现实感的以国家主义为中心的态度，他对于文化政策的看法也奠基于此。

对于韩非来说，政治的大一统乃是不可抗拒的时代趋势，因此一切妨碍中央政府支配力的因素都应毫不犹豫地予以清除，其中既包括造成现实阻碍的物质与社会因素，也包括在思想或文化层面上造成不安定后果的其他因素。作为其中最典型的表现，韩非子主张清除国家的五种蠹虫，即危害国家制度、诱惑民众不务耕战、破坏现行法规的有害的社会存在，特别是其中的第一类"学者"——即"文学之士"——与第二类"言谈者"。他们由于掌握思想与言辩的能力而尤其具有鼓动性。

> 儒以文乱法，侠以武犯禁，而人主兼礼之，此所以乱也。夫离法者罪，而诸先生以文学取；犯禁者诛，而群侠以私剑养。故法之所非，君之所取；吏之所诛，上之所养也。法、趣、上、下，四相反也，而无所定，虽有十黄帝不能治也。故行仁义者非所誉，誉之则害功；工文学者非所用，用之则乱法。

> 故明主之国，无书简之文，以法为教；无先王之语，以吏为师；无私剑之捍，以斩首为勇。是境内之民，其言谈者必轨于法，动作者归之于功，为勇者尽之于军。是故无事则国富，有事则兵强，此之谓王资。既畜王资而承，敌国之衅，超五帝、侔齐三王者，必此法也。

（《韩非子·五蠹》）

根据上面的引文，可知韩非子的思想极端注重现实的治理效果，而反对政治秩序之一切对抗者及潜在的破坏者。因此，能够启发民智、促使民众独立思考的文艺与思想，自然是受到严格控制的。所谓"文学之士"，主要指儒、墨两家；作为当时的"世之显学"，他们受到韩非的激烈批评。"故明主之国，无书简之文，以法为教；无先王之语，以吏为师。"这些排斥书简与先王的建议不仅为秦王朝采用，而且在后世也备受专制君主的青睐。

由于主张对文艺和思想采取钳制的态度，因此韩非对文学艺术作品的评价标准也一律格以实用。对于不能促成实际功用、而仅仅具有形式之美感的事物，韩非秉持否定的立场。

> 夫不谋治强之功，而艳乎辩说文丽之声，是却有术之士，而任坏屋折弓也。
>
> （《韩非子·外储说左上》）

> 好辩说而不求其用，滥于文丽而不顾其功者，可亡也。
>
> （《韩非子·亡征》）

韩非子生当战国之末，行文纵横恣肆，明晰而有力，并善用寓言作为例证，其中"买椟还珠"一例脍炙人口。在这一寓言中，"辩说文辞之言"的实际功用，被韩非子比喻成珍贵的珠玉，而语言自身运作所带来的美感，则不过是徒有其表的包装盒而已；因此，如果像郑人那样目眩于形式之美而买椟还珠，就会犯下本末倒置、"以文害用"的错误①。此下数例，皆是对丽而无功之行为的否定：

> 宋人有为其君以象为楮叶者，三年而成，丰杀茎柯，毫芒繁泽，乱之楮叶之中而不可别也。此人遂以功食禄于宋邦。列子闻之曰："使天地三年而成一叶，则物之有叶者寡矣。"故不乘天地之资，而载一人之身，不随道理之数，而学一人之智，此皆一叶之行也。
>
> （《韩非子·喻老》）

宋人雕刻楮叶，达到了惟妙惟肖、巧夺天工的程度，就技术而言可谓是完美的，考虑到韩非行文中的夸张因素，这很难认为如实地反映出战国时代工艺品的精致与复杂程度；不过，对于当时的君主而言，能够占有类似的奢侈品，恰足以夸示其实力。宗白华曾指出："古代美术的雕饰，乃所以区别等级，有政治作用与意义。美术服务于政治与阶级制度。战

---

① 《韩非子·外储说左上》："楚人有卖其珠于郑者，为木兰之柜，薰以桂椒，缀以珠玉，饰以玫瑰，辑以翡翠。郑人买其椟而还其珠。此可谓善卖椟矣，未可谓善鬻珠也。今世之谈，皆道辩说文辞之言，人主览其文而忘其用。墨子之说，传先王之道，论圣人之言，以宣告人，若辩其辞，则恐人怀其文忘其用，直以文害用也。"

国竞夸雕饰，不全为美感，乃表示自己在阶级地位之上升，夸示贵与富。"①这一重视工艺的倾向，不仅在战国秦汉文物中得到充分的例证，而且在秦汉的文学作品中也多有表现——除汉赋作品中夸张繁复的描述以外，在《礼记》《吕氏春秋》《淮南子》等早期文献中，亦颇有利用手工艺论述哲学及美学思想者。与此相比，下面一例更为著名：

> 客有为周君画荚者，三年而成，君观之，与髹荚者同状。周君大怒，画荚者曰："筑十版之墙，凿八尺之牖，而以日出时加之其上而观。"周君为之，望见其状尽成龙蛇禽兽车马，万物之状备具。周君大悦，此荚之功非不微难也，然其用与素髹荚同。
>
> （《韩非子·外储说左上》）

"荚"（读为"策"），即"箧"，所谓"画荚"，是指在箱子的表面施加描绘的工艺。"画荚者"耗费三年心力完成的作品，尽管在表面上与一般的髹漆相同，但是在光线的作用之下，则"其状尽成龙蛇禽兽车马，万物之状备具"，这里实际上已经借助于光线蹈实入虚，创造出虚幻而又活泼的意象。无论是"以象为楮叶"抑或"画荚"，都是借助于精雕细琢的高超工艺，造成栩栩如生、耸动心神的效果，充分反映出当时占据主流的审美趣味，正在于华丽的雕镂之美。这一"镂金错彩"的审美追求，贯穿于战国秦汉的诸多艺术之中。在《考工记》中，按照不同材料，如"金""皮""木""搏埴"等，将工艺技术进行细致的分类，无论何者，均通过令人惊异的高超技术，克服对象本身的自然属性，并将其转化为极富美感的锦绣之器，这在出土的青铜器、漆器、帛画、雕刻等艺术中均得以确证。

在早期中国，技术人员占据着崇高而神圣的位置，从先秦文献中关于厨师、音乐家、工匠的一系列记载可以窥见。受到这一历史传统的深远影响，工艺中所包含的技术模式，潜移默化地成为思想家们认识世界、思考世界的重要方式。对于战国时代的思想家来说，复杂的工艺与技术

---

① 宗白华：《中国美学思想专题研究笔记》，载《宗白华全集》第三卷，第 528 页。

从根本上提供了理解世界的手段。在早期道家的基本文献中,世界万物的产生与变化,正是按照陶冶、埏埴等技术过程加以类比的,所谓"刻雕众形而不为巧",也是将雕刻技术之精工转拟于"道"之本身①,这一形容正体现出雕刻技术的异常发达。关于早期道家使用技术名词来类比道与天地万物的关系,其例证不胜枚举,如《老子》第五章的"橐籥"、第十一章的"辐毂""埏埴""户牖"等等,皆是脍炙人口的文字。至于借助技术的表现以论述"道"的章节,在《庄子》中多有其例,如"梓庆削木为镰""庖丁解牛"等故事,均强调通过对技术的刻苦练习,由技入道,从而深入把握世界的实相。工艺及其技术,在此具有肯定性的含义。

与上述肯定工艺、技术的态度相反,道家同样敏锐地注意到它们所内涵的危险。由于停留在"器"的层面,它可能会带来遮蔽道之自身的后果,《老子》所谓"朴散而为器",《庄子》所谓"残朴以为器",均是据此立论。单就雕刻的譬喻来说,理想的结果无疑是"既雕既琢,复归于朴"(《庄子·山木》),倘若不能臻此,则招致激烈的批评。雕琢所含有的对本性材朴的损害,为道家所竭力避免,这与儒家学说形成了鲜明的对比。这些批评在战国后期趋于激烈。

> 百年之木,破为牺尊,青黄而文之,其断在沟中。比牺尊于沟中之断,则美恶有间矣。其于失性一也。
>
> （《庄子·天地》②）
>
> 故纯朴不残,孰为牺尊?白玉不毁,孰为圭璋?道德不废,安取仁义?性情不离,安用礼乐?五色不乱,孰为文采?五声不乱,孰应六律?夫残朴以为器,工匠之罪也;毁道德以为仁义,圣人之过也。
>
> （《庄子·马蹄》）

---

① 作为对"道"之属性的描述,"刻雕众形而不为巧"两见于《庄子》之《大宗师》与《天道》,可见是贯穿于战国时代的思想。与雕刻相关的用法,在儒家也有所体现。所谓"朽木不可雕也""玉不琢不成器"等命题,正是以雕刻作为人之后天修养的类比而展开的。
② 又见于《淮南子·俶真训》。

同样针对雕刻的比喻,战国后期的道家不再视其为肯定性的喻象,而是看作文明所带来的堕落。与这一对工艺技术的批评不同,韩非对于画荚者的批评是从不同立场展开的,或者可以说,它以现实权衡代替了理想的批评。按照《外储说左上》篇中的记述,韩非子从两个方面来衡量"画荚"的价值:从"功"亦即所耗心力的角度来看,固然表现出非同一般的技术与审美的含量;但是,如果根据"用"或实际用途来评价,这种"万物之状备具"的工艺品与一般的"素髹荚"并无不同。韩非子将物品的价值尽皆归结于功用的一面,因此明显将实用凌于美观之上。这一点在后世也不乏认同者:

> 画荚之法今不传,南宋时犹有人为之者,大类今之洋画者是。韩非之言,因设喻也,然其谓功与素髹荚同。可知技虽工,何益于世。有识之士,尚其勿营心哉。
>
> (王绂《书画传习录》①)

需要说明的是,韩非子作为现实感极强的政治思想家,对于无用的技巧持有轻视的态度,故将工艺所含的技术与审美成就一概抹杀,这与作为文人画大家的王绂轻视技巧、只重视人格之自我表现,其思想基础并不相同。此外,韩非子所谓的实用,也并非普遍性的实用的意义,而是以国家政治与经济的积聚为前提的。过分耗费人力与物力来制作精巧的工艺品,以满足奢侈的需求,这只会耗费国家的府库,占用富国强兵的资源,因此具有引起国家实力削弱的潜在危险。对于韩非子来说,他认可"取情而去貌""好质而恶饰",因为被否定的"貌"与"饰"总是会令观看者产生迷惑,仅仅注意表面上美丽缺乏实用价值的东西,这样则完全忽略了更为根本的"情"与"质"。

> 礼,为情貌者也;文,为质饰者也。夫君子取情而去貌,好质而恶饰。夫恃貌而论识者,其情恶也,须饰而论质者,其志衰也。何以

---

① 王绂(1362—1416):一作苇,又作黻,字孟端,无锡人,元明之际画家,能诗,著《友石山房集》。

论之？和氏之璧，不饰以五彩；隋侯之珠，不饰以银黄。其质至美，物不足以饰之。夫物之待饰而后行者，其质不美也。

（《韩非子·解老》）

《解老》篇是阐释《老子》的最早的文献，这意味着韩非基于自身立场而援用了道家学说。由于礼、文等装饰性的因素，只具有相对外在化的形式价值；因此，在礼文与情质之间，韩非的态度无疑是存在偏向的，即重实用而轻美观，重内质而轻外饰。对于真正质美之物，不需要雕饰、也没有雕饰可以与之相媲美；外在形式的修饰，则恰恰是为了掩饰内在之质的不足。将这一文质思想予以类推，则繁复的礼仪以及其他形式化的文明因素，均在摒除之列。这样看来，韩非对待审美的态度，恐怕很难保持中正的立场。此外，"画犬马最难"是《韩非子》书中较为著名的事例：

客有为齐王画者，齐王问曰："画孰最难者？"曰："犬马最难。""孰最易者？"曰："鬼魅最易。夫犬马，人所知也，旦暮罄于前，不可类之，故难。鬼魅无形者不罄于前，故易之也。"

（《外储二左上·说二》）

这一事例后来又见于《淮南子·泛论训》与《后汉书·张衡传》等。据此可知，判断绘画难易的依据，在于画中形象与现实中真实形象的相符程度。由于无形的鬼魅与有形的犬马分属虚、实两端，因此凭空描绘鬼魅并没有什么意义，其本质始终是对虚无之物的摹拟，它无法指向任何实在的存在，因而也无法提供任何实际的功用。如果不惮做更进一步的推测，对于凭借鬼神形象而行事的信仰、礼仪与宗教，韩非或许也持有相对否定与轻视的态度。由此可以看出，韩非评价的基准仍在于现实的功利主义，但是这一功利主义是以国家主义立场为基础展开的。这是不同于此前儒家与道家的基本思想的地方。一言以蔽之，面对着统一形势的驱动，韩非基于国家主义的立场，选择了功利性的否定态度，这构成了其美学思想的主要特征。

第三节 《吕氏春秋》及月令模式

随着秦王朝统一事业臻于告成,帝国在各方面发生了急剧而深刻的变化。在思想与文化领域,这一情形同样是非常明显的。为了迎接前所未有的大一统局面,思想界开始自我调整,以期描绘出灿烂的蓝图,《吕氏春秋》即于此时应运而生。正如葛瑞汉所强调的那样,《吕氏春秋》是中国思想史上最早提出关联系统的有确切年代的哲学文献,它在某种程度上偏离了先秦的哲学主线,而开创了新时期的思维特色,贯穿秦汉的阴阳与关联思维即以此为滥觞。需要注意的是,它虽然出现于文化较落后的西部秦国地区,却对东部学说多有呼应;在意图与东方相抗的姿态中,实则含有对东方文化的歆慕①。

> 当是时,魏有信陵君,楚有春申君,赵有平原君,齐有孟尝君,皆下士喜宾客以相倾。吕不韦以秦之强,羞不如,亦招致士,厚遇之,至食客三千人。是时诸侯多辩士,如荀卿之徒,著书布天下。吕不韦乃使其客人人著所闻,集论以为八览、六论、十二纪,二十余万言。以为备天地万物古今之事,号曰《吕氏春秋》。布咸阳市门,悬千金其上,延诸侯游士宾客有能增损一字者予千金。
>
> (《史记·吕不韦列传》)

根据该书《序意》篇所述,《吕氏春秋》成书于秦始皇八年,即公元前239年,此时距离统一尚有近二十年。但是它无疑构成了中国思想史的显著标志之一,成为政治统一局面在思想史领域的投影。按照元代陈澔的看法:"吕不韦相秦十余年,此时已有必得天下之势,故大集群儒,损益

---

① 关于秦国与东方六国文化的差异,在李斯的《谏逐客书》中描述得非常清楚,如:"夫击瓮叩缶,弹筝搏髀,而歌呼呜呜,快耳目者,真秦之声也。《郑》《卫》《桑间》,《昭》《虞》《武》《象》者,异国之乐也。今弃击瓮叩缶而就《郑》《卫》,退弹筝而取《昭》《虞》,若是者何也? 快意当前,适观而已矣。"见《史记·李斯列传》。

先王之礼而作此书,名曰'春秋',将欲为一代兴亡之典礼也。"①根据《史记》的记载,《吕氏春秋》实际是思想文化领域之竞争的产物,尽管其思想并未为后来的秦中央政府所采纳。因此,从现实的层面来看,这其实是一次不成功的试验。《吕氏春秋》内容丰富,思想不限于一家。故《汉书·艺文志》列入"杂家",云:"兼儒、墨,合名、法,知国体之有此,见王治之无不贯。"颜师古注亦云:"王者之治,于百家之道无不贯综。"

关于该书的撰集性质,在此先做一简要说明。由于《汉志》列入"杂家",因此颇有以其内容为驳杂者②。《四库全书简目》:"而是书哀合群言,大抵据儒书者十之八九,参以道家、墨家之近理者十之一二。"糅合诸家之言,是在集体编撰时难以避免的现象;不能因其包含儒、道、墨诸家思想,即视其为驳杂而沦于无价值。冯友兰曾经指出:"我国最早之有形式系统之私人著述……独《吕氏春秋》……纲举目张,条分理顺,此在当时,盖为创举。"③对《吕氏春秋》的这一论断是很公允的。

《吕氏春秋》不应轻易地看作是杂糅而成的文献,也不应看作单纯抄录撰集的著作,原因有三:

首先,该书取名"春秋",含有特殊的用意;作为持续的传统,《铎氏微》《虞氏春秋》《吕氏春秋》等"各往往捃摭《春秋》之文以著书",均以《春秋》为典范并企图续成之。徐复观以为此处《春秋》系《左传》,但三书仍沿袭《公羊》《谷梁》之余绪。

其次,该书的内在结构设计非常整齐有序:《十二纪》,每纪五篇,共六十篇,合于十二月及甲子之数;《八览》,每览八篇,共六十四篇,合于八八六十四卦之数;《六论》,每论六篇,共三十六篇,合六六三十六之数;凡一百六十篇,仅亡佚一篇。如果考虑当时著作多在结构上以数字比类,

---

① 陈澔:《礼记集说》,南京:凤凰出版社,2010 年。钱穆考察了《吕氏春秋》成书的年代与环境,认为其目的有二:其一在与东方之齐国相抗,其一则在迎接大一统。见钱穆:《秦汉史》,北京:三联书店,2008 年。

② 《汉书·艺文志·诸子略》"杂家类":"杂家者流,盖出于议官。兼儒墨,合名法,知国体之有此,见王治之无不贯,此其所长也。及荡者为之,则漫羡而无所归心。"

③ 许维遹:《吕氏春秋集释》,冯友兰序,北京:中华书局,2009 年。

比附天象人事,那么这一结构的安排不太可能是出于偶然。

再次,从该书的内在思维架构看,本书之主要内容,包括各种方面的讨论,出于涵括万有的抱负,容纳了儒、道、法等不同倾向的思想;但就大者言之,高诱称其"旨近道家"。不过需要补充说明的是,这里所谓"道家",并非先秦的道家,而是在秦汉前期采取"因循"的立场,随顺不同成分、并容纳各种制度、人事、思想在内的道家。① 关于这一点,郭沫若有很好的总结:

> 它(即《吕氏春秋》)是有一定的权衡,有严正的去取。在大体上他是折中着道家与儒家的宇宙观和人生观,尊重理性,而对于墨家的宗教思想是摒弃的。他采取着道家的卫生的教条,遵循着儒家的修齐治平的理论,行夏时,重德政,隆礼乐,敦诗书,而反对着墨家的非乐非政、法家的严刑峻罚、名家的诡辩苟察。②

不过,除了这些与先秦思想相对应的部分之外,《吕氏春秋》还表现出与其严整形式相对应的思想统一性。从思想的内在层次来看,该书虽然引述摘录了各学派的文献,但是这些文献仍服从于共同的思想架构。随着战国末期采纳阴阳五行学说以包容万有,其意义不能简单地看作是理性的哲学思想与非理性的关联理论的杂糅混合,而是应当给予如下的理解:尝试以崭新的方式重新建构思想学说的基础。这种基础实际上提供了人与宇宙万物之间的感应比类的结构,在这种结构中拥有因果关系链条所不具有的亲和性③。它为思维的审美化提供了充分的空间。由此,秦汉思想不再是对先秦思想的简单拼合,而是在重新组合之中发展

---

① 《吕氏春秋·序意》:"盖闻古之清世,是法天地。凡十二纪者,所以纪治乱存亡也,所以知寿夭吉凶也,上揆之天,下验之地,中审之人……行数,循其理,平其私。"

② 《郭沫若全集》第二卷,第404页,北京:人民出版社,1982年。

③ 李泽厚在《秦汉思想简议》一文中,指出《吕氏春秋》中的"上揆之天,下验之地,中审之人",是对《易传》中由天而人——即通过宇宙、自然来相互对应地论证人事的观念——之具体化和系统化,是囊括人事,政治乃至一切的宇宙图式。见李泽厚:《中国古代思想史论》,北京:三联书店,2008年。

和创造了新质。《吕氏春秋》的性质,也应在这一脉络之下予以把握。

根据上述理由,大致可以判定,《吕氏春秋》一书是按照相当明确的指导思想集体撰写的,它不仅要在文化上与东方国家相抗衡,以提升秦国的文化地位;同时还为秦统一六国积极进行思想方面的准备。因此,它并不是"漫羡而无所归心"的散乱篇章,而是具有内在整体性的文献。固然在不同部分中,其语法特征存在着一定的差异,这是集体编撰时难以避免的现象;出于综合编撰的原因,该书对其他具有不同语法特征的书籍有相当多的借用,故不应据此而否定全书的性质与价值。

一、月令模式

承继战国以来的思想整合趋势,对宇宙人生的整体思考和思想体系的构建在秦汉时期蔚为风潮。思想家们不仅关注着时代的现实发展,继续针对实际的政治、军事等领域提出独特的见解,努力为诸侯提供各种解决方案;同时,其视野也在不断地扩大,由礼坏乐崩、周文疲敝的现实社会伸展到遥远的宇宙——例如邹衍的天文与地理观念,囊括天人的思想体系呼之欲出。在《吕氏春秋》中,这一潮流率先以四时、五行相配合并涵容万物的"月令"模式出现,从而与《礼记·月令》《淮南子·时则训》等文献构成同一类主题。

《吕氏春秋》在中国美学史上的影响力,首先即表现在月令结构的完成,这也正是该书对中国思想史最重要的贡献。如前所述,《吕氏春秋》一书将哲学家传统与来自技术传统的关联思想融合为一,尽管在后世看来其间颇多牵强之处,但是,世间所有的事物,包括自然物、节侯、农事、政治、音乐、饮食,皆被纳入无所不包的整体系统之中;不仅如此,看待世界、展开思想的不同态度与立场也被加以整合,凝为全面化的立场。

使万物互相配合,组成彼此关联的庞大整体系统,姑且不论其是否合理,单就这一架构而言,它意味着完整而统一的世界真正建立起来,在无法确认经验或因果关系之处,可以凭借着阴阳、五行等关联模式予以类推,这在很大程度上确定了事物之间的崭新关系。每一事物都处于关联性的链条之中,并与无数他者相互影响,这其中不仅包括事实上的关联,也包括价值上的关联:每一事物都不是孤立存在的,作为感应比类原则的贯彻对象,它在被加以认识的同时,也被纳入一定的价值序列;其间的亲和性,为自然万物之美感的形成提供了基础。

如何进一步把握《吕氏春秋》的性质,这在一定程度上取决于对其结构的理解。《史记》中提及该书时,总是以《八览》居首,以《十二纪》居末,这一次序对后世的理解颇具有影响力。但是事实很可能与此相反,《十二纪》在该书中发挥着纲纪性的作用,它是《吕氏春秋》编撰者最为用心的部分,也是最能够代表该书思想的部分①。我们可以根据《序意》篇来增进理解。

> 维秦八年,岁在涒滩,秋甲子朔,朔之日,良人请问《十二纪》。文信侯曰:"尝得学黄帝之所以诲颛顼矣。爰有大圜在上,大矩在下。汝能法之,为民父母。盖闻古之清世,是法天地。凡《十二纪》者,所以纪治乱存亡,所以知寿夭吉凶也。上揆之天,下验之地,中审之人;若此,则是非可不可,无所遁矣。"
>
> (《吕氏春秋·序意》)

按照这段相当于全书总序的文字,《十二纪》是古代圣王世代相传的根本方略,具有"纪治乱存亡"和"知寿夭吉凶"的功能——易而言之,《十二纪》不仅提供了关于历史事件的记录,而且还具有指导现实行事的功能,因此兼含事实与价值的双重规定性。在成文法尚未成立之时,礼便

---

① 清代学者梁玉绳在《史记志疑》中遵循《太史公书》的顺序,以为《十二纪》本当居末,传世文本错置于全书之首。毕沅在《吕氏春秋新校正·序》里反驳了梁氏的见解,以为"以《十二纪》居首,此《春秋》之所由名也",并举《礼记·礼运》"故圣人作则,必以天地为本"郑玄注为例,云"吕氏说《月令》而谓之《春秋》,事类相近焉"。事实上,以数字"十二"来类分全书结构的事例在《史记》中亦有体现,作为全书主干的《本纪》,其数即为十二。从司马氏父子对孔子作《春秋》一事的倾心来看,《史记》沿袭《春秋》的体例是很明显的事实,这一举措与《吕氏春秋》之设置"十二纪"大体仿佛。

担当着成文法的功能,这一点对于我们理解月令思想非常重要①。所谓"大圜"与"大矩",即指天、地;如果人君能够效法天地的运行法则,那么就可以促成天、地、人之间的和谐。在这一基本纲领的统摄之下,《十二纪》以十二月为单位,依序说明该月的节候、农事及相关社会政治活动的安排。

月令思想的起源很早,在最初它仅仅与农事的经验内容相联系,并没有阴阳五行的痕迹。例如在《大戴礼记·夏小正》即是如此,与其性质相类的文献是《诗经·豳风》里的《七月》。后者主要记录了农业中草木五谷与时令匹配出现的情形②。在《逸周书》的《周月》与《时训》篇中,月令思想得到进一步的发展③。《周月》篇以十二月之中气为单位;《时训》则进一步将每月分为二气,从而构成了一年中的二十四气。二者的阴阳观念有相似处,但尚未涉及五行,其中节候性动植物的描述,多袭自《夏小正》。值得注意的是,节物不时则不祥事物出现的思想开始出现,这意味着关联思想正在逐步滋长。

此外,在《管子·幼官》篇中亦有相关的成分,即将一年划分为三十时节,并与政令相对应。或认为"幼官"即"玄宫"(即明堂)之误。除这些以外,在《左传》与《管子》中也颇多与"四时"相关的叙述,可视为月令思想较简单的形态。进入秦汉以后,较完备的月令思想最终形成,《礼记·月令》与《淮南子·时则训》即是其例。按照郑玄的说明,《礼记·月令》本来是"《吕氏春秋》'十二纪'之首章也",因"礼家好事抄合"而成④。至于《淮南子·时则训》,其大部分内容由删削《吕氏春秋》"十二纪"首章并

---

① 礼在古代中国,同时具有宗教、道德律与法律的多重功能。见王启发:《礼学思想体系探源》,第一章,郑州:中州古籍出版社,2006年。徐复观也早已指出,《吕氏春秋》与政治有关之礼,皆组入《十二纪》中。见其《吕氏春秋及其对汉代学术与政治的影响》一文。

② 叶珊(王靖献)在分析《诗经》中的草木与表现技巧时,特别指出《豳风·七月》篇的特殊性,即其中出现的草木都是实指,与其他多数诗篇只取草木名称入韵不同。见《诗经国风的草木和诗的表现技巧》,载柯庆明、林明德主编:《中国古典文学研究丛刊·诗歌之部》第一册,台北:巨流图书公司,1978年。

③ 《逸周书》中本另有《月令》篇。因已佚,无从判定其具体情形。

④ 孔颖达《礼记正义·月令》引郑玄《三礼目录》。

连缀而成，与此同时也存在着若干较为显著的差异，而关于五方政令的一部分内容则不见于《吕氏春秋》。姑不论三者的关系具体如何，其大体上的相同显示出在思想上的紧密联系①。

单就《吕氏春秋》的结构而言，它以"十二纪"为主干，吸收了此前月令文献的材料，再加上阴阳气运于四季的观念，从而组织起"同气"的思想体系；在这一具体完整而统一的宇宙观之下，"十二纪"又被切分成四个主题，分别与四时相应：春天贵生，夏天为音乐与教育，秋天战伐，冬天则为死亡②。由此可知，该书从宏观上模拟生命体的结构，并以其循环不已的展演过程而成为现实生活所遵循的基本原则。

月令思想纵贯所有重要的领域，从自然到民生，而政治方面的设施则是其中心所在。《吕氏春秋》之所以列举"十二纪"，也正是为了给统治者提供天地之准则。在东汉的蔡邕看来："因天时，制人事，天子发号施令，祀神受职，每月异礼，故谓之月令。所以顺阴阳，奉四时，效气物，行王政也。"③以月令为中心的思想，在汉代被视为阴阳家的专长：

> 尝窃观阴阳之术，大祥而众忌讳，使人拘而多畏，然则序四时之大顺，不可失也……夫阴阳、四时、八位、十二度、二十四节各有教令，顺之者昌，逆之者不死则亡。未必然也，故曰"使人拘而多畏"。夫春生夏长、秋收冬藏，此天道之大经也，弗顺则无以为天下纲纪，故曰"四时之大顺，不可失也"。

> （《史记·太史公自序》）

---

① 关于月令思想的流变，可参考徐复观：《〈吕氏春秋〉及其对汉代学术与政治的影响》，《两汉思想史》，第二卷。

② 龚鹏程：《中国文学批评史论》，第二卷第二章"从〈吕氏春秋〉到〈文心雕龙〉"，北京：北京大学出版社，2008年。关于四季之性质的说明，《逸周书·周月》："万物春生夏长，秋收冬藏，天地之正，四时之极，不易之道。"

③ 见《蔡中郎外集》卷一〇《月令明堂纪》。此外，对于同属月令系统文献的《淮南子·时则训》，该书《要略》篇做出如下的概括："《时则》者，所以上因天时，下尽地力，据度行当，合诸人则，形十二节，以为法式，终而复始，转于无极，因循仿依，以知祸福，操舍开塞，各有龙忌，发号施令，以时教期，使君人者知所以从事。"

> 阴阳家者流,盖出于羲、和之官,敬顺昊天,历象日月星辰,敬授民时,此其所长也。及拘者为之,则牵于禁忌,泥于小数,舍人事而任鬼神。
>
> ——《汉书·艺文志》

由此可见,在"月令"模式中,尽管采纳了诸多现实生活中的现象与实践因素,但是其理论基础则在于天人合一。"序四时之大顺""敬顺昊天"等命题之所以成立,也是以天与人的特定关联为前提的。进而言之,作为主体的人,与其说是内敛的、独立的个我,不如说是在巨大的关联场域中面对四时不停进行调适的自我。四时的循环变动带动方位的转换,这一结构自身即洋溢着有条不紊的韵律感。

月令模式的突出特征,在于其内在的节奏性与整体的循环性。以无限循环的时令为主要框架,世界的种种变化悉数纳入其中。在月令模式中,遵循五行的关联模式,最为基本的关联则是四时与四方的配合。时间在此构成了宇宙间万物运行的自然的节奏,对称且可转移与切分的空间则与其分别配合,这对于中国美学具有特殊的意义。从根本上来说,月令模式中时空的变化,支配着万物的生长以及人自身的行动。凭借着与外在自然物的关联,四时的自然变化得以内化于人的生活和情感世界之中。

早在《吕氏春秋》之前,由于农业社会中原始宗教的影响,春秋的季节感自然地形成,并控制了人类生活的节奏,这些影响同样表现在情感的方面。根据小尾郊一的研究,在早期文学作品中,秋天景物并非完全基于生活经验,而是择取自月令系统文献的内部,例如《夏小正》《逸周书·时训》《吕氏春秋》和《礼记·月令》等。因此,审美感受的产生,不是基于对外在景物的经验,将主体的情感投射到后者之上;而是与此相反,遵从月令模式的原则,并从上述月令类文献中抽取出最具典范性的若干景物,以表达内心的情感①——对于这些特定的景物而言,其所承载的时

---

① [日]小尾郊一:《中国文学中所表现的自然与自然观:以魏晋南北朝文学为中心》,上海:上海古籍出版社,1989年。

节涵义已经内化为自身的构成。这里涉及文学书写的惯例问题，暂置不论；不过可以肯定，月令模式从根本上影响着情感的抒发过程，从而决定了审美感受的性质。

> 春秋代序，阴阳惨舒；物色之动，心亦摇焉。盖阳气萌而玄驹步，阴律凝而丹鸟羞，微虫犹或入感，四时之动物深矣。若夫珪璋挺其惠心，英华秀其清气，物色相召，人谁获安？是以献岁发春，悦豫之情畅；滔滔孟夏，郁陶之心凝；天高气清，阴沈之志远；霰雪无垠，矜肃之虑深。岁有其物，物有其容；情以物迁，辞以情发。一叶且或迎意，虫声有足引心。况清风与明月同夜，白日与春林共朝哉！
>
> ——《文心雕龙·物色》

在这段脍炙人口的文字中，人与自然物色的关系，凭借着气化感应，被纳诸"四时之动物"的模式，这也正是"诗人感物，联类不穷"的模式。在"情感—四时—阴阳"的链条中，人所见的物色，取决于其所遵循的关联模式；而其中所蕴含的"感""动"的因素，强化了对于中国文学中抒情主题性格的界定。以"悲秋"为例，正如吉川幸次郎所云，"悲秋"的传统，是一种"推移的悲哀"，是悲哀的诗人所见的悲哀的世界①。所谓"推移"，不是人与抽象时间的相错，而是人与各种环境、节物的具体的推移。在汉代的悲秋诗歌中，皆含有此类"节物"的因素，例如"明月何皎皎"诗与陆机之拟作，均可为证。陆机诗所谓"踯躅感节物"，正是指审美主体在时节的韵律之中，受特定物象的感发而踌躇彷徨的情态；而这里的特定物象，即是在月令模式中成为时节之象征的景物。

月令模式不仅直接影响了秦汉时期的审美思想，还以其所蕴含的对季节的敏感，而塑造了传统艺术与文学中的四季观念。即使是晚至明清时期的长篇小说中，不断循环往复的季节与时间，仍然在相当程度上支撑起作品的结构。例如《西游记》与《金瓶梅》等作品中的时令与季节感，

---

① ［日］吉川幸次郎：《推移的悲哀—〈古诗十九首〉的主题》，载《中国诗史》。

便承担着较其自身原初含义远为丰富的意蕴和功能①：春夏秋冬的交替，时令节物的转移，在意味着时间之节奏化的同时，又对作品本身形成叙事与结构形式的切分，从而造成了延续而节奏化的时间性与交错且对称平衡的空间性。倘若不吝发挥我们的想象力，那么，季节在诗歌、绘画等艺术中的使用，恐怕并不限于单纯的时间概念，而是在相当程度上充当了作品节奏的体现者与调节者。这些与秦汉早期的月令模式之间，很可能存在着某种思想上的渊源。

二、"贵生"思想

在《吕氏春秋·十二纪》中，重视生命、情感与欲望的思想占据着极其醒目的位置，它们主要出现在与春天相关的部分文献中。按照月令模式，"十二纪"的整体是按照四时之"春生、夏长、秋敛、冬藏"的性质依次展开的；因此，将这一部分思想安置在象征着生命之萌生的春季部分，就透露出编撰者的根本性原则——按照天地运行的节奏，有效地设置相应的现实措施。根据这一指导原则，《吕氏春秋》在全书伊始，便向读者展现了重视生命、重视个体情欲之充分价值的独特立场。

在《孟春纪》中，首先肯定了个体之生命的价值，确定政治以养育民众之生命为本。由于该书旨在建构个体与天地四时的配合，因此在以身体感应于外在的物象节侯之变化的同时，该个体实质上即将天地四时之象内化于自身。因此，作为整体性世界的微观对应物，个体的生命由于因循天地四时的运行，而获得充分的自足价值。正是从这一意义上，《吕氏春秋》提出了"养生以全其天"的主张，并认为政治制度的施设也是基于此一原则，从而将人自身的价值提升为政治体制的根本目的，这与韩非的学说相去天壤。

> 始生之者，天也；养成之者，人也。能养天之所生而勿撄之谓天

---

① [美]浦安迪：《明代小说四大奇书》，第二、三章，北京：三联书店，2006 年。

子。天子之动也,以全天为故者也。此官之所自立也。立官者,以全生也。

(《吕氏春秋·孟春纪·本生》)

"全生"构成了天子与官长之存在的根据,因此,《吕氏春秋》之所谓"全生",实即"贵生",它是对于生命的珍惜与尊重,主张以个体生命为一切人间事功的出发点。在早期的中国哲学史研究中,多将此处之"全生""贵生"思想视同杨朱之"为我",这一评判有失偏颇,并对于其后《吕氏春秋》思想的研究造成了某种误导①。尽管《吕氏春秋》一书承认天子与官长的存在价值,但是就"全生"与"贵生"思想而言,其中最重要的观念不在政治教化,而是对个体生命的重视。

在《吕氏春秋》中,人之"性"几乎都是作为"生"的同义词使用,"全性"亦即"全生"②,它是综合性的概念,它不仅包括人的心性与情感,同时也包括欲望和身体的其他生理层面在内。人之所以全其生,即全其天,"人之与天地也同"(《情欲》);"天地万物,一人之身也"(《有始览》)。如果人能够遵照人与天的共同运行原则,则可以最终达到与天地万物相通为一的精神境界③。

凡人物者阴阳之化也,阴阳者造乎天而成者也。

(《吕氏春秋·知分》)

由于人为阴阳所化,而阴阳又是"造乎天而行者",因此在人与天之间具有内在的共同性,这为尊重生命提供了理论的依据。由于天、人均通乎阴阳,故由养生则可完成个体与天地的相通。既然与天地相通,故

---

① 胡适在《中国中古思想史长编》第二章中,将《吕氏春秋》思想等同于杨朱的贵己主义;此外,冯友兰也在《中国哲学史》第七章中做出类似的判断。见胡适:《中国中古思想史长编》,合肥:安徽教育出版社,2006年;冯友兰:《中国哲学史》上册。

② "性"与"生"的关系,参考傅斯年:《性命古训辩证》,上卷。

③ 徐复观指出,《吕氏春秋》中的养生,主要是针对人君而言,因此可以与天地相通,产生无穷的感应效果。不过,从理论的进路而言,这一理论仍然具有相当的普遍性,从而提供了不同于儒道思想的另一路径。

人生之境界与外在之天地整体并非对峙,更非隔绝。所以归根到底,这仍可上通于"与天地万物为一"的至高至广的精神境界。在《论人》篇中,作者就此做出了明确的论述:

> 适耳目,节嗜欲,释智谋,去巧故,而游意乎无穷之次,事心乎自然之涂。若此则无以害其天矣。无以害其天则知精,知精则知神,知神之谓得一。凡彼万形,得一后成。故知一,则应物变化,阔大渊深,不可测也;德行昭美,比于日月,不可息也;豪士时之,远方来宾,不可塞也;意气宣通,无所束缚,不可收也。
>
> (《吕氏春秋·季春纪·论人》)

按照《吕氏春秋》的阐述,这种境界的获得手段自有其特殊性,不同于战国时期思想家的方案。例如,先秦儒家一般主张扩充人性中道德心性的部分,以此得到与天地相通的境界;原始道家借助"致虚极,守静笃"的功夫,以扩充生命中的虚静之德,而得到与天地相通的精神境界;而《吕氏春秋》则不同,它主张通过养生达到与天地相通的精神境界。这实际上也从反面消解了我们对于"养生"的偏见——所养之"生",并非单纯的身体层面的强健与精神、血气的平和,而是能够通过这一方式上通天地宇宙。也就是说,情欲的平衡意味着精神的融和,血气与身体的平衡则意味着遵从万物运行的规律,从而成就更高的生存境界。这一思想消解了在精神与身体之间设置的二元划分,明确肯定至高境界的获得并不仅仅局限在精神或思想的抽象领域之内,它实际上是整体性地表现在身体之中的。易而言之,处于月令模式之中的主体,乃是以身体思维应对四时的。

养生需要适当地满足各种情欲的需求,即所谓"适耳目,节嗜欲",但是并不仅仅停留于生理性的快感。事实上,对于各种感官特别是耳目来说,在满足生理快感之愉悦的同时,审美化的快乐也构成了"适"与"养"的一部分;并且,在这两种快感之间很可能不存在截然的分别。早期中国人的审美意识,意味着摄魂动心的激烈的官能性感受,并且最初体现在对"食""色"等最重要的本能自然欲求的满足方面。古代中国不仅对味觉和嗅觉不作明确的区分,而且对嗅觉与视、听、触等三者也很少严格区分;易而言之,在官能享受之中获得充实,这不仅是身体之实际层面的充实,如《国语·周语下》所谓"口内味而耳内声,声味生气",而且也意味着心理方面的充实①。《吕氏春秋·孝行》篇云:"树五色,施五采,列文章,养目之道也;正六律,龢五声,杂八音,养耳之道也";正是从最为基础性的满足情欲、愉悦耳目开始的,且继此又开启了与宇宙大化相融合的"养生"之通路。

> 始生人者,天也,人无事焉。天使人有欲,人弗得不求;天使人有恶,人弗得不辟。欲与恶,所受于天也,人不得与焉,不可变,不可易。
>
> 　　　　　　　　　　　　　　(《吕氏春秋·大乐》)

> 天生人而使有贪有欲。欲有情,情有节。圣人修节以止欲,故不过行其情也。故耳之欲五声,目之欲五色,口之欲五味,情也。此三者,贵贱愚智贤不肖欲之若一,虽神农、黄帝,其与桀、纣同。圣人之所以异者,得其情也。由贵生动,则得其情矣,不由贵生动,则失其情矣。此二者,死生存亡之本也。
>
> 　　　　　　　　　(《吕氏春秋·仲春纪·情欲》)

无论"欲""恶"还是"贪",皆是天所与人,"不可变"复"不可易"。作为这些欲望的具体表现,五色、五声、五味等皆是正当的欲求,无论何人均不能躲避或消除。不过由于人时刻处于外物的相摩相荡之中,如果欲望过于炽盛,则对外物的执著很容易汩没原初之"性"。因此需要遵循"贵生"的原则,节制欲望,这样就可以像圣人那样"得其情"。这里将圣人的状态描述为"得其情",乃是以"情"之适中为理想的境界,并不含有

---

① 各种感觉不分的情形普遍存在,这在后世往往被视为"通感",例如《楚辞·招魂》注:"香,滑也。"这种现象不限于古代中国,而是普遍存在于各种文化的审美传统之中。所谓严格区分的感官,有时只是便于精密分析的设定。参考[日]笠原仲二:《古代中国人的美意识》,北京:北京大学出版社,1987年。对于通感与文学之关系的讨论一直持续到很晚,例如清代钱谦益的《香观说》。见[日]青木正儿:《清代文学评论史》,北京:中国社会科学出版社,1988年。

对该范畴的贬低与否定。正视情欲的地位,正面肯定情欲为生命之所不可缺,遂构成了《吕氏春秋》一书的思想特色。

> 子华子曰:"全生为上,亏生次之,死次之,迫生为下。"故所谓尊生者,全生之谓;所谓全生者,六欲皆得其宜也。所谓亏生者,六欲分得其宜也。亏生则于其尊之者薄矣。其亏弥甚者也,其尊弥薄。所谓死者,无有所以知,复其未生也。所谓迫生者,六欲莫得其宜也,皆获其所甚恶者。服是也,辱是也。辱莫大于不义,故不义,迫生也。而迫生非独不义也,故曰迫生不若死。奚以知其然也?耳闻所恶,不若无闻;目见所恶,不若无见。故雷则掩耳,电则掩目,此其比也。凡六欲者,皆知其所甚恶,而必不得免,不若无有所以知。无有所以知者,死之谓也,故迫生不若死。嗜肉者,非腐鼠之谓也;嗜酒者,非败酒之谓也;尊生者,非迫生之谓也。
>
> (《吕氏春秋·贵生》)

在这段文字中,情欲与生命的关系被详加讨论;很明显,生命价值的品级,完全由"六欲"所获得的满足程度来决定。在不同层次的生命形态中,"全生"能够使"六欲皆得其宜",情欲在得到满足的同时也滋养了"生"之本身,这一通达疏畅的情形无疑是最为理想的。随着情欲所受的压抑与约束的增加,其生存价值则每况愈下,如果"六欲分得其宜",仅能在某些方面或某种限度上得到满足,那么即是所谓"亏生"——"亏"者,生命存在缺陷而无法圆满之谓也。其最悲惨的情形,乃是比起死都更为低下的"迫生"。"所谓迫生者,六欲莫得其宜也",这一情形中,天生之情欲始终无法得到正常的满足,反而处处受到恶劣生活环境的钳制与销磨①。

---

① 按照《吕氏春秋》的阐述,除了外在恶劣生活条件的影响之外,内在情绪和自然环境也同样影响着生命。如《尽数》:"大甘、大酸、大苦、大辛、大咸,五者充形则生害矣。大喜、大怒、大忧、大恐、大哀,五者接神则生害矣。大寒、大热、大燥、大湿、大风、大霖、大雾,七者动精则生害矣。"

尽管《吕氏春秋》明确肯定天生之情欲,以及"六欲皆得其宜"的理想,但是并不主张过分地沉溺于对欲望的追求之中。情欲过分泛滥,则导致"害于性"的后果。

> 今有声于此,耳听之必慊己,听之则使人聋,必弗听;有色于此,目视之必慊己,视之则使人盲,必弗视;有味于此,口食之必慊己,食之则使人喑,必弗食。是故圣人之于声色滋味也,利于性则取之,害于性则舍之,此全性之道也。故圣人之制万物也,以全其天也。天全则神和矣,目明矣,耳聪矣,鼻臭矣,口敏矣,三百六十节皆通利矣。若此人者,不言而信,不谋而当,不虑而得。精通乎天地,神覆乎宇宙。其于物,无不受也,无不裹也,若天地然。上为天子而不骄,下为匹夫而不惛,此谓全德之人。
>
> ……
>
> 出则以车,入则以辇,务以自佚,命之曰"招蹷之机"。肥肉厚酒,务以自强,命之曰"烂肠之食"。靡曼皓齿,郑卫之音,务以自乐,命之曰"伐性之斧"。

(《吕氏春秋·孟春纪·本生》①)

尽管对于五味、五色和五声的喜好是天生的,但是如果它们对生命造成损害,那么两者相较,仍以"全性"为更重要。"全性"的原则在于,"利于性则取之,害于性则舍之",其立足点仍在"性"之本身。《重己》云:"凡生之长也,顺之也;使生不顺者,欲也。故圣人必先适欲。"高诱在注解"适欲"一词时,亦以"节"释"适"。据此,天生之"性"与情欲的适中合度,是调适生命的根本原则。这里的"节",与其看作是节制,不如视为引导宣泄性的顺遂之义更为恰当。

情欲须受节制的思想不始于《吕氏春秋》,先秦儒家多主张以礼节制欲,即借助于道德化的力量克制和压伏欲望。至战国末期,荀子论情性

---

① 这些关于欲望泛滥之危害的说明,后来又为枚乘《七发》所沿用。

时亦畅言之。按照荀子的观点,性之好恶喜怒哀乐,乃谓之情;如果情过于泛滥,则须以性节制之。因此与《吕氏春秋》相比,两种学说相似而实不同。对荀子而言,制约情的力量是性,是来自情之外部的道德力量,因此"节"更侧重消解或抑制等否定性的涵义,内含"以道制欲"的模式;而《吕氏春秋》则将对情欲的节制直接诉诸情欲之本身,"节"更侧重于疏导、宣泄的意义;这实际上意味着,情并没有被赋予否定性的意义,而是凭借自身之适宜合度,努力维持着"贵生"的原则。

就天理人欲的矛盾而言,在《吕氏春秋》中,比起原始道家或儒家表现得更为轻微,其所谓节欲,不是直接求之于道德理性本身以克制欲望,亦非借助于情感之内在的理性化,而是直接求之于情欲本身的平衡,注重欲望调适的一面。总之,这一明确肯定情欲的态度,值得特别的注意。依此而言,则人之内在情感的抒发表现,亦可具有独特的正面价值,而不一定引发种种负面的因素。概而言之,这一对待情欲的态度,是与该书的整体思想倾向密切联系的。

《吕氏春秋》中的"贵生"思想,具有深远的影响力,例如西汉早期的《淮南子》一书,即反复强调了这一思想①。在这一基础上,《吕氏春秋》进而充分肯定了情感与欲望的存在价值。无论是对于此前强调节制情欲的儒家,或者主张消解情欲的道家,这都是相当独特的思想。作为秦汉思想的主要内容之一,关于情性的讨论一再地接触到这一主题。在其后,与阴阳观念相结合,汉代的思想家们不仅肯定内在的本性,而且同样肯定因受外物刺激而得以彰显的情感或欲望。对于过分泛滥的情感,主要是通过顺遂情欲来使其畅通,而并非采取压抑、控制或摒弃的态度。从正面规定情感或情欲,并采取随顺疏导的节制方式,是秦汉较为普遍的情形。

---

① 《淮南子·精神训》:"生尊于天下也。"《淮南子·泰族训》:"身贵于天下。"考虑到《淮南子》一书综合先秦诸家思想的性质,不可否认,杨朱之"为我"与《吕氏春秋》之"贵生",都构成了该书采撷的资源。不过,从文字的渊源以及思想的内在理路来看,《吕氏春秋》的影响无疑要大得多。

对于美学理论而言，"贵生"思想的影响则更为显著。这一思想不仅肯定了生命的存在价值，而且更为重要的是，它突出强调了情感、欲望等因素之自身的价值。据此，人之情感的抒发表现，也完全可以具有基于自身的正面的价值。随着内在情绪与欲望的堆积，顺遂之并调畅之，乃是基于生命自身的需求；而在这一过程中形成的文学与艺术等审美性的表现方式，同样也是正当性的存在——它们一方面引起欣赏者之感官的愉悦与歆慕，另一面它又为创作主体之情绪的调适提供了有效的方式。纵观秦汉的艺术与文学，其中多充溢着强烈的情感，并呈现出显著的生理层面的因素——这或许意味着，当时对于情感的态度，乃是正视、认可并陶醉于其中的态度。如果缺少了这一传统，那么魏晋南北朝盛行的缘情之论就很可能成了无源之水。

三、音乐理论

在考察《吕氏春秋》的音乐美学思想之前，首先有必要思考相关的结构安排：这些思想开始出现在《仲夏纪》的位置。正如贵生与春天相配合意味着情欲畅发、生机蓬勃，音乐理论放置在其后的仲夏与季夏，同样表明理论与时令之间具有某种内在的关联性。至少对于编撰者而言，试图通过这一方式来体现适宜的施政原则。

在五行的关联系统中，夏与火相应，这意味着炎热、南方和阳气的发皇。编撰者们似乎认为，与夏季之发育长养的性格相配合，人的发育生长系来自学问，故在《孟夏纪》中讨论"劝学""尊师"等相关主题；其次在艺术上，使人的精神得以舒展者莫如音乐，因此在《仲夏纪》与《季夏纪》中以长达八篇的篇幅，历言音乐的性质、来历、功效及其度数等问题①。《吕氏春秋》一书对于音乐的重视是非常明显的，这也导致该书成为先秦音乐理论的集大成者。之所以如此，或许是基于音乐的教化民众的强大

---

① 关于《吕氏春秋》何以在《仲夏纪》与《季夏纪》中讨论音乐问题，主要参考了徐复观的观点。见《吕氏春秋及其对汉代学术与政治的影响》，第23—24页。

功能——如果考虑到该书写作的目的,以及《礼记·乐记》也非常重视同类性质的主题,那么,这一推测或许并非妄谈。

如前所述,《吕氏春秋》在全书格局上显现出统一的意识,这不仅体现在主题的分类与篇章结构的安置,而且也表现在各种理论的内在联系上。音乐理论即是如此,它与作为全书理论基础的宇宙、生命、情感等见解保持一致。从这一点上看,关于音乐的讨论,绝不限于其自身的领域,而是与诸多更为宽广的层面相通,甚至可以说,音乐本身即是宇宙的体现:

> 音乐之所由来者远矣。生于度量,本于太一。太一出两仪,两仪出阴阳。阴阳变化,一上一下,合而成章。浑浑沌沌,离则复合,合则复离,是谓天常。天地车轮,终则复始,极则复反,莫不咸当。日月星辰,或疾或徐,日月不同,以尽其行。四时代兴,或暑或寒,或短或长,或柔或刚。万物所出,造于太一,化于阴阳。萌芽始震,凝寒以形。形体有处,莫不有声。声出于和,和出于适。和适先王定乐,由此而生。

(《吕氏春秋·仲夏纪·大乐》)

"生于度量,本于太一",其中的"太一"类似于《周易·系辞传》中的"太极",是指宇宙之本体,万物之根源,因此指向形而上的规定性。以度量的观念来类分世界,乃是关联性思维在秦汉时期积极展开的结果;由于音乐本身的规定性即来自弦长的各种比例,因此尤其具有抽象的度量的性格,而这一度量化的特质,构成了宇宙万物之秩序条理的某种映像,从而引领音乐超越纯粹声响的层面,直凑精微而通于太一。

> 类固相召,气同则合,声比则应。鼓宫而宫动,鼓角而角动。平地注水,水流湿。均薪施火,火就燥。山云草莽,水云角臁,旱云烟火,雨云水波,无不皆类其所生以示人。故以龙致雨,以形逐影。师之所处,必生棘楚。祸福之所自来,众人以为命,安知其所。

(《吕氏春秋·应同》)

与音乐的生成相似，宇宙间的万物同样"造于太一，化于阴阳"。这意味着音乐与万物是同源的，它们均遵照阴阳变化的规则产生。在阴阳化生万物的过程中，一上一下，合而成章，形成了条理化的变动不已的秩序。"类固相召，气同则合，声比则应"，这一感应类召的关系不仅存在于典型性的音乐之中，而且也表现在万物之间。在理想的状态下，万物在宇宙秩序中应各自处于适当的位置，并且因自身之"和""适"而产生相应的音响，从而汇聚为整体的节奏与韵律。当先王体验到万物的和谐运转，并将其抽取出来时，音乐便随之产生。因此，音乐乃是先王对于宇宙律动的比拟，它与宇宙万物的整体运行具有同构的可类比性。从这一点来看，《吕氏春秋》的音乐观念是建立在其宇宙论之上的，与同时代的其他音乐理论相比，彰显出某种独特的性质。

在战国晚期《荀子》一系的音乐理论中，音乐生于人心，而不是产生于宇宙的律动，《礼记·乐记》和以诗歌为中心的《诗大序》，也大致与此一致①。按照这一系统的阐释，音乐与快乐的情绪有关，快乐既为人情所不能免，故感情必发于声音，形于动静，于是便形成了音乐。但是，对《吕氏春秋》而言，音乐则来自天地之律动或自然的法则，故具有宇宙论的性格。《大乐》篇云："凡乐，天地之和，阴阳之调也。"也正是指此而言。

根源于太一的音乐，乃是宇宙律动之理想化的完美体现，而所谓理想的或完美的音乐，终归要落实到现实的层面，与各种具体的因素产生互动。由此，自然引发出音乐的作用、价值标准以及对待音乐的态度等问题。对于这些问题，我们同样可以通过与《荀子》的对比，来确定《吕氏春秋》的独特之处。

《荀子》认为"乐者，乐也"，故音乐的本质在于悦乐；通过情绪上的悦乐来和合人心，这正是儒门乐教的根本宗旨。与此相比，《吕氏春秋》中音乐的作用则重要得多，它关涉到"天地之和"与"阴阳之调"等因素。尽

---

① 对于《乐记》与《荀子·乐论》的关系问题，在此不予讨论。不过《乐记》中颇多宇宙论性质的论述，在笔者看来，这些内容是较晚时期加入的。

管其中无疑也包含人伦的层面,但是并不限于此,其上还存在着与宇宙天地之整体性的相通。

除此以外,由于音乐的来源不同,因此关于其优劣的评价标准亦大不相同。倘若对音乐进行道德或价值上的区分,那么可划分出好的、正面的、优秀的音乐,以及坏的、负面的、低劣的音乐。对于这一差别,《荀子》是从"正声"与"奸声"的二元划分来看待的,其间的差异在于是否符合儒家道德的规范;《乐记》所采用的"德音"与"溺音",其内涵也差相仿佛。《吕氏春秋》与此不同,转而使用"大乐""侈乐"等命名来区分。在"大"与"侈""正"与"奸""德"与"溺"三对范畴之间,固然存在着太平之乐与乱世之乐的差异,亦即理想的音乐与堕落的音乐的差异,这是三者表面上的共性。不过透视其理论的根底,则存在根本的不同——《吕氏春秋》的区分,并非基于某种道德性之有无,而是欲望之过度或适当:

> 凡古圣王之所为贵乐者,为其乐也。夏桀、殷纣所为侈乐,大鼓、钟、磬、管、箫之音,以巨为美,以众为观……侈则侈矣,自有道者观之,则失乐之情。失乐之情,其乐不乐。
>
> (《吕氏春秋·仲夏纪·侈乐》)

所谓"侈",是指音乐演奏时乐器更加复杂多样,音响效果更为巨丽震撼,而演奏者人数也相对更多。由于"侈乐"使用的乐器繁多,因此远比"大乐"更能够骇人心气,动人耳目,摇荡性情。根据战国时代出土的乐器,如湖北随县出土的曾侯乙墓编钟,当时的乐队已经非常庞大,而乐器的音乐属性也已经相当精密。如果聆听这类音乐,它无疑会形成强烈的吸引力,激荡身体中的血气,与之相伴随的则是刺激情欲的过度膨胀,这一结果远远超出了"乐"的理想的限度。

"大乐"作为典范性的音乐,被赋予了平淡的性格,这与强烈刺激所引起的高涨的情欲形成鲜明的对比。正如《适音》篇所云:

> 《清庙》之瑟,朱弦而疏越,一唱而三叹,有进乎音者矣。大飨之礼,上玄尊而俎生鱼,大羹不和,有进乎味者也。故先王之制礼乐

也,非特以欢耳目、极口腹之欲也,将以教民、平好恶、行理义也。

(《吕氏春秋·仲夏纪·适音》)

理想的音乐乃是朴素而平淡的,其制作并非完全出于满足耳目口腹之欲的目的,而是为了"教民、平好恶、行理义",因此应当超越音与味,而去追寻"进乎音"与"进乎味"的更高境界。需要注意的是,这段文字又见于《礼记·乐记》[①],这或许表明,各种不同的学说派别将此视为共同的思想资源——其中既包含了儒家对于平淡之审美趣味的追求,又潜含着"无乐之乐""无味之味"的美学架构,因此对于后世——特别是宋代以后——的平淡的审美观,形成了相当大的影响。

"成乐有具,必节嗜欲。嗜欲不辟,乐乃可务。务乐有术,必由平出。平出于公,公出于道。"(《大乐》)无论是大乐抑或侈乐,它们对人发生作用的方式是相同的,其间的差异仅仅在于程度的不同——所谓"侈",正是针对"节"而言的[②]。按照《古乐》篇所举的古朱襄氏与陶唐氏的例子,乐舞能够凝定阳气、宣导阴气,这意味着音乐与舞蹈的作用是针对身体展开的,至少,身体构成了音乐作用的主要对象之一[③]。因此,当音乐适中合度时,血气与情欲因疏通畅达而处于适中的位置;反之,当音乐在大小清浊方面出现偏差时,情欲也将因此而表现出失衡的状态。基于这一原因,《适音》篇在说明音乐之合度时,对于音响的大小清浊及其影响,做了相当清晰的描述,而这些描述,基本上是从生理的角度进行的。

夫音亦有适。太钜则志荡,以荡听钜则耳不容,不容则横塞,横

---

① 《乐记·乐本》:"是故乐之隆,非极音也;食飨之礼,非致味也。清庙之瑟,朱弦而疏越,一倡而三叹,有遗音者矣;大飨之礼,尚玄酒而俎腥鱼,大羹不和,有遗味者矣。是故先王之制礼乐也,非以极口腹耳目之欲也,将以教民平好恶,而反人道之正也。"

② 《吕氏春秋·古乐》:"乐所由来者尚也,必不可废。有节有侈,有正有淫矣。""侈"与"淫"均是指过度或泛滥的意思。这里的"节",在文本中的其他位置用作对情欲的节制,这里也同样如此。

③ 《古乐》:"昔古朱襄氏之治天下也,多风而阳气畜积,万物散解,果实不成,故士达作为五弦瑟,以来阴气,以定群生。……昔陶唐氏之始,阴多,滞伏而湛积,水道壅塞,不行其原,民气郁阏而滞著,筋骨瑟缩不达,故作为舞以宣导之。"

塞则振。太小则志嫌,以嫌听小则耳不充,不充则不詹,不詹则窕。太清则志危,以危听清则耳谿极,谿极则不鉴,不鉴则竭。太浊则志下,以下听浊则耳不收,不收则不抟,不抟则怒。故太钜、太小、太清、太浊皆非适也。何谓适?衷,音之适也。何谓衷?大不出钧,重不过石,小大轻重之衷也。

(《吕氏春秋·适音》)

音乐虽然引起身体与情欲的变动,但是并不只是停留或限制在这一层面。如前所述,尚存在超越的"进乎音者"与"进乎味者"。对于五色、五声及五味的偏好是天生的,无论贤愚贵贱都不能避免。但是,在外物的作用之下,进一步展开审美活动,尚需主体内心达到某种平和的状态。如果内心失去平和,那么即使身前充斥着种种感性的审美对象,主体也无法顺畅地完成与后者的沟通。

耳之情欲声,心不乐,五音在前弗听。目之情欲色,心弗乐,五色在前弗视。鼻之情欲芬香,心弗乐,芬香在前弗嗅。口之情欲滋味,心弗乐,五味在前弗食。欲之者,耳目鼻口也;乐之弗乐者,心也。心必和平然后乐,心必乐然耳、目、鼻、口有以欲之,故乐之务在于和心,和心在于行适。夫乐有适,心亦有适。人之情,欲寿而恶夭,欲安而恶危,欲荣而恶辱,欲逸而恶劳。四欲得,四恶除,则心适矣。

(《吕氏春秋·适音》)

以心统摄耳目口鼻,并非《吕氏春秋》所独有,实际上这是许多思想所共同采用的范式。不过在同样的叙述方式之下,往往存在着思想内涵的不同。在《贵生》篇中,作者曾经明确地使用了官僚制比喻,视"耳目口鼻"为"生之役"。将此与上段引文相对照,可知"心"虽然具有审美的意向性维度,但并不必然含有对情欲的否定性超越,其"和平"仍主要来自情欲的节制与平衡。也就是说,"心"与"生"虽然在形态上不同,但是均与欲望的适度满足有关。从这一点来看,这里的"心"与抽象化的内在之心性并非完全相同。

理想的音乐能够反映天地万物的运行节奏,而政治又构成了现实世界中极为重要的层面,因此,在音乐与政治之间存在着内在的联系:

> 故治世之音安以乐,其政平也;乱世之音怨以怒,其政乖也;亡国之音悲以哀,其政险也。凡音乐,通乎政而移风平俗者也。俗定而音乐化之矣。故有道之世,观其音而知其俗矣,观其政而知其主矣。故先王必托于音乐以论其教。
>
> (《吕氏春秋·仲夏纪·适音》)

> 郑卫之声,桑间之音,此乱国之所好,衰德之所说。流辟、越滽、慆滥之音出,则淫荡之气、邪慢之心感矣。感则百奸众辟从此产矣。故君子反道以修德,正德以出乐,和乐以成顺,乐和而民乡方矣。
>
> (《吕氏春秋·季夏纪·音初》)

在音乐的性质与其发生情境之间,某种相互对应的链条式关系被建立起来,并且这一关系是双向性的:音乐充分表现了制乐者的人格与世风,因此反过来,也可以通过音乐以及制乐者的人格与世风,来间接地影响人民。这一双向性通路的前提在于:音乐不仅通于太一,而且生自人心,故人心之真实状况无法隐匿,必有所表现:

> 凡音者,产乎人心者也。感于心则荡乎音,音成于外而化乎内。是故闻其声而知其风,察其风而知其志,观其志而知其德。盛衰、贤不肖、君子小人皆形于乐,不可隐匿。故曰:乐之为观也,深矣。
>
> (《吕氏春秋·季夏纪·音初》)

这里明确肯定,音乐能够如实地反映内在的情态、志意与德行。在许多重视乐教的理论中,音乐与人心及时代的一致性构成了基本的前提。因为唯有如此,才能从如下两个层次上完成音乐的社会功能:就消极的层次而言,可以由音乐判断政治社会的真实状况;从积极方面而言,则可更进一步,以音乐之化易人心的作用服务于政治。

从表面上看,《吕氏春秋》非常重视历史中圣王的典范性。除了用圣王与桀纣之对比来说明不同的音乐种类,还在《古乐》中长篇累牍地介绍了至周为止所有制作音乐的历史。这似乎给我们造成如下的印象,即认同儒家的"先王之乐"。不过,需要指出的是,荀子与其他儒家的门徒,往往以理想的古乐即先王之乐为目标,认为将其推行于世即可以臻于治世。与此不同,《吕氏春秋》中并没有设立先王之乐作为偶像,而是认为:为政者不断增进自身的道德修养,便可产生中正之音,并由此以化民。进而言之,在《吕氏春秋》中,历史的天平并不总是向先王倾斜的,因此较儒家的音乐架构更为活泼,更容易容纳新生的变化。例如,《荀子》执著于先王之古乐并以之作为典范,对抗层出不穷的新音乐;而《吕氏春秋》似乎并未显示出类似的倾向,只是承认每一时代都有可能产生相适宜的音乐,其价值并不逊于以往的存在。这一承认新时代之独立可能性的态度,令我们回想起《韩非子》中论述古代圣王发明的那段文字。二者都没有因为悠久的历史而形成心理的重负,这或许反映出面对新的大一统形势时,充溢于理论之深层的某种乐观。

第二章　身体的审美场域

作为个体展开思考与行动的载体,身体是无法忽略的存在。无论如何从不同的角度予以界定,身体始终作为一切活动的原点而发挥着作用:除了支持着我们的头脑展开思考分析,它还在情感、欲望、运动等不同的层面影响着个体的心智;稍稍考虑其构成的复杂程度,便须承认这是一部异常精致而微妙的"机器",它以远远超越想象的方式不停地运作。尽管在趋于抽象的传统哲学思辨中,基于对经验层面的因素的剔除,身体的丰富内涵往往在不同的程度上受到简化,并被置于抽象的精神或心灵的优越地位之下,但是,它从来没有完全从哲学领域中消失。一言以蔽之,没有身体,哲学思考便不可能发生。

对身体的重视,在最近又重新受到肯定与鼓励。这不仅与中医学等传统思想的复苏相关,而且也包含着当代西方哲学思潮的刺激在内。对后者而言,与传统哲学对身体的某种忽视或轻视态度相反,身体的意义在最近几十年重新成为哲学思考的重要话题,哲学家们开始反思,如何克服传统二元思维模式的影响,而复原身体在哲学中的重要性①。在科学的领域,已经证实身体远非受心智控制的被动的对象;与此相应,哲学界也倾向于给予身体以较高的评价,这意味着思辨行为的展开需要设置更加复杂的起点;一切将身体简单化的立场都可能是轻率的。

重新审查身体的意义,在美学中尤其重要;因为在传统的知、情、意领域的哲学三分法中,美学学科本来即对应着与身体联系最为密切的情感部分。我们无法想象脱离具体身体反应的审美活动。不过,受西方哲学传统的影响,西方的美学同样显示出重视理性而轻视感性、承认认知而轻视经验的倾向,特别在德国古典美学等思想中更是如此。按照德里达等哲学家的见解,这是西方文化中二元式思维的顽固属性使然。如果在此不涉及思想传统比较的因素,那么我们不难发现,中国传统思想往往并不刻意去构造一系列的二元化区分,并在其中表现出倾斜的选择态度——这类对立范畴,至少包括心灵与身体、认知与情感、意愿与欲望、心理与生理等等;这些划分不仅与中国的整体论思想倾向相冲突,而且单是划分这一事实,已经包含着价值上的优劣与态度上的取舍。职此之故,中国传统的身体思想,实际上提供了另一种看待身体的可能性。

这些状况一同构成了我们研究秦汉美学的背景,同时也促使我们重新看待传统身体观念中的审美因素。长期以来,囿于对哲学研究模式的尊奉,中国美学领域也出现了不尽合理的情形,其中对身体之审美内涵的探讨可谓是突出的一例。在身心二元论的框架之下,身体研究被引导到相对狭窄的形神关系上来,而后者即使构成秦汉的重要问题,也无法代表身体思考的全部维度。事实上,秦汉的身体观念,更多是依靠着关

---

① 哲学家们对身体的思考,可参考:[法]梅洛-庞蒂:《眼与心》,北京:商务印书馆,2007 年; George Lakoff& Mark Johnson, *Philosophy in the Flesh*: *The Embodied Mind and its Challenge to Western Thought*, Basic Books, New York, 1999;[美]舒斯特曼:《身体意识与身体美学》,北京:商务印书馆。此外,从社会学及其他角度所做的考察,对于我们理解秦汉美学中的身体维度也很有助益,如:[英]克里斯·希林:《身体与社会理论》,北京:北京大学出版社,2010 年;[加]约翰·奥尼尔:《身体五态:重塑关系形貌》,北京:北京大学出版社,2010 年。

联思维例如阴阳、五行以及其他相关范式而建构起来的。这一复杂的立体网络结构,很难用精简的哲学范畴予以化约;但不幸的是,由于关联思维被看作某种较低级的甚至是原始的思维,秦汉时期的身体观念又受到了第二重的制约,从而被过滤为以《淮南子》与王充等思想为代表的相对简明的形神、身心或魂魄等多重关系。

对身体的考察,有助于重新思考与情感相关的诸种问题。正如前言中所述,对个体情感的态度,一般被看成秦汉与魏晋美学思想的重要差异,但是这一看法或许尚需推敲。在《吕氏春秋》中,情感作为自然的因素而受到肯定,这一立场实际上是作为秦汉时期相当普遍的立场而存在的。因此很难断定此一认识与其后的时代截然不同。此外,魏晋的美学理论往往以气化感应的哲学为基础,而这一因素正是在秦汉时期形成的。因此,过分强调时代的差异,往往会造成对长期历史中持续性因素的忽视,这一点直接关系到对于秦汉美学的评价。

此前研究的相对不足,与传统身体观念的潜在内涵,二者之间构成了显著的张力。在秦汉美学中,身体的相关研究具有非常重要的意义。从较为基础的层面上来说,既然一切审美活动均需要通过身体的场域而得到实现,那么身体的性质便从根本上约束着审美活动的发生形态,并且由此延展到一系列以此为中心的相关问题。例如,当我们考察"诗言志"这一命题的时候,便可能需要借鉴身体的空间场域以及"志意血气"的流动性等因素。其次,就身体在美学中的内在表现来看,从汉代后期开始,中国传统文学与艺术理论开始大量移用与身体相关的术语,以阐释各种审美活动中的现象:诸如"骨""脉""血气""体""筋骨""精神"等,均是如此。这些术语来自当时的语境,因此往往承载着特定的时代信息,而并非仅仅出于简单的比喻性借用。如果不了解这些已经消逝的语境,而只是简单地按照后代的常识予以把握,则很容易出现理解的偏差。

众所周知,中国传统的身体观念在汉代大致趋于定型,并通过《黄帝内经》之类的医学经典,深刻地决定了后世的相关观念。尽管对于身体的认识在汉代以后不断深入,从未停止的医学实践也不断对先前的身体观念做出调整,但是,实践经验的积累往往是从局部做出修正,而没有从根本上推翻《黄帝内经》所建构起来的关联性身体模型;对《黄帝内经》等经典的推崇,构成了中国传统医学的显著特点。基于此,秦汉时期的身体观念,特别是在医学经籍中体现出来的身体观念,构成了中国传统思想的重要部分;对这些内容展开研究,不仅在中国美学研究方面构成了必要的前提,而且也为西方美学和哲学提供了差异性的视角,从而为真正世界性的哲学与美学体系提供了可资借鉴的思想资源。

在针对医学理论进行探讨的同时,我们还不妨借助于某些具体事例来分析秦汉时期的身体观念,特别是与审美活动密切相关的身体的种种表征。这对于后者而言,主要基于如下的假定:在某些与身体关联较为密切的审美活动中,如果看待身体的方式已经发生了较大的变化,那么根据当代的观念或者常识去理解古代的文学与艺术作品,就可能会造成某种错位。当然,我们并不能排除如下的可能性,即文艺作品的创作者并不需要深入了解身体的性质,亦可以进行创作;或者即使对身体的理解发生错误,也可以不妨碍作品的艺术性。但是,至少在部分情境中,例如涉及音乐治疗或旨在追求某种特殊效果的作品中,我们便不能完全无视当时的身体与医学观念。针对这一情形,本章中对于《七发》等赋作的分析,便提供了类似的尝试。

不过,需要补充的是,上面所讨论的身体相对来说均偏重于生理性的身体,亦即作为医学观察对象的普遍化的身体。对于汉代人来说,除了这一层面,身体还同时承担着社会性的功能。对于身体之社会性的思考,早在先秦即已积淀了丰富的认识。基于建构性的正面立场,儒家自始即强调身体的社会维度,其中不仅包括用以遮蔽躯体和辨识身份的衣饰与威仪,而且也包括行动中的身体,例如恰当地体现礼仪的周旋进退的身体,所有这些都是儒家文明的组成部分,孔子所谓"不学礼无以立",即指明了身体与礼的关系。与此相对,道家视儒家的文明成分为虚妄的、人为的造作,是违背人类本性的存在物,因此在身体的态度上也明显不同。在《庄子》一书中,曾经屡次借助于身体的残缺形象,致力于消解儒家式的身体。从这些丑陋的身体之中,读者反而获得超越性的精神愉悦。在秦汉时期,随着对身体认识的深化,身体的社会维度依旧受到关注。对于儒家礼仪的解说,构成了关于身体的丰富学说;而盛行于秦汉早期的黄老学派,则继承了早期道家的态度。尽管儒、道两家的身体观念早在先秦时期已经表现得相当充分,不过考虑到思想演进史的前后关联,以及相关文献的成书情形,在此仍然进行简短的追溯说明,以便提供秦汉身体观念的思想史背景。

第一节　先秦儒道的身体观

秦汉时期的身体观念,并非横空出世、毫无依傍的;先秦的相关思想,构成了悠久的历史渊源。随着时间的推移,这些早期思想逐渐发生着变化,并最终融入秦汉思想的洪流;不过,也有相当一部分仍然相对稳定地维持着本来的面貌,且绵延于其后的时代。纵观《黄帝内经》等文献,其中保留着不同时代的创作痕迹,这是自早期以来身体观念不断演进的反映。此外,作为较特殊的事例,诸如《仪礼》《孝经》《论语》等儒家典籍在汉代获得经典性的崇高地位,它们对于身体之社会性与宗教性的规定,因此得以广泛流布。这些事例均表明,身体的相关理论在战国至秦汉之间往往保持着紧密的联系,而且直至汉代,仍保持着文献变动的复杂性,以及文献阐释的突出的差异性。

根据相关的研究,在春秋战国的各种文献中,身体已经成为重要的讨论对象。从哲学论著、历史文献到文学作品,莫不包含身体的论说在内。作为宇宙与人互相联系的媒介,它不仅以其结构或范式影响着对于自我和整体世界的认识,而且也为更加抽象而超越的心性或心灵境界的生成提供了基础。诸如身体的气化、志与气、魂魄、天人相应等主题纷纷显现,为此后的思想发展奠定了基础①。除了作为思想基础而普遍存在

---

① 关于春秋战国时代身体观念的概貌,可参考杨儒宾主编:《中国古代思想中的气论及身体观》,"导论"部分,第4—36页,台北:巨流出版公司,2009年。

的身体的关联系统——这在后面将详细讨论——之外,较为显著的变化乃是在反省体证中对于身体的新认识,主要表现于儒家学说中内省道德意识的凸显,以及道家学说中关于身体之本质的认识。

在先秦诸子中,儒家对身体的重视程度,相对于其他思想派别似乎更为突出。虽然与盛行于秦汉时期的关联性阐释并非截然分离,但是我们不得不承认,这一支思想以其鲜明的特色,代表着相当重要的阐释传统,并在其后的时代长期发挥着深刻的影响力。作为与儒家思想相对立的另一极,早期道家则从相反的角度切入对身体的考察,并与儒家学者展开针锋相对的论辩逻辑。在这些思想家的交锋中,对身体的见解并不仅仅来自哲理性思考的结果,诸如礼仪、宗族与宗教等其他观念往往也发挥着重要的作用。思想生成的多样化途径,昭示着身体所承载的复杂的观念;而对待身体的态度,实际上也分别指向文明、礼仪、家族观念等不同的层次。

对于儒家学者来说,身体不只是哲学讨论中可以化约的因素,它同时还是社会身份与礼仪的承载体,以及宗族血缘关系纽带的集中体现。我们不难从各种相关文献中找出这一因素的踪迹。在儒家的各种用语中,往往使用"身"来指称自我。带有正面意义的范畴与命题包括:"修身""安身""致身""正身""守身""敬身""尊身"等等;负面性的名词则包括"忘身""辱身""失身"等等①。在形容关键性的道德抉择的场景中,也经常使用"杀身成仁""舍生取义"之类的文字加以描述。这些至少在字面上与身体相关的词语,一般带有道德化的内涵,但是承载的主体却并未必完全归结于道德心灵,而是往往诉诸身体。此外,在受到时代性的自然气化学说等的影响之后,身体的内涵进一步复杂化。正如杨儒宾所说,儒家身体观的原始模式在先秦时代即已确立,如果将这一生理性的形躯也包括进来,那么传统儒家的理想的身体观即应具备"意识的身体、

---

① 按照早期汉语的普遍规则,"身"与"体"在先秦主要单独使用,在此仅举前者为例说明。关于"体"的说明可参考后面关于孟子的注解。"身体"作为复合词使用的场合较少,不过大致与单字内涵相仿,例如《礼记·乐记·乐象》:"惰慢邪辟之气,不设于身体。"

形躯的身体、自然气化的身体与社会的身体四义"[1]。由此不难想象,儒家的自我是层次丰富的组合体,并不排斥哲学思辨层面之外的各种要素;易而言之,儒家将"自我"放置在综合性的身体这一现实基础之上,从而保持了其论说之指向的多样性。

除此以外,我们还可以从字形的方面加以考察。单以儒家思想的核心范畴为例,"仁"在孔孟学说中的重要地位无庸说明;而这一概念,在早期的出土文献中多写成"上身下心"的形式,例如郭店楚简与上博楚竹书皆是如此[2]。如果无视其写法,而坚持认为这一术语完全摆脱了身体的涵义,或许是难以接受的。再退一步,暂且不顾及文字的字形,转而从思想论述的层面来看,身体也占据着醒目的位置。事实上,即使是在最为精微的哲学思辨中,儒家学者也从未将身体的成分彻底摆落在一旁,而是为后者充分保留着基础性的位置。

> 君子黄中通理,正位居体,美在其中,而畅于四支,发于事业,美之至也。
>
> 　　　　　　　　　　　　　　　　　　(《周易·坤卦·文言》)

> 古者伏羲氏之王天下也,仰则观象于天,俯则观法于地,观鸟兽之文与地之宜,近取诸身,远取诸物,于是始作八卦,以通神明之德,以类万物之情。
>
> 　　　　　　　　　　　　　　　　　　(《周易·系辞传》)

根据上述两段文字,"身"与"体"均占据着重要的地位,自我的身体不仅构成了内在之"美"向外散发的必经的层阶,而且也是理解世界的最

---

[1] 杨儒宾:《儒家身体观》,第9页,台北:"中央研究院"文哲研究所,1996年。

[2] 单以郭店楚简为例,《缁衣》《语丛》《五行》《尊德义》《穷达以时》《性自命出》《性情论》《忠信之道》《唐虞之道》《老子》等篇皆作这一写法。此外,罗福颐《古玺文编》载录的"仁"字中,采用该写法者共计二十八例,可资佐证。需要指出的是,上部之"身"往往误读为"千"或"人",例如在《说文解字》中即是如此:"古文仁,从千、心。"可参考虞万里:《上博简、郭店简缁衣与传本合校拾遗》,载《上海博物馆藏战国楚竹书研究》,上海:上海书店,2002年。

为切近的参照系①。在《周易·说卦传》中与各种卦相对应的身体部位，参与了对整体世界之变动的摹拟与类比，这正是"推己及物"思维在身体层面的表现。正是在承认身体之复杂结构的基础上，天人合一的理想才得以建立起来。此外，在《易传》与《中庸》等文献中，作为动态的、身心深层平衡的"中"，被特别地予以注意。这一始源性的状态，如"黄中通理，正位居体"或"喜怒哀乐未发"之"中"，体现在身体的场域之中，同时又在超越身体的层级过程中美化了四肢躯体与道德事业。因此，儒者的修养乃是针对整体性的身体而展开的，而身体也不是封闭性的场域，它为进一步的道德进展提供了支持——也恰恰是在类似的意义上，"反身修德"与"澡身浴德"才成为可能，并充当了儒者的本质性的特征②。

由于身体对于儒家而言具有正面的意义，为儒家各种礼仪和思想的施设提供了基础，因此儒家对于感官的功用是予以肯定的。在君子之"九思"的条目排列中，"视思明，听思聪"构成了最为基本的要求，所谓"明""聪"，即是指身体辨识外物的能力③。不仅如此，儒家在肯定感官之感知功能的同时，也并不否认感官的生理性。对于身体所含有的欲望层面，儒者一般秉持节制的肯定态度；虽然对欲望的追求不能够超出适当的限度，但是满足身体各方面的基本欲望，终归是合理的。

> 故礼者养也。刍豢稻粱，五味调香，所以养口也；椒兰芬苾，所

---

① 与此同时，还存在将"身"与外在的"家、国"与内在的"心、性"一同组成递进的道德或政治层阶的思想，这多见于思孟学派的文献。例如《孟子·离娄上》："天下之本在国，国之本在家，家之本在身"，以及《大学》篇里"正心诚意、修身齐家"的著名文字。不过，其他派别的典籍也时有述及，如《吕氏春秋·执一》："身为而家为，家为而国为，国为而天下为。"可以肯定，无论基于何种论说目的，"身"在此均被视为不可忽略的层次或环节。

② 《周易·蹇卦·象传》："君子以反身修德"；《礼记·儒行》："儒有澡身而浴德。"

③ 《尚书·洪范》："五事：一曰貌，二曰言，三曰视，四曰听，五曰思。貌曰恭，言曰从，视曰明，听曰聪，思曰睿。恭作肃，从作乂，明作哲，聪作谋，睿作圣。"在汉代，《春秋繁露·五行五事》再次阐释了这段经典，另外扬雄在《法言·学行》与《太玄·玄线》中分别简略地引用了其中的部分文字。

以养鼻也；雕琢刻镂，黼黻文章，所以养目也；钟鼓管磬，琴瑟竽笙，所以养耳也；疏房檖貌，越席床笫几筵，所以养体也。故礼者养也。

（《荀子·礼论》）

荀子对礼的基础性功能所作的这一说明，着眼于身体的各种感性要素。对于味、嗅、视、听诸感官而言，在满足基本欲望的同时，能够获得相应的生理性的快感，这也是音乐与雕刻、绘画等艺术所引起的美感的一部分。对于生理快感与更高层次之美感的划分，儒者固然具有清醒的意识，但是他们似乎并不贬斥这些快感，而是与之相反，将基础层次的快乐视为正当性的存在，这是由对身体的肯定而获得的。这一状况促使我们重新反思对于快感与美感的截然区分——这一屡见于西方古典美学的分析架构，或许不应轻易地移用于中国美学的全部领域，因为该二分中暗含有价值上的差异，并且不自觉地导向对生理性快感、欲望乃至身体的轻视。

在肯定身体之正当存在的基础上，儒家同时从社会性的层面再次扩充了身体的丰富性。正如荀子所论述的那样，在礼有所养的基础上，君子尚需注意伦理性的区分，这一区分不仅体现在人与禽兽之间，也体现在君子与小人之间①。在不同社会中，大量由身体发展出的象征被用以表达不同的社会经验；因此，在社会伦理性的威仪方面，也需要做出不同的标记。在较早的时代，身体的这一表现即是"威仪"：

有威而可畏谓之威，有仪而可象谓之仪。……《周书》数文王之德……文王之行，至今为法，可谓象之。故君子在位可畏，施舍可爱，进退可度，周旋可则，容止可观，作事可法，德行可象，声气可乐，

---

① 与荀子的思想路数不同，稍早的孟子对于"礼"的因素鲜有涉及。不过与《荀子·礼论》中的二分法相似，孟子也同样区分了"小体"与"大体"，这里前者乃是相应于身体的层面，而后者则是超越身体的道德理想。孟子尽管强调要由对"小体"的执著摆脱出来，进而寻求"大体"，但是并没有直接的证据表明他轻视身体性的因素。如果考虑到"夜气""践形""四体"等论述的话，那么，身体实际上仍然处于孟子的思考范围之内。

动作有文,言语有章,以临其下,谓之有威仪也。

(《左传·襄公三十一年》①)

按照阮元的阐释,"文王之德"并非单单表现在纯粹的道德心性方面,而是通过外显的威仪展现出来的②。威仪的体现场所以身体为中心,包括身体的静态的修饰与动态的礼容。从早期的威仪到较晚的关于儒家礼乐的解说,其间自然存在着重要的差异;不过,其共同性仍然相当明显:身体在其中充当着主体,无论动或静,其表现都是合乎规矩与节度的,唯有如此,才能够区分君子与小人的差异,体现出儒家的人格理想。因此,《礼记·礼运》云:"故礼义也者,人之大端也。所以讲信修睦,而固人肌肤之会,筋骸之束也。"

"体"("體")与"礼"("禮")的亲缘关系,从它们字形的相似性可以做初步的窥测。作为它们的共同部分,"豊"象征着行礼节时所使用的礼器③。就身体在礼仪活动中的角色而言,身体承载着礼仪的实现,而礼仪又反过来为身体提供行动的规范。威仪的本质在于礼,君子则以礼行事,作为礼的体现者,在礼的周旋进退中塑造自身。在这里,所谓"身体"不再限于个体之自身,而是同时包含着与他者的互动,以及在群体中实现自我的可行性。由此,个体之身体扩展而成为群体性的身体的组合。礼在此造成了对于生命与身体的整体渗透:礼不是与身体行为割裂的外在的规矩,而是融化在身体的践履功夫之中,并通过后者而彰显出来。如果舍弃了身体方面的具体的规定性,那么附丽其上的礼仪等因素则无从成立。

---

① 相似的涉及"威仪"的例子,又如《国语·周语二》:"容貌有崇,威仪有则,五味实气,五色精心,五声昭德。"其中的"实气""精心""昭德"等用语,意味着对生命由外向内渗透的整体塑造,亦即威仪观念的进一步内化。

② 阮元:《威仪说》,《揅经室集》上册,第217—220页,北京:中华书局,2006年。

③ "礼"与"体"的内在关联,在汉代是作为自觉的认识而普遍存在的。如《礼记·礼器》:"礼也者,犹体也。"《法言·问道》:"礼,体也。人而无礼,焉以为德?"《法言·问明》:"说天者莫辩乎易,说事者莫辩乎书,说体者莫辩乎礼。"可以看出,无论如何理解,"体"均被视为"礼"的本质性特征或内在的规定性。

　　身体承载着神圣的礼仪,也承载着所有审美性的活动。古人对于这一维度具有极为自觉的认识。不妨参考一个较为极端的例子。按照儒家的礼仪规定,在服丧时,对于一切生活态度,在不造成肉体之毁伤的范围之内,要求采取极严格的禁欲与节欲。因此,《礼记》之丧礼的内容表明:生命的死亡,意味着一切官能之美的享乐被否定;这一对生命与享乐及美感之密切关系的体认,通过对身体的严加约束而反衬出来。①

　　由此可见,儒家的身体观念大致包含两个特征:首先,对儒家而言,身体是值得肯定的,它构成了儒家文明运行和修养施行的基本载体;其次,身体包括生理的与社会的层面、静态的与动态的表征,这意味着身体的内涵从来不是平面的或者单一向度的,而是表现为各种复杂成分的相互交错的融合体。身体不仅体现出生理性的构造,而且又受到社会支配与控制的规训。礼文对于身体的规定性,表明儒家的支配与控制已经深入身体的内部,身体由此进而被转化成儒家化的存在。当这些内涵与其他因素——例如《孝经》"不敢毁损"的思想②——进一步相互结合时,身体的神圣性与正统性遂再一次得到有力的确认。从某种意义上说,身体在此转变为礼仪化的文本,并用以书写儒家的政治美学。

　　针对儒家的身体理论,道家从消解的面向展开了不同的论说。在此,我们不妨援用俄罗斯思想家巴赫金(M. M. Bakhtin)的分析,尝试做一简单的说明。巴氏区分了两种不同性质的身体——"正统性的身体"与"怪诞的身体"(the grotesque body),并对其性质加以界定。所谓"正统性的身体",是指由占据着主流地位的统治者所努力构建的规范化的身体观,它强调"完整"及"完成"严肃与悲剧性,达到畏惧、戒慎恐惧的政权统治效果;通过这种身体观的不断强化,正统的中心地位随之加强,而非正统的因素则被排除出去。与此相反,"怪诞的身体"则通过对于身体及其附加因素的有意破坏、讽刺、瓦解、嘲笑,消解政治压抑与意识形态

---

① 例如《礼记·檀弓》:"去饰,去美也;袒括发,去饰之甚也。"
②《孝经·开宗明义章》:"体之发肤,受之父母,不敢毁伤,孝之始也。"

的束缚,嘲笑正统文化所塑造的忧患意识及完美的身体的典范,创造新生命、新秩序或新境界。比附巴氏的理论,儒家与道家的对峙大抵亦可如此看待。尽管该理论并非针对先秦的文化情境理论,因而难以抉发出儒家与道家思想的特殊性,但仍然有助于从一种普遍性的角度加以审视并深化理解。

在早期道家的代表作《老子》与《庄子》中,分别提出了各自的身体观。对于老子学派而言,理想的身体状态乃是"复归于婴儿",这与身体形成过程的性质具有密切的联系。由于这部分内容将在后面述及,故在此不赘。不过首先肯定一点,即"婴儿"般的身体乃是某种原初性的或者本源性的状态,其中并不包含正统的意识形态的塑造成分在内,因此,向其复归,便意味着解除儒家的层层设定,从而导向不同的审美理想。"吾所以有大患者,为吾有身;及吾无身,吾有何患"(《老子》第十三章),表明了这一消解身体的态度。在《庄子》一书中,则以一系列脍炙人口的丑怪身体,反复破除正统的身体观念,及其所蕴含的传统认知方式与价值体系;这些令人讶异的事例不复拘于身体的外在形相,而是超越形骸的局限,并由身体形骸的忘怀,向上进入齐物、无为的境界。在此,躯体的丑,反而引向超越此一层次的精神的整全性,乃是在宇宙的根源层面上肯定万物之"大美"的身体的美学,我们不妨称之为"支离的身体观"①。

易而言之,"儒家强调由身体与整体的体制去体现仁义,礼仪及正统的身体因此显得十分重要。针对这一点,庄子刻意提出巫者的'丑怪身体',质疑儒家所借以呈现其中心价值、利益、权力的系统"②。故对于儒家身体思想的反动,尚不仅表现于对待身体之本身的态度,而是由此延伸开来。对于道家思想者来说,对身体的否定,意味着对身体所承载的文明因素的否定,也意味着对拘执于身体所具有的感性认知能力的根本

---

① 关于庄子身体观念的分析,可参考[美]吴光明:《庄子的身体思维》,载杨儒宾主编:《中国古代思想中的气论及身体观》,台北:巨流图书公司,2009 年。
② 廖炳惠:《两种"体"现》,载《中国古代思想中的气论及身体观》,第 225 页。

的否定。《庄子》中的"浑沌"与"玄珠"的故事,均表达了"堕肢体,黜聪明,离形去知,同于大通"的愿望。早期道家认为感官的认知能力是有限的,故无法把握"道"这一宇宙的根本实相;据此,他们也不认可感官的快感或欲望的自足的地位。无论我们更强调《庄子》思想中神秘的宗教因素的遗留,还是认可其哲理化的解读,总之,其最终目的在于超越现实中的身体,而达到"耳目内通""六根互用"的精妙境界①。

> 属其性于五味,虽通如俞兒,非吾所谓臧也;属其性乎五声,虽通如师旷,非吾所谓聪也;属其性乎五色,虽通如离朱,非吾所谓明也……吾所谓聪者,非谓其闻彼也,自闻而已矣;吾所谓明者,非谓其见彼也,自见而已矣。
>
> ——《庄子·骈拇》

在这里,两种不同内涵的"聪"与"明"相互对照,其间隐含着儒家与道家的不同身体观的差异。由此可以看出,儒家与道家基于不同的哲学理论基础,在身体的相关问题上多存在矛盾,其中多数思考在后世依然具有茁壮的生命力。不过,我们也会看到,不论这些思想论述得如何精致,他们对于身体自身之性质的说明仍相对集中,论述身体正是为了追求超越身体的效果。这些属于哲学家传统的思考,与秦汉时期流行的关联思维模式的身体观仍存在着重要的差异——虽然后者也往往吸收了前者的思想在内。

第二节 身体的二重性构造

对于身体的认识,是在长期的实践中不断深化的,这构成了医学之身体观念的根本特征。与前述先秦儒、道身体观多系纯粹的思想性建构不同,医学以治病救人为根本宗旨,除诊疗的准确性与治疗效果以外,并无其他的验证标准。因此,医学中的身体学说,从根本上说乃是指向事

---

① 关于感官的讨论分析,见钱锺书《论通感》一文,载《七缀集》,上海:上海古籍出版社,1996年。

实的学问。这里无意在两种不同性质的理论间强分优劣,只是希望指出如下的事实:医学中的身体观念,乃是建立在技术应用的基础之上,它在根本上受到经验事实的约束。由此而言,尽管思想的创发无妨超越经验性的基础,但是却不能与事实形成主观的悖离。对于审美活动中的身体而言,大致同样受到这一规律的牵制。

承认医学的技术性与实用性,并不意味着医学理论完全根据经验性的事实积累而成。与这一常识相反,在传统医学的形成过程中,单纯根据经验,或许永远也无法建立起关联性的理论架构。按照托马斯·库恩(Thomas S. Kuhn)的研究,在所有前科学与现代科学的分析的表层之下,都隐藏着先于任何分析的科学与技术模式,它从整体上规范着研究的性质与发展方向,直至其无法解释大量经验事实而为其他模式所取代①。作为指导传统医学发展的基本范式,医学中的身体理论亦是如此。从这一意义上说,身体观念并非完全来自相关经验认识的综括,而是在各种医学名词与术语堆积的底层,潜藏着某种先在的基本模式;在这一模式最终为他者所取代之前,一切变动不过表现为其内部的局部修正与调整。我们不妨推测,这一模式具有时代性的特征,探寻这一模式,并搜寻它与审美领域的内在联系,在很大程度上有助于深化对同期美学性格的理解。

在秦汉时代的身体观念中,对身体基本结构的认识构成了核心的部分,因为具体的观察与试验均围绕着这一中心展开。无论医学技术与理论发生了何种变动,其基本的模式则大致没有变化。在此,所根据的文献主要是《黄帝内经》——其编纂始于西汉末年,以及上世纪 70 年代以后出土的马王堆、张家山等西汉医学文献②。单就《黄帝内经》而言,我们

---

① [美]托马斯·库恩:《科学革命的结构》,北京:北京大学出版社,2012 年。
② 根据《汉书·艺文志》,除了"《黄帝内经》十八卷"以外,还记录着同名的《外经》三十七卷;《扁鹊内经》九卷,《扁鹊外经》十二卷,《白氏内经》三十八卷,《白氏外经》三十六卷,《旁篇》二十五卷。由于《黄帝内经》以外的其他文献均已佚失,因此《黄帝内经》的地位极其重要。此外,从马王堆三号西汉墓出土的医学文献,也构成了理解秦汉医学与思想的重要参考。

无论如何评价该文献的重要性都不过分,甚至可以说,传统的身体观念正是以此书为中心而形成的。在传统医学的传授程序中,阅读《黄帝内经》为首的一系列经典乃是非常重要的环节,这一特性至少印证了如下的事实:作为具有崇高地位的经典,《黄帝内经》以其相对完整的身体学说,构建起传统医学所赖以滋蔓的根干。马王堆、张家山等出土医学文献则构成了对历史真实情形的参照物。通过分析比较这些材料,我们不难发现,即使在部分观念之间存在着差异与变动,但是作为其共同的模式,身体构成的基本理解并没有根本性的变化,这其中主要包括气的理论与身体的二重性构造。

在探讨秦汉身体观之前,需要对《黄帝内经》的编撰年代做出判定,因为这一因素在很大程度上决定着早期医学的面貌。不过在此我们将相对弱化这一因素的影响①。这不仅由于该问题迄今为止尚无定论,而且相对于医学思想的具体进展,我们更加关注作为具体认识进展之潜在规范的基本原理。如果后者并未相应于前者而发生本质性的变异,那么,从这一角度来把握早期的身体观,我们不妨可以认为,整个秦汉时代的认识保持着相对一致的倾向,这一求同存异的做法,对于审美因素的探讨是更为方便的。

石田秀实指出,“中国古人,对身体是抱持着二重的眼光加以了解的”②;也就是说,身体被理解为二重性的构造。所谓“二重的眼光”或二重性构造,是指身体中包含着性质与构成原理不同的两部分,即场域性的身体与流动性的身体。按照石田氏的解说,前者是作为空间性的存在物,包括五藏(脏)六府(腑)、皮革、骨骼与经脉管等部分,而后者则是借

---

① 日本学者山田庆儿认为,《黄帝内经》文本中包含着不同的年代层次,在现存《素问》《灵枢》二书中,西汉作品不超过二十篇,其余则成于王莽新朝至东汉初期。对于山田氏这一相对较晚的见解,石田秀实进行了反驳。参考[日]山田庆儿:《黄帝内经的成立》《九宫八风说与少师派的立场》,二文均载于《古代东亚哲学与科技文化》,沈阳:辽宁教育出版社,1996 年;[日]石田秀实:《从身体生成过程的认识来看中国古代身体观的特质》,第 178—183 页,载杨儒宾主编:《中国古代思想中的气论及身体观》。
② 前引石田氏论文,第 184—185 页。

助于流动的"气"而发生作用的因素,包括血气等在内。医学中所使用的"五藏六府图"与"明堂经络图",大致对应于这两种成分;将二者叠合在一起,则构成了完整的身体。相对而言,尽管前者更加容易把握,但它毕竟是作为"气"之流通的场域而存在的,后者才是身体的本质所在。不仅医学中持此理解,就是哲学讨论中的"精神""精气""血气志意"等,也悉数属于流动性的身体部分。

在理解流动性的身体之前,需要对所谓"气"的概念加以界说。作为内涵丰富的范畴,气具有各种不同的面向与层次,不过大致可以分为自然之气、人间之气以及原理性之气三种,且在使用时其间未必存在明确的分界。对于先秦哲学家来说,"气"仍然含有身体层面的因素,但是它一般是作为原理性思想框架的底层而被认识的,例如孟子的"养气"或荀子的"治气",固然为身体所含之气,不过其旨趣均在于超越身体,指向道德修养乃至重建社会——如普及于"礼"的各层面而有秩序的社会①。

秦汉时期的面目与此不同,开始进入所谓"唯气论"的时代②:宇宙生成论频频被加以讨论,而所谓"元气"之统合性的一气也备受重视。相对于原理性的阐释,"气"更多地被看作是涵括并构成万物的终极性要素。到西汉时期,以天人相关的认识为基础,灾异说与祥瑞说异常风行,而天与人的感应正是以融摄万物的"气"为媒介的。如果将此视为秦汉尤其是汉代之气论的特色,应当不存在大的问题。就此而言,宇宙万物均处于气的聚散之中,而人则由精气(或"五行之秀气")凝聚而成,并且分为有形可见的部分以及无形不可见的部分。进而言之,在医学的方面,身体状况的良好与否,即与气之畅通程度相关;如果凝滞不流通,则易造成各种病症——这是相当早即已存在的认识。

---

① 《孟子·公孙丑上》:"夫志,气之帅;气,体之充也。夫志至焉,气次焉。故曰:持其志,无暴其气。"
② 徐复观:《两汉思想史》第二卷,第 374 页。

> 形不动则精不流，精不流则气郁。郁处头则为肿、为风；处耳则为扃为聋……处足则为痿、为蹶。
>
> 　　　　　　　　　　　　　　　　　　（《吕氏春秋·尽数》）

从身体的生成过程，我们能够更好地理解身体的二重性。人本由精气所构成，"男女构精"的模式如此为人熟知，以至于在《周易》中被移用于"万物化生"的类比说明；在这一对宇宙万物生成的身体譬喻中，其间的类似特征即在于阴阳和合的本质。按照《灵枢经·本神》的说明，随着胎儿在母腹中的逐渐生长，流动性的精气逐渐分化出液态乃至气态的部分，例如脑髓、作为支柱的骨、传递营气的经脉、作为墙壁的肉、皮肤、毛发等依次出现。此外，在马王堆出土帛书《胎产书》中，在产生"留（流）形"以后，很快过渡到"始膏"的半流动性状态，此后，由于禀受五行之精气，空间性的手足、筋、骨、肤革、毛发、百节依次形成①。由此可见，"精气"乃是人的原初形态，它尚未从混沌的气的整体中分化出来，因此备受道家的推崇，前述《老子》中的"婴儿"即指此而言。此外，虽然人的成长过程是由精气经流体逐渐过渡到固态，且人的血气和魂魄、精神均有赖于身体场所的支持；但是，流动性的身体并未萎缩，而且依旧占据着主宰性的地位。

对于场域性的身体而言，其各要素之间具有空间性的并列关系；而关于流动性的身体，则遵循着相当不同的规定性。因此，对于这两种不同的身体层面，其类比的模式也存在着显著差别。我们不妨探讨相关的关联模型，例如在早期中国相当流行的水系模型和官僚制模型等，它们引导着秦汉时期对身体的不同角度的理解，而这些均在审美领域的借用中得到进一步的体现。

---

① 《马王堆出土帛书》，第四册"胎产书"，北京：文物出版社，1985 年。此外，在《淮南子·精神训》中简明地解说了生育的过程："一月而膏，二月而胅，三月而胎，四月而肌，五月而筋，六月而骨，七月而成，八月而动，九月而躁，十月而生。形体以成，五脏乃形。"尽管二者间存在若干差异，但是就大体而论，至少在西汉的早期，相对一致的身体形成的说明已经形成，这意味着本文的论述对于秦汉的大多数时期可能都是成立的。

心者,君主之官也,神明出焉。肺者,相傅之官,治节出焉。肝者,将军之官,谋虑出焉。胆者,中正之官,决断出焉。膻中者,臣使之官,喜乐出焉。脾胃者,仓廪之官,五味出焉。大肠者,传道之官,变化出焉。小肠者,受盛之官,化物出焉。肾者,作强之官,技巧出焉。三焦者,决渎之官,水道出焉。膀胱者,州都之官,津液藏焉,气化则能出矣。凡此十二官者,不得相失也。

(《素问·十二藏相使论》)

将五藏六府等空间性因素与君主官僚制的各种设置相互配合,形成了秦汉医学对场域性身体的基本认识。从这一配合关系不难看出,身体内各要素的空间关系,被转化为官僚制中以君臣关系为主导的一系列功能的分属并加以认识。需要注意的是:这一关联赋予了身体各场域性要素的价值序列。例如将心看作是"君主之官",这意味着它从整体上统摄着其余的部分。正如在音乐理论中引入五行关联系统之后,"宫"被赋予君主般的地位一样,"心"在此同样构成了身体内最高价值的承担者——在它的控制之下,其他的器官各司其职,有条不紊;良好的身体状态,则被形容为在君臣高效治理之下和谐运转的官僚制国家。易而言之,身体的各部分不仅是功能性的,而且也是价值性的,其间引入了政治性的相关规定,例如尊卑的秩序、中央对于各组成部分的权威性,以及金字塔式的控制系统。这一观念在秦汉时期是极为普遍的。

夫耳目鼻口,生之役也……耳目鼻口不得擅行,必有所制。譬之若官职,不得擅为,必有所制。

(《吕氏春秋·贵生》)

单纯的五藏、十二官等场域性因素,以及其间的相互关系,尚不足以构成身体的全部。此外还有骨骼经络、气血津液等因素的存在。不过,这一官僚制的譬喻,从根本上限定了场域性身体的性质。从中医学的角度看,"藏府为人身肌肤四支、九窍百骸、脑髓骨脉、气血津液等生化之源和功能活动的根本,所以无论内外任何部分,如果呈有太过不及,或彼此失调等现象产生,都和藏府有其不可分割的内在联系。"①因此,五藏与十二官所含有的官僚制内涵,也通过与其他身体成分的对应关系而向外辐射与蔓延。

或许这一关联性的说明很容易被看作是牵强而缺少现实依据的。不过从根本上来说,这一官僚制譬喻,并不比存在于身心二元论之下的诸种思维模式更为荒诞:诸如"心/身:君主/国家"或"心/身:机器之控制器/机器整体"等关联模式,它们不仅长期地支配着西方传统思想对于身体的认识,而且也决定性地支配着欧洲哲学中一系列精神或心灵哲学理论的结构。由于在任何理论的底层,均存在着不可化约的关联模式;因此,从这一意义上来说,身体的官僚制譬喻,就不仅仅是纯粹外在的比喻性借用,而是通过关联性思考将后者所含的文化与价值内涵引入了自身——后者的本质属性,从而得以支配着对于身体的认识。同样,后面提及的各种关联性比喻,也遵循着这一原则。这对于我们理解秦汉时期的形神或身心关系,具有重要的参考意义。

除了场域性的成分以外,身体内还存在着各种流动性的因素,例如血气、津液、精神、志意等等。这些因素尽管彼此间存在着位相与层次上的差异,但是就其流动于身体之中的形态而言,则具有与五藏六府等场域性身体不同的性质。按照前述身体生成过程的说明,最初出现生成的"流动的身体",乃是"精"与"神"等因素,它们规定了人之所以为人的可能性;随着场域性身体在某种程度上的生成,其后出现的则是"营血"与"卫气"等因素,它们流转于坚固身体的内部。事实上,身体的流动性与场域性存在着一定程度的互渗,举例来说,即使在筋骨形成以后,如果从"经筋"的角度来理解"筋",那么,其中仍然含有流动性的含义②。

> 人之血气精神者,所以奉生而周于性命者也。经脉者,所以行气血而营阴阳,濡筋骨,利关节者也。卫气者,所以温分肉,充皮肤,

① 吴考槃:《黄帝素灵类选校勘》,第 53 页,北京:人民卫生出版社,1986 年。
② [日]石田秀实:《由身体生成过程的认识来看中国古代身体观的特质》,第 191 页。

肥腠理,司开合者也。志意者,所以御精神,收魂魄,适寒温,和喜怒者也。是故血和则经脉流行,营复阴阳,筋骨劲强,关节清利矣。卫气和则分肉解利,皮肤调柔,腠理致密矣。志意和则精神专直,魂魄不散,悔怒不起,五藏不受邪矣。寒温和六府化谷,风痹不作,经脉通利,肢节得安矣。此人之常平也。五藏者,所以藏精血气魂魄者也。六府者,所以化水谷而行津液者也。

(《灵枢经·本藏》)

由此可知,流动性的身体乃是表现为各种脉络或通道组合交错的身体,其内部则不停地运行着各种流动性因素;它们以五藏六府等空间场域为依托,更多地体现出生命流动不已的动态的一面。就气血津液等因素而言,它们往往被看作是同源异名的:"以其运行而言,则曰气;以其洒陈而言,则曰血;以其濡润而言,则曰津;以其淖泽而言,则曰液。"限于篇幅,在此不拟对相关状况详加说明,不过可以肯定的是,这些或者无形可视、或者类似液体的流动性存在物,至少共享着流体的特性,因此与其最为密切的关联模型即是水系比喻。

如山田庆儿所述,"水系模型,是在中国医学的体系化阶段时,被作为生理学的基本性模型而采用的"[1]。所谓"水系模型",即是将身体的流动性因素以自然界中的河流江海予以类比,其最显著的表现在于四海与十二经脉。如同世界有四海,"人有髓海,有血海,有气海,有水谷之海"(《灵枢经·海论》),它们分别位于脑、冲脉、胸中和胃;其次,纵向走行于人体、手足的太阳、阳明、少阳、太阴、少阴、厥阴之十二经脉,向外与中国的十二条大河相对应,向内则与十二脏腑相联系。例如:

手阳明脉——长江——大肠

手太阴脉——黄河——肺

手太阳脉——淮河——小肠

---

① [日]山田庆儿:《中国医学的思想性风土》,载氏著《中国古代医学的形成》,第48—52页,台北:东大图书公司,2003年。

足太阴脉──渭河──胆

．．．．．．．．．．．

水系模型不仅包含着与自然中的四海、十二河流对应的主体部分，而且还包含着更为具体的构成要素。例如在十二经脉中的五腧穴，即井、荥、俞、经、合等五个穴位，它们相当于河川之源流至河口的水流模型①。这一把握身体的方法无疑是以地理形势为模型的。事实上，水系模型只是人体地理学较为显著的表现之一。此外，在较早形成的穴位的名称中，屡屡出现诸如井、泉、池、泽、渠、海等名称，以及谷、溪、陵、丘等地理名词；这些命名方式意味着在早期思考身体的过程中，自然地理在很大程度上充当了理解的参照系。这一方面彰显了人和生活环境之间的密切关系，另一方面，则意味着某些理解方式为二者所共有。例如，当使用"脉"这一术语来分析文学与绘画作品的性质时，不应忘记该术语在人体与自然地理环境中更为基础性的使用状况，因此在这里潜藏着"自然地理─身体─文学艺术"的层进式关联模式。在分析其他的身体术语时，也常常遇到类似的情形。

需要特别说明的是，在讨论山水画的美学理论中，不时会借用身体性的比喻。因此身体与山水的相互指涉，便呈现出相当复杂的形态。例如，北宋时期的郭熙即由此论述山水布置的相互关系。

> 山以水为血脉，以草木为毛发，以烟云为神采，故山得水而活，得草木而华，得烟云而秀媚。水以山为面，以亭榭为眉目，以鱼钓为精神，故水得山而媚，得亭榭而明快，得渔钓而旷落，此山水之布置也。
>
> 石者，天地之骨也，骨贵坚深而不浅露。水者，天地之血也，血贵周流而不凝滞。

（《林泉高致·山水训》）

---

① 《灵枢经·九针十二原》："经脉十二，络脉十五，凡二十七气，以上下所出为井，所溜为荥，所注为俞，所行为经，所入为合。二十七气所行，皆在五俞也。节之交，三百六十五会。所言节者，神气之所游行出入也，非皮肉筋骨也。"

　　这段文字在引用身体譬喻的同时，也在某种程度上将身体的属性转移到绘画领域之内。首先，身体的二重性构造在此得到推阐，空间性的因素如亭榭、草木、石等被比拟为眉目、毛发、骨等场域性的成分，而烟云、水等幻化飘渺的因素，则相当于身体中神采、血等流动性的成分。其次，身体的有机整体性也在此得到援用。用身体的构成要素来比拟山水自然，意味着对后者的欣赏中，包含着中国固有的生机论的思想。而这一思想，在较早的时期，又是从地理学观念转移到身体理论之中的。

　　在秦汉时期，无论是场域性身体还是流动性身体，其认识仍处于不断的变动之中。例如，根据马王堆出土文献《足臂十一脉灸经》《阴阳十一脉灸经》与《太素·经脉》篇的对比，最醒目的差异来自"脉"之数目的不同。所谓"十一脉"，包含五阴脉和六阳脉，来自与五藏六府的对应；而十二脉则包含着六阴六阳，这一调整与其说是根据实践经验做出的修正，毋宁说是十二这一新的分类系统反过来制约着对事实的认知①。不过，透过这些局部的不同，我们仍可以确认身体基本认识的延续性。"脉"的概念来自某种通道性的存在，即在更早的艾草咒术疗法中，侵入体内引起疾病的疫鬼的通行路径或区域。因此，它最初即是作为血或气一类的流动管线网络而存在的，先于穴位与穴位的连接②。尽管从咒术到医学存在着很大的差异，但是对身体的相关理解均是建立在脉络这一基础之上的。而随着医学进步逐渐确立的穴位点，则不妨看作是流动性身体的逐步空间化。

　　身体的构造极端复杂，很难用相对简单的模式加以摹拟，因此在确定身体之二重性结构的基础上，需要进一步考虑二者间的关系。它们的关系大致表现为两种层面：首先是每一空间性成分与流动性因素之各别

---

① 从十一脉向十二脉的转变，这一过程可以与如下的情形相类比。按照青木正儿的见解，在十二律产生之前，宫、商、角、徵、羽五声不仅充当音阶，同时也充当音律，因此存在从五律向六律六吕的转变；而这一转变的形成，则是来自战国时代开始流行的阴阳思想的影响。见[日]青木正儿：《周汉的音乐思想》，载氏著：《中国文学思想史》，第172页，沈阳：春风文艺出版社，1985年。

② [日]山田庆儿：《中医学的历史与理论》，《古代东亚哲学与科技文化》，第260—262页。

关联的稳定性,其次则是不同空间成分之间的相互关联。

单就五藏之"藏"的字面意义而言,它除了空间性、场域性的藏器的意义之外,还具有储藏、收藏、潜藏等含义。而后一含义则暗示了五藏的重要功能——即构成了各种流动性组成部分的储存或运行场所,二者之间存在着一一对应的关系:

> 五藏所藏:心藏神,肺藏魄,肝藏魂,脾藏意,肾藏志。是谓五藏所藏。
>
> (《素问·宣明五气》①)

由此可见,在五藏与"魂、魄、志、意"以及"神"等难以捉摸的因素之间,存在着相对固定的对应关系。对于后者而言,藏器如同容器一般,发挥着盛放或储藏的功能。尽管这些流动性的因素难以量化,但是其衰耗或盈满的程度,仍然借助其储藏场所的空间感(或体积感)而表现出来。如果从流体与容器的喻象进行理解,那么秦汉美学中关于内在志意的许多说法就更加容易接受,其中包括《楚辞》作品系统中屡屡述及的关于内心愤懑之郁积的描述。

将藏器理解为容器般的存在,并非随意的比附。在《素问·脉要精微论》中,就明确地用类似的文字来描述五藏:"五藏者,中之守也,中盛藏满,声如从中言,是中气之湿也。"②所谓"盛"或"满",均是容易引起体积感的用语。此外,还有使用建筑名词的譬喻,例如《灵枢经·胀论》:"夫胸腹者,藏府之城郭也;膻中者,心主之宫城也;胃者,太仓也;咽喉小肠者,传送也;胃之五窍者,闾里门户也;廉泉玉英者,津液之道也。故五藏六府者,各有畔界,其病各有形状。"这里的城郭、宫城、太仓和闾里等

---

① 类似而更加详细的讨论又见于《素问·调经论》:"人有精气津液,四支九窍,五藏十六部,三百六十五节,乃生百病,百病之生,皆有虚实,皆生于五藏也。夫心藏神,肺藏气,肝藏血,脾藏肉,肾藏志,志意通,内连骨髓,而成身形五藏,五藏之道,皆出于经隧,以行血气,血气不和,百病乃变化而生,是故守经隧焉。"这里匹配因素的差异姑且不论,五藏作为"藏"的功能仍然是一致的。

② "守"字,《针灸甲乙经》卷六作"府"。

术语,兼具两层内涵:首先它们构成了空间性的建筑与公共设施,其次则共同形成了官僚制国家的政治空间结构——这一譬喻将空间性与官僚制的性质融合在一起。鉴于此,我们有理由认为,以五藏为主的场域化的身体,其各别的组成部分均含有明显的空间感,且其中充溢着帝国政体的特质①。这些因素与秦汉时期对"志""神"等重要范畴的理解并不是相互绝缘的。

五藏不仅与各种流动性的身体分别对应,而且其内部也通过气的流动建立起循环性的链接,这体现出五行关联系统向身体构造的渗透:

> 五藏受气于其所生,传之于其所胜,气舍于其所生,死于其所不胜,病乃死。此言气之逆行也,故死。
>
> 五藏相通,移皆有次。五藏有病,则各传其所胜。

(《素问·玉机真藏论》)

五藏之间循环往复的气的传递,遵循着两种截然相反的逻辑,即五行相生与五行相克。正如李约瑟所指出的那样,在这两种不同的运行原则之间,通过某种关系而形成相对稳定的整体结构。在这里,整体性的五藏结构,是依赖流动性的气而最终建立起来的,这意味着两种不同身体成分的有机互补。《灵枢经·海论》云:"夫十二经络者,内属于府藏,外络于肢节。"凭借着经络的连接,内在的府藏与外显的肢节之间建立起对应的关联。由此可见,流动性的身体,不仅运行于同一层面的场域性要素之间,而且还连接着位相不同的各种场域性要素。

综上可知,即使是最为常见的身体,其内部也包含着异常复杂的运行机制;而身体自身的属性,在审美活动过程中同样发挥着作用。长期以来,哲学界与美学界在研究早期的相关思想时,往往单纯地注重抽象

---

① 在身体理论中使用政治性建筑空间的例子,还有《灵枢经·五色》:"明堂者,鼻也;阙者,眉间也;庭者颜也;蕃者,颊侧也;蔽者,耳门也……六府挟其两侧,首面上于阙庭,王宫在于下极……"对明堂与阙的政治功能的讨论,可参考[日]渡边信一郎:《中国古代的王权与天下秩序》,北京:中华书局,2008 年;[日]山田庆儿:《空间·分类·范畴——科学思考的原始基础性形态》,《古代东亚哲学与科技文化》,第 52 页。

的形神或身心关系,或者将美学命题的内涵予以泛化,而忽略了蕴涵于时代思潮之中的对身体的关联性认识。如果承认后者的约束性力量,那么,就很难将这些关系视同为西方哲学语境之中的相关问题。

不妨重新思考前面已经提及的"发愤抒情"的审美传统。在秦汉时期的艺术中,楚地风格的作品占据着突出的位置,在文学方面则表现为《楚辞》一系的抒情性作品,其流风绵延至汉代而未衰。无论是归诸屈子的篇章,还是后人之拟作,均大致遵从如下的模式:随着内心情感的郁积,逐渐产生宣泄并消除愤懑之情的必要性,例如《惜诵》:"惜诵以致愍兮,发愤以抒情";《思美人》:"申旦以抒中情兮,志沈菀而莫达",均指此而言①。这些旨在抒写志意与情绪的文句,往往使用"志""意"与"中"等一系列词语,这实际上将内心比喻为盛放情感的容器,当容器满溢时则需宣泄之,其间存在血气鼓荡与平复的因素。例如《说苑·贵德》篇云:"夫诗思然后积,积然后满,满然后发",表现得最为透彻。因此,需要一并考虑的因素还包括情感之宣泄的路径与方式,血气的作用与效果等等。

对于这些身体因素的考虑,或许并不是画蛇添足。早在先秦时期,即使是在哲学家传统的诸子著作中,志意等成分的身体基础,也远远没有完全消隐。例如在荀子的著作中,"血气志意"即作为同一整体被加以处理,如何看待"血气"与"志意"的关系,乃是饶有趣味的问题②。在秦汉时代,"志""意"的抒发是备受瞩目的时代主题,不仅诗可以言志,骚赋亦可以言志③。内在的"志"或"意"发动,最终形诸外在化的文学与艺术作品,这一过程与其说是抽象的外显,倒不如说更可能是沿循身体的流动途径而发生的,其中潜藏着志意之形成、运行路径及作用效果的问题。

---

① 相似的较晚的例子又如王逸注《抽思》:"道思作颂,聊自救兮。忧心不遂,斯言谁告兮!"王逸云:"道思者,中道作诵以抒怫郁之念,救伤怀之思也。"
②《荀子·修身》:"凡用血气志意知虑,由礼则治通,不由礼则勃乱提僈。"此外,在《礼记·乐记·乐言》中,也使用了"血气心知之性"的描述。
③ 饶宗颐:《澄心论萃》,"骚言志说"条,第8—14页,上海:上海文艺出版社,1997年。

例如,在《毛诗序》中,将"诗言志"之命题改写为如下的形式:"诗者,志之所之也。"所谓"之"字,意味着"志"很可能表现为某种空间化、场域化的矢量,具有特定的方向;它可能遵循着身体内部的路径,并借助于血气的承载而运行;它之所以获得外发的动力,或许亦源于积溢于中心的势能①。当然,我们不能轻易地将美学术语等同于医学概念,或者硬性地从实在化的立场来理解审美现象;但是,设若完全不顾及身体自身的规定性,则在脱离论说之原初情境的同时,很可能误解其本来的性格。由于这一原因,尽管本节所述内容似乎与美学无直接的联系,但是仍然不惮辞费,希望指出秦汉审美思想与身体观念的可能的关系。实际上,身体与美学的关联远较此为复杂,在身体的范畴向审美范畴的转化中,除了对体、骨气、血肉等比喻性的借用以外,又还包括相应的描述性范畴,如"艳"等②。在本章最后所讨论的枚乘《七发》,即不妨看作是这一努力的具体体现。

第三节　表里相应的有机模式

在中国哲学与文学传统中,表里或内外的范畴普遍存在,但是似乎尚未引起充分的注意。例如,在汉代影响巨大的《周易》六十四卦,对于操作者来说,上卦为表为外,而下卦为里为内,即是一例。在各种相关的事例中,以身体为基础的情形占据了相当突出的比例。在儒学思想中,强调内在之诚的外显;在音乐理论中,则强调隐含心志的抒发,它们同样蕴含着内外表里的二重性划分③。如果将注意力单单集中在秦汉时期,

---

① 关于"诗者,志之所之"中"之"的含义,宇文所安曾经予以注意,不过尚未考虑"志"与血气通路的关系。见《中国文论:英译与评论》,上海:上海社会科学院出版社,2003 年。
②《淮南子·精神训》:"献公艳骊姬之美,而乱四世。"高诱注:"好色曰美,好体曰艳。"
③ 除《周易》中"修辞立其诚"的著名命题以外,又如《大戴礼记·文王官人》:"诚在其中,志见于外。"音乐方面,如《礼记·乐记》:"是故情深而文明,气盛而化神,和顺积中而英华发外";《吕氏春秋·音初》:"凡音者,产乎人心者也。感于心则荡乎音,音成于外而化乎内。是故闻其声而知其风,察其风而知其志,观其志而知其德。"

那么无论是《楚辞》风格作品中的怫郁愤懑之"中",还是《中庸》一系思想的"喜怒哀乐未发"之"中",都同样暗示着内外的分际。这些划分无疑是以身体为参照空间的。如果不深入理解身体的内外维度,那么对于上述审美现象与哲学思考,便难以获得切近的认识。

按照中国思想的整体论特色,在宇宙万物之间均存在相互的感应关系,人体也莫能例外;而在人体内部的复杂关联中,内外或表里相符的思想具有特殊的重要性。根据这一理论,在人体的表层与内在部分之间,存在着可以证实的对应关系;正是这一点,构成了中医学之所以成立的根本理由。简单地说,虽然中医学并不排斥直接深入身体的内部,但是与此相较,由外知内仍然是中医学的主要倾向。"善诊者,察色按脉,先别阴阳,察清浊而知部分,视喘息,听音声,而知所苦;管权衡规矩,而知病所主。按尺寸,观浮沉滑涩,而知病所生。"①因此,"见其色,知其病,命曰明。按其脉,知其病,命曰神。"②这一观念影响所及,许多学者甚至认为它造成了传统解剖学的发展迟滞③。

在秦汉医学著作中,关于内外表里相应的理论层出不穷。对于内在于身体的五藏而言,它与各种身体部分分别构成对应关系,其中便包括通过经络与身体表层的连接。在托名黄帝与岐伯的问答中,五藏的扩充网络遍及各处,其中与身体表层的关系即所谓"藏象":

> 心者,生之本,神之处也;其华在面,其充在血脉,为阳中之太阳,通于夏气。肺者,气之本,魄之处也;其华在毛,其充在皮,为阳中之少阴,通于秋气。肾者,主蛰,封藏之本,精之处也;其华在发,其充在骨,为阴中之太阴,通于冬气。肝者,罢极之本,魂之居也;其华在爪,其充在筋,为阴中之少阳,通于春气。脾胃、大肠、小肠、三

---

① 《素问·阴阳应象大论》。此外,类似的思想又如《素问·脉要精微论》:"切脉动静,而视精明,察五色,观五藏有余不足,六府强弱,形之盛衰,以此参伍,决死生之分。"
② 《灵枢经·邪气脏腑病形》。
③ 关于解剖学在汉代发展的研究,参考李建民:《王莽与王孙庆:论公元一世纪的人体刳剥实验》,载《台湾学者中国史研究论丛·生命与医疗》,北京:中国大百科全书出版社,2005年。

焦、膀胱者，仓廪之本，营之居也，名曰器，能化糟粕，转味而入出者
也；其华在唇，其充在肌，此至阴之类，通于土气。凡十一藏，取决于
胆也。

（《素问·六节藏象论》）

所谓"藏象"，是指脏腑虽然深藏在人体内部，但是其正常的生理功
能以及病理变化的某些特点，则及时而准确地反映于外部的征象。分而
详论之，通过面部颜色的变化，可以推知藏府肢节在面部分布部位色泽
的变化，以及五藏所主之具体器官、部位功能的变化，从而深入辨析人体
内在藏府之生理的、病理的、病因病机的变化；通过脉象的变化现象，可
以分析人体生理功能和病理变化；通过肢节与骨度，可以测度人体脏腑
的大小、偏正、坚脆，从而辨别人体对疾病的感受性。最终，通过司外揣
内和揆度奇恒、望闻问切等方式，综合判断疾病发生的部位，测度疾病的
轻重深浅，以确定诊断和确定有效的治疗方案。由此而言，"藏象"理论
囊括了具体性的五藏功能与五色、五味、五官、七窍之象的关系，以及与
肢节骨度之象和脉象等之间的关系。因此，外显之象，乃是藏象理论的
根本特征。唐代王冰注《素问·六节藏象论》云："象，谓所见于外，可阅
者也。"明张介宾进一步解释说："象，形象也。藏居于内，形见于外，故曰
象。"[1]需要补充的是，"藏象"之"象"尽管可见，却并不是固定不变的体或
质等因素，而是呈现于身体外部的功能动态之象，就此而言，其间渗透着
《周易》之"观物取象"的思维方式。

在秦汉时期，与此相似的医学理论还表现在以"风"为核心的病因论
的形成。在《黄帝内经》中，它仅见于黄帝与少师问答的各篇。关于该思
想产生的年代及所属派别暂置不论，需要注意的是其中所蕴含的如下思
想：在内部之人体与外部之自然之间，存在着内外相互对应的结构。与
此相似，这些文献还进一步发展了《人迎脉口诊》篇的思想，将其与身体

---

① 《类经》卷三"藏象论"二。

的部位或器官加以具体结合①。由此不难看出，作为一贯的思维模式，内外符应是医学理论中的基本思想，它既存在于身体的表里，又存在于身体与外在环境之间。

从中国思想的整体论性质来看，以藏象为代表的理论似乎并没有什么特殊之处。不过，医学作为实用性的技术，能够在实践的层面将这一理论予以落实，可以说充分体现出不同于机械论与要素论的特色，亦即李约瑟所主张的整体有机论的性格。按照这一认识，我们可以由局部的情形进而窥测整体的变化，亦可由某一部分的变化相应地推知其他部分的变化。也就是说，当对身体的认识与关联性思维模式结合之后，身体的内外相应的模式趋于复杂化，而不再仅仅停留在内外之简单一致性，并且获得操作实践上的真确性。至少对于当时而言，这一模式乃是客观有效的对身体的说明。

内在的生理特征外显于体表，因此首先引起注意的乃是面部之"色"。按照关联性对应的原则，面部被分为若干部分，并建立起与五藏的连接。"五色各有藏部，有外部，有内部也。"（《灵枢经·五色》）又如，"明堂者鼻也"，而"五色之见于明堂，以观五藏之气。府藏之在中也，各以次舍，左右上下，各如其度"（《灵枢经·五阅五使》）。此外，在与流动性身体的关联中，色与脉同样构成了表里关系。色为脉表，脉为色里，故"色是脉之形于外者，脉是色之根于内者"。据此，外在的色构成了与二重性身体的整体对应，因此可以做到"司外揣内""以表知里"的诊疗（《灵枢经·外揣》）②。

除"色"以外，耳目口鼻是人体与外部世界相通的根本途径，也是精气出入的孔窍。这一认识大致为秦汉儒家与道家所承认。"孔窍"一方

---

① 《灵枢经·禁服》："寸口主中，人迎主外，两者相应，俱往俱来，若引绳大小齐等。"此段文字又见《太素·人迎脉口诊》。寸口与人迎之间，同样构成了中外相应的关系，这与藏象理论在根本上是一致的。

② 又见《素问·阴阳应象大论》。

面被视为"精神之户牖"①,另一方面又与五藏分别对应:

> 五官者,五藏之阅也。鼻者,肺之官也;目者,肝之官也;口唇
> 者,脾之官也;舌者,心之官也;耳者,肾之官也。
>
> (《灵枢经·五阅五使》)

> 五藏常内阅于上七窍也,故肺气通于鼻,肺和则鼻能知臭香矣;
> 心气通于舌,心和则舌能知五味矣;肝气通于目,肝和则目能辨五色
> 矣;脾气通于口,脾和则口能知五谷矣;肾气通于耳,肾和则耳能闻
> 五音矣。
>
> (《灵枢经·脉度》)

> 肝开窍于目,心开窍于耳。脾开窍于口,肺开窍于鼻,肾开窍于
> 二阴。
>
> (《素问·金匮金言论》)

在这些精气出入的孔窍之中,眼睛的地位最为特殊。这在医学理论
中有清晰的说明:

> 其血气皆上于面而走空窍,其精阳气上走于目而为精;其别气
> 走于耳而为听;其宗气上出于鼻而为臭;其浊气出于胃,走唇舌而
> 为味。
>
> (《灵枢·邪气藏府病形》)

据此,视、听、嗅、味等感知均是在气的流动的基础上形成的。它们
对应于不同种类的气,其中,通过眼睛这一空窍的乃是"精阳气"。"夫精
明者,所以视万物,别白黑,审短长。"(《素问·脉象精微论》)顾名思义,
它不仅在各类气中最为精粹,而且所占地位也最为根本,因此在价值序
列中不同于其"别气""宗气"与最下等的"浊气"。眼睛之所以占有如此
重要的位置,在医学中不难寻找到相关的说明。在秦汉医学理论中,根
据五官在五行关联系统中的搭配,"开窍于目,藏精于肝",目与木、春相

---

① 《淮南子·精神训》:"夫孔窍者,精神之户牖也。"

应,在东方,这本是万物生发的起点。此外,眼睛所流经的精气,与身体各部分相应,其中与心的关联则直通于神:

> 五藏六府之精气,皆上注于目而为之精,精之窠为眼,骨之精为瞳子,筋之精为黑眼,血之精为络,血之精为白眼,肌肉之精为约束,裹撷筋骨血气之精而与脉并为系,系上属于脑,后出于项中。……目者,心之使也;心者,神之舍也。

(《灵枢经·大惑论》)

无论如何估量医学理论对当时思想界的影响程度,对于视觉感官的理解在当时呈现出复杂的面貌,这一点则没有什么疑问。对当时的思想家而言,医学中的诸多见解已经积淀为普遍的认识。儒家与道家虽然秉持不同的养身策略,但是对眼睛的重视并无不同。例如,早在西汉初期成书的《韩诗外传》,即注意到眼睛的特殊性:

> 孔子见客。客去,颜渊曰:"客仁也?"孔子曰:"恨兮其心,颡兮其口,仁则我不知也。"颜渊蹙然变色,曰:"良玉度尺,虽有十仞之土,不能掩其光,良珠度寸,虽有百仞之水,不能掩其莹。"夫形体之包心也,闵闵之乎其薄也。苟有温良在其中,则眉睫著之也。疵瑕在其中,则眉睫亦不能匿之。"诗曰:"鼓钟于宫,声闻于外。"言有诸中必形诸于外也。

(《韩诗外传》卷四)

眉睫的重要性,来自它处于"有诸中必形诸外"的通路之节点。此前先秦儒家曾屡屡以内外立论,从而奠定了诸如"言行一致"等重要的思想,对审美表现与道德人格的一致性产生了决定性的影响。例如,同是论述主体之内在道德的外显,孟子就曾形诸如下的文字:"君子所性,仁义礼智根于心,其生色也,睟然见于面,盎于背,施于四体,四体不言而喻"(《孟子·尽心上》);这肯定了身体彰显内在心性的可能性。不过与较为浮泛的"四体"相比,《韩诗外传》将内外的交汇点聚焦在眼睛这一特定区域之上的做法,则可追溯到孟子的另一处文字,即论述"眸子"与"胸中"正或不正之对应关系的部分①。尽管此处的"眉睫",只是在简单的"中—外"结构中出现的,但是它毕竟强调了眼睛连接内外的地位。至于更加深入的描述,则见诸与《韩诗外传》年代相仿的贾谊,他同样针对眼睛的性质做了清晰的说明。

> 道者无形,平和而神。道有载物者,毕以顺理适行,故物有清而泽。泽者,鉴也,鉴以道之神。模贯物形,通达空窍,奉一出入为先,故谓之鉴。鉴者,所以能见也。见者,目也。道德施物,精微而为目。是故物之始形也,分先而为目,目成也,形乃从。是以人及有因之在气,莫精于目。目清而润泽若濡,无氂秒杂焉,故能见也。由此观之,目足以明道德之润泽矣,故曰:"泽者,鉴也","生空窍,通之以道。"

> > (《新书·道德说》)

贾谊对眼睛的看法,与其特定的哲学观念密不可分,因此视觉感官处于更为广阔的形神道德的关系之中,我们很难将其视为普遍化的论述。不过,姑且不论其理论的特殊性,至少可以肯定,贾谊认为眼睛是由人体之气中最精粹的部分形成的,如果足够清澈,则具有照鉴万物的可能;同时,作为"出入"的"通达空窍",它一方面反映了外物的形态,另一方面又显现出个体自身的内在属性,即"目足以明道德之润泽"。由此可知,眼睛作为"空窍"与精微之气的联系,在秦汉早期已经进入思想家的视野②。反之,如果丧失了视觉,那么必将陷于幽冥暗昧:

> 于是乃使夫性昧之宕冥,生不睹天地之体势,暗于白黑之貌形;

---

① 《孟子·离娄上》:"存乎人者,莫良乎眸子。眸子不能掩其恶。胸中正,则眸子瞭焉;胸中不正,则眸子眊焉。听其言也,观其眸子,人焉廋哉?"这一论述中的最后一句,让我们自然想到《论语》中的如下文字:"视其所以,观其所由,察其所安,人焉廋哉?人焉廋哉?"孟子此处的阐述,虽然遵循着孔子思想的轨辙,但是也并不排除另一种传统——即诸如《大戴礼·文王官人》等官吏考察传统——的渗入。晚至秦汉,这一重视眸子的传统仍不乏后继者,如《论衡》的《本性》《佚文》《别通》等篇,均有涉及眸子的文字。
② 贾谊同篇又云:"明者,神气在内则无光,而为知明则有辉于外矣。"这里没有提及眼睛,不过在"辉于外"的过程中,眼睛或当发挥特别重要的作用。

愤伊郁而酷毅,愍眸子之丧精;寡所舒其思虑兮,专发愤乎音声。

(王褒《洞箫赋》)

这段关于失明乐师的描述,亦承认眸子与"精"的关联——由于眼睛丧失了精气出入的功能,乐师无法借此"舒其思虑",只能转而"专发愤乎音声"。在这里身体的构造与"发愤"说存在着密切的联系。如果我们进而将身体观念适当地引入更多美学研究的领域,那么,它或许可以提供更为深刻的理论背景。作为汉代美学的主流,儒家最为重视身心之内外一致,其滥觞即文学艺术成为个体人格的真实显现;身体的表里理论,为这一思想提供了经验层面的支持。此外,由于面部和感官在反应内在生理状况的方面居于特殊的地位,因此,对于这些成分,就不能够简单地按照一般情形来理解。例如,眼睛在精气流动的身体脉络中占据着关键性的位置,因此,得以在人物绘画中成为备受关注的元素。

顾长康画人,或数年不点目睛。人问其故,顾曰:"四体妍蚩,无关妙处,传神写照正在阿堵中。"

(《世说新语·巧艺》)

顾恺之对于"不点目睛"的解说,实际上为"传神写照"和"以形写神"等重要美学命题提供了充分的阐释,其哲学基础则远溯秦汉。眼睛所居的关键位置,一方面使得绘事不限于摹拟巧似,而是能够由此直探精微玄妙的心神,从而拓展了深邃的精神空间;另一方面,它又为"神"设定了充分表现自身的"形",从而与哲理性的分析语言分疆而治,以其感性直观的感染效果而陶醉心神。此外,这一事例还为我们提供了反思美学研究之惯例的契机。"过去治魏晋美学,往往过于重视时代性因素对审美与艺术的影响,殊不知历史因素却发挥着更加稳健而坚定的促动作用……对于魏晋美学而言,这股沉默的暗流就是汉代哲学,或者更具体地说,就是汉代哲学和美学对于人体的思考。"[①]从身体之表里关系的层

---

① 刘成纪:《形而下的不朽:汉代身体美学考论》,第76—77页,北京:人民出版社,2007年。

面来看，这一论断同样可以成立。如将身体层面的因素弃诸不论，汉晋时期诸多脍炙人口的美学理论便无从追索渊源。①

第四节　枚乘《七发》的审美策略

在汉代的赋作中，《七发》是较早出现而又影响深远的作品。按照《昭明文选》的分类，它作为"七"体的首篇，与其他辞赋分别归入不同的类别②；但是，《七发》中许多成分，直接开启了诸多赋作的写作范式。从总体上而言，该作品涉及饮宴、游猎、音乐、饮食、车马等主题，这些构成了汉赋——特别是带有浓厚政治色彩的汉大赋——的部分主要内容；与此同时，内在于其中的夸张恣肆、纵横富丽的描绘方式，也同样为其后的作品所继承，从而昭示了汉赋中相当一部分作品的基本风格与特色。单以音乐主题为例，尽管自王褒《洞箫赋》开始，汉代的音乐赋在篇章规模上远逾枚乘，但是其基本的结构与描述倾向，仍然踵武前人的遗轨。从这一意义上来说，《七发》不仅树立了相关辞赋作品的写作规范，而且也确定了渗透于作品整体的审美模式。

《七发》的重要性或许与作者的生平有关。枚乘生值西汉早期，正是中央与诸侯政治势力展开对决的年代；其经历也与这一历史事件相终始。他早年曾为吴王濞郎中，其后转为梁孝王宾客；汉武帝即位后，安车蒲轮征其入京，因道死而未果。枚乘一生辗转于诸侯王庭之间，始终未脱离宾客的身份，这意味着他身居当时的文学中心，终其一生都作为引领文坛风气的耆宿而活动着③。或许与这一领导者的身份相关，枚乘的

---

① 徐幹：《中论·艺纪》："君子者，表里称而本末度者也。故言貌称乎心志，艺能度乎德行，美在其中，而畅于四支。纯粹内实，光辉外著。"这里对表里一致思想的表达极为明确，其中也引用了《周易》的思想。

② 《文选》全书凡六十卷，前十九卷皆为赋，并细分为十五类。"骚"体与"七"体则单独列出，分别在卷三二至三三和卷三四至三五。尽管这一分类反映了萧统时代的认识，但是也可能会造成某种先入之见，即过分强调"骚""七"二体与"赋"的差异，而忽视了其间的渊源。

③ 《汉书》本传："乘久为大国上宾，与英俊并游，得其所好，不乐郡史，以病去官，复游梁。梁客皆善属辞赋，乘尤高。"

赋作,尤其是《七发》一篇,对于其他赋家的影响极大,从而在中国文学史和美学史上占据着重要的地位。

就较狭窄的范围而论,《七发》对于"七"体作品的影响无疑最为直接①;后世的文学家在竭力追摹枚氏之雕琢夸张手法的同时,也一并沿袭了作品的基本结构与情节。"大致说来,在'七'这类作品中,主要的书写模式多在于对某一相同的主题或情境而提出不同面向的考虑。尽管在最后总是会出现单一而具有权威性质的论断,但在书写的过程中这些不同面向的考虑不免彼此竞逐,从而体现出曾经有过或可能会有的'并列'或'对峙'关系。"②从某种意义上说,它们之所以统名为"七",正是由于发扬了《七发》中注重感官性因素之强烈刺激的风格。这一风格,起源于该作品的特殊用途。而这一点也决定了"七"的意义。

按照《七发》所述,该作品的缘起是"楚太子有疾"③。针对太子身体的不适,该作品从不同的角度展开"要言妙道",如同波浪前后相继,最终使太子"涩然汗出,霍然病已"。根据这些记述,《七发》乃是以治疗为宗旨的,对病情的确认贯穿整部作品的情节,其效果也以此为依归。因此,该文并非一般性的审美作品,更非文字组织连缀而成的游戏;可以说,在其不断展开的过程中,始终以某一疾病的患者作为聆听的对象,并且与后者病情的不断变化构成了某种真实的互动。情境化的还原,将这一作品与疾病及身体密切地联系起来;这正是我们将其作为身体与美学交融之典型事例予以讨论的原因④。

所谓"七"的含义,应当从疾病与身体的角度加以探讨。历代的解释

---

① 关于"七"体的流变,可参考:《文心雕龙·杂文》;严可均辑《全晋文·傅玄七谟·序》。
② 蔡英俊:《枚乘〈七发〉与一场思想劝诱的游戏》,《语言与意义》,第 192 页,武汉:华中师范大学出版社,2011 年。
③ 在后起的诸多"七"体作品中,《七发》中的疾病往往被转化为其他的因素,例如"托病幽处"、避居不仕等,这些并不指涉实际的身体病痛,而是在隐喻的层面上加以使用的。
④ 在后世的文学作品中,亦有仿效此例者,例如唐李华《言医》所谓"臣不发药,请以词疼",即是如此。不过,这类拟作未必真正信赖语言文字的医疗效果,故写作态度与《七发》仍有不同。参考钱锺书:《管锥编》,第三册,第 905 页,北京:中华书局,1999 年。

多注重作品结构形式的划分。例如在《文选》李善注中,就认为:"《七发》者,说七事以起发太子也,犹《楚辞·七谏》之流。"这一看法单纯从作品的形式寻求文体命名的原因,并将其归结为《七谏》一类。在李善的注释中,显然犯有年代的错误,即《七发》在前而《七谏》在后,倘若细加追究,则不宜以后者解释前者。此外,如果单纯从作品主题的数量出发,也很难解释"七"的含义,并且这一做法还容易滋生过分将"七"落实的倾向,可能会误导对作品主旨的解读①。

与此相比,尚有另一种更为合理的阐释。刘勰在《文心雕龙·杂文》中指出:"枚乘摛艳,首制《七发》。腴辞云构,夸丽风骇。盖七窍所发,发乎嗜欲;始邪末正,所以戒膏粱之子也。"这一阐释将"七"的来源追溯至"七窍",并强调了该文中"嗜欲"与"始邪末正"等因素的存在。与文本相参照,该说即使未必完全符合作者原意,至少就突出疾病、欲望等关键因素而言,大致是可以成立的。

> 纵耳目之欲,伤血脉之和,且夫出舆入辇,命曰蹶痿之机;洞房清宫,命曰寒热之媒;皓齿蛾眉,命曰伐性之斧;甘脆肥醲,命曰腐肠之药。今太子肤色靡曼,四支委随,筋骨挺解,血脉淫濯,手足惰窳,越女侍前,齐姬奉后;往来游宴,纵恣于曲房隐间之中,此甘餐毒药,戏猛兽之爪牙也。

这里罗列的各种嗜欲,乃是太子患疾的根本原因。对于欲望的关注,是中国思想中的重要主题。枚乘所使用的文字,即来自对早期文本如《吕氏春秋·本生》《管子·七臣七主》等的综合。尽管对欲望的过分追求会造成一系列的不良后果,但是枚乘之解除疾病的方法,仍然是通

---

① 《七发》举六事以起楚太子之疾;每段末辄有"太子能强起"及"仆病未能"之类的问答;至闻"圣人辩士之言",太子乃得平复。故唯有合计"论天下之精微,理万物之是非"的一类,方得云"七"。章学诚对于萧统以"七"为体的批评,是在与以"九"名篇之作品的对比下展开的。参考:《文史通义》内篇一《诗教》下;钱锺书《管锥编》,第三册,第904—905页;饶宗颐《澄心论萃》,"释七"条,第135—137页;许世瑛《枚乘〈七发〉与其摹拟者》,载罗联添编《中国文学史论文选集》第一辑,台北:学生书局,1977年。

过欲望或者感性的强烈刺激来完成的。易而言之,通过铺陈感官享受,反能够达成病体调养的效果。因此,在此需要考察的问题主要集中在两个方面:首先是文本中的身体因素,其次,则是在审美方面的特殊表现。顺便说明一下,这两者虽然集中体现在《七发》一文中,却并非孤例,它实际上代表着相当普遍而长久的思潮。

《七发》虽然明确地诉诸身体治疗的层面,但后世的注解鲜有就此深入探讨者。至少对于现代读者而言,以文学作品来治疗疾病,即便可能,也不过是外在性的用途;这一逾越于文学领域之外的理解方式,仿佛有悖于审美欣赏的惯例。但是需要指出的是,唯有跳脱习惯性思维的束缚,才有可能在陌生的早期文本之中,发掘出不同于已有理解的新因素①。

按照饶宗颐的解释,"七"在《周易·复卦》中有"七日来复"之义,这与《七发》为太子起沉疴或相一致。李善注以为"七者,少阳之数,欲发阳明于君也"。少阳在身属枢,"所以主动转之微"。李善注又以《素问》"精气夺则虚"、《黄帝八十一问》"阴病恶闻人声"诸条解释太子之症状。人身之中,胃为阳明,而所谓"发阳明"者,或即指胃气调和则百病自除②。

> 意者久耽安乐,日夜无极,邪气袭逆,中若结轖。纷屯澹淡,嘘

---

① 文学与艺术的治疗作用,在早期恐怕相当普遍,当时的音乐舞蹈多带有巫术的性质,而医学与巫术的分际亦相当模糊,巫师与医师的身份往往合二为一,医疗的过程即是施行咒术的过程,同时也是乐舞的过程。这一混融情形也表现在文字的内涵方面。以"樂"字为例,它在早期具有"治疗"的用法,如《诗经》中的"樂饥"即是;又如"风",兼具"风化""风诗"与"风病"等含义。或许出于不恰当的联想,"樂"与"藥"字的形体也相当接近。此外,早期的哲学著作往往具有治疗的功能,除《七发》所列举的诸子言说之外,希腊化时期主要的哲学著作与悲剧,在当时即被视为"治疗论述"的工具,其内容乃是"以医疗方式操作的哲学"。参考 Martha C. Nussbaum:The Fragility of Goodness:*Luck and Ethics in Greek Tragedy and Philosophy*,Cambridge University Press,Cambridge,1986;蔡英俊:《枚乘〈七发〉与一场思想劝诱的游戏》。
② 饶宗颐:《澄心论萃》,"释七"条,第 136—137 页。饶文中又注意及于王仲宣之《七哀》诗,以为哀叹可原于七窍;又以为"七哀"通乎汉人习说之"七情"。这些均是在身体维度上所做的有益探讨。

唏烦醒，惕惕怵怵，卧不得暝。虚中重听，恶闻人声，精神越渫，百病咸生。聪明眩曜，悦怒不平。

太子的病症，乃是由于生活过度安逸奢靡，而造成的生理与心理两方面的厌倦与不宁。因此对于这一精神耗弱的表现，除生理的不适外，亦包括精神性的因素，而未必仅限于身体或疾病的维度。不过，无论如何，身体维度终究无法忽视。因此，上述引文虽系推测，但是在探索《七发》与身体疾病关系的方面，颇能发人深省。这表明其中存在着更多的与身体相关的可能性。

以作品来消除或缓解身体之积郁，不仅限于《七发》一例。至少在更早的《吕氏春秋》中，已经论及乐舞的类似用途：

> 昔古朱襄氏之治天下也，多风而阳气畜积，万物散解，果实不成，故士达作为五弦瑟，以来阴气，以定群生……昔陶唐氏之始，阴多滞伏而湛积，水道壅塞，不行其原。民气郁阏而滞著，筋骨瑟缩不达。故作为舞，以宣导之。

（《吕氏春秋·古乐》）

阴、阳二气的失衡，会造成相应的不良后果，因此通过乐舞调节之，或使其积聚定著，或使其疏导宣泄①。此外，与《七发》之音乐部分具有直接渊源关系的《洞箫赋》，也具有同样的治疗功能。根据《汉书》本传的记载，"其后太子体不安，苦忽忽善忘，不乐。诏使褒等皆之太子宫虞侍太子，朝夕诵读奇文及所自造作。疾平复，乃归。太子喜褒所为《甘泉》及《洞箫颂》，令后宫贵人左右皆诵读之"。李善在注解《洞箫赋》时，也援引这段文字作为说明。不难看出，这段文字与《七发》颇有相似之处。从太子"体不安"到"疾平复"，其间同样经历了"诵读奇文"的过程；根据宣帝对辞赋可资"虞说耳目"的评价，这里的治疗也应是

---

① 气的失衡与疾病间本存在着紧密的联系。如《素问·五藏举痛论》："百病生于气也。怒则气上，喜则气缓，悲则气消，恐则气下，寒则气收，炅则气泄，惊则气乱，劳则气耗，思则气结。"在此作相关的联想，恐怕并非过分牵强的做法。

通过感官刺激完成的。其中值得注意的,便是诵读与娱悦耳目的关联。

从较广泛的意义来看,《洞箫赋》与《七发》均可视为赋,而赋之不同于诗的特质,或在于"不歌而诵"。骆玉明认为:"大致诗脱离了弦乐,都可以称之为'诵'、'赋'……但这种'诵'或'赋',又不是平直的读法,而要求有一定的声调。"①按照这一见解,"诵"虽然不同于"歌",却仍然含有一定的音乐性;诗与赋的不同,不在于书写的状态,而是在于口头发表的形式——"可以弦歌和只能吟诵,正是诗和赋的基本区别"②。在《汉书·王褒传》中还记载着宣帝征召九江被公诵读《楚辞》的故事,是故对于《楚辞》而言,其诵读也需要使用特定的楚声;也就是说,作品仍然保存着口头文学或表演的性质③。

至少对于《洞箫赋》来说,朗诵赋作可以使某些特定的疾病平复,因此"诵"构成了治疗过程中不可忽视的操作性因素。这暗示着《七发》中或许也蕴含着同一层面。将《七发》的治疗功能有意导向诵读之方式,并非排除其丰富的文字意义的作用。需要注意,在汉宣帝以前,汉赋大体上仍保存着口头文学的性质,这导致了其功能不同于文字记录形态的作品④。在此,赋的文字多是通过口头诵读的行为在时间之流中展现出来的。也就是说,作品对听众发生的影响,一方面取决于文字所涵的意义,另一方面则取决于文字的诵读方式,诸如语调、音量、速度等因素的变化。如果这一推测属实,那么能够平复身体状态的因素即在"诵"这一音乐性的方式。结合前引《吕氏春秋》的文字,或许可以认为,音乐与音乐性的文学作品对身体具有某种作用,其发生的媒介,则很可能是运行于

① 骆玉明:《论"不歌而诵谓之赋"》,载《文学遗产》1983 年第 2 期。
② [日]清水茂:《吟诵的文学——赋与叙事诗》,载《清水茂汉学论集》,北京:中华书局,2003 年。
③ 《汉书·王褒传》:"宣帝时修武帝故事,讲论六艺群书,博尽奇异之好,徵能为楚辞九江被公,召见诵读。"
④ [日]清水茂:《从诵赋到看赋》,载《清水茂汉学论集》。同时亦可参考该文所引釜谷武志的见解。清水茂还认为,辞赋与俳优的紧密关系,可能对于诵赋的习惯亦有影响。倘若如此,那么我们还可以从更富想象力的层次来揣测《七发》的接受形式,即通过俳优分别扮演客与太子而进行表演。含有肢体动作与神情的戏剧性表演比起单纯的诵读更具感染力,我们也不妨认为其治疗效果或更明显。

身体内部的气。

值得注意的是,李善与刘勰对于"发"的阐释不同,前者以"起发"作解,而刘勰则近于"发动""抒发"或"发泄"之义。这一细节的差异,实际上体现出对于《七发》中身体因素之理解的不同。从表面上看,李注偏重于疾病之解除;刘注则强调与七窍紧密相关的嗜欲的散发。不过细究起来,李注以《七谏》比附《七发》,所突出的乃是讽喻的作用,这与感性主题的铺陈形成了鲜明的对比。如何将二者予以结合,关系到较准确地理解该作品的治疗策略的问题。

作品之所以能够改变身体的状态并治疗疾病,至少有一部分原因是借助诵读的音乐性而实现的。根据当时的音乐理论,音声作用于人心并引起身体的相关反应,近乎刹那生成、不加反思的自然效果,这一点似乎也同样适用于含有音乐性的赋诵。与华丽夸张的文字意义相应,诵读的抑扬顿挫、起承转合,不断激荡着身体内部的血气,并导致其充盈与向外扩张。而文字所描述的种种享乐的场景,不仅没有造成血气平静的效果,反而将其推向感受的顶峰。

《七发》中刻意推崇感官性的因素,诸如饮食、车马、游猎、音乐乃至观涛的事例中,皆以此为特色。实际上,不仅是《七发》,在许多其他的汉赋中也存在着这一现象。对于赋作中这一类愉悦耳目之因素的喜爱,在汉宣帝的自白中也显露出来。事实上,极其欣赏王褒赋作的汉宣帝,明确表达了对待辞赋的态度。

> 辞赋大者与古诗同义,小者辩丽可喜。辟如女工有绮縠,音乐有郑卫,今世俗犹皆以此虞说耳。
>
> (《汉书·王褒传》)

在这段汉宣帝为辞赋辩解的话语中,所谓"辞赋大者与古诗同义",乃是指辞赋具有讽谕政教的效果,这在《汉书·艺文志》中被作为其根本属性而加以强调。不过,辞赋更为吸引人的地方并不在此。汉宣帝明确地将其与"女工"及"郑卫之音"等事物相比附,表明他更偏爱辞赋之可资娱玩的性质,及其所带来的强烈的快感。"女工之绮縠"具有鲜艳的色彩与精美的纹样,而"郑卫之音"则以其情感的煽动力与节奏的繁复而摇曳心神;这两种存在为后世儒家所极力批评,但在这里则作为肯定性的事物被接受下来。也就是说,汉宣帝并不否定作品对感性欲望的铺陈,相反,这正是为世俗所普遍接受的方式。

汉宣帝所作的说明,并非空穴来风。在当时郑卫等俗乐极为流行,其原因即在于"辩丽可喜"的性质。值得注意的是,对于华美乃至靡丽之物的偏爱,从枚乘《七发》开始,一直持续到六朝时期。西晋时期的陆机仍然恪守"七"体的传统,描述一位朝臣使用各种充满感官诱惑力的手段,引诱已经"弃时俗"的玄虚子返俗入世。在以美色劝诱一节,还引用了《桑中》与《溱洧》两首素来视为淫诗的典故。这意味着,在"七"体的主体部分中,对感官性的描述并没有加以节制,而是恰与之相反,努力制造最为摇荡心意的效果。这一点既构成了《七发》一文的治疗方式,也构成了该文的审美策略。

在解说这一点之前,需要首先确定一种令人费解的现象:在感官性因素极力铺陈之后,强加以讽喻性的"由邪归正"式的结尾。这一表面上的矛盾存在于《七发》及其他"七"体作品之中,也存在于音乐赋和舞赋之中。对《洞箫赋》与傅毅的《舞赋》稍加考察,便可以发现其结尾与全文基调迥不相类。

> 赖蒙圣化,从容中道,乐不淫兮。条畅洞达,中节操兮。
>
> (王褒《洞箫赋》)
>
> 天王燕胥,乐而不泆。娱神遗老,永年之术。优哉游哉,聊以永日。
>
> (傅毅《舞赋》)

所谓"乐而不淫""乐而不泆"之类的套语,赋予作品以"始邪末正"的面貌,其转折显得相当突然。不仅如此,我们还能够在更大的范围内确定它的踪迹。例如早在《高唐赋》与《登徒子好色赋》等作品中,已经表现出类似的结构①；而受到《七发》影响的京都赋或游猎赋，也往往被批评为"劝百讽一""曲终而奏雅"。此外，与音乐赋和舞赋的结尾相似，"《国风》好色而不淫"也暗示着同样的结构——在马王堆帛书中，关于《关雎》一诗的解说，完全背离了历史上的正统形象，转而成为"由色谕于礼"的诗篇②。如果用相对简单的语言加以概括，所有这些文学作品，与六朝时期的宫体诗相似，均包含着对于情欲、美色等对象的积极肯定，且以感官、欲望、享受等因素为中心极力渲染，并在结束之时再缀以道德化的宣言。

与通常的想象不同，在秦汉时期以及更晚的年代，存在着积极肯定感性欲望成分的美学传统，其中对于各种享受的描述——包括最为极端的情色在内——镶嵌于道德劝诫和修身的修辞之中。在这些作品中，感性内容的描述与道德主旨二者，在篇幅上形成明显不平衡的关系，它们的结合方式也颇为奇特。这些夸张而精致的描述，由于在文学中所占比例甚多，以至于改变了我们对于早期审美思想的整体见解。这迫使我们打破已有的分析框架，从其他角度对该现象做出解释。

就上述作品之描述所透露出的事实而言，无论是旨在治疗疾病，还是要完成道德的净化，其策略同样是对感性的成分进行渲染；从身体的角度来看，则主要是在血气的层面上发挥作用，而不必直接涉及道德化的心性。随着文字或口头语言的逐渐铺展，感官刺激也随之加强，并在趋于极限之后，戛然而止。在此期间，澎湃的血气也随着作品描写的节奏，而反复出现充盈的状态；并且在最为强烈的刺激之后，趋于平静。其状态由饱满充盈到空虚平静的变化，正如危崖下眺时深感兴奋之后的虚脱状态，或者纵恣饱览之后归于终止的茫然无措，此前所承受的层叠式的体验，反而成为通向解脱之门的阶梯。从生理上来说，血气的反复冲

---

① 《高唐赋》："盖发蒙，往自会。思万方，忧国害。开贤圣，辅不逮。"《登徒子好色赋》："盖徒以微辞相感动，精神相依凭，目欲其言，心顾其义。扬诗守礼，终不过差，故足称也。"值得注意的是，这两篇赋均列于《文选》的"情"一门。

② 关于《关雎》的"新"解读，参考：[美]柯马丁：《毛诗之后：中古早期诗经接受史》，载陈致主编：《跨学科视野下的诗经研究》，上海：上海古籍出版社，2010年。

刷,冲决了"中若结轖"的郁积状态,使主体之气恢复到畅通无碍的情形;而从审美心理上来说,在经历诸次强烈冲击以后,心境则由实返虚,趋于平和,欲望在反复鼓荡与抛掷之下终于被消解。最终呈现于空明之内心的,正是结尾处所点缀的道德化的语句。因此,道德与感性描述并非同时性的对立之物,而是在时间或逻辑之流中前后继起的;当感性的描述成分尽数消退之后,继之而起的道德说教得以最终占据这一领地。

在这一系文学中,"欲望与情感可以经由表露或显现而得到调节与控制。洗涤净化的作用,原不在于远离或拒斥情感与欲望,而是将之召唤、引导出来,从而获得疏解与清除的效果。"①从效果上看,这与亚里士多德的净化说有相似之处,不过其后的理论整体架构则显然不同。将关注点集中于身体之气的层面上,这首先意味着接受了气的宇宙论,即以气作为宇宙万物——包括主体自身在内——的母胎,借助于气,人与万物之间遂产生感应,内心亦产生了情感;其次,肯定情欲,并采取节顺的态度,则是从身体的开放性角度来建立感应的主体,肯定内外相感所产生的结果。在此前美学史的论述中,所谓自觉的审美主体,往往是内向性主体的建构,仅从心性情志等因素出发,致力于阐发个人独特的存在与意义。但是,我们是否只能从内在、主观的角度去阐释主体,是否只能从精神的层面来讨论心志、性情的抒发,这一切均存在着疑问。在此可以肯定的是,随着身体结构与身体思维的引入,它将在某种程度上改变对于自我的认识、对于他者的认识,以及对于世界的认识。这其中无疑也包含着在美学方面可能引起变动的成分。

---

① 蔡英俊:《枚乘〈七发〉与一场思想劝诱的游戏》,第 200 页。

第三章　秦汉易学中的美学思想

　　无论从何种角度而言,《周易》都堪称中国最重要的思想著作之一。按照传统的看法,《周易》的形成,乃是数位圣人前后踵继、不断积累的结果,这一传说极大地强化了经典的权威性①。至少从汉代开始,这部文献已跻身于经典系统,并高居五经之首;在文献体系中的这一首要地位,一直延续到清代而未遭变动,这显示出《周易》异乎寻常的重要性②。作为首屈一指的经典,《周易》为后世提供了不竭的思想动力,它不仅从根本上规范了后世思想的基本范式,而且又催生了各种具体的思考;与儒、道二家的相契相通,更导致了不同思想系统的孳生与拓展。纵观中国历史,各时期对《周易》经传的理解与阐释层出不穷,它们在撷取传统思想

---

① 《汉书·艺文志》"周易"条:"人更三圣,世历三古。"颜注:"伏羲为上古,文王为中古,孔子为下古。"

② 在汉代经学学者之间,大致存在着两种不同的经典排列顺序,这基于对于经典性质的整体理解。今文经学家认为六经皆孔子所作,是作为素王的孔子为汉代立法的体现,因此按照教育程度的深浅,将之排列为《诗》《书》《礼》《乐》《易》《春秋》;而古文经学家则认为六经乃是周公旧典,按照经典产生的时间顺序,将其排列为《易》《诗》《书》《礼》《乐》《春秋》。由于《乐经》已经亡佚,故《周易》在古文经学的系统中成为五经之首。参考周予同:《经今古文学》,载朱维铮编:《周予同经学史论》,上海:上海人民出版社,2010年。此外,在《汉书·艺文志》中,《周易》占据着"六艺略"的第一类;而在从《隋书·经籍志》到清代《四库全书》的漫长历史中,《周易》始终牢固地占据着四部之首。因此可以说,从汉代开始,《周易》所获得的这一优越地位,在传统中国始终没有丧失。

资源的同时，又鲜明地反映出各自时代的特色。毫不过分地说，《周易》的相关学说史，即是一部凝缩的中国思想史；直至今天，它仍然充满着新鲜的生命力。

单就传世的《周易》自身而言，分为"经"与"传"两部分，而后者即所谓"十翼"，包括《说卦》《序卦》《杂卦》《文言》《象传》《彖传》《系辞传》等部分，传统曾认为系孔子所作。"经"作为卜筮的记录，其形成相对较早，根据卦爻辞中的诗歌语言与《诗经》之"大小雅"的比较，以及贞兆之辞与西周铜器铭文语言结构的比较，可将其上溯至西周末叶，即约公元前九世纪。至于较晚的"十翼"部分，则基本上反映了战国后期到汉代初期的思想状况①。客观地说，关于《周易》，特别是《易传》中各部分的成书年代，至今尚未有明确的定论；因此，将其视为长时期内持续生成与变动的文献，或许更为合理。采取这一富于弹性的处理方式，不仅可以谨慎地保留文本年代的疑问，同时也有利于反映思想发展的真实情形——在长达数百年的时间里，《周易》的文本实际上并没有完全确定下来，而是保持着相当复杂的变动与生成状态。

在《周易》经传的形成过程中，其思想活力早已有充分的表现，从卜筮手册转向思想性文献的事实，即提供了有力的证明。早在先秦时期，对于《周易》的操作开始和知识分子的活动密切结合，并且经历了阐释与再阐释的长期过程。根据《左传·昭公二年》的事例，这部文献至少在公元前六世纪中叶之前，尚处于受限制的状态，并不能随意接触②；而在此后，则得以进一步丰富和发展。作为卜筮的手册，它既向贵族开放，又为平民提供帮助；同时，它还作为智慧之书被加以引用，从而展示出解读群

---

① 20世纪20—30年代，古史辨派的学者们经过研究，认为《周易》"十翼"中有一部分为汉代的作品，而并非如传统所谓系孔子所作。随着马王堆汉墓帛书《周易》的出土，这一观点已经在一定程度上得到修正，即大约成书于公元前三世纪中叶至公元前二世纪初；其中，《序卦传》的情形较为特殊，可能迟至东汉时期才形成。简而言之，除了《易经》的部分以外，在《十翼》中大致又可以划分为两个年代地层。

② 《左传·昭公二年》："二年，春，晋侯使韩宣子来聘，且告为政，而来见礼也。观书于大史氏，见《易象》与鲁《春秋》。曰：'周礼尽在鲁矣，吾乃今知周公之德，与周之所以王也。'"

体与解读方式不断趋于丰富的趋势,这也是从早期的占筮用书向"极广大而尽精微"的经典思想文献转变的最初历程。

这一活泼的变动状况,本不限于《经》与"十翼"。事实上,以《易传》解经并非汉易的全部,至少在西汉时代的易学中,如孟氏、京氏等主要易学家,即选择卦变、互体等方式作为阐释的路径,从而呈现出不同的面貌;而在这些纷杂的阐释传统中,也同样表现出思想的活力。查看《汉书·儒林传》等相关记载,不难印证这一点。

汉代的易学,不仅包括后世视之为"经学"的部分,同时也包括谶纬中的相关部分。包括易纬在内,围绕《易经》为中心而衍生的汉代易学文献,往往因其难以索解或不符合后世的观念而被视为荒谬之物,从而在思想体系的理性化重构中沦为边缘或归于隐晦。不过,这种做法在很大程度上源自后世的立场。将《周易》经传与这些文献相比,其间的界限并非总是泾渭分明。对于汉代的思想家来说,各种"传"或"说"构成各具特色的理解,它们是将《易经》思想应用于社会、政治和学术等现实领域、经过长期互动形成的结果;而《易纬》等文献则与《周易》相辅相成,共同构筑起整体性的思想世界。因此,当时的易学家们未必如后世那样,致力于区分核心文本与其他文本的差异,而是深入挖掘易学的内涵,并以此滋养自身的思考。易而言之,相对远离文本核心的"边缘"部分,很可能正是思想触角最为敏锐的延伸。据此,将易纬及其他相似文献作为迷信或荒诞的成分予以排除,未必符合思想发展的实际情形。

在此变换一下思考的角度或许更为有益,此处暂以易纬为例进行说明。从汉代的文献状况以及学者的相关态度来看,易纬与《周易》经传共同构成了易学的知识与思想体系,它并未因自身的某种独特性而遭遇贬低或排斥——即使是东汉末期最为出色的经学家郑玄,也没有轻视《易纬》文献,而是在努力追求思想多元化的立场上予以接受①。在汉代流行的各种纬书中,易纬的数量相对较多;其原因或许在于它最能迎合思想

---

① 关于郑玄接纳纬书的立场,见《后汉书》中的传记及《六艺论》。

衍生的需要,易于比附与拓展,从而保持着与现实密切关联的鲜活生命力。正如伽达默尔所指出的那样:"权威并不依赖教条的力量,而是依靠教条的接受生存。"①"经"与"纬"的辩证关系,充分地表现出经典的这一性质。

关于易纬的文献记录纷乱错杂,要从中寻求出清晰而明确的变化线索,几乎是不可能的。但是,这一屡受压制的传统,确实在某种程度上曲折地反映出早期的情形②。从思想内容而言,《易纬》大致处于《周易》的思想脉络之内;即使其中附益了后世的成分,在文本的最古老地层中,仍然不难看出早期的痕迹。以《易纬稽览图》为例,这一以节候征应为主的文献,依卦立言,主要按照六日七分之候进行论述。尽管作为《易纬》中占有最重要位置的篇目,它早已不是最初的面貌,至少在宋代时经历了显著的加工;但是,其间所展现出的思维方式,则仍然继承了早期的因素,由于与汉代"孟喜、京房之学"相似,从而被视为"最为近古"的一类③。设若从《易纬》中择取出此类较早的因素,以之作为汉易的佐证,或许并非完全谬误的做法。

作为经典的《周易》,允许早期的阐释者积极参与其中,这与文本固定以后的情形相去甚远。虽然《易纬》中确实存在不易理解的部分,但它们终究反映了汉代思想家们对《周易》的理解与反应。如果希望努力还原汉代易学思想的真实状况,那么适当拓宽考察的范围更为合理,即不应过分强调"经""传"与"纬"的不同,而是深入探索其间的有机联系,考察《周易》思想如何渗入各类文献。据此,本章在讨论秦汉易学的美学内涵时,更多地注意不同学说中思维范式的共性,而非彼此间的差异,这既是文献残缺之现实状况使然,也是更多地考虑思想界之实际情形的结果。

---

① [德]伽达默尔:《哲学解释学》,第 3 页,上海:上海译文出版社,1994 年。
② 关于易纬内容与年代的性质,可参考:(日)安居香山、中村璋八:《纬书集成》,"解说"部分之"关于易纬",第一册,第 15—23 页,石家庄:河北人民出版社,1994 年。
③ 《四库全书总目提要·经部六·易纬六》,"《易纬稽览图》二卷"条。

尽管《易经》很早即已形成，《易传》文本也并非迟至汉代一蹴而就，不过，它们正式进入主流思想家的视野并发挥重要的影响力，乃是相对较晚的事件，大致在战国末期才开始发生。《易传》等文本与儒道思想的渊源固然可以追溯到更早的时代，但是《周易》之所以风行并获得权威性地位，在很大程度上来自其宇宙论方面的影响力。如果将中国早期思想大致分为哲学家的思想传统（即"诸子"的传统）和关联化的技术传统——后者包括医师、音乐家、厨师、物理学家、各类工匠以及政府管理者，当然也包括以卜筮为业的占卜者，他们对于《易经》文本的形成做出了特殊的贡献，两种传统虽非完全绝缘，却清晰地体现出各自的兴趣倾向。哲学家们在思想史上占据着显赫的位置，他们热衷于讨论道、人性等哲学问题，却对关联性宇宙论表现出冷漠的态度；而后一传统则恰恰相反——这些技术人员频繁使用数字对世界进行分类，致力于建立各种巨细无遗的关联网络，宇宙因此呈现为感应比类的整体有机系统，在自然、社会、历史与宇宙等各种现象之间，不断被构建出内在性的联系，每一事物与现象均能够由此确认自身的位置。根据这一区分，《周易》的思想显然衍生于第二种传统，而正是以此为中介，宇宙论才得以真正成为中国哲学的核心问题。

由于《周易》名列儒家经典，而《十翼》中不乏对宇宙论的讨论，这给我们造成了中国古代哲学极其关心宇宙论的表象。但是事实未必如此。以儒家传统为例，《周易》在先秦始终未被视为经典：在孔孟等儒家宗师的著作中，无法找出涉及该文本的坚实证据；第一位无可怀疑地论及《周易》的儒者是荀子，他生当公元前三世纪，已处于易学影响普遍化的战国末期，但是依然未将之纳入五经。因此，《周易》从游离于外围的状态转入核心位置，乃是战国末期至秦汉之际发生的转折。在此期间作为文化事件的"焚书坑儒"，无疑是对《周易》之传播发生影响的重要因素。

在极其短暂的统治时期内，秦始皇因其苛酷的政策而成为后世不断批判的对象。作为钳制思想自由的代名词，"焚书坑儒"一事尤为醒目，对该事件的关注与评价自汉初即已展开。对于尊重文化和尊崇传统典籍的汉代儒者而言，这一错误是不可原谅的，它所造成的后果，远不限于对典籍和知识承载者的现实摧残，而是进一步提升为某种与汉王朝相对立的象征，后者正是借助于对它的否定而确立起自身的合法性①。"焚书坑儒"的文化破坏力究竟达到何种程度，因年代久远而不易断定。但是，按照《史记·秦始皇本纪》的记载，在这次事件中，作为技术性的卜筮之书，《周易》得以幸存。尽管无法确定其中包括《周易》的何种文本，但是借助于卜筮之书的名义，《周易》确实有可能获得其他经籍所不具备的便利条件，而成为传承阻碍较小的一种②。这显然有利于《周易》在汉代影响力的扩大。

但是焚书事件对文献的过滤，并非《周易》在汉代勃兴的主要原因，而且它无法解释《周易》未获先秦诸子之青睐的现象。这不是单纯的文献传承问题，而是涉及不同思维方式的歧异：《周易》之所以遭遇先秦哲学家的拒斥，乃是由于其中的关联思维尚未真正进入哲学领域。即使我们获得充分的证据，将《周易》各种思想成分的年代予以提前，但是它在先秦的遭遇，仍然意味着两种传统尚未臻于融合。我们需要重视如下的可能：正是对"焚书坑儒"事件的渲染，巧妙地掩饰了《周易》在先秦遭遇冷落的事实，并造就其经典的历史维度。

葛瑞汉指出：晚至公元前三百年前后，"阴""阳"在哲学文献中已经作为两种基本属性而被讨论，但是仍未获得与关联系统的结合；而这一结合在另一种传统中早已发生。此外，他还指出，诉诸五行相克学说的军事文献中，尚无可以确认成书于公元前 3 世纪末以前的著作。与此形成鲜明反差的是：在《左传》与《国语》等文献中，物理学家、史官、乐师与

---

① 例如，在西汉成立伊始，陆贾即开始对秦王朝灭亡的原因进行反思。同样的行为也体现在汉文帝时期贾谊的著作之中。考虑到秦王朝对五行相克系统的遵循，汉代学者的意见与其说是客观性的批评，不如说在某种程度上掺杂着建构性的成分，即把秦王朝批评为符合汉代意识形态要求的负面形象。

② 高怀民在《两汉易学史》中，将《周易》划分为筮术易与思想性的儒门易。高氏认为，尽管这两种易学存在差别，且在焚书事件中遭际不同，但是，借助于卜筮的掩饰，儒门易仍然得以暗自流传。见高怀民：《两汉易学史》，第 1—5 页，桂林：广西师范大学出版社，2007 年。

有才识的政治家们，大量论述了自然现象中阴阳、五行、色彩、滋味、声音与气味等不同因素的结合，以及用周易之六爻进行的占卜，世界在他们的视线中层次丰富而又更富于整体性。而哲人们则与此类传统保持疏离。"在整个古代中国关联系统只是属于天文学家、占卜者、乐师和物理学家的工作，而从孔子到韩非子的哲学家根本没有参与其中。"①

哲学家们的态度，不妨借助墨子来进行说明。《墨经》将事物间的关联区分为"必"与"宜"两种，前者指因果性的关联，而后者则指五行相克等关联性的内容。墨子认为，因果性的解释（"必"），优于关联性的解释（"宜"）；由于这一原因，与"宜"相关的成分还被排斥在逻辑论辩之外。作为否定关联性思维的著名事例，墨子根据人的肤色，否定了日者关于出行的建议②。这很容易被理解为：在逻辑因果思维与关联性思维之间，存在着正确与谬误、精密与粗疏的差别，而理性的前者必将驱逐和消解不合理性的后者。根据这一观念，盛行于秦汉时期的关联思维，往往被看作是先秦思想的倒退。

但是，将两种思维方式简单化地对立起来，并对关联思维加以轻易地否定，并不能够解释如下的疑问：既然《墨经》已经提出"必"与"宜"的差别，为何未能更进一步、完全摒弃"宜"的思维因素。③ 事实上，在早期中国，对于关联思维的倚重超越了我们的想象，人们对于宇宙与时空、身体与医学、天文地理以及音乐等种类的知识，全都无法脱离关联思维的作用，后者几乎渗透在传统社会的每一个角落；如果关联思维仅仅是一

---

① ［英］葛瑞汉：《阴阳与关联思维的本质》，第8—9页。

② 《墨子·贵义》："子墨子北之齐，遇日者。日者曰：'帝以今日杀黑龙于北方，而先生之色黑，不可以北。'子墨子不听，遂北，至淄水不遂而返焉。日者曰：'我谓先生不可以北。'子墨子曰：'南方之人不得北，北方之人不得南，其色有黑者有白者，何故皆不遂也？且帝以甲乙杀青龙于东方，以丙丁杀赤龙于南方，以庚辛杀白龙于西方，以壬癸杀黑龙于北方，若用子之言，则是禁天下之行者也。是围心而虚天下也，子之言不可用也。'"

③ 在《墨子·迎敌祠》中，为防御敌人的进攻，而采用基本的点与数和色彩相互联系的方式进行占卜。这一做法明显与"必"优于"宜"的原则相悖。当然，在此也不排除另一种情况，即两段文字并非来自同一位作者或思想派别。不过，即使后一种情况属实，墨子学派对关联思维的接纳，一方面显示出两种传统尚未臻于真正的融合，另一方面又恰恰表明关联思维的影响力。

种较低级的思维形式,它为何能够取代先秦思想,牢固地占据着中国思想的基础而从未被清除? 如果注意到《周易》地位的上升与秦汉关联思维的风行出现在同一时期,那么,考虑葛瑞汉的二分法是颇有助益的,这促使我们调整此前的诸多认识,其中包括对《周易》思想的认识,也包括对秦汉思想的认识,这些均与秦汉美学的理解密切相关。

基于美学学科的性质及现实发展,在很长一段时期内,中国美学的研究是追随着中国哲学研究的轨迹展开的,这无形中引导了对理性思维的崇奉。但是,这种研究进路却难以应对秦汉美学所发生的巨大变化。随着关联思维的风行,秦汉美学思想仿佛偏离了先秦的发展方向,致力于此前无暇甚或不屑进行的工作;如果以哲学的理性思维作为尺度,那么秦汉美学仿佛显示出思想水平的低落。不仅如此,这样还将导致秦汉美学自身特质的丧失,而纯粹沦为先秦美学的余响。关于这一点,在前面的相关章节中已有所论述,兹不再赘。

与墨子的反应不同,在中国传统医学、音乐及其他原始科学中,对"宜"的偏爱始终优先于对"必"的探究,这与各种宇宙论思想的勃兴彼此融合①。正是在秦汉时期,与《周易》思想的兴盛同时,诸多相关的知识开始建构起来,例如对身体结构与疾病的认识,它们对于审美活动和审美思想造成了深刻的影响。如果考虑"美学"之作为"感性学"的内涵,而非集中于哲学美学,那么我们将获得对秦汉美学的较新理解,这可能也更加符合历史的真实情形。由于秦汉时期的美学思想与身体、情感、音乐、文学等主题关系密切,而这些主题又分别在不同程度上受到关联思维的影响或支配;因此,从关联思维的角度展开考察是非常必要的。易而言之,在秦汉的易学与美学之间,很可能存在着诸多深层次的联系,前者为后者提供基本的思维模式,例如类比与感应的模式。倘若如此,对易学思想的理解就不仅限于孤立地探讨某些卦象、范畴的美学内涵,或较多关注《易传》与儒、道思想之间的源流关系,而应更加侧重于贯穿于其间

① 这并不意味着完全不存在例外的状况,例如《淮南子·天文训》篇末。

的关联性范式；至少对于一部分思想家来说，它远比道德化的概念、范畴或人生哲理更具吸引力。

对于《周易》的类似看法早已有之。上世纪 80 年代，即有学者指出："《周易》对中国美学的影响，首先不在它所提出的个别直接具有美学意义的概念、范畴，而在它的整个的思想体系。因此，在考察它所提出的那些具有美学意义的概念、范畴之前，有必要先来考察它的整个思想体系同中国美学的关系。"①这里所说的"整个思想体系同中国美学的关系"，至少应包含如下的理解：《周易》所蕴含的关联思维模式，在秦汉时期产生了直接而深刻的影响，这或许正是它得以经典化的根本原因；进而言之，关联思维模式虽然在汉代以后的哲学世界中退至边缘，但在文学、艺术、医学等其他领域内，则仍然发挥着重要的影响力。因此，《周易》思想对"中国美学"的影响无疑是整体性的。

从整体性的影响来看，易学思想中值得关注的成分大致包括如下的若干方面。首先，作为感应比类模式的充分展现，序秩理数与"条理而生生"的思想深刻地影响了审美领域，例如生机论即其显著的一例。其次，作为条理化的表现，"文"在易学中占据着非常重要的位置，整体世界由此建立对称化的基本架构，而文学艺术的终极价值又由此转出，六朝为止对错彩镂金之美的显著偏爱也与此密切相关。此外，"修辞立诚""仰观俯察"等命题，也作为重要的思想主题，对于后世发生了深厚而悠久的影响，它们在很大程度上影响甚至决定了传统的语言观与时空观。

根据这些主题，我们尝试着去发掘《周易》思想中最具普遍性的美学内涵，它们的影响力不仅在早期较为广泛，而且在后世也绵延甚久。或许有些思想在当时尚未造成直接的影响，但是对其后的美学则构成了持久而强劲的推动力，并为其擘划出整体的规定性；如果缺少相关说明，那么对后世文艺的理解很可能缺乏思想上的深刻基础，相关的美学思考也会缺乏应有的深度。因此，虽然某些主题与美学的关联不甚明确，仍有

---

① 李泽厚、刘纲纪：《中国美学史》第一卷，第 285 页，北京：中国社会科学出版社，1984 年。

必要给予充分的篇幅——尽管这样做可能会造成论述过泛的危险。

　　基于上述理解,本章讨论周易美学时,将主要遵循如下的原则:首先,将拓展考察材料的范围,不仅考察《周易》经传,而且也将当时重要的易学文献吸纳进来,例如易纬与两汉易注,以及扬雄《太玄》之类的拟经之作,它们在不同程度上反映出当时易学的面貌。其次,对秦汉易学的讨论,拟以关联性思维模式为枢轴展开,以此为中心,再进一步结合相关的独立命题与概念、范畴展开分析,而非单纯注重孤立的后者。再次,在讨论周易美学时需要解决文献的年代问题;不过,由于本章更多地立足于该文献的接受史——特别是其中与关联思维联系密切的部分,而非实际的文本形成史,因此即使部分材料确实形成较早,但是鉴于其实际影响力,仍以置于秦汉为宜。这一处理方式,相对跳出了以《经》《传》分列前后的惯例,这并不是无视或企图避开文本年代的问题,而是尊重思想史发展状况而做出的慎重选择;强调文本在流通过程中的实际效果,这对于秦汉美学的研究而言是相当必要的。或许还需要强调一下,在后面的各节之间,往往存在彼此重复的部分,这在很大程度上源于《周易》思想自身的流动性,尽管努力对不同主题加以区分,但是相互叠合的现象仍然难以避免。

第一节　序秩理数:感应比类的结构

　　作为历史久远的卜筮用书,《易经》在卦象符号与外在物象之间,构建出相互对应的关系,凭借这些因素,使用者得以结合自身情境判断未来可能的变化,从而确立进一步的行动指针。当《周易》的影响力伴随着经典化历程迅速上升时,其外围也相应地延伸出各种阐释,数量众多的文献致力于将其思维模式应用于现实世界,以指导政治与社会生活。伴随着宇宙论的构建在秦汉时期大行其道,这些映射迅即超越个体的层面,进而在政治、社会、历史乃至整体宇宙中不断扩散,建立起纷杂缭乱的关联之网。所谓"易无达占",即点明了该文本与现实情境的密切联系,及其变动不定的指向性。从《周易》的内容来看,其包罗万象的宇宙论性格,导致了如下的局面:无论在精微抽象的思想层次,还是在自然与社会的具体世界,都衍变出千丝万缕的联系。

在残存的众多汉代易学文献中,易卦与各种物象的比附蔚然成风,其独特与复杂程度均令人叹为观止。所谓"卦者,挂也,挂万物,视而见之"(《易纬乾凿度》卷上),这意味着卦象本身即存在向外辐射并贯穿万物的可能性。与这些光怪陆离的联系相比,《易传》相对较为收敛:即使在最基本的层次上,它仍然致力于贯彻道德性的关怀,这一思想取向显然更符合后世儒家的取向。不过尽管如此,关联思维依然牢固地盘踞于其中——稍稍翻阅《说卦传》,便会立刻感到这是一个相当新奇的思维世界。《易传》尚且如此,遑论以"卦变"见长的其他学说。

《周易》中种种复杂的对应关系,令人深感难以索解,这一情形在对六爻的解释中已经出现:从"一"到"六"的不同位置,一方面被视为对宇宙化生过程的抽象比拟,另一方面又与政治身份直接结合起来①。由于这一原因,即使在《易传》中最纯粹、最富于哲理意味的道德化阐释中,依然不难见到关联思维的痕迹。从根本上说,作为道德主体的"大人"置身于宇宙万物之间,其外围即显现为相互关联的有序时空。在月令类文献中,"四时"已不仅是纯粹的季节,而是与空间相结合,构成了笼罩人类与自然界的律动不已的场域;在《周易》中"四时"的意义大抵相同,它昭示着某种秩序化的关联世界已然显现②。

> 夫大人者,与天地合其德,与日月合其明,与四时合其序,与鬼神合其吉凶,先天而天弗违,后天而奉天时。
>
> (《乾·文言传》)

---

① 《易纬乾凿度》卷上:"天地之气,必有终始,六位之设,皆由上下,故易始于一,分于二,通于三。□于四,盛于五,终于上。初为元士,二为大夫,三为三公,四为诸侯,五为天子,上为宗庙。凡此六者,阴阳所以进退,君臣所以升降,万人所以为象则也。"

② 关于"四时",如《乾卦》:"天地革而四时成";《节卦》:"四时变化而能久成……天地节而四时成";《革卦》:"观天之神道而四时不忒。"

与天地、日月、鬼神等因素一道，"四时"的秩序对道德主体构成某种约束，同时也提供了较为安稳的依托感；尽管天地间万物杂陈，却仍然显现为整齐而变动的整体，从而产生了"合其序"的可能性。这一秩序固然不仅限于"四时"这样简单，而是通过各种"象"与"数"的操作，致力于把握"天下之至变"，从而将秩序拓展到宇宙之整体：

> 参伍其变，错综其数，通其变，遂成天下之文；极其数，遂定天下之象。非天下之至变，其孰能与于此。
>
> 　　　　　　　　　　　　　　　　　　　（《易传·系辞传上》）

所谓"参伍"，是指通过三才与五行的思想来认识世界，这一运作过程本身即富含关联化的性质①。纷繁的世界变化不止，在刹那生灭的万象之流中寻求节奏与规律，并将其抽取出来予以把握，即依次构成了"象"与"数"。"象"最早指天象，如"在天成象，在地成形"②，后来逐渐衍生出"易象"的涵义，其目的则在于"尽意"③。不过无论如何演变，其中所含有的形象化与可见化的因素始终存在，这对于易象而言乃是非常重要的。

> 见乃谓之象，形乃谓之器。
>
> 易者，象也；象也者，像也。象也者，像此者也。
>
> 圣人有以见天下之赜，而拟诸其形容，象其物宜，是故谓之象。
>
> 　　　　　　　　　　　　　　　　　　　（《周易·系辞传》）

大致说来，"象"乃是对万物之类别化的抽象，但又是通过可见化的形象来表现意旨，因此"象"非纯粹的具象，亦非纯粹的抽象，而是介于二

---

① 尚秉和认为，以三才言，爻数至三则内卦终，故云必变；以五行言，至五而盈，故过五必变。参《周易尚氏学》，北京：中华书局，2012 年。

② 丁原植：《楚简老子思辨观念的天文探源》，载武汉大学中国文化研究院编：《郭店楚简国际学术研讨会论文集》，湖北人民出版社，2000 年；冯时：《星汉流年：中国天文考古录》，成都：四川教育出版社，1996 年。

③ 《周易·系辞传上》："子曰：'书不尽言，言不尽意'。'然则圣人之意其不可见乎？'子曰：'圣人立象以尽意，设卦以尽情伪，系辞焉以尽其言。是故形而上者谓之道，形而下者谓之器。'"

者之间,具有容纳多重现象世界中的现象、倾向、过程并对其加以分类的弹性。如宗白华所言,它既具有井然秩序的结构,又是可以取正的媒介物①。所谓"数",则是从各种类别的相互关系中抽取出的以数字表现的范式,它反映出不同类别事物之间的配合与动态关系,通过向万物投射,衍生出无穷的变奏。如果强行区分二者,或许还可以将"象"与"数"大致对应于宇宙间各种现象的"同"与"异"的两面:"象"是对诸多复杂现象之共同属性的抽取,而"数"则是对不同类别事物之差异化的显现。不过无论如何处理事物与现象的同异,各种类别化的现象仍然得以努力维持自身的具体化的存在,而并没有消解于还原为某种质料的过程。万物以其感性的外观向我们发出邀请与召唤,因此提供了审美的深层基础。

> 大象八……八象备,万象生,万象万形,有形之物为象。
>
> (《易纬·乾凿度》)
>
> 易起无,从无入有,有理若形,形及于变而象,象而后数。
>
> (《易纬·乾坤凿度》卷上)

在八个"大象"与纷杂的"万象"之间,按照感应的关系向外拓展,在八卦重叠为六十四卦时,充分显现出这一发散性的原则。由于力图以有限的模式来涵盖宇宙间的种种变化,《周易》不可避免地对宇宙现象与过程采取了类分化的方式,即从众多具象向抽象不断聚合的过程;而以之指导现实生活,则构成了相反方向的行动。在此双向的过程中,"数"较"象"更为抽象,它们同处在"从无入有"的延长线上,这是以现实世界为对象的水平轴向。因此它们不仅能反映宇宙深层的真实本相,同时又能够指引和预示现象界的具体变化。张岱年在论及中国哲学的特征时曾经指出,中国思想中并不强调虚幻假象与真实本质之间的对比,感性世界即真实世界②;这一特点也同样表现在关联思维的结构之中。

作为"有形之物","象"保留着形象化的内涵,而且又包含着"形及于

---

① 宗白华:《形上学:中西哲学之比较》,《宗白华全集》第一册,第 606 页。
② 张岱年:《中国哲学大纲》,第 9—10 页,北京:中国社会科学出版社,2004 年。

变"的因素,以此具备了指示某一簇具有内在共性的现象、事物或过程的可能性。"数"则是对不同"象"之间关联秩序的纯化,是对宇宙万物中基本原则、规律与态势的萃取,它指示着动态变化而又相对稳定的时空结构。因此,与纯粹的抽象数字不同,"数"并未被用以指称数字在计数或量化方面的日常功能,而是指向类分化的套数,它仍然保持着与具体情境的联系和指示性的张力,而非旨在回归到某些形而上本质或要素的还原主义。对于还原主义而言,实在与现象之间始终存在着某种偏离,这不免导致价值偏向或取舍的爱好。对于关联性的象数而言,则并不存在此种偏离:世界的观察者满足于按照如其所现的样子接受感性的世界,因为这即是真实的世界。倘若对"数"作进一步的界定,那么它与抽象数字存在着根本的区别,后者本质上蕴含着某种抽象与具象的二元化划分,并且通过否定现实具象之存在而实现自身,其意义乃是超越于其对立面之上的,亦可脱离后者而单独存在。易学中的"数"则更类似于宇宙万物的内在脉络,它穿行于不同事物与现象之间,隐秘地决定着事件发展的趋势与方向。由于深层次地反映出中国思想的根本属性,因此,尽管至少在汉代后期"数"已经引起某种程度的质疑,但它们仍然在周易中占据着关键位置,而且从未在后来的中国思想中消失①。

单就《周易》中的六爻卦来看,卦中各爻叠加所构成的图象并非纯粹的空间形象,而是体现了情势转化的秩序,其间所蕴含的"时"与"位"的因素是不可忽视的。随着互体、卦变等阐释方式的加入,"一卦变六十四,六十四卦变四千九十有六"②,情势转化的复杂性急剧增加,这也相应地增强了"象""数"对不同情境的指涉功能。无论卦变之说在后世看来如何荒诞,它作为"汉儒用以附会卦象而释占的一种巧妙的方法",努力

---

① 在《易纬乾坤凿度》卷上中,集中列举了一系列的"数"。如果该文献中的注解确出于郑玄之手,那么他实际上已经开始思考这些数之所以被选择的原因。例如"七日"注:"何不五日来复";"十年"注:"何不以九年";"十朋"注:"何不以八朋七朋。"此类事例颇多,兹不赘举。

② 王应麟《困学纪闻》卷一:"一卦变六十四,六十四卦变四千九十有六。六爻不变与六爻皆变者,其别各六十有四。一爻变与五爻变者,其别各三百八十有四。二爻变与四爻变者,其别各九百六十。三爻变者,其别一千二百有八十。"

容纳种种情境化的现象,从而促成了中国独特思维模式的形成①。由于这一原因,"数"也同样兼具具象与抽象的二重性,或者说并不在二者之间做出截然的划分,一方面不妨视为生成的、变化的与富于象征意味的,另一方面,又是流动性的、富含意义与价值的;它是生命进退流动之意义的象征,故无法脱离"位""时"等情境因素而予以孤立的考虑。

从总体上说,"象"与"数"的存在,使得天地万物展现出有序化的内在结构;借助于这些结构,世界首先被切分成若干不同的类,在类的内部以及各类之间,各种"同"与"异"的因素随即建立起来。"象"与"数"之中必然包含着分类的行为,但这一分类又是充满弹性而非固定的,它允许种种变动的存在与新趋势的发生,这正是基于自我对世界之内在秩序的亲切体认而形成的。

在感应比类的结构中,最简单的秩序无疑是阴与阳的二元对立,这也正是《周易》从卜筮文本发展为思想文献时始终保持的元素。从战国末期到秦汉时代,《周易》正式将阴阳与关联性思维引入了哲学的视野,从细小的卦爻变动到整体的结构均是如此。在易卦这一最基本的层面上,通过形象化而又带有抽象性的线条,建立起与现实世界的映射关系,这本身即是某种化约与类分的产物。无论是单纯的两个阳爻、两个阴爻或者一阴一阳,就已经构成了区分与类型化的行为;随着卦变的复杂化,感应的方式也趋于深奥,并从整体上支配着六十四卦的运作,展开对宇宙形态的模拟。

就《周易》的整体结构而言,阴阳的二元划分也同样成立。作为《易传》之基础的《易经》,其各卦的排列顺序在汉代仍然存在着变动。传世《易经》分为"上经"与"下经"两部分,其中"上经"三十卦,始于"乾",终于

---

① 王夫之在《周易外传》中对汉易提出如下的批评:"汉儒泥象,多取附会。流及于虞翻,而约象互体,半象变爻,曲以象物者,繁杂琐屈,不可胜记。"如果舍弃后世的成见,那么所谓"泥象",恰恰指明了汉易不离象数的特色,这意味着对于卦象的理解始终没有背离抽象与具象的某种平衡,这一点决定了《周易》对现实情境的指涉作用。关于"互体"等因素的讨论,可参考李镜池在《周易探源》中的相关论文。见李镜池:《周易探源》,北京:中华书局,1982年。

"离";"下经"三十四卦,始于"咸",终于"未济"。汉代石经亦是如此。但是,根据马王堆帛书《周易》的记录,其卦序则存在着很大的不同。就此而言,我们可以想象,不同的卦序指示着不同的阐释方式,而存世文献中的这一划分,则构成了阴与阳之二分的典型例证。

作为后世正统的《周易》篇章结构,包含三十卦的上经与另外三十四卦的下经之间,被看作是阳与阴的整体性对立;处于其间之连接点的,则是含有"感通"之义的咸卦,该卦本身亦被视为阴阳感应的产物。作为"下经"的起始,咸卦承负着昭示《周易》整体结构特征的使命,它将以阳为主的"上经"与以阴为主的"下经"构建成二元化的对立。

> 故易卦六十四,分而为上下,象阴阳也。夫天道纯而奇,故上篇三十,所以象阳也。阴道不纯而偶,故下篇三十四,所以法阴也。乾坤者,阴阳之根本,万物之祖宗也,为上篇始者,尊之也……咸、恒者,男女之始,夫妇之道也。人道之兴,必由夫妇,所以奉承祖宗,为天地主也,故为下篇始者,贵之也。
>
> （《易纬乾凿度》卷上）

> 咸,感也。柔上而刚下。二气感应以相与,止而说,男下女。是以"亨利贞,取女吉"也。天地感而万物化生,圣人感人心而天下和平。观其所感,而天地万物之情可见矣。
>
> （《咸卦·彖传》）

处于转折性位置的"咸",是"二气感应以相与"的结果。除了阴阳刚柔的感应之外,它还将男女的社会模式延展到宇宙整体,从而促成了"化生"这一生机论的出现。如果说,在大致同一时期的其他文献中,例如从《吕氏春秋》到《淮南子》与《黄帝四经》,也经常出现"感应"的思想,那么《周易》则最为有力地将其带入中国哲学的领域,并明确地与宇宙论相互结合。借助于阴与阳的对立,万物均纳入关联性的链条并参与宇宙的运行,首先体现为"天尊地卑"的整体结构,其次则延展为"方以类聚,物以群分"的具体形态。不难想象其间存在着错综复杂的感应关系:

> 同声相应,同气相求。水流湿,火就燥,云从龙,风从虎,圣人作
> 而万物睹。本乎天者亲上,本乎地者亲下,则各从其类也。

(《乾·文言·九五》)

感应比类是《周易》经传的基本结构模式,无论是早期的卜筮,还是晚出的思想,均在这一逻辑之下铺展开来。当万物"各从其类",呈现出有条不紊的脉络时,"感应"便成为世界变动的展现方式。对于这一因素,应当充分考虑它在美学方面的影响。在秦汉时代,感物生情是常见的审美模式与审美表现,这正是在气化感应的世界中得以建立起来的。如果说,在《吕氏春秋》一节中对"感应"的讨论更多地强调月令模式的特色,那么在这里,则更多关注"感应"所蕴涵的根本属性,以及它对美学的积极贡献。

孔颖达在相关注释中,仔细地区分了感应的不同状况,除了同一关联范式中相同部分的应和,如"弹宫而宫应,弹角而角动"之外,还存在着"声气相感"与"形象相感",这些均属于同类相应的性质。相较于此,还有情形更复杂、更难以"知其所以然"的异类相感:

> "同声相应"者,若弹宫而宫应、弹角而角动是也。"同气相求"者,若天欲雨而柱础润是也。此二者,声气相感也。"水流湿,火就燥"者,此二者以形象相感……"则各从其类"者,言天地之间共相感应,各从其气类。此类因圣人感万物以同类,故以同类言之。其造化之性,陶甄之器,非惟同类相感,亦有异类相感者,若磁石引针,琥珀拾芥,蚕吐丝而商弦绝,铜山崩而洛钟应,其类烦多,难一一言也,皆冥理自然,而不知其所以然也。感者,动也;应者,报也,皆先者为感,而后者为应,非惟近事则相感,亦有远事遥相感者。

(孔颖达《周易正义》)

孔氏将"同声相应,同气相求"的状况纳入"声气相感"的类别,并认为"圣人感万物以同类,故以同类言之",此外"亦有异类相感者"。事实上,这里所列举的事例并未逾越物理学的范围,仍限于共振或磁力等超

距离的作用。如果进一步考虑将作用的主体置换为某种属性或倾向,那么所谓"异类相感"或可视为对立因素的相互补充,这在部分文献中被视为"应"的体现:

> 所谓应者,地上有阴,而天上有阳,日应。俱阴日罔。地上有阳,而天上有阴日应。俱阳日罔。
>
> （《易纬稽览图》）

这里明确将"应"界定为阴与阳之间的感应,而非作为"罔"的"俱阳"或"俱阴"。因此,"罔"大致对应于"同则不继",而"应"则相当于"和实生物"或"和而不同"。划分出阴阳两类不同属性的前提,正在于承认其间的差异。对于万物间同异的注意,构成了《周易》思想的基础。

> 暌,火动而上,泽动而下。二女同居,其志不同行。说而丽乎明,柔进而上行,得中而应乎刚。是以小事吉。天地暌而其事同也,男女暌而其志通也,万物暌而其事类也。暌之时用大矣哉。
>
> （《暌卦·象传》）

《象传》云:"上火下泽,暌。君子以同而异。"火与水之间不仅存在着物理属性的冲突,而且在或上或下的动态表现上也存在着差异。按照《序卦传》的解释:"暌者,乖也。"又《广雅·释诂》:"乖,离也。"正是由于彼此乖离,才产生了相互补足并臻于完善的可能性。因此所谓"暌",即是指不同事物之间相反相成的关系。由于此类同与异之辩证关系的存在,宇宙万物之间乃得以形成类别与秩序,无论是天与地抑或男与女,都是极显著的事例。推而言之,"万物暌而其事类也",也是同一逻辑推阐的必然结果。作为感应比类的核心术语,"类"的存在受到充分的重视。《同人·象传》云"君子以类族辨物",即是指此而言①。所谓"取类",正如

---

① 《同人·象传》:"天与火,同人。君子以类族辨物。"清人陈梦雷《周易浅述》云:"同人离下乾上……天在上而火炎上,有同之象。上乾为天为君,下离六二一爻在离之中,居人之位。卦中上下五阳(爻)同六二之一阴(爻),而二五(即六二与九五)又以中正相应,有以天同人、以君同人之象,故曰同人。"

《周易》中"风行山上"之象,从种种不同形象之中抽取出某种共性,一方面带有形象性,另一方面又体现出某种共同的动势或属性。

在汉代以象数解易的路数中,每一卦与外部物象的关联纷纭复杂,不可一概而论。但是,所谓"象",正是在用类分的方式观察与把握世界的过程中,所抽取出的带有某种共性的易象,它介于抽象与具体之间。基于"象"之内涵的弹性,在"立象尽意"的施设中,形象化的"象"与抽象的"意"之间产生了阐释的张力。考虑到具象因素的存在,"象"不同于作为指称性符号的"书"或"言",因此与"意"并不构成符号学中能指与所指的关系,而是在形象化的凝定中,得以暗示性地展现"意"的本相①。

如何通过可见形象来传达抽象的意旨,这对于易学与诗学而言,均是相当重要的问题。闻一多曾经强调《周易》与《诗经》的内在关联,认为"《易》与《诗》之关系最基本,在精神不在外表。"尽管随着时代的进展,《易》与《诗》的差异日渐明显,但是潜藏的原初共同性仍然值得注意②;所谓象意之关系及其性质,亦为其显著的一端。在《系辞传》中,易象的性质被归纳如下:"其称名也小,其取类也大;其旨远,其辞文,其言曲而中,其事肆而隐。"韩康伯在对此作注解时指出,"托象以明义,因小以喻大"。所谓"辞文旨远""因小喻大",表明在感应比类的思维模式中,易象之"称名"与其"取类",构成了隐微而含蓄的对应关系;而这种"隐"的特征,并非为《周易》所独有,而是《春秋》与《诗经》等经典所共享的因素。特别是后者,其评价标准的扩散,使得在较晚的其他著作中,也明显见出文学评论方面的影响。如《史记·屈原贾生列传》:"其文约,其辞微……其称文小而其指极大,举类迩而见义远。"这或许可视为《周易》影响力向美学领域的渗透。

---

① 《左传·襄公二十五年》:"言以足志,文以足言。"
② 钱锺书曾讨论了易象与诗喻的异同,见:《管锥编》第一册,第 11—15 页。对于易象、爻辞及兴的深入分析,可参考:李镜池:《周易筮辞考》,载顾颉刚编:《古史辨》第三册,上海:上海古籍出版社,1982 年;[美]夏含夷:《兴与象——简论占卜和诗歌的关系及其对〈诗经〉和〈周易〉的形成之影响》,载《兴与象:中国古代文化史论集》,上海:上海古籍出版社,2012 年。

　　易象的基本性质，在于"谈言微中"，以暗示与比喻来呈现或揭示形象化的意象，或许可称之为"举隅"。在形象化的展现与所含意旨之间，存在着委婉曲折的表现方式，这与诗学中"兴"的作用大致相同。例如在《文心雕龙·比兴》中，即对后者有如下的说明："观乎兴之托谕，婉而成章，称名也小，取类也大。""称名"与"取类"的不对称，以小见大的可能性，以及"婉而成章"的"托谕"，这些因素反过来用于"易象"的方面，也同样可以成立。倘若充分考虑汉代诗经学者对"兴"的重视，以及该术语中所蕴含的诗歌意象与历史情境的密切关系，那么"兴象"与"易象"之间存在着共同的因素，即"象"与其所要表达的意旨均处于关联性的宇宙整体之内，这决定了象与意之间存在着感应比类的关系。当我们注目于"象"时，由其所映现的更丰富、更多样的含义开始彰显。也正是由于这一点，当"象"用以指向深层的内涵时，借助于关联性结构的延展，以小喻大的类比足以笼罩更为广阔的世界，于是隐微与含蓄的性质得以成立。

　　　　夫心术之动远矣，文情之变深矣。源奥而派生，根盛而颖峻。是以文之英蕤，有秀有隐。隐也者，文外之重旨者也；秀也者，篇中之独拔者也。隐以复意为工，秀以卓绝为巧；斯乃旧章之懿绩，才情之嘉会也。夫隐之为体，义生文外，秘响旁通，伏彩潜发。譬爻象之变互体，川渎之蕴珠玉也。故互体变爻，而化成四象，珠玉潜水，而澜表方圆。

　　　　　　　　　　　　　　　　　　　（《文心雕龙·隐秀》）

　　这段文字是对中国美学中"含蓄"之理念的说明。刘勰将"隐"的范畴追溯至"旁通""互体变爻"与"化成四象"，实则揭示了来自周易的渊源①。所谓"旁通"，是指因每爻阴阳互异而产生的卦变，例如"比"与"大有""复"与"姤"即是；而"互体"则是指除六爻之上下二体外，又有二至四

―――――――――――――――――――

① "旁通"与"互体变爻"是汉易的主要名目，而"四象"则最早出现于《系辞传》上。

爻的"内互体"与三至五爻的"外互体",至三国虞翻时更有进一步的发挥。这些术语的引用,意味着文学中也同样存在呼应、对立、变化等因素。"一首诗的文、句,不是一个可以圈死的定义,而是开向许多既有的声音的交响、编织、叠变的意义的活动。"[1]文字作为诗人观感经验的载体,也并不能规划与固定诗人心象之全部存在的事实与活动。

作为"托谕"的载体,"象"不仅直接指向自身所显示的意义,而且又通过某种关联性原则触类旁通,衍生出相关的其他含义。正如互体是通过变动六爻中的某些成分而完成转换,易学与诗学中的"象"同样蕴含着"秘响"与"伏彩",并且这些潜含的成分具有无穷变化的可能性。由于这一原因,"象"得以向外放射出异常丰富的含义,且并以其含蓄与委婉的表达而促成了文艺理论中的"隐"的思想。

如果将"象数"视为对宇宙万物的动态摄取与类拟,那么"隐"的特征乃是内在于其中的,但是这并不意味着缺乏明晰性。在序秩理数的世界中,尚需确认如下的两方面性质:首先是洋溢于《周易》文本中的生命化的色彩——或可勉强地称之为"生机论"或"生机主义",这一点在《系辞传》中得到最明确的证实:所谓"生生之谓易",以及"天地之大德曰生",均强调宇宙造化力的生生不已。进而言之,宇宙万物从整体上也采取了生命化的节奏与律动:"天地纲缊,万物化醇;男女构精,万物化生。"因此,在以《周易》为模拟对象的《太玄》中,扬雄同样突出强调了"生"的要素,认为"天地之所贵曰生"(《太玄·大玄文》)。

其次,宇宙尽管充满生机,但是生命力并非混沌无序、四处冲决奔突的,而是采取了内在化之节律的形式,亦即是条理化的表现方式。黑格尔曾经在《美学》中指出:"东方所强调和崇敬的往往是自然界普遍的生命力,不是思想意识的精神性和威力,而是生殖方面的创造力。"[2]尽管这一看法是针对古代印度的状况而论,但是这一点往往也被移用于古代中

---

① [美]叶维廉:《秘响旁通——文意的派生与交相引发》,载《寻求跨中西文化的共同文学规律:叶维廉比较文学论文选》,北京:北京大学出版社,1986年。

② [德]黑格尔:《美学》第三卷上册,第40页,朱光潜译,北京:商务印书馆,1981年。

国的思想。事实上，《周易》中的"生"，已经远远超越了"生殖方面的创造力"的内涵，而是化成为节奏化的宇宙的整体律动。对生命力的充分体认，乃是中国文学与艺术中极其重要的内容。宗白华曾经将易学的精神总结为"生生而条理，条理而生生"，精炼地抽取出生生不已与节律化、条理化的双重内容。如果对此进行深入的探索，那么不难发现，它正是《周易》思想中的另一重要主题，即交互杂错所形成的"文"——它几乎涵盖了从自然到人文的所有存在。

第二节 "文"与"离"卦

一、"文明之道"

在《周易》思想中，除了序秩理数的关联性思维模式以外，最易引起注意的独立范畴或许非"文"莫属。这一术语在《周易》经传中反复出现，并被赋予了不同的意义。之所以在此特意强调这一概念，是由于在中国美学长期的发展历程中，"文"作为核心性的范畴，其内涵不断变化，而《周易》中的"文"则充当着其中的关键性环节。在此以前，"文"作为"质"的对立范畴已经引起充分的重视；而自此以后，"文"——尤其是"人文"——则进一步分有了宇宙论的含义，从而为文学和艺术的地位提供了权威性的证明。

在中国早期的美感体验中，以味觉之美首先引起注意，其次则以视、听引发美感的能力较为发达；而在文字方面表现视觉美感的，大概仍以"文"为最早，它在殷商文字中即已出现①。以"花纹"或"纹样"来解释"文"，在早期文献中较为常见，且这一原初性的用法，在《周易·系辞传》

---

① 关于中国早期美感及"文"之意义的分析，可参考：[日]笠原仲二：《古代中国人的美意识》，第一章；[日]青木正儿：《中国文学思想史》，第18—21页；龚鹏程：《中国文学批评史论》，第一章"文始"。

中仍然保存着若干痕迹①。以"纹"为"文",对于汉代学者而言,被看作是"文"的基本义,例如在《说文解字》与《释名》中,都是用花纹交错等与纺织物相关的意义来进行解释的②。此外,在先秦儒家思想中,"文"还承载了文章、文辞、威仪等较为外显的含义,并与"质"构成了成对的概念。

虽然在先秦时期,"文"尚未完全进入美学领域,其中部分含义明显溢于审美的范围之外,不过,单就上述情况来看,"文"至少指向对称、言辞、文饰等因素,这些相关的讨论对于美学思想的发展至关重要,在很大程度上约束着该术语使用的可能。概括地说,"文"本指形象、色彩交错所产生的花纹,其后则推衍至与此类似的一切现象;继之,由"花纹"又转为"文字"之义,再过渡到以文字连缀而成的"文章"。如果从"花纹"的意义移用到事物所具有的文饰,那么就自然地转成为与"质"相对的"文"。在此基础上,与内在的道德修养或整体人格相对应的"文辞",也是同类意义上的具体表现;而由言辞转为文字的表现以后,又同样称之为"文辞"③。从这一点上来说,"文"不仅仅是某一物象的属性,它还与人之自身的身体仪容、道德、社会身份等相关,对于先秦儒家而言,这些"文"的内涵无疑是非常重要的主题。

在《周易》中,与虎豹之"文"相应,又有"观鸟兽之文"的记载,见于《系辞传》中对伏羲氏始作八卦的说明。"文"在此与仰观之天"象"、俯察之地"法"并列出现。类似的文字又见于《易纬乾凿度》卷上,唯表述稍有不同,其中"观鸟兽之文与地之宜"作"中观万物之宜"。与天、地各自的独特形式相对应,鸟兽之花纹的感性形态,具有占卜时用以测知未知物

---

① 《周礼·考工记》:"青赤之谓文。"《周易·系辞传上》:"物相杂,故曰文。"值得注意的是"物"一词的含义。无论如何解释该词,它并不单纯停留于色彩、线条等较为简单的形象层次,而是包含着远为复杂的内容。《周易》中从纹样的意义上使用"文"的例子包括:《革卦·九五·象》:"大人虎变,其文炳也";同卦《上六·象》:"君子豹变,其文蔚也。"

② 《说文解字》:"错画也,象交文。"《释名》:"文者,会集众彩以成锦绣,合集众字以成辞义,如文绣然也。"此外,与"文"经常连用的"章"字,也含有类似的含义,这从它们的原来的字形("彣""彰")即可看出。如《周易·噬嗑·彖传》:"'噬嗑'而亨,刚柔分,动而明,雷电合而章。"此处"章"字的用法即与"文"相通。

③ 青木正儿:《中国文学思想史》,第20页。

的指示性意义。从"文"的最早的含义来看,其中已含有纯粹形式之外的含义,即通过某些自然界的花纹与类似的形式,察知世界变化的奥秘所在。

> 古者伏羲氏之王天下也,仰则观象于天,俯则观法于地,观鸟兽之文与地之宜,近取诸身,远取诸物,于是始作八卦,以通神明之德,以类万物之情。
>
> （《系辞传·下》）

"鸟兽之文"与天地之"象"或"法"相类似,仍然属于纯粹自然的世界。不过这并不意味着它们仅具有较为低下的价值。正如虎豹之"文"由黑、黄二色交错而成,而"玄黄"在《周易》中也正是天地的属性。故《坤卦·上六·文言》云:"龙战于野,其血玄黄。"据《九家易注》:"玄黄,天地之杂,言乾坤合也。"因此,即使是自然界中的现象,也内在地昭示着天地乾坤的整体特征;易而言之,自然界中的种种纹样,显示出宇宙万物之变动的条理化,这与更加抽象的宇宙属性并无质的区别。

> 是故易有太极,是生两仪。两仪生四象,四象生八卦。八卦定吉凶,吉凶生大业。是故法象莫大乎天地,变通莫大乎四时,县象著明莫大乎日月,崇高莫大乎富贵……是故天生神物,圣人则之;天地变化,圣人效之;天垂象,见吉凶,圣人象之,河出图,洛出书,圣人则之。
>
> （《系辞传·上》）

通过由太极到八卦的连续二元划分,宇宙变动通过"象"或"法"的方式彰显出来。因此,与其说观察者面对的是变化纷杂的万象,不如说世界是以某种秩序化、条理化的面貌呈现出来的。"文"既是交合感通,是万物生成、存有和变化的原理,又是天地万物的活动与表现,是存有的形态的外显。作为"文"之思想的集大成者,前述所有"文"的阐释,几乎都可以在《周易》文本中找到例证。《易经》的基本构成元素"卦"与"爻",本身亦是"文"的独特的显现,尽管它们乃是圣人有意制作而成。通过这些特定线条的排列组合,《周易》得以模拟宇宙万物的运行规律,并从中测度事件与情境变化的微妙趋势。不过单是这些,尚不足以穷尽《周易》思想中"文"的内涵。按照前面所述,在秦汉易学中宇宙论的层面至关重要,以此,"文"的最重要的特性,也正是作为宇宙整体的根本属性而显现的,它是贯穿于天、地、人三者之间的共同因素。

> 《易》之为书也,广大悉备,有天道焉,有人道焉,有地道焉,兼三才而两之,故六。六者非它也,三才之道也。道有变动,故曰爻;爻有等,故曰物;物相杂,故曰文;文不当,故吉凶生焉。
>
> （《系辞传·下》）

> 昔者圣人之作《易》也,将以顺性命之理,是以立天之道曰阴与阳,立地之道曰柔与刚,立人之道曰仁与义。兼三才而两之,故《易》六画而成卦。分阴分阳,迭用柔刚,故《易》六位而成章。
>
> （《说卦传》）

所谓"兼三才而两之",高亨认为:"此言易卦六爻乃象天地人三才,上、五两爻象天,四、三两爻象人,二、初两爻象地。"①也就是说,天、地、人构成三才,再加上阴阳与刚柔等性质的二分,从而构成数六。由于六爻之数被等分为天、地、人,因此,与三才之道的变动相应,遂有所谓的天文、地文与人文的并立。阴与阳、柔与刚、仁与义的成对划分,也使得世界呈现出更具条理化的面貌。

> 贲亨,柔来而文刚,故亨。分刚上而文柔,故小利有攸往。刚柔交错,天文也;文明以止,人文也。观乎天文以察时变,观乎人文以化成天下。
>
> （《贲卦·彖传》）

所谓"柔来而文刚",是指贲卦由离下艮上两部分叠加而成:离四画,阴卦,即柔;艮五画,阳卦,即刚。"刚柔交错",涵括了阴阳刚柔的种种变

---

① 高亨:《周易大传今注》,北京:清华大学出版社,2010 年。

化,这些内容即构成了"天文"。按照孔颖达在《周易正义》中的解释,"刚柔交错而成文焉,圣人当观视天文刚柔交错,相饰成文,以查四时变化。若四月纯阳用事,阴在其中,靡草死也;十月纯阴用事,阳在其中,齐麦生也。是观刚柔而察时变也。"刚柔的交错凝定为"文",而对此加以观察又足以明察时变,因此,"文"作为外在化的条理或形式,具有充分反映情境之内在变化的可能性,亦即"参伍其变,错综其数,通其变,遂成天下之文"。如果对"人文"同样加以敏锐的观察,则同样能够达到"化成天下"的效果。

> 姤,遇也。柔遇刚也。"勿用取女",不可与长也。天地相遇,品物咸章也。刚遇中正,天下大行也。姤之时义大矣哉!
>
> (《姤卦·彖传》)

需要强调的是,所谓"交错",并非单纯外在形式的错杂排列,而是包含着不同类别事物之间的相互作用,扩而言之,天与地的交流畅通也是其内容之一。正如上引《姤》卦所云,天地相遇,能够引起"品物咸章"的效果,万物均被归置于适宜的秩序之中,并恰当地按照与自身特性相符的韵律运动;所谓"章",作为"文"的近义词,同样体现出条理化的形式。反之,则如《归妹·彖传》所云,"天地不交而万物不兴"。因此,天与地能否顺畅地交通,直接决定万物的形态。在"泰卦"与"否卦"中,分别叙述了"天地交"及"天地不交"的不同后果:"天地交而万物通也,上下交而其质同也";"天地不交而万物不通也,上下不交而天下无邦也。"相对应的《象传》也分别指出:"天地交,《泰》";"天地不交,《否》。"①

因此所谓"交错",乃是指在万物的相互作用之中,所呈现出的条理化、节律化的表现。其所指并非单纯外在形式的杂错,而是同时即含有

---

① 同样的思想也见诸易纬文献。如《易纬乾凿度》卷上:"孔子曰:'泰者,天地交通,阴阳用事,长养万物也。否者,天地不交通,阴阳不用事,止万物之长也。'"又:"方知此之时天地交,万物通,故泰、益之卦,皆夏之正也。此四时之正,不易之道也。"《乾坤凿度》卷上:"天地否",郑注:"其物不通,化源塞天地,群物俱蔽厄";"地天泰",郑注:"天地交,万汇和,勒圣天元顺物,更通复泰道也";"不通而否,大通而泰。"

实质性的相互作用与变化。就此而言,交错而生成的"文",并非纯粹外在的形式之表征,而是宇宙间万物变化的内在规则与节奏之外显。从这一意义上说,我们不妨将"文"视为天地宇宙的根本属性;而借用此一理论作为自身来源之说明的诸多文学与艺术,便由此获得宇宙论方面的有力支持。

再次借用宗白华的著名命题——"生生而条理,条理而生生"。所谓"条理",兼指万物之存有所遵循的普遍规律及其秩序化、条理化的外部显现。如果说普遍性的规律主要表现为"象数",那么外部的显现则是"文"。二者之间乃相互融通的关系,而非彼此割裂的形式与内容。借助于流动在宇宙万物之间的"生生"之力,彰显于外的"文",与内在性的序秩理数紧密相融,或者说,在无尽造化力的推动之下,象数化的内在秩序显现为"文"的样式,而后者本身即指向世界变化的奥秘。

综上所述,"文"含有从花纹到条理等不同层次的内涵,同时这些因素又积极而充分地显现自身。当宇宙造化展现为条理之美时,即构成了"文明"的范畴①。这一概念既用以形容秩序井然的大千世界,又深具美丽的形式与鲜明的感受性。从虎豹的斑纹或"鸟兽之文",到"刚柔交错"的天文与"文明以止"的人文,无不含有因对称、对比、差异而造就的形式之美。可以说,无论"文"的内涵如何游移变化,其形式的规定性始终得以秉持。

"文"所具有的美学内涵与宇宙论的含义,在秦汉时代是融合不分的,这一点对于东汉中后期文学与艺术的发展有极显著的促进作用,直至六朝时代依旧不衰。"文"作为天地的经纬,一方面指示着宇宙之整体的节奏与规律,另一方面又显现为纵横交错所构成的美丽图案②。如果说两方面的内容是由二而一的,那么,对于此后努力追求对称与平衡的

_____

① 《乾卦》:"见龙在田,天下文明。"《同人》:"文明以健,中正而应,唯君子为能通天下之志。"《大有·象传》:"其德刚健而文明,应乎天而时行,是以元亨。"
② 《尚书·尧典》马融注云:"照临四方曰明,经纬天地曰文。"《逸周书·谥法解》:"经天纬地曰文。"

文学艺术创作,以及由此所引发的雕饰骈偶之风气,均应给予更加积极的评价。至少,在宋代明显向平淡的审美趣味发生转移之前,对于绮丽、繁复、对偶之文艺形式的热衷,实际上受到周易宇宙论的支持,它们并不能简单视为空洞无内容的外在形式。关于这一点,在后面的章节中还将展开更为详细的论述。

鉴于"文"为宇宙律动不已之节奏的彰显,"文"之形式化的表现实与宇宙生机内在相关,而并不纯粹局限于形式运作的层面。易而言之,"文"仍然体现出对于宇宙本真状态的某种回归。对这一辩证性质的理解,借助于贲卦的实例较易说明。

贲卦承载着彼此对立的两种美感,即雕琢之美与素净之美的统一。按照《序卦传》的说明,"贲者,饰也",它指示着某种华丽繁复的外观。孔颖达《周易正义》云:"贲,饰也,以刚柔二象交相文饰也。"《经典释文·易》引傅氏亦云:"贲,古斑字,郑云,变也,文饰之貌;王肃云,有文饰,黄白色。"无论其间存在何种差异,由黄白二色或刚柔二象等元素对比交织而产生的"文饰"之貌,可以说共同反映了贲卦的第一义,即用线条等要素勾勒出突出的形象,这与中国古代绘画中"绘事后素"的命题紧密相关。

贲卦所具有的这一意义,随着雕琢化程度的累积,最终则转换为自身的对立面,这一"极饰反素"的变化体现在两个方面。首先,贲卦自身即包含此一可能性。《杂卦传》云:"贲,无色也。"绚烂之极,归于平淡,乃是贲卦之内含的趋势。故《贲》上九爻辞:"白贲,无咎";王弼注云:"处饰之终,饰终反素,故在其质素,不劳文饰而无咎也。"受此影响,《文心雕龙·情采》亦强调由饰返素的过程①。其次,在众卦构成的卦序中,同样体现出这一原则。《序卦传》云:"贲者,饰也。致饰而后亨则尽矣。故受之以剥。剥者,剥也。""剥"的意义为"腐烂、腐坏"。从"贲"到"剥"的过

---

① 《文心雕龙·情采》:"是以衣锦褧衣,恶文太章;贲象穷白,贵乎反本。"同样的思想亦见于年代更早的《礼记·中庸》:"衣锦尚絅,恶其文太著也。"

程中,华丽的雕饰尽数剥落,并显露出平淡的本色①。由此可见,两种美感与美的理想融合在贲卦之中,形成和谐的一体,这一点造成了《周易》对美学的深刻影响——如果说,早期以雕琢为美的理想倾向于华丽绚烂的一面,那么至少从宋代开始,对平淡素净之美的追寻,则主要呈现出周易美学内涵的另一面向。

二、"离娄之美"

如果说"文"从根本上界定了宇宙万物之美感的根源性,那么在某些特定的卦象中,美感的性格则表现得更为清楚。在周易诸卦中,离、涣、坎等卦相对更富含美的因素,它们彼此之间也存在着相互指涉的情形②。事实上,这些卦象不仅以其自身的图象和卦辞对美感做出具体的规定,而且也与其他审美意象结成密切的关联。如果将这些范畴、概念与意象统合在一起,那么示例性的说明或许更有助于我们理解《周易》对于中国美学的影响力。

在这些卦所构成的阐释循环中,离卦相对构成了意义的中心,这是由其根本属性决定的,即对于某种离娄雕饰之美的描述。《易经》云:"离卦,离下离上。"六爻的离卦,由两个基本的三画"离"卦重叠而成,这一结构在展现某种动势的同时,对偶性的重叠使之获得某种静态化的稳定性。不仅如此,离卦与明亮的意象联系异常密切。根据《周易·象传》:"明两作离,大人以继明照于四方。"《说卦传》亦云:"离也者,明也,万物皆相见,南方之卦。"汉代的易学家们在注解经文时,十分强调"离"卦与"明"或光线的紧密联系。如《易纬乾坤凿度》将"离"之卦象径直视为古代的"火"字,并认为:"日离,火宫,正中而明。二阳一阴,虚内实外,明天地之目"③。晚至三国时,虞翻秉承汉易家学,将这一点推阐得更为分明:

---

① [清]刘熙载《艺概·文概》:"白贲占于贲之上爻,乃知品居极上之文,只是本色。"
② 《涣·象传》:"风行水上,涣";《说卦传》:"涣者,离也";《杂卦传》:"涣,离也。"《坎·序卦传》:
  "坎者,陷也,陷必有所丽,故受之以离;离者,丽也。"
③ 《纬书集成》上册,第81页。

"离为日，为火，故明，日出照物，以日相见。"离卦在此被理解为"日"或"火"等光源性的存在①。之所以将"离"视为"明"的堆积，或许是来自卦象的暗示。根据三画卦的形状，第二爻为阴爻，其间的断裂造成了空白与疏漏，这在空间形象上与容纳光线的窗子恰相符合。由疏漏处而透出光线，故因"离"而生"虚"，因"虚"而生"明"。进而言之，由于上下各有一离卦，故上下皆镂空透明，从而建立起二重之明，亦即对称性的明亮而兼虚空的意象。

所谓"明天地之目"，并非纯粹比喻性的用法。根据《乾坤凿度》所谓"索象画卦"的原则，在最初步的"配身"阶段中，"离"是与"目"即眼睛相对应的，这一配比关系向外拓展，自然地衍生出"天地之目"的层次，亦即离卦包含着视线之出发点或视觉行为之承载者的含义②。正是这一内在的属性，使得视觉及其所引起的美感成为可能。

唐代经学家孔颖达进一步强调该卦与日月的联系："'重明'，谓上下俱离……'明两作离'者，离为日月为明。""离"本与"日""火"相关，具有鲜明光亮的属性，前引《说卦传》等也确证了"离"与"明"的直接联系。在此，则利用文字组合的特性使之与日、月同时发生关联。按照字形的组合，日、月即是明。需要补充的是，至少对于部分的易学家而言，"日月为明"的意象具有特别的意义。《易纬乾凿度》中"易，一名而含三义：所谓易也、变易也、不易也"的说法已经为人所熟知，但是在《乾坤凿度》中，还存在着第四种含义，即以日月为易的本义，从中显然可以衍生出昼夜、循环、变动等富于时间性的含义③。如果说，"离"与"易"共享着相同的文字成分，那么不妨认为，前者也在某种程度上分有了后者的神圣性。或许可以做如下的推测：易卦的阐释逻辑建立于各种典型性的卦象之上，而

---

① ［清］陈梦雷《周易浅述》："离，丽也，明也，于象为火。体虚丽物而明者也。又为日，亦丽天而明者也。"
② 《易纬乾坤凿度》："配身一，取象二，裁形三，取物四，法天地宜，分上下属。"
③ 与《易纬乾凿度》相似，郑玄在《六艺论·易论》中也强调了三种意义的结合："易简一也，变易二也，不易三也。"

后者作为视觉化的存在,无疑需要以光线的照映为前提,这正是离与日、月、明等因素互相指涉的重心所在。

在早期,"明"之古文或从"囧"从"月",如《说文解字》云:"明,照也,从月从囧"。其中"囧"字即指窗牖:"窗牖丽镂闿明,象形。"字中的边框"□",为窗子的外廓,而内部的笔画则象征窗棂。以此,"明"字的原初意象即是月照窗棂,可以说这一景象提供了"离"的内在规定性:人与外界有隔有通,也就是实中有虚。作为房屋的构成元素,窗子在相当程度上决定着建筑的美学性格。或许在谈论《周易》美学时涉及此类主题有些偏远,不过,考虑到《周易》将形成空间观念的一切元素放在纯宇宙观上来重新叙述,而"宇宙"一词又是来自建筑学的术语,那么做这样的延伸也并无不可[1]。值得注意的是,所谓"丽镂",亦即"离娄""离镂",用以指示镂金错彩、雕缋满眼的美感。

离与日月或"重明"的联系,并非限于纯粹的形象层次。正如前面所述,如果考虑到日、月的特殊性——它们作为"易"之字形的两部分,曾被汉代人视为构成该字的本义——那么"离"与日月的关系也暗含着某种根本性的层次。进而言之,"离"卦不仅与窗的意象相通,同时也含有对称性的要求,这与"离"的另一属性相关。

> 离,丽也。日月丽乎天,百谷草木丽乎土,重明以丽乎正,乃化成天下。柔丽乎中正,故亨,是以畜牝牛吉也。
>
> (《周易·彖传》)

"离,丽也"的训释,又见于《序卦传》。"丽"在此具有"附丽"的意思,即日月依附于天,而百谷草木依附于大地。这又可进一步抽象为如下的原则,即虞翻所云"阴丽乎阳,相附丽也"。"丽"内在地含有对偶或对称的内涵;用以指称并列关系的"俪"字亦由此孳乳。"离"本来即有并列、并立的意思,通过"丽"的意义,则再次受到强化,并积淀为窗之意象所含

---

[1] [法]程艾蓝(Anne Cheng):《中国传统思想中的空间观念》,第10页,载《法国汉学》第九辑"人居环境建设史专号",北京:中华书局,2004年。

的某种对称形式。

在《系辞传》中，将"作结绳而为网罟，以佃以渔"归诸"离"之原则，这是指渔网凭借着并列的繁多网眼，能够捕获鱼类。当"离"表现为形象化的渔网时，实际上借用了该意象的双重含义：首先是如网眼般并列的空间关系；其次则是由通透所造成的虚实之对比①。在此不妨作如下的联想：窗之窗榥与虚空，正如同网线与网眼的关系，这是在错综对比中形成的对偶的"离"或"丽"，由此又产生了"附丽"之"离"或"丽"。

在中国早期的艺术传统与审美实践中，繁复雕琢的审美倾向占据着主流，而平淡素朴的审美趣味尚未发皇，这在不同艺术领域中表现得甚为清楚。正如《文心雕龙·诠赋》在描述诗赋之渊源关系时所指出的那样，"写物图貌，蔚似雕画"，这一鲜明昭晰、镂金错彩的审美倾向，贯穿于美术、建筑与文学。一切文学与艺术，均由《周易》之"文"获得自身的宇宙论权威，因此借助于对称形式的交错与谐和组织，形成华美精致的意象，例如《文心雕龙·征圣》所云"文章昭晰以象离"，即具有普遍化的意义。

综上所述，离卦充当了早期文学艺术之美感的理论原则，而这一原则并非全然抽象的，例如它曾凝聚为镂空、对称的窗之意象。倘若不是完全无视这一意象，那么，窗内在地吸收了离卦的诸种内涵；窗之本身，即是一丽镂阊明、虚实相生的审美对象。在宗白华看来，中国建筑与早期铜器、汉赋唐律等艺术形式一样，分享着共同的理想型范，即"倾向于对称、比例、整齐、谐和之美"②。这一美感，倘若推而及于建筑中的窗，是可以充分成立的；因此不妨由此出发，通过窗之个例来重新理解汉代建筑的美感。

由于年代久远且偏重使用木材，早期建筑几乎荡然无存，除少数石质建筑遗存或明器、铜器等间接材料以外，很难获得更详尽的印证。根据刘敦桢等学者的考察，在陶质明器的住宅模型中，窗已具有相当多样

---

① 《周易·序卦传》："坎者，陷也，陷必有所丽，故受之以离；离者，丽也。"
② 宗白华：《艺术与中国社会》，载《宗白华全集》第二册。

的形态,除最典型的长方形窗以外,还有方形、三角形、圆形或桃形等;窗棂的种类中,最普通的要算斜方格,次之又有十字交叉形①——这些或许即是《古诗十九首》之所谓"交疏结绮窗"。与大多系单层建筑的住宅相比,造型繁复的多层楼阁更具吸引力,其中每层均有窗,且不乏菱形窗棂式的方窗。单纯就形制而言,上述明器以现实的建筑为参照物,因此大致存在着相近似的关系;不过作为特殊化的墓葬用具,其间仍难免存在种种差异。如果进一步考虑到陶器制作技术的限制,那么上述种种样式,恐怕尚不足以充分表现真实的情形。也就是说,建筑的表现当较此更为出色。

窗之所以采用丽镂的花纹,采取错落有致的虚实对照的形式,并非纯粹基于装饰性之需要而缺少内容性的表现,而是以"昭晰文章"的外观展现其内在的生气,亦即"虚实相生",透过灵动光线的投影,造成明与暗、虚与实、边界与空白的对比的节奏化。扩而言之,中国艺术并不片面强调固定的空间化形式,而是十分偏爱流动性的线条,注重线条所体现的时间性。对窗而言亦是如此。

随着明亮光线的映射,各种物体呈现出自身的轮廓。从根本上说,一切视觉美感的生成,皆建立在"离"与"明"的动态关系之中。因此窗不仅是我们向外观看的媒介,对于处于室内的人来说,它还意味着光源——借助于窗收纳的光线,主体得以清晰地确定所有空间性的关系,以及自身所处的位置。由于这一原因,窗不仅是深具雕镂之美的独立存在,同时还构成视觉经验之动态形成的有机部分。

窗的意象不只是表现在建筑中,它还进一步进入诗歌与文学,作为主题而发生作用。宗白华曾经指出,在视觉艺术中,"'望'最重要,一切美术都是'望',都是欣赏。"②离卦对"望"的艺术的影响既表现为现实的,

---

① 鲍鼎、刘敦桢、梁思成:《汉代的建筑式样与装饰》,原载《中国营造学社汇刊》第五卷第三期,1934 年;又载《刘敦桢全集》第二卷,第 191—218 页,北京:中国建筑工业出版社,2007 年。

② 宗白华:《中国美学史中重要问题的初步探索》,第五题第二部分"空间的美感(一)",《宗白华全集》第三册,第 477 页。

又表现为想象性的,当后一种情形在东汉后期开始发生时,借助于想象中的光线与窗牖,主体得以将外部景象及光线的跃动一并收束于内心,从而推动了抒情性美学的极大发展。尽管其间的情形更趋复杂,但是由离卦引申而来的种种性质,并未丧失其根本的规定性。

在论述离卦与雕镂之美的内在联系时,不能忽略的另一层次是高台楼阁;正是在多层的陶楼明器中,窗与纵向元素的叠加,充分地传达出雕琢刻镂的美感。例如,在《古诗十九首》的第五首中,"交疏结绮窗"也是与"西北有高楼"同时出现的。在《易纬乾坤凿度》关于"法天地宜"的具体说明中,首先包括"鼎象以器"的内容,其次则是"苑阁法观",即郑玄注所谓"壮观宫庸"。之所以强调建筑与技术的因素并非偶然,稍稍注意"楼"与"娄""镂"在字源上的渊源,即可明白其内在的联系①。不过楼与窗子的结合,不仅是形式化美感的契合,同时又带来了更具形上意味的宇宙空间感。早期中国人对于高台楼阁等建筑物的偏爱由来已久,它既承载着宗教与政治用途,又寄托着登临者的怅惘与哀愁,兼具不同的用途与面向。在佛教传入中国之前,尚未出现类似于佛塔或西方中世纪教堂的纵向型的建筑;相对于对超越世界的追寻,高台楼阁提供了另一种登高望远的心灵体验,即前引《周易·象传》中所谓"大人以继明照于四方"。事实上,这一主题已经涉及空间感的问题,这也是易学中的另一核心问题,对此将在下一节中继续讨论。

第三节　俯仰往复的时空观

在秦汉的审美传统中,登高远望很早即已发生。在《淮南子》中,已经设想了登临泰山俯视四极的情形,并将其视为精神最自由、最富审美

---

① "楼"本作"廔",含丽楼交疏之义。"丽楼",即"离娄",指墙壁窗户之疏孔。《尔雅》云:"陕而修曲为楼,言窗牖虚开,诸孔慺慺然也。"《释名》释"楼"亦云:"户牖间有射孔娄娄然也。"见宗白华:《中国美学思想专题研究笔记》,第514页,载《宗白华全集》第三册。关于"鼎"的意象,在此暂不涉及。对鼎卦及革卦的相关研究,亦可参考:宗白华:《形上学:中西哲学之比较》,《宗白华全集》第一册。

快感的一类。在大致同时代的《韩诗外传》里，又记载了孔子游景山的事例，并以此说明了"君子登高必赋"的必要性。《毛传》也同样认为："升高能赋，可以为大夫。"所谓"登高"或"升高"，似乎已成为赋诗的前提，这自然是以外交场合的高台为指定场所的。这些情形表明，登高本身即包含自然与人文两个层次：登临高山会造成生理与心理的愉悦，而登上人工构筑的高台赋诗，则同时指向政治与文化的双重维度。如果联想到汉赋之"苞括宇宙"的属性，那么这一广阔的视域或许与登高存在着内在渊源。

伴随着登临高处，视角自然地发生了变化，这显著地表现为中国早期的空间观。事实上，《周易》文本中对于视象极其关注，所有的思想推阐均建立在可视化的形象之上，这同时即引出视线之性质的问题。在前文所引的离卦的事例中，如果将离镂之美与窗及高楼的意象有机地结合起来，即提供了某种微缩的模型，其中展示出观看大千世界的独特方式，这也是人与世界万物确认关联的具体方式。对高度的注意以及来自高处的视角，受到《周易》之时空观的显著影响。如果仔细分析八卦的制作过程，不难见出其独特之处。

> 古者伏羲氏之王天下也，仰则观象于天，俯则观法于地，观鸟兽之文与地之宜，近取诸身，远取诸物，于是始作八卦，以通神明之德，以类万物之情。
>
> （《周易·系辞下》）

这段脍炙人口的文字中，有三方面的因素需要注意。首先是"观"的方式。作为认识世界的基本方式，"观物取象"具有非常重要的意义。由于《周易》重视感性形象的因素，因此并不是拘泥于固定轮廓的物体，亦不突出其凝固的抽象本质，而是强调其变化、流动的形态。其次是"观"的主体，即俯仰观察的主体正是自我。按照《易纬乾凿度》的归纳，在"圣人索象画卦"的过程中，"配身"成为起始的第一步[1]。所谓"配身"，是指

---

[1]《易纬乾坤凿度》："配身一，取象二，裁形三，取物四，法天地宜，分上下属。"

使用最为切近的身体各部分进行类拟,诸如"乾为头首,坤为胃腹,兑口,离目,艮手,震足"即是。正是在此基础之上,"取象""裁形""取物""法天地宜"等一系列步骤才得以发动并逐步完成。如前章所述,"身"在《周易》中一再构成各种行动的起点,如《蹇卦·象传》:"君子以反身修德。"《坤卦·文言》:"君子美在其中,而畅于四支,发于事业,美之至也。"再次,观察的对象来自天地万物,即效法世界的整体变动;或者说,人类的文明世界作为整体宇宙的一部分,遵循着某种典范性的变动模式,而后者正是由自然界提供的。与第二点结合考虑可知,在自我与世界之间产生了关联性的对应与互动。

冯友兰指出:"讲《周易》者之宇宙论,系以个人生命之来源为根据,而类推及其他事物之来源。"[1]从这一角度来说,自我构成了衡量宇宙万物的尺度。这一尺度因系之在我,而与生命的意义与价值密不可分。由此言之,所观察的世界,乃是一主体与外物相融合、价值与事实相融合的世界,或者说,这是以自我时时进行体认确证的世界。

与上述三点相比,更为重要的乃是"仰观俯察"的空间观念。尽管这一空间是由天、地与万物通过条理化而共同构成,但它并不是某种抽象化的均衡空间。除了俯仰的不同姿态,还包括了远近的取与,因此对空间的观照处处折映出主体的行动。俯仰往还的中心乃是自我,并且是从自我之"身"为起点而展开的,与其将观照万物视为单纯的观看,毋宁说是自我对于空间的体验。易而言之,对于外在物象的把握,并不是对外在视觉形象的单纯接收,而是含有自我的移动,甚至以自身逢迎其间,并在内心中形成心象。

宗白华认为:"俯往仰还,远近取与,是中国哲人的观照法,也是诗人的观照法。而这观照法表现在我们的诗中画中,构成我们诗画中空间意识的特质。"[2]"俯仰远近"之艺术经验的描述,在汉代的诗赋与书法理论

---

[1] 冯友兰:《中国哲学史》上册,第十五章"易传及淮南鸿烈中之宇宙论",第281页。
[2] 宗白华:《美学散步》,第93页,上海:上海人民出版社,2008年。

中已颇为普遍,至魏晋时期的诗歌则更加泛滥。如王羲之《兰亭集序》云:"仰观宇宙之大,俯察品类之盛,所以游目骋怀,足以极视听之娱,信可乐也。"这一叙述的范式无疑来自《周易》。

俯仰往复的空间观,已经成为中国思维之特质的显现。按照普遍的理解,中国的空间是与时间紧密交融的,正如四方与四季的关联性配合,它既决定着文学与艺术的性格,又在政治的运作中占据着核心的位置,例如汉代的明堂即是如此。单就审美的方面而言,这一特质在绘画与园林中表现得最为充分,而这又是通过唐诗等文学体裁的影响形成的。唐诗中对空间的描写往往包含时间性的因素,由于糅时空于一体,因此或带来时间性的音乐意味,或引入一种辽远壮阔的历史感。杜诗中的"窗含西岭千秋雪"与王勃《滕王阁诗》中"画栋朝飞南浦云,珠帘暮卷西山雨",皆是其例。在这些容纳了历史与时间的哲理性诗句中,视线透过窗子或帷帘,由近及远,由有限向无限延展,复由无限回归于有限的自我,其形而上的感慨中,叹生命之不永,悲一形之所拘,以至于"兴尽悲来,识盈虚之有数",体现出深沉而难以释怀的人生惆怅。

在窗的两边,分别是观望的主体与外部的世界,二者间互动而不拘主客。如沈佺期诗"山月临窗近,天河入户低";王维诗"隔窗云雾生衣上,卷幔山泉入镜中";既由内向外,亦由外向内,远处风物向自我靠近,从而饮吸无穷空间于自我,网罗山川大地于门户,在在造成宇宙与个体的亲和感。而这些因素在早期的古诗中实际已有所体现。

倘若追寻文学写作之惯例的源头,那么前面涉及的楼阁与窗牖的意象值得注意。当登高远眺时,面向四方的窗为视线创造了通览宇宙万物的框架;同时,楼阁所具有的高度,又带来了俯视万物的可能性。在此,对于空间存在着重要的规定性,即时空之一体化。按照早期文献(如《庄子》《尸子》《淮南子》等)的记载,"宇宙"尽管分别对应着"古往今来"与"天地四方",但是二而一之,它们是紧密不可分割的。在秦汉颇为流行的"月令"模式,即是按照四季与四方的有序配合造成的,它为政治、宗教与日常生活提供了基本原则。在此,时间的律动完全内化于空间方位之中,并且带动着空间不断循环变化。由于这一原因,东南西北之方位的变化,便对应着四方之推移,二者之间的关联性类比,造就了生生不已的节奏化的时空。由于四方之景物按照时间的节奏有序呈现,因此所看到的世界便不再是刹那的世界,而是涵容了季节之变动的世界——这一融合时空为一体的世界,更能够反映古人心中的宇宙实相。因此明代陈眉公"灵光满大千,半在小楼里"的诗句,并非纯粹的想象性描述,而是在早期即已获得了宇宙论方面的支持。

　　需要强调的是,在政治性的运作中,例如天子在明堂之中的举动,严格按照四方与四时的搭配进行,其间存在着固定的秩序。因此,对于空间与时间的体验,并不反映人对外在世界之随意控制的优越性,而是反映着宇宙自身的变动,它是由人与时空的相互作用构成的。鉴于这一原因,与其说人在时空中移动,倒不如说是时空随着人的移动而开展。早期中国并没有创造知识上纯抽象的空间观念,而是布置空间并居于其内,与周围环境乃至宇宙保持有机的合作关系;进而言之,宇宙一开始就是属于人世间的,一开始就已经被加以人性化①。

　　兼含时空的"月令"模式,不仅规定了外部时空的性质,而且还进一步影响了景物的选择。在中国早期文学中,对于自然物的描写一般遵循着某种惯例,而非直接描述所看到的自然物。其中较显著的事例,便是"月令"系统中的节令之物。从人类早期生活开始,某些预示农作节令和生活节奏的动植物引起深切的注意,它们后来率先进入文学,并积淀为早期主要的文学意象。以汉魏最为流行的"叹逝"与"悲秋"传统为例,其中的自然物基本出自"月令"文献,例如《夏小正》《逸周书·时训》《吕氏

---

① 程艾蓝:《中国传统思想中的空间观念》,第8—9页。

春秋》和《礼记・月令》；而"鸿雁""落叶"等秋景，则显示为伤感情绪的象征①。据此，窗子所展现的风物，乃是依据时令与人之身体、情感相互感应的自然物，这在以悲戚情调为主的《古诗十九首》里，表现得相当明显。考虑到这一点，可以说时间因素占据着极其显著的地位。

在后世的文学与艺术中，不断呈现出更加丰富而又亲切的世界。尽管其中的自然物不再限于早期的月令模式，但是人与自然之间的和谐律动与无限亲近，在本质上并无不同；窗所具有的基本属性依然存在。当后世文人不断陶醉于窗所映现的良辰美景时，这些审美的可能性至少有一部分已经在早期诗歌传统中确定下来，它们作为传统思想观念的具体显现，发挥着或隐或显的影响力。

因此，当窗子连接人与外部世界之时，二者之间并未建立起"观者—被观者"的自然主义的观看模式，而是整体纳入时空合一的循环节奏之中，并遵循后者的轨迹，与当令的自然物建立起关联。窗内的主体与窗外的自然风景之间，同作为宇宙万物的一部分，存在着彼此间的感应关系；这一亲缘关系同时造成二者向对方的运动，而非主体凭借视线之外投完成对自然或外在世界的征服。时空合一的世界，不仅赋予视线以不断流动的时间性，同时又赋予其以内在的情感性的特征——观看世界即是充满深情地体验世界。

进而言之，登高望远的体验中，楼阁提供了目光平行于地面向远处延伸的维度，而并未以其自身的高耸而导致视线向上失落于无穷。目光的方向似乎没有展现出对超越性的兴趣，依然流连于现实世界。由于在关联性的宇宙之中，并未设定超越性与现实性的二分，因此，在艺术的观看体验中，总是借助于某种周流回旋的视线，实现自我与世界相融的复归。

> 无平不陂，无往不复。《象》曰"无往不复"，天地际也。
>
> （《泰・九三》）

---

① （日）小尾郊一：《中国文学中所表现的自然与自然观：以魏晋南北朝文学为中心》，上海：上海古籍出版社，1989 年；郑毓瑜：《身体时气感与汉魏"抒情"诗——汉魏文学与〈楚辞〉、〈月令〉的关系》，载柯庆明、萧驰等编：《中国抒情传统的再发现——一个现代学术思潮的论文选集》，台北：台湾大学出版中心，2011 年。

天地的边界构成观看者之目光与心灵最远的涉足地。对于"复"的强调,是周易思想的重要主题。《复卦》云:"反复其道,七日来复。《复》,其见天地之心乎?"据此,循环往复构成了宇宙天地的最深奥秘。如果说"天地之际"昭示了某种空间性,那么它也同样在时间方面产生了作用。一言以蔽之,即是"循环往复"的时间观与历史观。

单纯从思想史的角度来看,无论先秦的儒家抑或道家,均明显地表现出某种复归的倾向。儒家将其理想寄托在过去,而道家也是如此,不仅这样,后者还直接建立起某种精神的或者心灵的原点,从而构筑起历史与哲学的双重复归。不过《周易》中的"复"的思想与此不同,它并不是朝向理想中的时代或心灵境界不断接近,而是自身即设定了一个循环不已的阐释圆环。这一思想的最直接的表现,即是"《周易》"之"周"字的含义。

"周"字除了被理解为周王朝这一理想朝代及其圣王以外,还被赋予了"环绕""周流"等含义,即作为首尾相接的圆道循环。后一属性并非空穴来风,它在文本及相关阐释中历历可见。就六十四卦的关系而论,试图在其中建立某种循环模式的努力是相当明显的。《序卦传》一般被认为是"十翼"中形成最晚的部分,大致可确定在汉代,因此这一寻求六十四卦之贯通阐释的努力,实际上在相当长的时期内并未终止,而今天可见的这一文本形态,则体现出汉代的思想特征。

> 物不可以终通,故受之以否;物不可以终否,故受之以同人……物不可以终遁,故受之以大壮;物不可以终壮,故受之以晋……物不可以终难,故受之以解。

> (《周易·序卦传》)

不难见出,任何一卦都具有自身的限定性,而不足以应对事态的进展;因此只有在不断的切换与变化中,才得以实现由众多环节一同构成的圆满性。不妨在此考虑更为复杂的情形。在西汉时期,以象数解经的风气正炽,这一类阐释注重文本在现实情境之下的生发的可能性。尽管其目的并不在于将经典文本构建为自成体系的封闭系统,但是在处理《周易》诸卦与政治社会的对应关系时,依然展现出某种循环往复的倾向,特别是在《周易》与节气、干支等因素相配合时,这一点表现得非常明显,深刻地体现出生命模式的渗透。例如孟喜的"四正卦说",以坎、离、震、兑之二十四爻分主二十四节气,且以四卦之初爻各当二分二至;如进而以四正卦以外之六十卦比配,每日八十分,则每卦当六日七分,此即"六日七分法"。尽管《序卦传》以乾坤外六十二卦排列,而孟氏以四正卦以外之六十卦排列;又《序卦传》依卦象与卦义两方面为排列依据,孟氏仅据卦义为排列依据,但是二者相同处仍在于同遵循"圆道循环"之原则。又如京房,将二分二至前各卦,各由六日七分中除去八十分之七十三移于四正卦,如是,则颐、晋、井、大畜各剩五日十四分;四正卦之七十三分加其后四卦中孚、解、咸、贲之六日七分,则合于"七日来复"之说。

《周易》一再强调变化,如《系辞传上》:"刚柔相推而生变化,变化者,进退之象也";《系辞传下》:"易之为书也不可远,为道也屡迁,变动不居,周游六虚,上下无常,刚柔相易,不可为典要,唯变所适";"爻也者,效天下之动者也。"所谓"周游六虚,上下无常",亦是"仰观俯察"之时空观的表现。在变动的过程中,时机的重要性一再被强调。当现实条件发生变化,那么随着时间的进展,就需要慎重选择合理的发展趋势,以施设更为妥当的应对措施。当所有卦所代表的情境均发生一次之后,这一循环就会再度重现。

与循环思想相关的还有"易"的诸义。《易纬乾凿度》云:"孔子曰:易者,易也,变易也,不易也,管三成为道德苞籥。"[1]这里包含着两种对立的含义,正如前述"贲"卦之兼含"饰"与"素"二义一样,这在古代文字的反训传统中较为常见。文字之反训现象,实际上是观察事物、理解世界的哲理性思维的体现,并非孤立的义项。事实上,最为重要的因素不是每一个固定显示出来的环节,而是在不同环节之间流转变化的趋势与动

---

[1] 清人张惠言《易纬略义》引郑玄注:"管犹兼也。一言而兼此三事,以成其道德之苞籥。"

向,郑玄在阐释"诗"之涵义时即是这样进行的①。因此,克服固定化危险的因素,来自变易的思想,这正是《周易》之名称的内涵之一。世界的变化神妙莫测,能够极尽其精微,则可称为神②。"知几其神"之所谓"几",即事态演化尚未臻于明确时的萌芽状态,"知几"即是敏锐地察觉事物变化的细微动势并加以因循利用。

"易"同时包含着相对的两种含义,大致可以分为两种层次。如果所谓"变易",是指气的运行所带来的种种变化;那么按照《易纬乾凿度》的宇宙生成论,在气生成的"太初""太始""太素"之前,尚存在着"未见气"的"太易"的阶段。因此,所谓"变易",首先含有如下的内涵——旨在说明气化之万物的循环不已的变动形态,而"不易"则是指万物及气化生之前"寂然无物"的根本,二者大致相当于本末或体用的关系。在同篇文献中,还借用《老子》式的思想进行阐述:"视之不见,听之不闻,循之不得,故曰易也。易无形畔。"这被认为是"明太易无形之时,虚豁寂寞,不可以视听寻"的状态。

此外,"不易"还可以用来指示宇宙万物变动中不变的构架。依据《乾坤凿度》中郑玄的注解,所谓"不易",是指"不更改天地名,君臣位,父子上下宜"。易而言之,这些成分乃是构成儒家社会之名教伦理的基本内容,是不容置疑与变动的存在。

对于"易"的变化而言,生命的循环往复构成了基本的模式。"易变而为一,一变而为七,七变而为九,九者,气变之究也,乃复变而为一。"由于一、七、九这三个数字分别代表着起始、壮大与结束,因此被择取出来用以说明乾卦之三画卦的性质,并因此而指示着坤卦的属性;由七变为九,即意味着气的积累与增加③。无论世界的变化如何复杂,在纷繁的现

---

① 郑玄:《诗谱序》:"诗有三训:承也,志也,持也。作者承君政之善恶,述己志而作诗,所以持人之行,使不失坠,故一名而三训也。"

② "神者,妙万物而为言者也";"阴阳不测之谓神";"知变化之道者,其知神之所为乎。"

③ 《易纬乾凿度》卷上:"物有始,有壮,有究,故三画而成乾。"郑注:"象一、七、九也。"大致同样的文献又见于该书卷七。

象之下,始终存在着混沌或世界之本然的形态,二者之间的反复转换,与《周易》整体的思想模式相一致。从一至九,复回归到一,乃是"阳气内动,周流终始"的化生过程,这表明即使在"易"之最基本的含义——"变易"与"不易"——之间,也存在着循环往复的属性,并且它是以生机主义的模式展开的。

如果进一步考虑这一释义的内涵,那么不妨认为,"变易"与"不易"并非单纯对立的反训,它们同时也构成时间轴上前后相继的部分,或者进一步说,它们是作为生命化拟态的不同环节而存在的。在词汇训释中采用这一循环的、生命的模式,昭示着此后的阐释传统的沿袭。不妨在此分析《春秋繁露》中的如下一段,以便增进理解:

> 深察王号之大意,其中有五科:皇科、方科、匡科、黄科、往科。合此五科以一言,谓之王。王者,皇也、方也、匡也、黄也、往也。是故王意不普大而皇,则道不能正直而方;道不能正直而方,则德不能匡运周遍;德不能匡运周遍,则美不能黄;美不能黄,则四方不能往;四方不能往,则不全于王。故曰:天覆无外,地载兼爱,风行令而一其威,雨布施而均其德,王术之谓也。

(《春秋繁露·深察名号》)

正如钱锺书所指出的:"不仅一字能涵多意,抑且数意可以同时并用,合诸科于一言。"[1]由于文字本身的意义借助于语音的链条不断向外延展,因此它的含义并非固定不变的,而是在延展过程中不断获得新的意义。就此而言,由文字组合而成的《诗》,暂不考虑其经典的应用方式,单凭借文字及其意义本身的存在,诗歌即有可能获得更加丰富而极具弹性的内涵。

需要特别予以注意的是,在对"王"字的阐释中,"皇""方""匡""黄""往"等虽然构成五种不同类别的含义,但是这些含义的阐释是线性展开

---

① 钱锺书:《管锥编》第一册,第1页北京:中华书局,1999年。

而非并列的；也就是说，这五种含义并非通常理解的那样，相互之间界限明晰、彼此隔离，而是在阐释的时间之流中相互指引，彼此融通。以"王"为起点，它们分别充当了阐释路线的五个阶段，最后在"全于王"中又复归于"王"，构成首尾相连的循环阐释系统。在每一个阶段，总会有某种明确的含义向我们彰显，同时另外四种含义则相对后退，成为其语境背景的填充物。按照董仲舒的说明，在理解"王"的含义时，"正直而方"成为思维深入的第一层次；后者同时又作为新的起点，将我们引向"匡运周遍"的下一层含义。

与阐释的这种流动性相对应，这五种线性排列的含义并非预先设定的，而是在具体的阐释中确定延展的方向；没有完全确定的方案，只有当我们到达某一层次时，当下的理解才指引着我们去决定下一层次的路向。并且，只有在这五种含义按照逻辑的顺序全部展开之后，从整体上综括循环流动的形态，才能够真正把握"王"的整体内涵。单就每一阶段而言，相对应的意义都是明确的，同时也因这一明确性而受到限制；唯有从全体的角度观察意义的不断流动，它们才聚合在一起，显现为圆满的整体。鉴于这一特别的阐释方式，"王"的内涵不仅由五种含义所构成，而且也包含着五种含义依次展开的特殊方式。

董仲舒对于"王"的阐释方式，与《周易》具有本质上的共性。由于宇宙的运行被理解为生灭相继、循环不已的过程，作为对它的抽象，在《周易》系统中，一切要素被安置在循环流动、首尾相连的链条之中，在获得自身位置的同时也被加以时间化。从四季、四方的配合流转，到更为庞大的天人对应系统，均深刻体现出这种性质。仰仗这一循环模式，在展开思想阐释时，思想要素本身同样被纳入具有弹性的循环系统。在后世的发展中，这种思考的模式被不断推衍到文学与艺术的传统。较为显著的例子，是《典论·论文》与陆机《文赋》，尤其是后者对文学之"五病"的论述。虽然这是对文学写作的描述，却相当多地沿袭了音乐理论的术语。

和而不壮……壮而不密……

（《典论·论文》）

清而不应……应而不和……和而不悲……悲而不雅……雅而不艳……

（《文赋》）

在不同作家的作品以及不同缺陷的论述中，均含有循环往复的结构。刘勰在《文心雕龙·体性》篇论述"八体屡迁"云："八体虽殊，会通合数，得其环中，辐辏相成。"这些话很好地总结了不同要素相互迭代的关系及其总和的圆满价值。倘若由此退回《周易》本身，那么，或许可以说，《周易》中的时空是紧密结合在一起的，它们均体现出某种循环的特性——在空间为"仰观俯察"的律动；在时间则为"循环往复"的生生不已。如果用卦象对此进行总结，那么"革卦"与"鼎卦"可能最为合适，二者正分别对应着"治历明时"与"正位凝命"的意义①。

---

① 宗白华：《形上学——中西哲学之比较》，《宗白华全集》第一册。

第四章 《礼记·乐记》的美学思想

在中国历史上,各种文学与艺术如同璀璨的明珠,镶嵌在不同的时代。但是它们并非同时发生,而是如同交响乐中的不同声部,在适宜的时机分别进入演奏并相互交织;因此,在呈现出自身独特性的同时,它们又一同构成了整体的和谐感。众所周知,在众多文艺类型中,最先发生的乃是诗、乐、舞一体的综合艺术;与此相对应,在艺术理论方面形成最早的也是涵括音乐、舞蹈与诗歌在内的相关论述。由于诗与舞蹈的因素受到音乐节奏的引导与规定,因此音乐的地位尤其突出。早期以音乐为主的综合性理论,涵摄了不同种类的艺术因素在内,不妨视为普遍性的艺术理论;音乐术语的使用,也因此具有普遍性的意义。直到魏晋南北朝时期,我们还是很容易在其他领域中发现它们的身影。关于诗、乐、舞三位一体的情形,在《尚书》中有简明的描述:

> 诗言志,歌永言。声依永,律和声。八音克谐,无相夺伦,神人以和。

(《尚书·尧典》)

"诗言志,歌永言"的命题脍炙人口,以至于被朱自清评价为中国诗论的"开山的纲领"①；我们也往往溯源至此，以确定诗歌的美学特质。确实，在很长一段时期内，由于仅有音乐理论不断地发展，文学理论很少能够超越音乐理论的范围；只有"诗言志"这一命题作为例外，逐渐脱离了音乐的势力，形成自身独特的解释。不过，正如高友工所指出的那样，第一句"诗言志"一直被确认为是中国诗学中最著名的命题，反而在某种程度上诱使人们忽略了同样重要的第二句话——"歌永言"；而第二句话恰恰提醒我们，只有在音乐理论这一语境中，才能够对前面的句子加以正确的理解。"永"一词的准确意义是难以解释的，但它的要旨是：用以交流的普通的语词必须转换得更为集中、更为形式化。就语言而言，这一切可以通过重复、延宕以及其他的形式变化来完成。将"诗言志"和"歌永言"合而论之，便构成了后来的音乐理论的核心，这在《礼记·乐记》中表现得最为突出。

在《汉书·艺文志》的"六艺略"之下，作为"乐"类文献的第一种，著录有《乐记》二十三篇，同时还记录有二十四卷的另一种传本②。不过，传世的《乐记》仅存十一篇，保存在《小戴礼记》的"《乐记》第十九"之内。此外，在《史记·乐书》中，也大致保存了《乐记》的同样的内容。它与《礼记》的不同主要表现在字词的层面，以及少数较此更显著的差异。至于《汉书·艺文志》中二十三篇本与二十四卷本的关系，因文献不足征，仅能进行想象性的推测；但是，不论版本关系如何，认为《乐记》有超过半数的篇目已经佚失，大致不会违背历史的事实。按照余嘉锡的考证，《史记·乐书》并非太史公自作，不过写作年代亦当在西汉时期；此外，他还

---

① 朱自清：《诗言志辨》，《朱自清古典文学论文集》，第 190 页，上海：上海古籍出版社，2009 年。
② 《汉书·艺文志》："武帝时河间献王好儒，与毛生等共采《周官》及诸子言乐事者以作《乐记》……其内史丞王定传之，以授常山王禹。禹，成帝时为谒者，数言其义，献二十四卷《记》。刘向校书，得《乐记》二十三篇，与禹不同。"关于两种传本如何"不同"，学者们聚讼纷纭。主张《乐记》系战国作品的学者们，如李学勤，认为两种传本根本不同，其差异实际上是战国文本与汉代形成文本的差异；而认为《乐记》成于汉代的学者们则主张二者仅存在卷数——即"二十三"与"二十四"——的差异，蔡仲德即持此看法。相关讨论，可参考《乐记论辩》，北京：人民音乐出版社，1984 年。

根据清代学者的研究进一步确定，《史记·乐书》中除《礼记》所录的《乐记》十一篇，尚保留着另外两篇的残迹，即《乐器》的开端与《奏乐》的结尾①；这样，《史记·乐书》中实际上保留了《乐记》十三篇的文字。

散失的十余篇，在刘向的《别录》佚文中尚保存着篇名。根据二十三篇的名称，大致可以将其命名方式分为两类，这一区分基本是根据篇名的字面意义而非内在性质②：一类以该篇的内容或主题为题，如《乐本》《乐化》或《乐象》，主要集中于音乐理论中某一专题的探讨，尽管其间似乎也存在着某些交错互出的情形；另一类则以人名命篇，如存世的《宾牟贾》《魏文侯》与《师乙》，还有已经亡佚的《季札》与《窦公》，据存世的篇目内容来看，它们主要是通过对话的方式展开说明，这或许反映出早期师徒传授的情形。虽然我们无法据此推定《乐记》诸篇的原初排列次序，但是仅就后一类型的文献而言，如果不惮在此推进得更远，那么根据对话主人公出现的年代，最晚的角色是西汉文帝时期的窦公，这意味着《乐记》的编纂至少一直推进到这一时期③。也就是说，假若承认《乐记》的完整形态为二十三篇，那么窦公的年代似乎成为一个显著的标志，它与《史记·乐书》的年代形成了某种隐隐的呼应——二者都指向汉代，特别是西汉这一时期。

如果说《窦公》篇可能指示着《乐记》形成的下限，而《史记·乐书》与《礼记》又分别采用《乐记》，那么将这些因素综合加以考虑，或许更有助

---

① 清代学者臧庸在《拜经日记》卷九中指出：《史记·乐书》中，"凡音由于人心"至"夫乐不可妄兴也"，为《奏乐》篇结句；"夫上古明王举乐者"至篇末文字，为《乐义》篇起句。余嘉锡进一步修正了这一说法，认为《乐义》似当为《乐器》篇。见余嘉锡：《太史公书亡篇考·〈乐书〉第七》，载《余嘉锡论学杂著》上册，北京：中华书局，2009 年。

② 蔡仲德按照"乐义""前人乐言""乐器、乐律"，将《乐记》分为三类。见蔡仲德：《中国音乐美学史》上册，第 328—329 页，北京：人民音乐出版社，2004 年。

③ 案孔颖达《礼记正义》引刘向《别录》，《窦公》列第二十三，为全《乐记》之末。窦公是具有传说色彩的乐人，《汉书·艺文志》："六国之君，魏文侯最为好古，孝文时得其乐人窦公，献其书，乃《周官·大宗伯》之《大司乐》章也"；又曹植《辩道论》引桓谭《新论》："《乐记》云：文帝得魏文侯乐人窦公，年百八十，两目盲。"此外，关于《乐记》形成的下限，蔡仲德据《风俗通义·声音》中"笛，谨按《乐记》，武帝时丘仲之所作也"的记载，认为应系《乐器》篇佚文，故《乐记》成书在汉武帝之后，这比窦公所在的文帝时代更晚。见《中国音乐美学史》上册第 321 页。

于增进对《乐记》的理解。我们不妨设想：当《乐记》中涉及窦公的篇目形成以后不久，便被作为权威性的音乐理论而移入《史记》，这意味着《乐记》在综合吸收各种思想来源的过程中，始终没有丧失积极创作的色彩，它不断地添加新的内容，并被确定为《史记》这一综合性典籍的有机部分。此外，《乐记》这一文献分别被吸收进《礼记》与《史记》，这也可能在某种程度上暗示着，从西汉时期开始，将该文献加以经典化的需求甚为强烈；这是以《乐经》的遗失为前提而造成的。这种倾向发展的最后结果，正如我们看到的那样：《乐记》被确立为《六艺略》"乐"类文献的首位，这实际上处于与其他类别中的《诗》《书》《礼经》等经典相对应的位置，每一类的"第一个"，在该类别内部一般享有最高的权威性。

对于汉代的学者来说，在作为神圣知识之领域的"六艺"中，只有音乐没有流传下来的文本，这被看作是某种"缺失"。不管早期"乐"的传授形态如何，汉代学者借助于这一"缺失"，获得充分的心理空间，来复原或想象远古手稿被毁的原因与种种细节。《乐经》的"缺失"，其意义与其说是文献上的，毋宁说更多是文化上的；"至少，它意味着无人知晓的《乐经》文本被认为是音乐美学这一主题的详尽陈述，是值得经典化的。但是，情势却发展到这样的地步：即便是残篇——如同《尚书》《周礼》一样的残篇——也没有能够流传下来，以便给汉代学者们留下作为研究的出发点。"①在西汉初年制定礼乐的时候，"大抵皆袭秦故"，不过仍然有意识地模仿周制②，这向我们展现出事实与期待之间的差距与张力。此外，还需要强调一点，由于音乐理论之经典化乃是儒家经学的一部分，因此《乐记》里的"乐"皆指"礼乐"而言，后世任何基于一般艺术性的音乐观念而

---

① Kenneth J. De Woskin（杜志豪），*A Song For One or Two：Music and the Concept of Art in Early China*，Michigan，Center for Chinese Studies，University of Michigan，1982，p16. 关于《乐经》，《隋书·经籍志》载《乐经》四卷，不著撰人；《论衡·超奇》："阳成子长作《乐经》，造于眇思，极冥之深。"《太平御览》卷八五引桓谭《新论》谓阳成子长名衡，蜀郡人，王莽时为讲学祭酒。案《汉书·王莽传》，元始四年立《乐经》。《四库全书总目提要》谓《隋志》所载《乐经》即王莽时所立者，而马国翰《玉函山房辑佚书·经编乐类》以为亦即阳成子长所撰之书。

② 参考：《汉书·礼乐志》《史记·礼书》及《汉书·叔孙通传》。

提出的质疑与批评,《乐记》都没有理由承受其咎。

上述讨论的主要目的,并非有意要将《乐记》整体文本的形成向下拖进较晚的汉代,而只是希望突出如下一点:在贯穿战国与秦汉的长期历程中,《乐记》不断吸收与消化各种思想传统的资源,也不断地呈现出消化、折中乃至融合的努力,直到进入汉代仍然如此。因此,我们研究《乐记》的美学思想时,应当采取通贯性的整体考察的方式。关于《乐记》的争论,历来集中在成书年代及相关性质的方面,直至今天,在关于成书年代的各种立场间,尚未建立起具有充分说服力的结论;并且随着相关简帛文献的不断出土,争论再度趋于激烈。基于《乐记》在长时期内不断撰集的这一事实,很难将其主体部分固定在某一明确的年代——进而言之,对于这一确定性的探寻即便可能,也会在很大程度上造成误导,诱使我们单纯将《乐记》视为文本复制的一环,专注于考察该文本之各部分与其他文本间的关系,从而相对忽视甚至消解该文本在思想方面的价值。除非我们改变思路,更多地将注意力转向对文本内部各种不同思想成分之互动关系的讨论,认真考察该文献吸取何种资源,又在此基础上做出何种积极的变动,否则,很难真正深化对《乐记》文本及其思想的理解。

毋庸讳言,在《乐记》的外围,存在着与之相关联的一系列文本,它们在思想主旨与年代方面虽时有重叠却并不完全一致。如何通过这些外围文献来确定《乐记》在思想史上的位置,是持久不衰的学术问题。例如,在早先的中国美学史研究中,研究者们较多集中于探讨《乐记》与《荀子·乐论》以及《毛诗序》的关系;在相关楚简出现以后,郭店楚简《性自命出》、上海博物馆藏楚竹书《性情论》又相继成为关注的焦点。除此之外,还有其他关系相对稍疏浅者,如《韩非子》《礼记》的其他篇章等。我们不可能屏蔽这些外部联系而单纯讨论《乐记》本身。不过需要随时警省的是:在编纂、传授与撰写的过程中,尽管表面上不断出现与其他文献的重合,但是其背后则隐藏着不同时期的学者们努力将该音乐理论经典化的深层意图,正是潜在的后一因素决定了《乐记》的特殊之处——它不仅为文本的形成提供了积极的推动力,而且就此奠定了该文本的思想价值。

从思想倾向上看，在《乐记》中大致可以区分出若干不同的思想传统，它们相互纠缠而趋于融合。不难想象，这些传统此前应经历过复杂的变化。其中最引人注目的思想来源有两类，它们通过《荀子·乐论》和以"性情"为主题的若干简帛文献，向我们展现为相对固定的形态。如果把视野放大到战国到秦汉思想间的整体变动，那么这里所提及的存世文献，不过是无数文本中较具价值同时又较为幸运的残存者。从文本传播与思想传承的双重角度，我们没有理由将其视为思想史中孤立的存在，也没有理由视其为复制链条中前后相继的关联物；事实上，每一组文献都是根据不同的思考情境，融合不同思想资源而积极生成的，并且以自身为中心，向外投射出或隐或现的无数关联。只有这样，我们才能够基于《乐记》本身来思考《乐记》。因此，下面的分析将围绕着若干主要问题展开，勾勒出它们与相关文献及思想的动态关系；采取这一做法的主要意图，在于消解因单纯的年代判定问题所引起的对文本的割裂，并试图重建文本与思想展开的积极一面，从而对《乐记》的美学价值做出较客观的评定。

第一节　情感与音乐的本源

在很长一段时期以内，《乐记》的作者被认定为孔门后学公孙尼子。这一看法的最早文献依据来自《隋书·音乐志》[①]。尽管因缺乏更加坚实的证据而难以判定，但是新出土的简帛文献确实强化了《乐记》与战国儒家思想的关联。《乐记》的作者问题暂且不论，单就思想渊源关系而言，《乐记》与郭店楚简《性自命出》、上博楚竹书《性情论》等之间，存在着相

---

① 《隋书·音乐志》引沈约《答奏》云："《乐记》取《公孙尼子》。"这里实际上仅仅指出《乐记》采纳了《公孙尼子》的文献，而并没有直接认定《乐记》即公孙尼子所作。唐代张守节在《史记正义》中将此说进一步明确化："其《乐记》者，公孙尼子次撰也。"郭沫若、李学勤等学者先后支持这一看法，使其成为较具影响力的意见。

当紧密的联系。我们不妨认为,《乐记》中对情感、音乐发生的阐述,在某种程度上移用了后者的思想。作为《乐记》的基本逻辑结构,音乐的产生来自人心,其形成的链条最终奠定在情感的基础之上,而后者则是内在之性受外物的感应而显现出来的。从根本上说,这一"性静情动"或"性内情外"的架构,与上述楚简文献有明显的相似性。

> 人生而静,天之性也。感于物而动,性之欲也。物至知知,然后好恶形焉。
>
> (《乐记·乐本》)
>
> 夫民有血气心知之性,而无哀乐喜怒之常;应感起物而动,然后心术形焉。
>
> (《乐记·乐言》)
>
> 凡人虽有性,心亡定志,待物而后作,待悦而后行,待习而后定。喜怒哀悲之气,性也;及其见于外,则物取之。性自命出,名自天降。道始于情,情生于性。始者近情,终者近义。知情者能出之,知义者能入【之。好恶】者,性也;所】好恶,物也。善不善,性也;所善所不善,势也……凡性为主,物取之也。金石之有声也,弗扣不鸣。人之虽有性,心弗取不出。
>
> (上海博物馆藏楚竹书《性情》①)

按照《乐言》篇的说明,人生而有"血气心知之性",这构成了人类共同的生理与心理基础,从而为此后的礼乐教化提供了潜在的可行性。在未受外物影响之先,处于内在的"性"并未在情绪方面表现出任何特殊的倾向,因此处于"人生而静"的沉潜状态;只是在外物的触动、诱导或刺激之下,才形成喜怒哀乐等种种倾向,即《乐本》所谓"性之欲",并向外显现出来。所谓"好恶"与"心术",正是指此而言。进而言之,这里所谓"性",只是对"感物"之前内在平静状态的经验性描述,它与"情"构成了静态之

---

① 本文中所引上海博物馆藏楚竹书中《性情论》及其他篇目,系采用季旭昇主编:《〈上海博物馆藏楚竹书(一)〉读本》,台北:万卷楼图书股份有限公司,2004 年。

内敛与动态之外显的不同阶段或形态,而并不必然包含形而上或价值论的含义。因此,从"性"到"情"的发动或外显,可以视为人的内在身体中所实际发生的生理过程的描述,——虽然这很可能是对该过程的想象性的描述①。

　　根据这一论述,即使"性"含而未发,人也不可能始终停留在没有"物"的纯粹自我世界之内;外物的存在与刺激,必然会从根本上打破"人生而静"的平静状态,引发各种不同的情感与欲望。就此而言,"感于物而动"之后所造成的"心术形"的状况,乃是自然发生的;情感与欲望的产生,在此也是作为客观状况加以描述的,就字面而言,它们并未被赋予任何否定性的地位或价值。当然,我们需要进一步考虑的是,该文句似乎在努力凸显着由"性"生"情"之过程的自然性,而根据"道生于情,情生于性",这一自然链条又似乎为"性""情"乃至以此为基础的所有相关存在赋予了充分的权威性,——这其中,自然也包括作为"心声"的音乐。

　　根据《乐记》与《性情论》间的这一近似性,我们或许可以合理地推断,前者借用了后者的思想架构;而之所以借用它,则可能因为后者在思想界具有较突出的影响。上博《性情论》以及与之相近的郭店简《性自命出》,在当时至少代表着颇具影响力的一支思想派别;作为战国思想发展中的一环,它们的论证起点也是从"性"与"情"开始的。与《乐记》不同,这些战国文献并没有专门针对音乐展开论证;此外,"性"与"情"最终与"道"相通,这一点也是《乐记》所未采用的。不过,就论述的逻辑而言,音乐实处于由性生情之过程的延长线上;而对于"道始于情,情生于性"②的论述,《乐记》作者至少是了解的,并且很可能暗自利用了这一命题的影

———————————

① 蔡仲德根据《乐象》"德者性之端也"、《乐本》"反躬""反人道之正"等文字及相关阐释,将"性"释为"人的天赋本性","其中不仅具有感情、智力,而且具有道德属性","类似于孟子所说的性善之性"。我认为这一阐释过于牵强。见《中国音乐美学史》上册,第332—333页。

② 在郭店楚简《性自命出》中,该文句作:"情生于性,礼生于情"。濮茅左据此认为上博楚简《性情》之"道",即郭店简之"礼"。不过这一判断或有失武断。

响力①。

《乐记》的许多内容已经亡佚，这意味着，最初《乐记》的完整文本中对《性情》一系文献的借用可能会更多。据此可以进一步设想，在借用已有思想系统的资源时，《乐记》除了在字面上沿用已有的字句、概念与命题之外，同时也潜移默化地从整体上接受并利用着先前论述结构的种种设定。也就是说，"性情"一系文献的影响，不仅体现在《乐记》中明确展示出来的重合部分，而且也表现为整体思想结构方面的潜在影响；如果我们认为《乐记》是经由一系列作者的努力而最终形成的，那么至少对于其中一部分作者而言，他们对《性情》类文献的论述逻辑应具有整体性的理解，尽管并不能彻底排除其中存在误解的可能性。总之，这一设想为重新考察《乐记》提供了思想的参照系——我们可以引入《性情论》的整体逻辑结构，对《乐记》进行再衡量；对于后者存在论证逻辑缺环或缺乏足够说明的地方，或许可以发挥一定的参考作用。

根据相关楚简文献考察《乐记》，并不意味着将后者视同战国文献加以处理；而是试图在二者之间展开比较，以发现其间可能蕴藏的变化与发展——当二者的思想出现根本性的差异时，《乐记》的作者们摆脱旧框架的尝试便会凸显出来，这在某种程度上指示着新问题的提出与解决。这种简单的比较在方法论上或仍有商榷之处，不过以上博楚简和郭店简文献对勘《乐记》，至少有助于我们重新认识《乐记》的论述线索。

按照《性情论》的论述，"性"作为"喜怒哀悲之气"，从根本上是作为"气"而存在的，这与前引《乐言》篇所云"血气心知之性"相一致；由此，"性"感物而动并"见于外"的过程，也实际上意味着某种"气"的形态的变化。值得注意的是，这一变化不是抽象的过程，而是借助于"气"的感性

---

① 《乐言》篇中提到"应感起物而动，然后心术形焉"，其中"心术"（又见于《乐记·乐象》篇）一词在《性情论》与《性自命出》中已经出现，并且与"道"存在密切的关联，如"凡道，心术为主"。因此，鉴于这一术语的借用，认为《乐记》作者不了解《性情论》一系文献的整体逻辑是不合理的。李学勤即引此为证，主张《乐记》与郭店简《性自命出》存在较直接的关系。见李学勤：《郭店简与〈乐记〉》，载《重写学术史》，第263页，石家庄：河北教育出版社，2002年。

形态展现出来的。在竹简中"气"的原初字形作"氜",意指"生命力";因此这种"血气心知之性",没有理由必须理解为某种完全超越具体层面的存在,它也很可能包含着情感、认知和生理层面的各种具体因素在内。由于这一原因,由"性"到"情"的变化,未必是单纯的由内到外的抽象切换,而很可能是遵循着"气"之特定流动途径展开的实际过程,其间情感、认知与各种生理感受一同配合并做出反应。《乐记》中讨论音乐时,每每从"气"的层面或角度展开论述,即与此密切相关。按照前面章节中对身体的描述,这一由内向外抒发的途径或许近似于"脉络"的流动形态,这也是秦汉时代观察身体的主要方式。

尝试根据《性情论》来理解《乐记》对"性情"的描述,可以消解某些不必要的误解①。在受到外物影响之前,内在之性虽然保持着平静的状态,却并不是空白或虚无,其中明显充溢着生命力的成分。进而言之,正是由于生命力的"积于中",才会在受到外物促动之时产生某种内在变化的倾向性,并最终显现为"发于外"的各种情绪。在楚简《性情论》中"性"字一般写作"眚",唯"凡人虽有性,心亡定志"一处作"生"。在先秦时期,"生"与"性"的内在关联受到诸多思想家的肯定②;因此在这里特别采用"生"的书写形式,可能取其哲学意义,但更有可能是要强调该字所具有的"生命"的引申义③。倘若果真如此,则不难看出,《性情论》等文献致力于强调该过程的自然属性,而且这一点为《乐记》所自觉并加以继承。

从生命力的平静状态到回应外物之倾向萌生、再到情感外显的过程中,"性"被规定为"喜怒哀悲之气",因此它不同于"喜怒哀悲"等外显的

---

① "性情"与"静动"的对应关系,使得它们在后世容易被玄思化,从而与新道家或佛教的义理相融通。这里的评价仅针对《乐记》而言,不涉及其他思想性文本中的变动。实际上,《中庸》虽然同样借用这一思想架构,其具体含义已经与《乐记》产生了差异,不限于较原初的用法。

② 关于"生"与"性"的关系,清代阮元在《揅经室集·性命古训》中已经展开过讨论。二者的关联受到某些战国思想家的承认,如告子"生之谓性",又《荀子·性恶》:"凡性者,天之就也,不可学,不可事。"有意思的是,这两种意见都处在孟子的对立面,或者因此遭受孟子的攻击,或者据此对孟子展开批评。

③ 陈来敏锐地意识到此处"生"字的特殊写法,认为应对此展开深入的研究。参陈来:《竹简五行与简帛研究》,北京:三联书店,2009 年。

情绪;它与后者的差异是明显的,其中得以完成转化的触媒是外在于主体的"物"。从"性"到"情"的过程包含着如下的含义:如果说音乐来自"情"的驱动,那么这一表现当然是在主体受到外物触动时产生的;也就是说,没有孤立存在的情感,它必定介于内在之"性"与外在之"物"的逻辑中点;以此推论,也不存在孤立自生的音乐——从产生的根源来看,所有的音乐乃至抒情性的艺术,都是在特定主体与外物的相摩相荡之中产生的。

> 凡音之起,由人心生也。人心之动,物使之然也。感于物而动,故形于声。声相应,故生变;变成方,谓之音。比音而乐之,及干戚羽旄,谓之乐。
>
> (《乐记·乐本》)

> 故歌之为言也,长言之也。说之,故言之;言之不足,故长言之;长言之不足,故嗟叹之;嗟叹之不足,故不知手之舞之足之蹈之也。
>
> (《乐记·师乙》①)

一般来说,《乐记》的这些文字给读者造成如下的印象:它基本上满足于解释音乐艺术产生的起源,而对如何创作这些音乐则漠不关心,仿佛音乐的生成是情感充溢之后自然形成的结果。实际上,很少有音乐是像这样受内在情感驱动而自然流淌出来的,更不必说精心选择的儒家礼乐。大致来说,礼乐自有古老的传统,故其创作的问题不必纳入《乐记》作者的思考范围;其次,产生于上述引文中链条式的描述策略,进一步强化了音乐之自然产生的印象。从内心感动到依次形成"声""音""乐",这些性质不同的阶段被统一纳入相同的叙述模式。音乐(即"礼乐")的特殊性在于:比起《诗》《书》等教化手段,它能够更加直接而迅速地作用于

---

① 这种叙述模式在汉代比较常见,最突出的例子是毛诗学派在《诗大序》中"情动于中而形于言"的一段论述。此外,在《说苑·贵德》篇中也有关于诗学的类似说明:"是故后世思而歌咏之。善之故言之;言之不足,故嗟叹之;嗟叹之不足,故咏歌之。夫诗思然后积,积然后满,满然后发,发由其道而致其位焉。"

人心;层层递进的阐述方式,也相应地压缩了音乐与人心之间的距离:音乐处于自然化链条的一端,而人的内心则俨然被置于另一端,二者之间借助于一连串的环节而建立起彼此对应的关系。从这一角度来看,《乐记》的叙述有意地突出了音乐与人心的直接关联,并且将其有效地组织成自然化的次序。

需要注意的是,在此有必要区分"性"与"心"这两个不同的概念;这一区分实际上涉及《乐记》整体思想结构的问题。在《乐言》与《乐象》篇中,"性"的范畴基本没有直接参与音乐形成的解释①;而在论述音乐之起源的部分中,"心"的角色则远为突出,它实际上承担起音乐如何形成的全部说明——例如在《乐本》篇中,除上引一则以外,其余四则关于音乐之生成的解释同样归结于"心"或"人心";相同的例子还有《乐象》篇里的"乐者,心之动也"一句②。这意味着"由性生情"和"音乐发于人心"的两条论述线索,实际上是相互错离的,其间缺少贯通的环节。可能由于文献的佚失,或其他不为所知的原因,《乐记》并未对二者的关系做出较清晰的说明;而这正是文本思想结构中令人疑惑之处。

粗略地看,在"人心"与"性"之间或许可以划上等号;关于它们应物发动的描述,甚至采用了同一语句——"感于物而动";例如前引《乐本》篇的"感于物而动,故形于声",和《乐言》篇的"感于物而动,性之欲也",即是如此。但是,如果轻率地认为这即是思想结构和概念的同一,那么实际上取消或避开了如下的事实:"性"与"心"的使用存在差异,其中一个与音乐的生成密切相关,而另一个则并非如此。

由于缺乏明确的论述文字,试图单纯根据《乐记》自身来探讨"心"与"性"的差异,看来是相当困难的。如前所述,这可能是由于文献散失,也

---

① 前文所引《乐言》篇文字,在"然后心术形焉"之后,论述了各种性质不同的"音"(即音乐)对民众的影响效果;《乐象》篇第一、二段文字也讨论了"顺气"/"逆气"与"和乐"/"淫乐"的分别对应关系,如果我们把"性"看作与"气"同质的存在,那么这些文字可视为"性"与"乐"的关联。
② 另外,《乐象》篇还有如下的文字,同样将音乐的起源归结到"心":"诗,言其志也;歌,咏其声也;舞,动其容也;三者本于心,然后乐器从之。"

有可能是基于其他方面的原因，例如编纂者按照当时的普遍状况，自觉没有必要对时代性的公设做出说明。不过，无论是哪一种原因，我们都不妨借助"性情"一系文献的思想结构进行复原。基于《乐记》演变的复杂情形，我们自然可以从文献的层面搜寻解释，以便提供对上述现象的合理说明。不过，如果我们假定，《乐记》的最后编纂者努力按照同一原则梳理了全部文献，并将其组织为有机的整体，而不只是作为抄写者或缺乏理解力的编纂者，将诸多不同来源与性质的文献强行地糅合在一起，那么最好还是从思想的角度加以解释。可以确定，《乐记》与"性情"等文献存在明确的渊源关系，而后一类文献又对"心"与"性"展开了深入的阐释，因此《乐记》对两个术语的不同使用情形，实际上很可能参考了早期文献的用法①。既然《乐记》中诸多术语并非出于偶然的重合，那么我们更倾向于相信，至少这些概念最初是作为同一思想系统的构成因素收纳进来的；虽然随着时代的进展，《乐记》的思想在不停地发生转变，它仍然有可能在某种程度上承继了早期思想的组织架构，否则，它没有理由大量沿用这些术语，也很难想象通过完全异质的结构来驾驭这些术语。

第二节 "心"与音乐的抒情性

将注意力转移到上博楚竹书《性情》或郭店简《性自命出》，那么"性"与"心"的差异立刻变得明晰。众所周知，在战国时代，儒家对"心"的关注日渐显著。在《论语》中这一术语仅使用数次，但在《孟子》中则频繁出现达上百次。鉴于楚简文献与思孟学派的密切关联，这一术语同样备受重视，并具有自身的独特用法。按照李零的概括，"'性'是人的本性，它是藏于人的内心、只有靠外物的激发才会从内向外显露出来的东西。'情'是人的情感，它是'性'的流露或外部表现"；与此相对，"'心'是人的

① 关于《乐记》与简帛文献的关系，除前引李学勤论文以外，可参考陈来：《郭店楚简之〈性自命出〉篇初探》，载《孔子研究》，1998 年第 3 期。

精神活动，'志'是人的主观意志，'心志'和'性情'的不同点是，'性情'是人内在固有的东西，而'心志'则受制于外物的刺激和主观的感受，是由后天习惯培养、变化不定的东西。"①尽管《乐记》中找不到明确的文字证据来支持这一总结，但是其中对"心"或"性"的用法，大致是与此相符合的。

"情生于性"，音乐又来自情感的表现，但是我们在《乐记》中无法寻出"性"与"音乐"的直接关联，这意味着音乐的产生机制并没有直接建立在"性"的基础之上，而是在"由性生情"和"情动于中而发于声"之间，设定了另一个枢纽，它一方面继承了内心的生理属性，另一方面又提供了音乐生成的基础，这一枢纽即是"心"。

对《乐记》做出这一解读，因超出文本所能提供的限度，不可避免地会遭受批评。但是在我看来，引入相关文献来分析"性"与"心"的区分是非常必要的。既然在战国时代，"心"已经备受儒家与道家的关注，更兼以《性情论》与《性自命出》等文献将其采用为核心范畴，那么《乐记》在阐释音乐之产生时，将其根源建立在"心"之上，就不是偶然的。至少在此应承认这很可能是《乐记》作者有意的设定。

通过区分"心"与"性"，《乐记》营造了相当精致的运作结构。按照《乐记》的论述，音乐当然最终与性情相关，从产生的过程来说，"性"受外物促动，向外显发为情感，情感的充溢则通过一连串层递式的作用，最终形成了音乐的形式；从相反的欣赏与教化方面来说，也是如此，音乐对人内心的影响最终体现在"性情"之上——由于后面的这一关联，音乐因其"感人也深、化人也速"而受到儒家的重视。依照《乐记》的设定，每一个体都具有"性情"这一"生理—心理"结构，因此音乐会不可避免地对整体社会发生普遍的影响力；在聆听音乐的过程中，先王、圣人或君子与普通的民众分享着同一生理与心理机能。

音乐会引起各种情绪的反应，不过音乐的基础最终确立在"心"而非

---

① 李零：《上博楚简三篇校读记》，第 124 页，北京：中国人民大学出版社，2007 年。

"性"的方面。在汉代,"心"往往被看做是主宰"思虑"的器官(如《黄帝内经》),因此,它并不是被动接受外物的刺激,而是包含着主体之积极创造的因素在内。在《乐记》中,关于情绪与音乐之间的对应关系,做出了如下的耐人寻味的论述:

> 乐者,心之所由生也。其本在人心之感于物也。是故其哀心感者,其声噍以杀;其乐心感者,其声啴以缓;其喜心感者,其声发以散;其怒心感者,其声粗以厉;其敬心感者,其声直以廉;其爱心感者,其声和以柔;六者非性也,感于物而后动。是故先王慎所以感之者,故礼以道其志,乐以和其声,政以壹其行,刑以防其奸。礼乐刑政,其极一也,所以同民心而出治道也。
>
> (《乐记·乐本》)

在上述这段文字中,"乐由心生"的过程被细致地加以描述。对应于不同的情绪,音乐的效果也各自不同:当内心为悲哀所感时,所发出的音乐也是悲哀的;当内心为爱意所感时,所发出的音乐也是柔和的。但是这里的旨意并非情绪与音乐一一对应这样简单。音乐的产生,在总体上被追溯到"人心之感于物";进一步将该过程加以细分,则出现了分别对应于"哀心""乐心""喜心""怒心""敬心"与"爱心"的不同情感基调的音声。在此姑且不论情感分类的性质,我们首先需要确认的是:音声之所以外显,其前提条件正在于某种相对应的"心"的运作。因此,声音乃至音乐的产生与发动,其运行机制的关键正在于"心";而"心"曾在早期与同时代的文献中,作为"主思虑"的存在,操纵着主体的精神活动。由于这一原因,该文中明确肯定"六者非性也",这意味着音乐产生的过程并不受"性"所支配。与此相对应,在其后论述"礼乐刑政"的时候,也将其影响放置在"心"之上——即"所以同民心而出治道也"。

音声与内心的情感具有相对应的关系,在某种意义上存在二者之间的通道,既能够保障内心之情感发之于音声,又能够允许逆向的音乐教化在此发生作用。易言之,从内心到音乐产生,这一通路是可逆的。故

与上述过程相反,不同性质的外在的音乐也可以作用于内心,从而形成不同的效果:

> 夫民有血气心知之性,而无哀乐喜怒之常;应感起物而动,然后心术形焉。是故:志微、噍杀之音作,而民思忧;啴谐、慢易、繁文、简节之音作,而民康乐;粗厉、猛起、奋末、广贲之音作,而民刚毅;廉直、劲正、庄诚之音作,而民肃敬;宽裕、肉好、顺成、和动之音作,而民慈爱;流辟、邪散、狄成、涤滥之音作,而民淫乱。

> (《乐记·乐言》)

前面已经说过,《乐记》中的"乐"全是指"礼乐",因此,与"心"相关的文化形式不仅限于音乐,而且也包括诗歌与舞蹈。就整体而言,诗乐舞一体的综合艺术,其中各种因素也分别是借助于"心"方得以成立的。因此《乐记》将这三种元素全部归结于"心":

> 德者,性之端也;乐者,德之华也;金石丝竹,乐之器也。诗,言其志也;歌,咏其声也;舞,动其容也。三者本于心,然后乐器从之。是故情深而文明,气盛而化神,和顺集中而英华发外,唯乐不可以为伪。

> (《乐记·乐象》)

诗歌舞三者皆"本于心",大致相当于古希腊亚里士多德所谓"言辞""乐音"与"观赏"三种要素。不同之处在于,亚氏所处的时代剧本已经出现,文本性的侵入导致"情节""人物""主题"三种文学成分的相继出现;但是,在中国早期的"乐"中,仍然以音乐为中心,而并不含有后三种因素。这种"乐"与"礼"相表里,是一种社会性的公开的表演。虽然含有音乐成分,同时又以其舞姿、舞容提供视觉性的经验。三种因素融合为一,缺一不可。

"德者,性之端也;乐者,德之华也;金石丝竹,乐之器也"——前三个分句构成了依次递进的关系。通过"乐"与"德"的联系,"乐"被赋予了道德化的属性;当它进一步通过金石丝竹等乐器加以表现和固定下来时,则构成了"德音"或"礼乐"。"文明",即外在于主体的音乐;"情深",即内在于主体的"情感"。"情"与"文"二者构成了内外的分异,这也正是"和顺集中"与"英华发外"的分异。借助于这一区分,"乐"与"心"的对应关系建立起来,并且依照"唯乐不可以为伪"的要求进行约束。在这里,"心"的设置为整个礼乐的运转提供了充分的支持。只有借助于"心"所具有的自我调整能力,"和顺"的情感才能够在过滤与净化之后积聚于内心,才能够确保音乐的不"伪",从而为礼乐的生成提供必要的条件。

"心"虽然主宰"思虑",但这并不表明它一定限制在逻辑认知等理性能力的范围之内。恰恰相反,就《乐记》中"心"的表现来看,在相当多的场合之中,"心"实际上与感性的领域相联系;也就是说,"心"的调整能力在容纳道德与政治因素的同时,也包含着感性的能力。在讨论《乐记》时,需要对"乐"的性质做出双重的界定:首先,"乐"即是"礼乐",因此不应将其视为音乐与道德教化这两种不同因素的综合,而是其本身即含有道德的内化,是内涵着道德规定性的音乐;其次,"乐"虽然含有道德的内在规定性,但是从根本上说,它与《诗》《书》等教化手段不同,是最直接地作用于感性的艺术,并且是极具抒情性的艺术,——由于这一点,对"乐"的讨论始终不能与情感的因素相分离,"性情"的重要性应给予充分的考虑。

"心"固然是作为整体发生作用的。不过如果勉强采取分解的态度来观察,那么,当内在之"情"外发为"乐"或"文"时,这一过程中的"心"在抒情的感性方面发挥着至关重要的作用;缺少了这一感性作用,"乐"即不复成其为"乐"。在此欲了解"心"的功能,首先有必要论述所谓的抒情艺术。

高友工曾经对中国传统抒情艺术进行过精密的剖析,并将其源头追溯至《礼记·乐记》。在我看来,这一角度至今仍有助于深化对《乐记》之美学内涵的理解。高友工指出,中国传统抒情艺术之主流的精神,并不能轻易用现代美学体系中的术语加以概括,例如,它首先不等同于所谓"表现主义":因为后者以艺术品为中心,强调某一艺术经验之外在的凝定与显现;而前者则相对并不重视艺术品的生成,而是将重心放置在以内化与象征之方式保存自我现时经验的方面,——至于艺术品,只是作为主体创作经验的副产品而保留下来的。在中国艺术传统中,抒情艺术长期占据着主流的地位,受其影响,艺术领域中外在的客观目的往往臣服于内在的主观经验;亦即"境界"常君临于"实存"之上,内向的(introversive)倾向也往往压倒外向性的(extroversive)倾向①。尽管这二者的分际只是侧重点的不同,并非绝对的差异;但是倘若以某一形态绳之万物,则很容易遮蔽不同审美传统的理想与特质。中国古典音乐的理想,正在于抒发情志而不仰仗为人所知,这一重视内在抒情体验的态度在《乐记》中同样存在。

一旦按照中国古典音乐的独特理想来反观《乐记》,那么即使《乐记》具有作为"礼乐"或"德音"的某种特殊性,它依旧在一般层面上满足于抒情艺术的普遍共性,亦即通过内化或象征的方式将审美体验保存下来。抒情主义者以审美经验为价值之所寄,故注重人生内在的一种境界,而非转向某一"逼真"艺术现象的客体化呈现。在这种内在的体验与境界之中,各种层次的感受综合为美感。在美感的形成过程中,发挥枢纽作用的因素正是内在的"心"。如果说,在战国楚简《性情》或《性自命出》等涉及"乐"的文献中,"心"的这一作用尚不明显,那么《乐记》则将其进一步突出,这不能不说是《乐记》的一大贡献。

> 凡音之起,由人心生也。人心之动,物使之然也。感于物而动,故形于声。声相应,故生变;变成方,谓之音。比音而乐之,及干戚羽旄,谓之乐。

> (《乐记·乐本》)

不惮再次引用《乐本》篇中这段名言,旨在说明《乐记》中音乐形成的不同层次。如前所述,在"心"因外物刺激而产生变化的基础之上,情感

---

① 高友工:《中国文化史中的抒情传统》,载《美典:中国文学研究论集》,北京:三联书店,2008年。

外显为声音;当这些声音按照一定的方式组合起来,具有节奏、旋律与和声的规定性以后,音乐也就随之产生。当然,纯粹结构性的音乐尚非全部,它需要与"干戚羽旄"结合起来,从而形成完善意义上的"乐"。这里的"乐",与《尚书·尧典》所描述的诗乐舞一体的早期状态存在着差异。它的中心已经由早先的舞蹈转移到音乐的方面,因此更有利于于抒情性理论的形成。

根据高友工的阐述,抒情艺术最为重视审美体验;由于体验是刹那即逝的,因此需要试图通过内化的行为而将其保留,以便重复追随先前的体验。在这种体验中,固然含有不同层次的感受:首先是纯粹感官上的快感,这一感觉可以极强烈却缺乏独立意义,不能独自发生抒情的功能;其次是结构上的完美感,结构可以浓缩经验、重现经验,如此快感才具有内化后的持久性——如果不能够形成这一稳定的内在心象结构,那么重复的体验便很难完成;最后,是终极视域(vision)的主体自我意义的体现,即结构必须能够象征生命的意义,艺术之伟大亦于此体现——如果缺少生命意义的象征,那么即使成为抒情艺术,也很难成为伟大的抒情艺术。这种抒情体验既非纯知性的认识,又非纯感性的感觉,在这三个层次的递进中,认知与想象的成分依次渐增渐强,其价值也依次提升。它在予人美感的同时,显示出个人生命的意义。此时美感即与道德、真理融为一体,并最终对于人的精神生命形成震撼与冲击。如果说,对于内在的心象结构的回味构成了第一次"反省",那么抒情艺术对于精神境界的提升,则相当于"反省的反省"。

根据上述说明,抒情体验之诸层次的活动,最终必定归结于某一自足的内在经验:或是认知的结构总结地体现了该经验的完美感,或是想象的视界(vision)象征地赋予此经验的结构以生命的意义①。在《乐记》中,这一内在的结构正是通过"心"建立起来的。按照宗白华的解释,"声相应,故生变;变成方,谓之音",是指从一般的"声"中提取出合乎乐律的

---

① 高友工:《文学研究的美学问题(上):美感经验的定义与结构》,载《美典》。

"音",因此这些"音"乃是"清音",是构成乐曲的材料；当合于律的众多"音"组织起来，用节奏、和声、旋律构成音乐形象，并与诗歌、舞蹈相互结合，最终便形成了"乐"——所谓"乐"，是"拿它独特的形式传达生活的意境，各种情感的起伏节奏"①。需要注意的是，当不同的音按照乐律纳入有机的整体结构时，这一过程是用"方"这一术语来描述的。"方"，是用以表示方位与空间的术语，它意味着音乐的空间性结构的生成。当然，这一空间并非视觉或触觉把握到的物理性的空间，而是形成于听觉空间的内部并列关系；进而言之，它是体现于听者内心的空间化的心象。

> 凡音者，生人心者也。情动于中，故形于声。声成文，谓之音。
>
> （《乐记·乐本》）

"声成文，谓之音"，所指的同样是这一结构内化、形成空间关系的阶段。"文"的原初含义是"纹样"，它来自不同丝线在空间交织而成的图案。通过将听觉的元素转化为俨然可视的空间组合关系之后，音乐获得某种结构上的稳定性。

> 故歌者，上如抗，下如坠，曲如折，止如槁木，倨中矩，句中钩，累累乎端如贯珠。
>
> （《乐记·师乙》）

上述文字连续使用比喻来形容歌唱的形态，孔颖达在疏解这段文字时，认为"言声音感动于人，令人心想形状如此。"孔氏的见解值得注意。诸如"抗""坠""曲折""槁木"等形容词，并非纯粹字面上的比喻，而是通过某种或动或止、或升或降的动势来暗示歌唱中的种种动势，二者之间存在着内在的一致性。因此，与其将这些比喻视为外在的物象，毋宁将其视为内在化的心象，所谓"心想"的"形状"，正是指此空间化的结构而言。

---

① 宗白华：《中国古代的音乐寓言与音乐思想》，《乐记论辩》，第51页。

　　一般认为音乐是时间性的艺术,它是随着时间的进展而不断绵延生成的艺术。不过,任何一种艺术,在充分利用其媒介性质形成独特艺术形态的同时,即开始设法挣脱该媒介物的限制,而企图克服自身的优势,从而争取建立起一个更全面的架构;诸如音乐之发挥空间性,绘画、雕塑之表现时间性的动力、节奏等等,即是显著的事例。对于音乐而言,兼具有若干层不同的意义:音乐旋律之最基本的意义,在于动静相生的活力的生长变化;其第二层象征意义,则是时间性的架构,亦即重复规则的节奏;再上一层,遂成为空间性的架构,从而在克服自身之同时完成艺术的圆满①。这种承认音乐之空间化的立场,实际上已经打破莱辛在《拉奥孔》中的经典论断。这对我们重新反思《乐记》的美学价值提供了有益的视角。

　　通过"心"的作用,当"方"与"文"的性质被纳入"音"与"乐"时,音乐艺术中空间化的内在心象于兹形成,并且随之获得理论上的确定。这意味着在中国美学中伟大的抒情传统的开始。"最迟到二世纪,抒情美学走向未来发展的基础已经较好地建立于早期音乐理论中了。"②一方面,音乐的空间结构所具有的稳定性,使得抒情体验的保存成为可能,从而加强了抒情艺术进一步发展的可能性;另一方面,随着音乐之空间化结构的确立,它开始容纳文化价值的因素,从而不断接近中国音乐的最高理想——"大乐与天地同和"。

第三节　音乐与文明世界

　　当音乐形成空间化的结构,亦即作为内在化的心象,获得某种持存的稳定性之时,便开启了抒情艺术之新发展的可能性。但是究极而论,这并不是最上乘的抒情艺术。诚如高友工所言,只有当艺术作品在刹那

---

① Victor Zuckerkandl:*Sound and Symbol:Music and the External World*,Princeton:Princeton University Press,1969.
② 高友工:《中国语言文学对诗歌的影响》,载《美典》。

间的体验中，蕴含着永恒而浓厚的人生感受时，才能够给予欣赏者以精神上的提升作用，这时，审美才能够与道德、与真理合而为——虽为艺术却不仅限于纯粹的美感，虽然容纳道德与真理的独特认知却又不致丧失审美的意蕴。

在《乐记》中，审美与道德、政教的交融是明显的，由音乐而达成对世界之体认与把握的脉络也是显而易见的——这一模式构成了后世音乐理论的主流形态。尽管如此，在现代的美学史著作中，该文献试图贯通人心与宇宙、内心与外在世界的努力却很少受到肯定。历来对《乐论》的阐释均囿于僵化意识的局限，而不能正视其本来的意义；其根本的缺陷在于认定审美与道德为相互异质性的存在，认定《乐记》乃是包裹着汉代思维模式之荒诞外衣的思想杂糅体，其中最为后世所诟病者便是天人感应的部分。

> 乐者敦和，率神而从天；礼者别居，居鬼而从地。故圣人作乐以应天，制礼以配地。礼乐明备，天地官矣。

（《乐记·乐礼》①）

"乐由中出，礼自外作"的观点在《礼记》中不断地重复，因此，作为进一步的发展，将乐与礼的对立，延伸到到鬼神、天地等一系列观念中去，这在《乐记》中也较常见。礼乐的对立出现，表明两方面相互作用，但各自都有其自身变动不居的制约。早期音乐理论植根于较广阔的文化和政治理论框架中，因为它关注的是具有密切联系的礼与乐的功能。表面看来，人们或许将礼和乐解释为习俗的产物，并转而视其为某些社会现象的代表。但更为重要的是，这些音乐理论以体验的内与外的截然区别为基础，而且，内在体验是整个音乐体验的关键。尽管《乐记》中的音乐

---

① 在论述《乐记》的成书年代时，往往以"天人感应"的成分为例，证明该文献形成于汉代。这一段文字即其一例。实际上，以"礼乐"或其他术语与天地四时相配者，并非都是秦汉以后的产物，例如《荀子·乐论》中在论及乐器时，也出现了相类似的文字，因此这种论证方式不足凭据。参顾易生、蒋凡：《中国文学批评通史·先秦两汉卷》，第 379—380 页，上海：上海古籍出版社，1996 年。

形态并非如后世的书法、绘画或抒情诗那样,可视为较纯粹的抒情艺术;不过,"性情"与"气"的周流运转,为其抒情化提供了基质。此外,内在之"心"也从两方面发挥了关键性的作用:一方面建构起空间化的抒情心象,这为将外物纳入抒情体验提供了充分的可能;另一方面,"心"统"性情"的作用,又赋予音乐以伦理与政教性的崇高价值。这些都是应该认真加以考虑的。

在《乐记》所建立起来的各种对应关系中,五音系统的阐释相对来说最受注意。首先,五音是构成音乐的基本要素,如何解释它关系到音乐之根本性质的界定;其次,五音与文化世界中现实因素的对应,往往令人感到荒诞不足信。因此择取五音系统加以阐释,有助于我们从根本上理解《乐记》的论述逻辑。如果能够较清楚地理解这段文字,那么音乐与文明世界乃至整个宇宙的对应也就更容易把握。

> 宫为君,商为臣,角为民,徵为事,羽为物。五者不乱,则无怗滞之音矣。宫乱则荒,其君骄;商乱则陂,其官坏;角乱则忧,其民怨;徵乱则哀,其事勤;羽乱则危,其财匮。五者皆乱,迭相陵,谓之慢。如此,则国之灭亡无日矣。

(《乐记·乐本》)

这里依次排列了五音与五种政治要素的对应关系。正如郭沫若所指出的,在《乐记》的文字中,音乐的构成元素尽管已经与外在事物构成关联,但是尚未充分展开。五音与五种政治性事物的对应,还没有臻于汉代纬书中的复杂状况;因此它大概尚处于发展的中间阶段。由于《乐记》中对五音与政治系统的这一关联,缺乏必要的说明。因此不妨参考后世的众多不同的阐释:

> 商、章也;角、触也;宫、中也;征、祉也;羽、宇也。

(《汉书·律历志》①)

---

① 《汉书·律历志》所引这段文字,又见于东汉应劭《风俗通义·声音》引刘歆《钟律书》。

> 商者张也;角者跃也;宫者客也、含也;征者止也;羽者纡也。
>
> (《白虎通·礼乐》①)

上述两种解释颇多相近,其间均依照文字的相似性展开,或字音相近(如"羽者纡也"或"羽,宇也"),或字形相关(如"角、触也")。汉代在阐释字词的含义时,这是相当常见的方式,它意味着被解释的字与新提供的释义字之间分享着某种共性。按照这些释义来看,基本上赋予五音以某种动态的性质。这与《乐记》中名词性的对应链大不相同。

由于汉代的诸多文献如今仅剩余残迹,因此对五音的阐释或多或少显得凌乱而难以理解。或以五音配五行或人事,见《白虎通·礼乐》《乐纬·动声仪》;或以七音相配合,见《礼纬·斗威仪》②。此外,在"八音"或部分乐器的阐释中,也存在类似的解释策略。作为关联思维的体现,有以"八音"比附"八卦"者,见《乐记》佚文;又有以乐器配人事者,见《乐纬·叶图征》。至于"琴,禁也""瑟,啬也""笛,涤也"等,则提供了援引声近字的更多的释例。

要理解"宫"与"君"相配的含义,首先需要区分清楚"宫"的两种不同属性或位置。在较早的时期,对于五音的解释,采用了宇宙自然化的方式:自然、天、道被视为五音六律产生的条件与来源;音乐在音阶上的内在结构不但已是形式的基础,而且更与自然现象构成因果关系。下面的引文反映了公元前6世纪医者的思想。

> 天有六气,降生五味,发为五色,征为五声,淫生六疾。
>
> (《左传·昭公元年》)

> 天地之经,而民实则之。则天之明,因地之性,生其六气,用其五行。气为五味,发为五色,章为五声。淫则昏乱,民失其性,是故为礼以奉之。为六畜三牲五牺,以奉五味;为九文六采五章,以奉五

---

① 《白虎通·礼乐》:"乐者阳也,动作倡始,故言作;礼者阴也……";又"乐者阳也,故以阴数八风六律四时也。八风六律者,天气也……";又"角者跃也,阳气动跃;征者止也,阳气止……"
② 蔡钟翔等合编:《中国文学理论史》第一册,第116—117页,北京:北京出版社,1987年。

色;为九歌八风七音六律,以奉五声。

(《左传·昭公二十五年》)

作为物理性质的存在,宫、商、角、徵、羽的五调音阶,可以从十二律中的任何一者开始,在律中的差异只是它们不变的定义,故古代的五音系统只是一种符号的"形式",相对于五音系统,十二律的音阶才是真正的内容。如杜志豪所说,"十二律并不能组成演奏音乐的一个音阶,其实,十二律中的每一个都提供一个音调层,在此音调层之上,五音之一的音能够被用来建立模式键(mode-key)以及演奏音乐。十二调仅是起始音,只用于开始的演奏,以及固定活动的五音关系项的位置……掌握了音乐开始的环节及音调,就掌控了整个演奏。"

《乐记》的五音系统,按照长度三分之二或音高五分之一的阶差逐层上升(即按照音阶顺序而非产生的顺序),在这一序列中,宫乃是最低的音调,因此构成乐音演变的起始①;这种起始后来被附加了文化性的含义。同时作为最低的音调,"宫"又被视为居于听觉空间之中央的存在。故对"宫"的解说存在着物理意义与文化意义两种。

宫,中也。居中央,畅四方。唱始施生,为四声纲也。

(《尔雅》卷七)

所谓"唱始施生",是指它构成宇宙演化的生生之始。这是对"宫"之乐音演变位置的引申,亦即《吕氏春秋·适音》所谓"黄钟之宫,音之本也。"将宫从物理性声音的单一性质中解脱出来,并赋予其"君主"这一中心性的意义,这已经跨入了人文化音乐思想的领域。因此,从表面上看,"宫为君"不过是建立了某种难以理解的联系,但在实际上,是在引入文化世界的因素的同时,建立起等值性的比喻关系。从另一方面来看,通过"宫为君",外在的各种存在物开始被纳入音乐的框架之内,这实际上意味着音乐对于外物具有了更强的内化能力;唯有如此,抒情艺术才能

———————————

① 关于五分之一定音的记载,可参见《管子·地员》《吕氏春秋·音律》等文献。

够进一步由短篇作品向较长的作品转化。

综上可知,音乐与社会之匹配,原本建立在音乐的物理性质之上;但是,宫调一旦确定,很快便被赋予种种文化上的含义,从而即刻成为连接严格的关系型的五调音阶之领域与在其之外的仅仅是区分性的"模式—价值"的枢纽。由于乐音与文化世界的关联并非外在性的,因此关联思维之内涵及外延均无法提供此关联的基础。倘若对此关联的基础提出疑问,则关联性的思维即刻停止,而分析性思维亦于同时取而代之。

需要补充的是:"宫"与"君"在字面上的对应,并不一定意味着单凭借这两个孤立的名词即可建立起有效的联系,这样会将我们的理解误导到如下的方向:即将两个术语从各自的背景中剥离出来,孤立地寻求两个术语所具有的某种共同属性。从"宫"所处的"五音"系统来看,它实际上受到系统整体的制约与确定。因此"五音"与外在事物——例如"五情"——的对应关系,不是相互独立、一一对应的关系,而是基于各自的整体进行全面对应。《吕氏春秋·侈乐》云:"乐之有情,譬之若肌肤、形体之有情性也。"这指的即是五音与五情的整体相配。在处理汉代关联思维的时候,整体之存在乃是每一个体无法剔除的规定性,对于音乐也是如此。

如果将五音与五种事物的配合作上述理解,那么通过这一等值性的比喻关系,实际上造就了空间化的结构,这一结构具有审美的性质,同时又是政教化的心理空间;换一种说明的方式,通过这一空间,政教与伦理内化于抒情艺术之中。进一步来讲,当君臣等五种要素融入五音体系之后,政治性与审美性不再保持相互分离的状态,而是同时分享着对方的属性。君臣结构的权威性转而加强并固定了五音体系。

> 郑音好滥淫志,宋音燕女溺志,卫音趋数烦志,齐音敖辟乔志。此四者,皆淫于色而溺于德,是以祭祀弗用也。
>
> （《乐记·魏文侯》）

是故乐之隆,非极音也。

(《乐记·乐本》)

所谓"极音",是指在音乐结构上通过复杂精致的组合而具有极强感染力的音乐,其特征在于"极",正如同繁管急弦一般。《乐记》沿袭《荀子·乐论》,对于音乐的正邪性质非常敏感,而所谓的负面的音乐,即是指不符合五音体系的音乐。由于郑卫之音采取了不同于传统五音模式的变调,即使用半音阶,造成繁音促节的效果,因此成为靡靡之音或淫乐的代名词。所谓"变",不仅是在音乐的审美方面突破了原有的传统,同时在政治教化方面也因其逸乐的性质而易于引起堕落。否定"变"的音乐,从理论上有效地限制了音乐演奏之繁复化的倾向,同时赞赏雅乐极力抑制动势、追求和静的倾向。由于不主张违背五音体系,因此相较于不同乐音所组成的繁复的音乐结构,更为强调单音在调式空间中的种种可能性。在这里,政教的规定性内化为审美的规定性;与此相关,"和""静""清""远""古""澹""逸""雅"之类的审美范畴,作为美感与道德感的融合,在中国音乐美学史和中国美学史中成为备受推崇的理想。

第四节 乐由中出,礼自外作

借助于音乐与文化世界之事物的关联,审美与道德之间融通无碍。事实上,《乐记》尽管在名义上是关于"乐"的理论,其中却从没有讨论纯粹的音乐,所有的思考均针对"礼乐"这一对象展开。如果参考战国楚竹书中的论述,那么对于"礼乐"为何作为一体在《乐记》中占据如此重要的地位就不会感到吃惊。

按照楚简《性情论》的理论,道含有"四术",除了在《乐记》中出现的"心术"构成道的主要内容以外,《诗》《书》与《礼乐》分别构成了其他三术,而《礼乐》的地位又重于《诗》《书》。因此,《乐记》中反复讨论"礼乐"的性质并不是偶然的——它最早来自战国文献的思想传统,同时又引入了《荀子》思想中的重要部分。

由于乐与礼紧密结为一体，故音乐的理想表现为儒家的礼乐。礼乐的根本目的在于节制人心，使其避免受到不良外物的影响，在音乐的方面，即是要排斥具有负面影响的音乐。由于音乐的产生来自内心的波动，因此反过来说，外在的声响和音乐同样可以作用于内心，使之生成种种变化。这些变化的发生，是通过血气而造成的。此通路为可逆的，故所见外物如为违背道德伦理规范的事物，则会对内心产生负面的影响。如：

> 是故君子反情以和其志，比类以成其行。奸声乱色，不留聪明；淫乐慝礼，不接心术；惰慢邪辟之气，不设于身体……故乐行而伦清，耳目聪明，血气和平，移风易俗，天下皆宁。

（《乐记·乐象》）

口腹耳目之欲是自然生发的，为每一个个体所分有，因此构成了音乐教化的起点。但是单凭借自然的情性自身，尚不足以进入伦理与价值的层面。随着圣人或先王的出现，人被区分为小人与君子，同样，音乐也对应于此一区分而形成了"小人之乐"与"君子之乐"。二者的差异在于能否凭借儒家的伦理要求对自然性情与欲望形成有效的节制。如果某种音乐能够"以道制欲"，那么就达到了君子的层次，音乐也随之被视为"君子之乐"；反之，如果音乐仅仅顺从自然情欲的驱动并使之泛滥，以至发生争斗和造成社会的混乱，那么这种音乐即是"小人之乐"。这一思想在《荀子》中得到了较为充分的阐发。不同的是，在《乐记》之中，它被嫁接到性情自然理论的根基之上。

> 凡音者，生于人心者也。乐者，通伦理者也。是故知声而不知音者，禽兽是也；知音而不知乐者，众庶是也；唯君子为能知乐。是故审声以知音，审音以知乐，审乐以知政，而治道备矣。是故不知声者，不可与言音；不知音者，不可与言乐。知乐则几于礼矣。礼乐皆得，谓之有得，德者得也。

按照前面的解释，"音"由"人心"而生，并借助后者的作用形成了内化的音乐结构,这是抒情体验得以保存的重要条件。所谓"乐者,通伦理者也",则较"音"更进一层,除了音乐结构以外,还赋予其"伦理"的成分——正是这一价值的体现,使得音乐跃升为伟大的艺术。按照音乐的形态进展,可分为"声""音""乐"三层,它们分别对应于"禽兽""众庶"与"君子",这是价值的层级。"众庶"为教化的对象,故在具有对乐之理解能力以前,未得进入礼乐化成的世界;只有君子能够体会并理解最高层次的价值,这一价值即是"礼乐"。

尽管"礼乐"紧密结为一体,但是二者的作用方式并不相同。"乐由中出,礼自外作",礼与乐分别沿着由外向内与由内向外的路径发生作用。这一方向的规定同样来自更早的战国文献:

> 人之道也,或有中出,或由外入,由中出者,仁、忠、信……仁生于人,义生于道。或生于内,或生于外。
>
> (《语丛一》简18—23)

由于乐与情向外发散,属阳、属天,而向内收敛者,属阴、属地,故在礼乐与阴阳、天地及其他对立性观念——如仁义、神鬼、内外之间进一步建立起相互关联的链条。

> 乐由阳来者也,礼由阴作者也。阴阳和而万物得。
>
> (《礼记·郊特牲》)
>
> 乐由天作,礼以地制;过制则乱,过作则暴,明于天地,然后能兴礼乐也。
>
> (《乐记·乐论》)
>
> 乐者敦和,率神而从天;礼者别宜,居鬼而从地。故圣人作乐以应天,制礼以配地。
>
> (《乐记·乐礼》)
>
> 乐也者,动于内者也;礼也者,动于外者也。乐极和,礼极顺,内和而外顺,则民瞻其颜色而勿与争也。
>
> (《乐记·乐化》)

> 春作夏长,仁也;秋敛冬藏,义也。仁近于乐,义近于礼。
>
> （《乐记·乐礼》）

在上引各例中,礼乐进一步与"天地""四季"相配合,从而构成了不断运转、充满生机的世界。它们不仅分别对应着发散与内聚、生长与敛藏的倾向,而且也分别意味着世界的和谐化与差异化。

> 乐者为同,礼者为异。同则相亲,异则相敬。乐胜则流,礼胜则离。
>
> （《乐记·乐论》）

> 乐也者,情之不可变者也;礼也者,理之不可易者也。乐统同,礼辨异。
>
> （《乐记·乐情》）

> 大乐与天地同和,大礼与天地同节。和,故百物不失;节,故祀天祭地。
>
> （《乐记·乐论》）

最终,礼与乐的作用贯穿于整个人类的世界,达成"和"与"节"的平衡。"大乐与天地同和"是《乐记》中极其重要的美学思想,它意味着世界之间和谐的律动。作为一种最具影响力的范式,《乐记》将世界设想为充满乐感的和谐律动的宇宙;与此大宇宙相对应,又存在着内在于每一个体的小宇宙。在流行不息的变化发展中,和谐感的体现成为其鲜明的特色。

> 天尊地卑,君臣定矣;卑高以陈,贵贱位矣。动静有常,小大殊矣。方以类聚,物以群分,则性命不同矣。在天成象,在地成形。如此,则礼者天地之别也。地气上升,天气下降,阴阳相摩,天地相荡。鼓之以雷霆,奋之以风雨,动之以四时,暖之以日月,而百化兴焉。如此,则乐者天地之和也。化不时则不生,男女无辨则乱升,天地之情也。及赋礼乐之极乎天而蟠乎地,行乎阴阳而通乎鬼神,穷高极远而测深厚。乐著成始,而礼居成物。
>
> （《乐记·乐礼》）

　　这一段较长的文字与《周易·系辞传》的内容大致相类。从这一追摹《易传》思想的改动中，不难发现《乐记》极力推崇"大乐与天地同和"的艺术观。作为儒家美学的核心范畴，"和"在汉代与"乐"紧密结合，从而被赋予了更深刻的涵义：在与宇宙模式的结合中，"乐"不再局限于声、音、乐等音乐元素之间的格局，也不再仅仅是儒家君子安顿自我、整合社会的工具，而是成为弥盈六合、周流上下的天地的交响。它不仅打通了我与非我的界限，而且将政治教化的功利因素消融于无形的宇宙秩序之中。这一观点对后世正统儒家的文艺观影响深远，同时也向我们呈现了汉代美学思想的典范模式。

第五章 汉代《诗经》学的美学内涵

　　作为先秦经籍之一，《诗经》具有崇高的权威性，它与《尚书》《周易》等其他经典一道，构成了中国传统文化的核心与源泉①。在儒家学说的传统中，无论是对于个人品格的教育与塑造，还是在政治与社会中的应用，《诗经》都发挥着重要的影响力。在汉武帝以前，今文学派的齐、鲁、韩三家诗已经获得认可，朝廷将其立于学官并任命博士。当"独尊儒术"的文化政策确立之后，"诸不在六艺之科、孔子之术者，皆绝其道"（《汉书·董仲舒传》），这一影响深远的措施，进一步确认与推进了《诗经》作为"六艺"之一的崇高地位。需要强调的是，《诗经》学之确立不同的官学派别，相对于其他经典更早——在这一时期，诸如《易》《礼》等经典，尚未出现类似的情形。官方对三家《诗经》学派的再三认可，意味着针对该文献的阐释存在着无法弥合的分歧；而这一阐释历程，在今文三家诗鼎盛于西汉末年之后，又渐为《毛诗》学派所继承。从东汉早期开始，后者逐渐取代了日益衰微的三家诗，并最终成为《诗经》唯一的权威阐释——至少在一般性的描述中是如此。

①　根据屈万里的考证，《诗》三百尽管从形成伊始即是作为经典文献存在的，但是将其冠以"经"之名义，始见于南宋初年廖刚所著《诗经讲义》。

　　从普遍的意义上来说，对儒家经典进行注释，不仅构成了经典自身思想结构的拓展史，而且也以各种具体的方式参与和推动了社会政治性的活动，在西汉时期尤为如此。这意味着对《诗经》的注解并非限于文献理论之内部的发展。具体说来，汉代《诗经》阐释的勃兴，是由多方面的原因共同促成的，它在不同时期展示出不同的意义：它一方面源自《诗经》的文献与使用传统，另一方面，则又与汉帝国的现实状况密切相关——时代的思想意识与现实政治的发展，使得《诗经》的阐释方式不断变化。也就是说，《诗经》之所以受到尊崇，并非完全取决于该文献自身的性质；与其将《诗经》视为绝对自足的文本，毋宁在某种程度上将其视为某种应用性的工具。如果大致进行划分，那么在西汉时期，《诗经》学者更多地表现出利用诗经文本批判现实政治的显著努力；而在东汉时期，该文献则逐渐被塑造为自足的文本，并与早期历史建立起链条式的索引。

　　对《诗经》的使用，与汉帝国一统化的历史相终始。帝国政治的新局势，要求努力塑造符合儒家理想的政府与君主，在另一方面则大力阐扬风俗教化，融合不同阶层之间的差异与矛盾，以推行儒家化的思想意识，最终完成中央对地方、上层对下层的文化统摄与思想同化。此外，士人阶层对于崭新的政治理想的希冀，也通过经典的阐释而得以伸张。《诗经》因其独特的内容与阐释传统，承担起上述历史使命；作为现实政治措施与思想意识的双重体现者——《诗经》的阐释者们因被选中而获得崇高威望，并分享了官僚制度的荫庇；同时又借助经典展开现实的斗争。从某种意义上来说，针对《诗经》的汉代阐释，虽然在前后期展现出一定的差异，但是始终具有伦理与教化的现实维度；在《诗经》解读过程中所呈现出的审美策略，直接指向人伦化成的儒家式目标。政教性的审美，或者说审美化的政教，对汉代的阐释发挥了根本性的约束作用，它引导着汉代阅读和使用《诗经》的方式与主要倾向。

　　汉代阐释《诗经》的文献中，包含着性质与来源不同的种种材料。与其他领域的状况相类似，很难对其年代与属性做出清晰的判定，而只能勉强勾勒出大致的轮廓,即从西汉兴盛的今文三家诗,到流行于东汉的毛诗学派,其间呈现出某种重心的转移。虽然相关文献纷繁交错,但就普遍的情形而言,这些驳杂的材料仍然显示出某种变化的一致性,只有参考汉代思想与历史的发展背景,这种一致性才较可能获得妥善的理解。基于美学的角度,我们能够轻易地从许多汉代诗学文献中找出如下的要素:诗歌与风教的关系;《诗经》各篇章与儒家历史的对应;自然意象与人事界的关联;"美"与"刺";情感的产生与诗歌的性质,等等。此外,我们或许还会注意到为历史所湮没的少数传统——它们尽管仅剩下残余的冰山一角,但是在当初远非像今天这样暗淡。所有这些都是在漫长的数百年间逐渐发展和形成的,并在此后又往往被简单化地抽象为汉代思想的标签。

在后世的读者看来,几乎所有的汉代解诗文献都将文本的寓意引向政教,引向令儒家学者们歆慕不已的辉煌时代,以及随之而来的令人叹惋的堕落、衰败的历史,它们为汉代提供了自我衡量的镜鉴;因此汉代学者对《诗经》的态度似乎是与纯粹审美欣赏绝缘的。这种独特的阐释方式,固然使得《诗经》成为儒家学者们驰骋政治领域的有力工具;不过在另一方面,凭借着与文本关联甚少甚至是完全无关的理解,在确定每一诗篇意义的同时,反而封闭了探寻《诗经》美感的入口,这使得汉代的《诗经》阐释者饱受后世的非议与厌恶:从宋代开始直到"五四"运动以后的今天,早期的注释传统在不同程度上被认定是牵强与迂腐的,这些象征式的或微言大义的解释,仿佛除了反映汉代的特殊偏好之外,只会对理解《诗经》形成阻碍。

最近的研究有力地证明,对于汉代《诗经》学家的上述看法乃至批评,往往是值得怀疑的。在后世的解释中,《国风》作为《诗经》的典型,它取代大、小《雅》与《颂》诗而成为《诗经》的代表性篇章。作为民间性或抒情性的作品,诗篇的"原义"与经学阐释之间产生了分离,这一认识迅即普遍化,并最终造成了《毛诗序》地位的低落。在这一认识转换的过程中,汉代阐释作为道德上极端拘谨的表现,被置于诗篇之文本意义的对立面。不过，并没有直接的证据表明，与所谓"原意"相比，源远流长的经学化阐释一定具有更低的价值与真实性；这一二元化的意义对比，事实上很难寻出历史的依据①。

在本章中，将围绕着《诗经》中某些篇章——例如脍炙人口的《关雎》——及其不同的阐释进行疏解，以此展开对汉代《诗经》美学的考察。采取这一相对具体的切入点，似乎会引起如下的质疑，即过分专注于某些局部甚至细节的问题，而未能充分考虑更加广阔而普遍的状况。不过鉴于《诗经》的独特性质，这样做确实有其必要，"诗言志"即是显著的事例。

自从出现于《尚书·尧典》之后，"诗言志"随即成为一项不言自明的原则。无论对于"言志"的理解如何不同，但是"诗"本身用以"言志"，总是不容置疑的：后世或者毫不犹豫地接受它，或者置换概念，努力进行折中与妥协，但是从来没有尝试着去否定，断然主张"诗"不可以"言志"。不仅如此，由于在儒家经典中，《诗经》与文艺的关系最为密切，因此各种新兴的事物莫不攀附《诗经》，以求分有其权威性，而"言志"的命题自然首当其冲。以《诗经》为中心，这一"言志"的方式不断向外扩散，延伸到文学与艺术的各种领域：首先延伸到汉代部分抒写情志的赋②；其后，五言与七言诗也相继分享了这一属性。进一步说，如果把后世的书画等艺术纳入该命题的影响范围，似乎也不是过分的论断③。

从这一意义上说，围绕《诗经》展开的命题与论述，其影响并不仅仅限于《诗经》学乃至诗歌理论本身，而是在更大范围内被看作文学艺术所

---

① 关于对《诗经》之所谓"原意"的质疑与分析，参考苏源熙：《中国美学问题》，第二章"讽寓的另一面"，南京：江苏人民出版社，2009年。

② 汉赋的权威性在很大程度上来自与《诗经》的联系，这种关联的建构始于扬雄与班固等儒家学者。例如班固《汉书·艺文志·诗赋略》："学《诗》之士逸在布衣，而贤人失志之赋作矣。大儒孙卿及楚臣屈原离谗忧国，皆作赋以风，咸有恻隐古诗之义。"在《文心雕龙·诠赋》中，刘勰再次肯定了这一儒家化的观点。

③ 扬雄的著名命题"言为心声，书为心画"，在后世即被引入书法的领域。实际上扬雄的这一说法，直接受到了"诗言志"的影响。

遵从的普遍规律①。汉代的《诗经》学者在接受传统阐释的过程中，又巧妙地调整了论述的方向，其影响并不仅仅限于《诗经》学内部，而是辐射到传统文学与艺术的广阔领域。因此，对于汉代美学来说，这一关于《诗经》的具体探究，并不只是纯粹局部的问题。

值得注意的是，汉代的《诗经》阐释并不是通过独立的论文来展现的，而是附属于《诗经》具体篇章的注解之中，即通过为具体文本作注疏的方式展开。尽管"诠释工作和诠释性的思考模式支配着大多数前现代文明的思想史"②，中国的注疏传统依然占据着相当醒目的位置，无论是新思想与新哲学体系的生发，还是文学与艺术的推陈出新，均倾向于采取这一方式；从早期的经典注疏，到晚期的诗歌评论与小说评点，莫不如此③。在对经典文本或典范性作品的各种注解中，无数新的见解得以催生，从而构成了中国文化史上异彩纷呈的局面。在文学艺术的领域内，《诗经》的触媒作用至为显著。本章所要讨论的《毛诗序》，即是最典型的实例之一。

此外，汉代的《诗经》阐释还向我们展示了如下的事实："《诗经》的评注文献所引发出的理论与方法对后来中国古典诗歌的创作和欣赏所起的作用，比《诗经》本身还要重大。"④相比于具体的作品本身，《诗经》对后世诗歌的影响力更多地表现在解读与阐释方式的方面；如何解读，比解

---

① 关于《诗经》的论述被视为文艺的普遍原则，这意味着在传统中国，诗学理论相对于其他文学或艺术理论具有更高的优先性；尽管所谓"诗"的内涵随着时代进展而不断发生变化，但是它一直继承了来自《诗经》的权威性。例如在西晋时代的《文赋》中，陆机对"诗"的理解已经转变为"缘情"之作，不过，诗所特有的审美化原则仍被推广到所有的十类文学体裁之中，而并不顾及各类体裁之自身的特殊性。参王梦鸥：《陆机文赋所代表的文学观念》，《古典文学论探索》。

② John B. Henderson: *Scripture, Canon, and Commentary: A Comparison of Confucian and Western Exegesis*, p1, Princeton: Princeton University Press, 1991.

③ 宇文所安(Stephen Owen)在对《诗大序》的分析中，已经敏锐地把握到了这一点。详见《中国文论：英译与评论》，第 39 页。需要补充的是，附属在《关雎》诗篇之下的《诗大序》之所以选择这一开篇的位置，是具有特殊的理由的，即《关雎》作为"四始"的性质。在起始的位置进行说明，实际上规定了其后同类别诗歌的性质，这一点在后文还将涉及。

④ ［美］余宝琳：《讽喻与〈诗经〉》，载莫砺锋编：《神女之探寻：英美学者论中国古典诗歌》，上海：上海古籍出版社，1994 年。

读的对象本身甚至更加重要——而前者的作用并不仅限于古典诗歌的范围。例如附属于《关雎》之后的《诗大序》，其影响力便突破了诗歌而延及其他领域。与具体的诗歌作品相平行，评注文献构成了另外一个理论的序列，其中存在着对前代的继承、偏离与置换，同时也开启或引导着后世的新方向。鉴于这一状况，选择代表性的篇章及其各种注解展开分析，不仅是相对集中而便捷的方式，而且也是理解汉代《诗经》学的有效途径。

第一节　《关雎》的阐释

众所周知，《关雎》在《诗经》中的位置非常突出，作为《周南》的首篇，它同时占据着《国风》的第一篇与《诗经》整部文本之开端的位置。尽管在早期的《诗》学阐释传统中，相对于《国风》而言，《颂》或《大雅》等部分更受重视，但是，三层意义上的"开端"的重合，使《关雎》具有了文本自身以外的异常丰富的内涵。早在《论语·八佾》篇里，孔子已经对《关雎》做出"乐而不淫、哀而不伤"的评论，这也是对"诗三百"之"思无邪"性质的整体肯定。我们不妨想象，《关雎》之所以吸引了孔子的关注，或许与这首诗的醒目位置不无关系。当然，孔子关注的对象在于《关雎》的音乐性，而非单纯的文字性文本；但是，这一篇目的重要地位却丝毫无损地传承下来——即使音乐成分丧失殆尽，它仍然秉承了前期的若干传统：情感的适度表达与过分的泛滥放纵的区分，亦即雅乐与"郑卫之音"的区分，在此后成为儒家的典范性论述模式。从孔子流传下来的这一传统，在汉代无疑是作为连续性的整体而被接受的。

在汉代的经学家看来，经典中不同部分的区分，意味着它们作为若干不同的类而被划分，在每一类中则贯穿着某种共同的原则；依托于这些类的聚合，经典在整体上呈现出综括性的格局，从而将其阐释力最终贯彻到整体的世界或历史文化中去。作为每一部分的起始，《关雎》之类的篇目不仅承载着文本结构上开端的作用，同时在经典阐释的维度上,也担负起"发凡起例"的作用,对本类别的共同原则加以说明。在《诗经》中,三百零五篇诗被划分为《国风》《大雅》《小雅》与《颂》四部分,而作此划分的原因以及每一部分的共同原则,则分别体现在各自的首篇之中,即《国风·关雎》《小雅·鹿鸣》《大雅·文王》和《周颂·清庙》。它们或合称"四始",而《关雎》又进一步充当了"四始"之"始"①。

基于这一状况,汉代的《诗经》学者对《关雎》加以密切注意,并做出各种不同的阐释,是相当自然的事情。毫不夸张地说,对《关雎》的阐释,在很大程度上展现和规定了对《诗经》的整体认识;而《关雎》的阐释史,则构成一部具体而微的《诗经》的阐释史。虽然《毛诗》学派并没有将"四始"的概念归结于上述四首诗,但是在《关雎》之下不吝笔墨地书写《诗大序》的事实,恐怕仍与其特殊位置有关。

之所以在此选择《关雎》作为考察的对象,除了上述内在原因之外,还有文献方面的特殊条件。由于《关雎》为《诗经》的重点所在,因此存世文献中涉及《关雎》者相对较为丰富。就汉代四家诗而言,除现附于《诗经》流传的《毛诗》以外,其他三家诗仅遗留少量的佚文,幸而在史书与类书的引用中还保留着对《关雎》的部分阐释。此外,在出土的文献中,例如上海博物馆藏楚竹书《孔子诗论》和马王堆汉墓帛书中,也均有与《关雎》相关的文字。这些材料,为我们提供了重新审察《关雎》之涵义的契机。而且,借助这一主题,能够更清楚地理解汉代《诗经》学中的美学问题,而尽量避免对其他次要主题作过多的旁涉。

> 关关雎鸠,在河之洲。窈窕淑女,君子好逑。
> 参差荇菜,左右流之。窈窕淑女,寤寐求之。

---

① 关于"四始"的内涵,有两种不同的看法:一种以《毛诗序》为代表,认为《国风》《小雅》《大雅》与《颂》合称"四始","始者,王道兴衰之由"(孔颖达《毛诗正义》引郑玄《笺》语);另一种则将其具体落实为每一部分的第一首诗,如《史记·孔子世家》:"《关雎》之乱以为风始,《鹿鸣》为小雅始,《文王》为大雅始,《清庙》为颂始"。不过可以肯定的是,无论持何种看法,《关雎》以其首要的位置吸引了《诗经》注释者的注意,是相当明显的事实。

> 求之不得，寤寐思服。优哉游哉，辗转反侧。
>
> 参差荇菜，左右采之。窈窕淑女，琴瑟友之。
>
> 参差荇菜，左右芼之。窈窕淑女，钟鼓乐之。

单就文本而言，这首脍炙人口的诗歌以"淑女"和"君子"为主角，阐发了爱恋或相思的主题。五段四言诗均围绕着这一中心，有条不紊地逐层展开，无论形式还是在诗歌的运作方式上，都足以成为风诗的代表。在现代的《诗经》读本中，解释的立场相当一致，严格遵守文本的字面含义成为基本的原则，这在部分宋代学者而言已被肯定为正确的做法。但是汉代的读者则未必接受这一理解，至少当时的《诗经》学者们并未设想过这一可能性。在早期的《诗经》阐释中，对文本的理解出人意料地游弋于文本之外，二者间的联系往往显得牵强而不易捉摸。

如果联想到《论语》中对于《诗经》的评价，那么洋溢于其中的伦理色彩在汉代依旧没有过时。无论三家诗或《毛诗序》如何阐释，都无法否认道德因素的明显存在。不过，借助于某些出土文献的支持，汉代的诗经学传统并非总是如此严肃，至少对于其中的一部分而言，《关雎》并不必然指向抑制情欲的层面——当然，它也没有像现代注释那样陶醉于纯粹的爱情——而是以欲望与身体等因素为主轴，展开了长期受到遮蔽的独特阐释：

> 论而知之谓之进之，弗谕也，谕则知之矣，知之则进耳。谕之也者自所小好谕乎所大好。"茭芍淑女，唔昧求之"，思色也。"求之弗得，唔昧思伏"，言其急也。"繇才繇才，倦缚反侧"，言其什急也。急如此其什也，交诸父母之侧，为诸？则有死弗为之矣。交诸兄弟之侧，亦弗为也。交诸邦人之侧，亦弗为也。畏父兄，其杀畏人。繇色谕于礼，进耳。①

上述文字与通行的《关雎》存在着若干明显的差异，大致可以分为两

---

① 《马王堆汉墓帛书》（壹），释文第 24 页，北京：文物出版社，1980 年。

种情况:第一种差异来自单纯的通假借用字,如"荌苬"之与"窈窕","唔昧"之与"瘔寐","悠哉"之与"繇才","倦缚"之与"辗转"等,这些字词读音相同或相近,尽管字形不同,却并未造成字义的歧异,反映出汉代早期《诗经》流传中的口头因素①;在第二种情况中,除了字形以外,字义也一并发生了改变,例如"伏"之与"服",这种改写意味着对《关雎》的理解发生了偏离。考虑到早期文献传抄中的惯例,文字的第二种改变很少来自误写,而多是有意为之,这意味着对文字的选择受到相关理解的内在驱动。

尽管只是出土的单篇文献,这段文字依然揭示了《诗经》阐释的独特传统,它所表达的内涵甚至远踰于后世的想象。例如,因喜爱女子的美色("思色")而希望与之交合("思伏"、"交"),即与传统的理解相去甚远②。在这里,我们不仅可以认识到在礼的掩饰之下人类意识行为的丰富性,也可以重新考虑文学作品与批评之间的微妙关系。审美理论与文学批评一般被看作是实践活动的总结,但是,二者之间往往存在着相对的差异,并不总是遵从着同一方向——在某些情境中,二者间的张力甚至濒临断裂的边缘。正统化的美学理论,在确立自身地位的过程中,有可能遮蔽某些对立的文艺实践形态,同时也相应地克服与压制了与自身悖离的美学主张。进而言之,道德化美学之所以在汉代风行,很可能是基于某种对现实风潮的反动而非与后者的一致;值得注意的是,马王堆帛书的阐述证实了这一可能性。

柯马丁(Martin Kern)在重新考察这段文字时,注意到情欲或生理因素在其中的重要性;对于汉代或宋代的正统学者而言,这当然不是

---

① 关于文本从口传向文字书写过渡情形的讨论,可参考柯马丁:《方法论反思:早期中国文本异文之分析和写本文献之产生模式》。

② 关于这段文字的解释,参考夏含夷:《兴与象:简论占卜和诗歌的关系及其对〈诗经〉和〈周易〉的形成之影响》,《兴与象:中国古代文化史论集》,第16—17页。在论述马王堆帛书的内容时,夏含夷引用了另一处早期出土文献涉及《关雎》的问题,即上海博物馆藏楚竹书《孔子诗论》中"关"字的写法,这表明马王堆帛书中对《关雎》的解释并非汉人的一时奇想,而是具有更早的思想渊源。

值得肯定或欢迎的阐释。但是，在早期的文学与绘画中，确实存在着与之相呼应的一系列因素。在前面讨论《七发》的身体策略时，已经对此有所涉及，而绵延至六朝的《关雎》使用传统，则始终存在着从情欲方面加以接受的维度——《关雎》之名往往作为《桑中》的同类被加以引述①。

需要注意的是，尽管表面上看来对于这首诗的解释有些新奇，不过，关于情欲萌动及自我约束的描述，毕竟来自诗歌文本自身。作为论说的主旨，"繇色谕于礼"在结束语中被提出，它与"琴瑟友之"、"钟鼓乐之"具有相互对应的关系。借助于"礼"对自然的情感加以约束，这往往被视为《周南》组诗的明确主题，从而引导出儒家诗教"发乎情，止乎礼义"的根本原则。至少对于当时一部分读者而言，《关雎》显然具有两种互相矛盾的成分：首先以其字面含义催生读者的种种想象，其后又引领读者领悟"繇色谕于礼"的教训，从而在二者的冲突中发挥劝诫的作用。这两种作用既相互对立，又构成了前提与后果、刺激与反应的两端。然而它们的影响力度似乎是不同的：引诱性的因素直接诉诸身心的感受，而对此引诱的拒斥则仿佛来自外围的勉强说教。

对于这一现象，或许从身体之血气的鼓动、宣泄与消退来理解较为合理。与此相对，从一些细节不难看出对危险要素之警惕的持续性。以该诗中"窈窕"一词为例，"茭芍"（"窈窕"）在马王堆帛书中仅仅被理解为"容貌"（"思色也"）；而在汉代及其后的阐释传统中，则往往补入了德行方面的因素，如扬雄《方言》："秦晋之间，美心为窈，美状为窕"；陆德明《经典释文》引王肃："善心为窈，美容为窕。"尽管二者存在字义上的差别，但是对于"善心"或"美心"的强调则是共同的。"窈窕"的本义是指女子容貌姣好而身材曼妙，在扬雄等后起的解释中，则附加了德行方面的要求。正是类似的努力，在漫长历史中不断淤积起来，从而掩盖住原有

---

① 柯马丁：《〈毛诗〉之后：中古早期〈诗经〉接受史》。另可参考：（美）孙康宜、宇文所安主编：《剑桥中国文学史》上册，第63—67页，北京：三联书店，2013年。

的形态并使之消隐。

对于可能突破社会约束、造成某种不安定后果的作品，最方便的阐释就是视其为反例并加以否定，从而完成讽刺与劝诫的完整逻辑。不过，在这样运用作品的过程中，存在汉赋中"劝百而讽一"的类似情形：与激荡心胸的情欲相比，道德性的劝勉相对无力；后者不甚稳固的存在，恰恰反映出前者对读者心理的强大吸引力。在这里，或许还可以尝试从相反的方向理解：在论述了内心情欲的自然生发之后，附加上道德伦理的说教。这一画蛇添足式的做法似乎提示我们，对《关雎》的理解，受到了正统阐释传统的规训：某种强有力的阅读惯性引导着读者穿过诱惑的危险因素，降落在政教允许的安全地域。

这种充满戏剧性的阐释，虽然在表面上与孔子的思想大相径庭，但是它并未从根本上违背孔子的教义，即情感（包含情欲）的合度适中是值得肯定的；作为内心自然的反应，情感应该避免过度的泛滥，否则会造成冲决堤防的可怕后果。如前章所述，与正统化的道德说教相比，以情欲为枢轴的阐释或许更加接近孔子的原意。出土文献对《关雎》的解读，在此成为孔子学说的生动注解。对于这一阐释，我们不妨看作历史传统在新时代所演化出的新形式。

与前面相对简单的理解相比，率先跻身于官方学术的三家诗，承继旧有的解诗传统并予以推进，呈现出更加复杂也更为独特的阐释。解说的重心不再集中于个体之内心的平衡，而是转移到历史的框架之中。为了发掘与提升《诗经》的政治效力，而非仅仅借助于《关雎》之类的具体诗篇进行说教，某种真实——更准确地说，毋宁是被《诗经》学者视为真实——的历史情境被引入进来，它们与《诗经》的文本构成了平行而又互相指涉的层面。这些官方阐释在表面上或许不甚一致，不过同样设定了某种危险因素的存在，后者可能会导致儒家理想社会的堕落与坍塌；而针对这种危险后果展开批评，便成为解读《诗经》的现实目标。对未来世界的控制，在此通过回顾过去而得以完成。

早在《史记·儒林列传序》中，司马迁已经清晰地表达了类似的看法："夫周室衰而《关雎》作，幽厉微而礼乐坏。"①这一将诗篇镶嵌在历史链条中的具体做法，来自鲁诗学派的传统。它意味着以《关雎》为代表的《诗经》作品，与逝去的历史发生了关联；而作为《诗经》首篇的《关雎》，恰恰被放置在周室式微、礼乐传统趋于衰落的历史序列的起点。在此，《诗经》阐释的方式发生了显著的变化：对于早期的阅读者，包括孔子在内，《关雎》或者意味着情感的适中表现，这是值得赞赏的；或者旨在说明人类的本性（如"好色"）应受到礼的约束和净化。但是汉代早期的诗经学者们采取了不同的看法，转而视其为政治批评。通过历史情境的引入，他们赋予《关雎》以某种政治化的场域，并随即将焦点转移到现实中来，构成对当代统治者的有力批评。政治性的美学策略，通过处于历史枢轴的《关雎》一诗开始运转。"从政治的观点看，西汉确立了经典在传统儒家文化中扮演的角色的范例，并且示范了注释与政治之间的关系。"②三家诗的做法再次确认了这一点。

在《诗三家义集疏》里，王先谦罗列了各种佚文中所保留下来的片段。首先是鲁诗学派的解释：

> 周之康王夫人晏出朝，《关雎》豫见，思得淑女以配君子。
>
> （《列女传·魏曲沃负传》）
>
> 后妃之制，夭寿治乱存亡之端也。是以佩玉晏鸣，《关雎》叹之，知好色之伐性短年，离制度之生无厌，天下将蒙化，陵夷而成俗也。故咏淑女，几以配上，忠孝之笃、仁厚之作也。
>
> （《汉书·杜钦传》）

---

① 相同的说法又见于《史记·十二诸侯年表》："周道缺，诗人本之衽席，《关雎》作。"此外，在较《史记》稍早成书的《淮南子·氾论训》中，也有类似的记述："王道缺而《诗》作，周室废、礼义坏而《春秋》作。《诗》《春秋》，学之美者也，皆衰世之造也。"当然这段文字的目的在于否定《诗》《书》乃至儒家学说的价值，不过将"《诗》作"与"王道缺"对应起来，实际上与《史记》"周室衰而《关雎》作"的认识是相近的。其间的差异在于《淮南子》用《诗》的整体代替了《关雎》，这可能恰好意味着后者足以成为整部文本之意义的象征。

② ［美］伊若白：《关于经学史》，载夏含夷编：《远方的时习：〈古代中国〉精选集》，上海：上海古籍出版社，2008 年。

> 昔周康王承文王之盛,一朝晏起,夫人不鸣璜,宫门不击柝,《关
> 雎》之人见几而作。

(袁宏《后汉纪》引杨赐语)

> 周渐将衰,康王晏起,毕公喟然,深思古道,感彼《关雎》,性不双
> 侣,愿得周公,配以窈窕,防微消渐,讽谕君父。孔氏大之,列冠
> 篇首。

(《古文苑·张超诮青衣赋》)

经过历史的冲刷,《鲁诗》的文献仅剩下若干残余,不过所记述的内容仍相对一致:主人公被确定为周康王及其后妃或夫人,事件则是"晏起"或"晏出朝"。对于《鲁诗》学者来说,这一疏漏或过失并不可以轻易忽略。尽管是琐细的事件,但由于发生在君主的身上,依然被郑重其事地加以讨论。由于君主个体的辐射力与风教具有密切的关系,即便是差之毫厘,也可能造成谬以千里的后果。在最后一则材料里,还特别说明了《关雎》之所以"列冠篇首"的原因。

与《鲁诗》学派的阐释相似,齐诗同样将《关雎》与君主的某种行为缺陷联系起来;不仅如此,连被指责的错误也是如此一致。我们很容易理解清代学者的这一努力:他们希望协调三家诗的差异以凝聚成有机的整体,例如姚鼐即是如此。这一汇通文本的意图至少在下面这段文字里得到了某种肯定:

> 孔子论《诗》,以《关雎》为始。言太上者民之父母,后夫人之行
> 不侔乎天地,则无以奉神灵之统而理万物之宜,故《诗》曰:"窈窕淑
> 女,君子好逑。"言能致其贞淑,不贰其操,情欲之感无介乎容仪,宴
> 私之意不形乎动静,夫然后可以配至尊而为宗庙主。此纲纪之首,
> 王教之端也。

(《汉书·匡衡传》)

《齐诗》的论证同样聚焦在君主及其周围。在这里,"太上者"与"后夫人"占据着由无数同心圆构成的世界的中心,这里足以"奉神灵之统而

理万物之宜",因此成为政治领域中的轴心,向上可与神灵相通,向外则如水波般荡漾,扩散到世间的万物。不仅如此,在儒教纲纪与政治教化的坐标系中,它也构成了君主人格向四周辐射的原点。作为"纲纪之首"与"王教之端",《关雎》的地位受到极高的尊崇。设若我们对此予以充分的注意,那么,《齐诗》的这一特色似乎在后起的《毛诗》学派那里得到了某种回应。

《鲁诗》与《齐诗》分别借助于历史性的事件为《关雎》确定了特定的背景;以此为媒介,《关雎》的诗学意义迅即超越了自身,而呈现为普遍性的原则。它在《诗经》整体中的意义和它的历史意义互相交织,最终成为文化与历史、美学与政治的融合体。对于《关雎》的重要性及其普遍意义,《韩诗》学派具有深刻的认识:

> 子夏问曰:"《关雎》何以为《国风》始也?"孔子曰:"《关雎》至矣乎! 夫《关雎》之人,仰则天,俯则地,幽幽冥冥,德之所藏;纷纷沸沸,道之所行,如神龙变化,斐斐文章。大哉《关雎》之道也! 万物之所系,群生之所悬命也。河洛出书图,麟凤翔乎郊,不由《关雎》之道,则《关雎》之事将奚由至矣哉? 夫六经之策,皆归于汲汲,盖取之乎《关雎》。《关雎》之事大矣哉! 冯冯翊翊,自东自西,自南自北,无思不服。子其勉强之,思服之。天地之间,生民之属,王道之原,不外此矣。"子夏喟然叹曰:"大哉关雎! 乃天地之基也。"《诗》曰:"钟鼓乐之。"

(《韩诗外传》卷五)

借孔子之口,韩诗学派将《关雎》推崇到无以复加的地步。所谓"夫六经之策,皆归于汲汲,盖取乎《关雎》",可知《关雎》被认为蕴藏着天地万物的奥秘。不仅如此,甚至是"河洛出书图,麟凤翔乎郊"这些神秘的事件,同样也需要遵从《关雎》之道。或许由于著述体裁或意旨的差异,《韩诗外传》没有将《关雎》复原到某一历史情境,这一点不同于前引《鲁诗》或《齐诗》。在汉代,即使是同一时期的儒家化阐释,也往往会表现出各种不同的形态。这是《诗经》学充满活力的表征。

通过追溯今文三家诗对《关雎》的理解，不难发现，从汉初马王堆帛书的解读，到官方学者郑重其事地追溯史事，其间的差异之大令人难以想象。或许这正是经典阐释所具有的弹性。正是由于可以兼容各种阐释——包括对立、矛盾的见解——经典才得以不断地激发出思想的动力。

这些涉及《关雎》解读的问题虽然微小，却反映出相当重大的变动。马王堆帛书对《关雎》的解读，揭示了中国美学中长期受到轻视与拒斥的重视官能享受的传统：这对于重新考察当时的感性观念、扩充美学研究范围具有重要的启发意义。从战国时期一直到齐梁的宫体诗，从淮南王刘安对《国风》的评价到"劝百讽一"的汉赋，许多不同种类的文学作品共同凝聚成此一传统。另外，与《鲁诗》《齐诗》阐释相关的问题是，以《关雎》为代表的许多首诗，其字面义与阐释义之间仿佛缺少紧密的联系，因此，有必要说明文字中的自然物与释义中的政治、历史、伦理等因素之间存在着何种内在关联。后面的这一问题在《毛诗》中同样有所体现，因此我们将在下一节予以讨论。

第二节 《毛诗序》的美学思想

对于《毛诗序》，研究者们往往会产生矛盾的心情。如同历史上许多文献一样，它是混乱、暧昧与丰富思想内涵的奇妙结合体。一方面我们很难真正判定它的成立时代；另一方面，文本的丰富内涵以及种种难以解决的矛盾，又很容易激起尝试着去理解它的意图。作为古文经学派，《毛诗》分享显赫地位的时代相对较晚，但是其生命力却远远超过今文三家诗。当《齐诗》与《鲁诗》分别亡佚于三国与晋之时，《毛诗》则开始展现自身的主流姿态；待到《韩诗》亡于宋时，《毛诗》尽管受到民间学者的质疑，但是官方的态度却始终没有动摇。由于长期占据着官方学说的位置，《毛诗》的影响力难以估量；对于美学理论来说，《毛诗序》更是不可忽视的重要文献。

作为对《诗经》作品的注释,《毛诗序》实际上是由不同部分构成的。在每一首诗前面,均有言简意赅的"小序",用以介绍写作背景,或者讨论诗的题旨或用意;在少数情况下,或许还会容纳具体的美学批评。除此以外,最引人注目的便是《关雎》之前的《诗大序》,本文所用的"《毛诗序》"一名也主要指此而言。对于"大序"与"小序"的界定,长期以来聚讼纷纭,至今尚无定论。不过如果以《大序》为中心,致力于讨论《毛诗序》的整体,那么在此或不致引起较大的问题。

在《诗大序》中,涵盖的内容比较全面,其中包括艺术的"心理—表现"理论、艺术之社会教化功用的问题、诗人对特殊政治地位的诉求以及文体与修辞模式的类型学;此外,还有文学史的提纲、正当艺术与颓废艺术的区分与界定。由此可见,《诗大序》的讨论广泛涉及诗歌的性质、作用、内容、体裁和艺术表现手法等方面。由于这一原因,比起具体诗歌的笺注而言,《毛诗序》实际上更受重视,特别是《诗大序》,可以说是中国美学史上最具影响力的文本之一。

尽管该文献如此重要,其篇幅也较为简短,但是仍然存在着一系列问题,除了《大序》与《小序》的划分以外,该序的作者也是争论的焦点之一。关于《毛诗序》的相关问题中的任何一项,都会引出许多种见解,以及随之而来的无休止的讨论①。在这里不妨尝试着绕开这些问题,只针对文本本身进行分析。这样做的假设是,文本的断代不致增添额外的负担,不同作者的判定也不会造成文本性质的差异。由于文本的内容不会晚于东汉时期,且其作者多少均带有传说的性质,因此即使采取较为笼统的处理,似乎亦不至于引起根本性的错误。

关于该文本的年代问题,在此不拟多做申述。如果考虑到相对更为深入的研究层次——结合《小序》与《毛传》来分析考察《毛诗序》的接受

---

① 关于《毛诗序》的作者、年代、大小序之区分等问题的不同意见,可参考裴溥言:《诗经研读指导》,"诗经几个基本问题的简述",第 22—27 页,台北:东大图书公司,1977 年。

史——那么会得出比单纯纠缠于《诗大序》本身更为合理的若干结论。当然,该文献自身充满着矛盾,不停地诱使读者做出种种有趣的假设。不过认真地考虑这些假设,将该文献与其他相关文本相互对照,在一定程度上确实有助于确定《诗大序》的年代与性质。

在所有相关的外围文献中,最为重要的是《礼记·乐记》。《诗大序》不仅在从文字到思想框架的各个层面都受到了该文献的有力影响,而且还试图突破其整体思想结构,以期建立新的理论类型。高友工曾经指出,音乐理论在中国早期社会长期占据着主流,笼罩着几乎所有的艺术理论;唯有"诗言志"这一命题,历经曲折而最终突破了这一限制。从《乐记》到《诗大序》的递进,一般视为由音乐理论向文学理论转变的过程。因此,尽管在两篇文献中同样使用了某些共同的术语,但是它们的内涵很可能已经发生了某种偏移。

关于《毛诗序》与《礼记·乐记》的年代问题,存在着外部对勘与思想内证的不同方法。从文献的书写来看,《乐记》相对更为通畅,也更加符合论述的逻辑;《诗大序》虽然尽力掩饰,却无法消除人为的改动痕迹。如果单纯认为文本的变化趋势总是由不成熟走向成熟,由不稳定趋于稳定,那么很容易视《毛诗序》为更早。不过更加值得思考的是另一种意见:恰恰由于《毛诗序》中有欠圆融的改动,证实这一文本较《乐记》更为晚出。关于这一问题,将在正式的讨论中予以说明。

关于《诗大序》的外部形态,也有必要强调其采用的序跋体。这表明《诗大序》仍属于章句之学的外围,在汉代这是较为普遍的现象,东汉王逸的《楚辞章句》亦是如此。序跋体的采用,表明经学对汉代学术具有较强的统摄力,或者说,汉代美学在很大程度上是在经学的羽翼之下展开的。因此在对汉代美学进行思考的过程中,不仅需要密切注意文献流传与学术传授之具体形态的影响,而且也有必要充分考虑它与政教密切结合的功能,《诗经》学的审美内涵即表现出这一特征。

一、"诗言志"

如前所述,"诗言志"最早出现于《尚书·尧典》之中。不过,在那里"诗"的地位还没有达到如后世般崇高的程度,而是作为与"歌"、"声"、"律"并列的主题出现的。

> 帝曰:"夔!命女典乐,教胄子,诗言志,歌永言,声依永,律和声,八音克谐,无相夺伦,神人以和。"
>
> (《尚书·尧典》)

这一命题被朱自清誉为中国诗论"开山的纲领"。不过在"诗"与后面的关键词之间,实际上存在着价值层级的差别。"诗言志"仅用于说明乐舞艺术中最初级的层次,而并没有构成论述的中心。不妨认为,在《尚书·尧典》中,"诗—乐—舞"构成了以表演力度为尺度的价值等级:诗的肢体动力最小,故表演的价值等级最低;舞蹈的肢体动力最强,故成为表演的高潮所在——诗在这里处于乐与舞的从属地位,在唤醒神灵时仅发挥辅助性的作用,其最终的关注点则在于"神人以和"。根据《周礼》中对乐师的描述,乐师的首要职能在于教授各种舞蹈,其次才是对音乐本身的传授,因此舞蹈在早期实处于最重要的地位。

不过随着时间的推移,迟至战国时期,舞蹈的中心地位已受到撼动,音乐取代舞蹈成为宫廷艺术的中心。《左传》中描述"赋诗言志"等活动时,便很少提到舞蹈。《左传》与《国语》中以乐为中心的宫廷演奏,其主要目的亦在于协调社会、政治与自然之过程,而非取悦神灵。因此在稍晚的时代,"诗言志"严格说来不再是初级的东西,而是逐渐地接近中心。到汉代时,一切文学与艺术理论开始围绕它展开——这一情形甚至超出文艺理论的领域之外。

> 诗者,天文之精,星辰之度,人心之操也。在事为诗,未发为谋,恬淡为心,思虑为志。故诗之为言志也。
>
> (《春秋说题辞》)

根据这一来自纬书的认识,"诗言志"可由"人心之操"而延及天文星辰,从而具有某种宇宙性的色彩。尽管这可能并不足以代表当时的普遍意见,但是至少需要承认,"诗言志"在阐释方面含有较强的弹性,这提示我们需要更富于想象力地看待这一范畴。

> 诗者,志之所之也,在心为志,发言为诗。情动于中,而形于言;言之不足,故嗟叹之,嗟叹之不足,故永歌之,永歌之不足,不知手之舞之足之蹈之也。

(《诗大序》)

单就文字而言,几乎全部来自对《乐记》的借用,仅有少数文字不同,因此不免造成抄袭的印象。作为普遍的见解,《诗大序》之特征是断裂的、晦涩的,由一系列不均衡地绾合在一起的评释性离题文字构成,因此它阻止并挫伤了读者对一篇严整的论说文的期待①。不过实情恐非如此。《诗大序》之所以直接袭用《乐记》的语句,并做出细微的改动与调整,其原因类似于《乐记》借用更早文献的情形,即企图分有传统文本的权威性。由于这一原因,真正值得注意和思索之处在于细微的差异,而不是大部分文字的重合。在此不妨参考孔颖达的注解,以便更准确地把握这一文句的内涵。

> 诗者,人志意之所适也。虽有所适,犹未发口,蕴藏在心,谓之为志。发见于言,乃名为诗。言作诗者,所以舒心志愤懑,而卒成于歌咏。故《虞书》谓之"诗言志"也。包管万虑,其名曰心。感物而动,乃呼为志。志之所适,外物感焉。

(孔颖达《毛诗正义》)

从第一句开始,《诗大序》即展开了对旧有命题的改造。不难看出,"志之所之"一句的原型正是"诗言志"。按照杨树达、闻一多、周策纵等学者的

---

① Steven Van Zoeren, *Poetry and Personality: Reading, Exegesis and Hermeneutics in Traditional China*, Stanford: Stanford University Press, 1991.

考证,"志"构成了"诗"的主要字源,而"言"则作为形旁仅发挥了次要的语素作用。因此"诗言志"的命题实际上再次重复了中心词所含的内容。

但是"志之所之"的命题则与其不同,它意味着"志"在内心发生了某种变动或倾向,当郁积于内心的"志"受外物感动而产生变化时,方向性的含义开始明确,即添加了通路或路径的意思在内。如果联想到《荀子》中将"血气志意"并列使用的例子,那么"志之所之"或许采取同样的途径,亦即身体内输送血气或志意的通路。这样,不仅构建起内心与身体的空间性,同时也引入了某种生理性的因素。这一联想实际上并不离奇,因为在《乐记》中,生理层面的"性"与"气"都是非常重要的存在,它们决定着欣赏与创作过程的自然性——而对这种自然性的强调,在《诗大序》中同样能够看到。

"在心为志",与源自《尚书·尧典》的"诗以言志"有所不同。后者以《左传》中贵族与行人对诗歌之使用的场景为基础,侧重说明诗歌的用途,而前者则转而强调诗歌意义的表述,由"心"而推移至对"言"的强调。《诗大序》虽然以"诗"作为讨论对象,但是论证的架构基本上沿袭了《乐记》及早期的相关文献。"志"是在"心"与"物"相感时产生出来的,故以"心"为原点,建立起指向外"物"的矢量。孔颖达的注解比较准确地反映了原意。由于"志"已经含有"心"对"物"的反应,但这种反应仍包藏在"心"中而未外显,因此可以说,通过"心"与"志",实际上完成了将"物"予以内化的过程,其后的一步则是将此内化之心象抒发出来,即由"在心为志"自然地过渡到"发言为诗"。这样看来,《诗大序》不仅沿用了《乐记》的术语与概念,同时也从整体上沿用了后者的运作机制,其中最重要的一点就是抒情——通过将"物"内化,使之转化为抒情性的内在心象。

对"志"的这一理解,在汉代是较为通行的。例如汉代的辞书均作此解释。《释名》:"诗者,之也。志之所之也。"《说文解字》:"从心之声";"心之所之也";"心动"。[1] 应该注意的是,"志"往往代表个人完整的各方

---

[1] 杨树达:《积微居小学金石论丛》卷一,上海:上海古籍出版社,2007年。

面,而非仅指个人在某一特定情景中所表达出来的道德倾向;因此,"志"往往兼有思想与情感两种成分,以"言志"或"缘情"加以限定或许并不是完全合理的做法。①

基于"诗言志"这一设定,范佐伦提出对《诗大序》的新见解。他认为,此前儒家文献尤其是《论语》中对"志"的使用方式,表明存在着如下的阐释传统:"志"被认为是完整的自我表达的关键性要素;诗之作者通过感性的媒介来传达其"志",后者则被认为在诗歌中得到了完美的表达;作诗者本人是完全的道德圣人;其强烈的原初的创作冲动——包括作者个性在内——在《诗经》里完整地保存了下来②。由于这一原因,对于《诗》的感受是通过感性的特殊方式而实现的,其目的在透过诗篇达到对于原作者的看法和完整个性的探究。

尽管"志"潜在地指向整体人格,但是这并不意味着可以将其轻易地嫁接到后世对诗歌的理解之上,至少对于汉代的阐释传统是如此。坦率地说,上述依据《论语》的见解似乎更适用于后世的诗歌;且在事实上,当各类诗歌分享"诗言志"之权威性时,亦较充分地体现了这些内涵。但是,单就汉代而言,所谓"诗之作者"与"创作冲动"、"个性"等因素,其存在仍是值得怀疑的。对于汉代的《诗经》接受者而言,该文本未必处于一般性的审美链条之中,也就是说,这些术语很可能并不符合汉代的情形。因此,汉代的《诗经》学具有自身的独特性,这一点也随即影响了当时的美学。

二、从"声"到"言"的转换

《诗大序》中关键性的变化发生在"情动于中,故发于言"一句。在《乐记》中,该句本作"情动于中,故形于声"。二者的差异建立在"言"与

① 孔颖达《左传正义·昭公二十五年》:"在己为情,情动为志,情志一也。"又《诗序疏》:"包管万虑,其名曰心;感物而动,乃呼为志;志之所适,外物感焉。"《汉书·艺文志》:"哀乐之情感,而歌咏之声发。"

② Steven Van Zoeren:*Poetry and Personality*.

"声"一字的替换之上,但是这一替换推动了整个论述重心的平移,即从以音乐性为中心转移到以文字为中心;同时它也意味着艺术媒介的转换。不仅如此,这一变动还波及了后面的排比结构。我们不妨进而比较如下的两个句子:

> 凡音者,生人心者也。情动于中,故形于声,声成文谓之音。
>
> (《乐记·乐本》)
>
> 故歌之为言也,长言之也。说之故言之,言之不足,故长言之;长言之不足,故嗟叹之;嗟叹之不足,故不知手之舞之、足之蹈之也。
>
> (《乐记·师乙》)
>
> 情动于中,而形于言;言之不足,故嗟叹之,嗟叹之不足,故永歌之,永歌之不足,不知手之舞之足之蹈之也。
>
> (《诗大序》)

两段文字中与"情"相关的主词分别为"言"与"声",二者在论述的位置上对等,却无法实现对等的转换。《诗大序》以"言"取代或排斥了"声"与"音"。在《乐记》中非常重要的"声"与"音"的差异,在《诗大序》中因"言"的引入而受到抑制。"声"在《乐记》中本来构成音乐的起源,《乐记》对"声"、"音"、"乐"的进阶也区分得非常清晰;而在《诗大序》中,则致力于将三者连接为一体,努力抹去其间的差异。

通过比较可以发现,虽然《诗大序》用"言"替换了"声",但是这两个术语在各自段落中的地位并不相同。《诗大序》中的"言"乃是中心词,是全句乃至全文的重心所在;由于《诗经》在汉代已经转变为诵读的文字性文本,因此与"嗟叹"、"永歌"、"舞蹈"等因素相比,"言"最为接近《诗经》的存在形态。而《乐记》中的"声"则远没有这样重要,它只不过是音乐产生之层递结构中的一个初级环节,相对于"音"或更高层次的"乐","声"只不过提供了较为基础性的声响,尚未形成节奏或组织,更不用说容纳文化或政治性的内涵。

根据两个术语的不同地位,大致可以推定:《诗大序》尽管同样沿用了《乐记·师乙》"……不足,故……"的句式,但是这一句式的价值序列是不同的。对于《乐记》的文本而言,前者的"不足"自然地引出更高层次的后者,逐层推进的最终结果,表明"手舞足蹈"乃是最高层次的存在。但是对于《诗大序》而言,"言"作为中心范畴出现在首位,因此其他范畴与它的关系发生了逆转,它们不再作为凌驾于"言"的更高层次而存在,而是降格为"言"的补足之物,亦即在价值的排列中处于较次要的从属位置。由此可见,同样的句式结构完全有可能产生不同的语意或价值序列。随着论述的重心由早期的乐舞转向文字性的文本,"言"开始成为价值的承载者,而"声"、"音"、"乐"等一系列因素则相对边缘化。

《诗大序》在沿用《乐记》的句式结构时,造成了诸范畴之序列关系的彻底变化。按照生理性的常态,"情动于中,故形于声",这一抒发是非常自然的;但是用"言"来代替"声"时,这一自然链条便需要加以调整。

《乐　记》:　"情—声—音—乐"

"情—言—长言(歌)—嗟叹—手舞足蹈"

《诗大序》:　"情—言—嗟叹—永歌—手舞足蹈"

在这里,《诗大序》巧妙地利用了《乐记》中"言"的存在,从而悄无声息地用"言"替换了"声"。不过《乐记》与《诗大序》中的"言"字显然具有不同的指向。在以乐舞为中心的综合艺术中,作为歌词的"言"仅仅承载着较低的审美价值,它终将融入音乐旋律与舞蹈节奏,从而消解自身;但是《诗大序》中的"言"则作为诗歌文本,直接承载起所有的意义,尽管这一功能是在某种类似于"讽喻"的结构中完成的。因此,虽然字面上的袭用容易令人忽视,但是这一转换却非常重要。反过来说,如此重要的转化却通过容易忽略的雷同文字来完成,这一处理方式不能不说是相当反常的。《诗大序》本来不必刻意采用传统的叙述形式,但是它确实采用了这一形式。

在《诗大序》模拟《乐记》的过程中,其内涵的新变化与旧形式之间存在着巨大的张力,这很可能是企图借用《乐记》之自然化的策略的结果。

如前章所述,尽管《乐记》讨论的主题如"音"与"乐"等并非自然而然地出现的,但是该文本仍然努力制造自然化的效果,即音乐的生成是伴随着情感的充溢而自然形成的。对此类表现或可做如下的理解:在汉代,随着囊括天人的宇宙论建立起来,自然的秩序成为人类社会效仿的典范,以至于音乐或诗歌的生成也因强调其自然生成的属性而获得不可置疑的权威性。与对旧有形式的承袭相应,《诗大序》又调换了"歌"与"嗟叹"的顺序,其意图在于建立上述序列的连续性——比起"永歌"或"长言","嗟叹"似乎更接近于"言",这样有助于减少后者出现的突兀感,尽管这一做法的效果尚值得怀疑。对于《乐记》,则力图区分"声"、"音"、"乐"之层次性的差别。"乐"具有审美及教化的功能,这是"声"与"音"所缺少的。

　　除了上述差别,《诗大序》在处理作品与政治社会的关系时,依然表现出某种变动之处。音乐反映现实政治状况的思想由来已久,这可以抽取为"声音之道与政通"的命题。对于汉代学者而言,同样承认音乐与政治之间的内在关联。所谓"饥者歌其食,劳者歌其事"(何休《公羊传解诂》),实际上与《诗大序》中的"人伦之废"与"刑政之苛"处于同一层面。当这些音乐通过官方提供的某些途径上呈于统治者之时,无论是歌咏者、献歌诗者还是聆听者,他们都同样承认音乐与政治的对应关系——除了被动的反映功能,还包括积极的改造功能。《乐记》中的下面这段文字,即阐明了这一思想:

> 情发于声,声成文谓之音。是故治世之音安以乐,其政和;乱世之音怨以怒,其政乖;亡国之音哀以思,其民困。声音之道,与政通矣。

(《乐记·乐本》①)

---

① 关于音乐与政治现实的关系,又见于《吕氏春秋·仲夏纪·适音》:"故治世之音安以乐,其政平也;乱世之音怨以怒,其政乖也;亡国之音悲以哀,其政险也。凡音乐,通乎政而移风平俗者也。俗定而音乐化之矣。故有道之世,观其音而知其俗矣,观其政而知其主矣。故先王必托于音乐以论其教。"

借助于"是故"二字，音乐与社会状况的关联显得非常紧密；但是在诗歌的领域，则缺少这一逻辑上的关联性。在将其应用于《诗经》文本时，显得有些捉襟见肘，以至于缺少相应的关联词：

> 情发于声，声成文谓之音……治世之音安以乐，其政和；乱世之音怨以怒，其政乖；亡国之音哀以思，其民困。
>
> （《诗大序》）

从文字上看，这一段显然来自《乐记》，但是在《诗大序》的引文中，"治世之音"前缺少"是故"二字。这或许并不是简单的疏忽或者文献流传造成的失误。由于音乐具有鼓荡血气甚至直接作用于人心的功能，因此，设想去接受音乐政治学的上述框架是比较容易的——即使音乐并没有充分反映出社会状况的好坏，但是仍然较易接受这一框架的合理性："治世之音"与"乱世之音"、"亡国之音"分别处于价值坐标系的正负两端。但是随着艺术媒介由音乐转化为文字，这一框架就不再持续。尽管文字作品一再僭越音乐的位置，但实际上不再具有与政治的直接对应性。在诗歌与政治的崭新关系中，以"言"的运作为枢轴，"正变"或"美刺"的结构得以产生。

此外，引文中的"情发于声"与此前引述的"情动于中而形于言"，形成了直接的冲突。很难设想如何在诗学理论中解决与音乐理论的明显差异。这一断裂的感觉令读者察觉到《诗大序》的某种困境，即在传统阐述方式与新媒介之间试图创造出合理而平稳的论述，它既能够解决新时代的新问题，又可以沿用旧有的典范论述而不致引起反对。

基于音乐与诗歌两种不同体裁的差异，"声音之道与政通"对前者而言是适当的命题，但对后者则未必。音乐生于人心，故音乐对人心的作用也是直接的；好的音乐与坏的音乐具有直接造成相应后果的能力，因此需要加以区分，而且要随即努力避免与清除郑卫之音或淫乐。但是这一逻辑转用到诗歌时则不再适用。由于诗歌诉诸文字，在作用于情感时又停驻于内心的反思，因此不好的诗歌内容所造成的效果，完全可以通过反讽的策略加以消解,这样变风、变雅便成为具有反讽意味的诗歌。《诗大序》将其关注点与《乐记》之关注点融合起来的唯一方法,在于通过转移到更高的类,并采用与受到古代礼制主义激发所产生的所有美学理论所共有的道德立场。"①

对于音乐而言,如下的链条是可以成立的,其中每一环节都可以影响与之相连接的部分:"音乐—道德习惯—时代精神—社会状况—政治",因此,音乐对风俗的影响,以及先王确定音乐标准以供后世模仿,这些是《乐记》中频繁出现的主题。与此相对,在《诗大序》中,艺术与现实之对应原则不再适用,为了维持风俗教化的功能,该文献设置了"美刺"的理论架构,从而把所有在音乐系统中受到排斥的诗歌予以转化,通过反讽的策略将其纳入诗学的体系之内。

三、诗之"六义"

《诗大序》中所谓"六义",即"赋"、"风"、"雅"、"颂"、"比"与"兴"的合称。尽管最初被合为一类的理由已不甚清晰,但它们却构成了中国诗学理论中最为重要的主题。一方面它们帮助后世的各类诗歌建立起神圣化的谱系,由此得以分享《诗经》的权威性,另一方面又通过自身的变动而容纳新的诗学因素。作为诗学理论变革的轴心,这一作用是从汉代开始展现的。在《诗大序》中,第一次试图对"六义"的内涵进行界定——尽管只是局部性的说明——意味着以诗学为中心的美学理论的开始。

这些术语并非在《诗大序》中首次出现。在更早的时期,在《周礼·春官》中,作为"大师"所教授的内容,风、赋、比、兴、雅、颂被称为"六诗",并且"以六德为之本,以六律为之音"②。无论是细目构成抑或排列顺序,《诗大序》之"六义"都与此完全相同;不过从名称的差别来看,二者的内

---

① 《中国美学问题》,第 102—104 页。
② 《周礼·春官·大师》:"大师教六诗:曰风、曰赋、曰比、曰兴、曰雅、曰颂。以六德为之本,以六律为之音。"

涵却未必相同。"大师"所教授的"六诗",尚侧重于表现诗乐的技巧与方法,大概指六种歌唱的方式,以此共同受到音乐方面的规定性①。在《周礼》的另一篇《小师》中,亦有所谓"六诗之歌",则特别用于表达"音调"方面的意义。

在《诗大序》中,"六诗"的名称被明确地修改为"六义",这似乎暗示着某种关于创作技巧和内容或题材分论的企图。至少从字面上看,先前的音乐性已经消失不见;而《诗大序》对其内容的界定,则进一步证实了对于文本之"义"的重视。在此不可忽视的是,作为解经方法的专门术语,《诗大序》仅详细讨论了风、雅、颂,而对赋、比、兴的内涵则语焉不详。如果不将此归诸文献的佚失或类似原因,那么,在对待"六义"的态度上,显然存在着某种分化。不过,尽管存在名称及阐说倾向的差异,《毛诗序》依旧固守着"六诗"的顺序,这或许意味着对某种早期传统的承袭。

在经历了各种说明(例如郑玄《周礼注》与钟嵘《诗品》)之后,唐代的孔颖达将"六义"区分为两类并加以阐释,一类是"诗之形成",另一类则是"诗之所用"。这一阐释借助于《毛诗正义》的流行,而为后世普遍接受。朱熹所提出的"三经三纬"说,事实上也与此一划分方式相近,同属于以"体用"来划分"六义"②。不过,孔氏的理解未必完全符合《毛诗》,至少他忽视了毛氏大量标举"兴"诗的苦心——如果统计具体的用例,《毛传》显然赋予"兴"以更高的地位——而在孔氏的理解中,三者被重新平行排列③。此外,在早期的经学注释中,并不能找出支持体用说的充分证据。毋庸讳言,后世对于"六义"尤其是比兴的看法,往往与后世诗歌的影响不无干系。

仔细考察"六义"的内涵,不难发现在这一诗经学的术语中,实际上蕴含着重要的美学理论。例如风、雅之分为正、变,意味着崭新的作品区

---

① 戴君仁:《赋比兴的我见》,载《梅园论学续集》,台北:艺文印书馆,1974 年。
② 除了以体用划分的方式,还存在"六体说"或"六用说",即认为这些内容同属于一类。前一类如章太炎《检论》之"六诗说";后者则有宋代吕祖谦《吕氏家塾读诗记》卷一所引程颢的见解。
③ 《文心雕龙·比兴》:"日用乎比,月忘乎兴。"这里似乎还保留着《毛诗》更为重视"兴"的遗迹。

分方式,其间运作的乃是"美刺"的逻辑原则。尽管在后世它似乎已沦为老生常谈,但始终没有丧失活力,而是为文学或艺术提供了指向现实并指导现实的重要模式。此外,"兴"的范畴在诗歌理论中的地位也是众所周知的,它不断融入了来自佛教等领域的其他思想资源。

如果要真正理解"六义"的含义,那么有必要绕开后世的歧见,并重新恢复早期的格局。在对待"六义"的态度上,《诗大序》至少在如下的方面与《周礼》存在着歧异。"大师"所教的"六诗",是配合"六律"、"八音"等乐律而用于乡射之礼的整体节目,并不强调其间个别的作用与意义①;然而在《诗大序》中,六项内容不再被视为并列的事物,而是赋予其各别的意义与独立的作用:首先分为两类;并且在两类内部又添加了价值或性质的不同规定性,以此建立起相互贯穿的密切关系。对于受到详细阐述的风、雅、颂而言,它们也是《诗经》篇目分类的方式,其间存在着政教措施与价值的递进,其中"风"属于较低级的层次,并经由"雅"而最终过渡到"颂"。至于赋、比、兴,《毛诗序》并未提供直接的线索;不过在《毛传》中,一百一十五篇被标注为"兴诗",这一比例表明"兴"比起"赋"或"比"事实上更受关注。

首先就"风"的范畴加以阐述。在《毛诗序》中,这一术语与《关雎》具有内在的联系。如果说对《关雎》的理论说明基本上指向整部《诗经》的属性,那么"风"的引入同样证明了"风教"的重要性,这是《毛诗序》的基本纲领:

> 《关雎》,后妃之德也,风之始也,所以风天下而动夫妇也。故用之乡人焉,用之邦国焉。风,风也,教也;风以动之,教以化之。
>
> (《诗大序》)

正如许多美学范畴兼容不同层次的内涵一样,在这里"风"同样体现出阐释的弹性,尽管尚未展示出其全部的涵义。"风",首先令读者想到

---

① 梅家玲:《〈毛诗序〉"风教说"探析》,第 213—214 页,载《汉魏六朝文学新论——拟代与赠答篇》,北京:北京大学出版社,2006 年。

自然界中的空气流动,或者说气的运动,该意义进一步延展,则衍生出音乐或咏唱的层次;其次,则含有风化、风教的意思,这与"讽"字的意义相关;再次,"风"还显然是诗经的一种体裁,或者一种分类方式——这一源自音乐或咏唱、曲调等因素的含义,或许也是出于对自然的模仿,正如"风"之称作"地籁"。各种意义之间尽管存在显著的差异,但是并未彼此分离,在《诗大序》中它们均参与了新概念的生成——或者强调其自然性,或者强调其社会性。

《诗大序》在用"风"来界定《关雎》之根本属性时,强调了"风"与"教"的意义同一性。"风"与"教"的联系或可理解为某种自然意象的譬喻,如《论语·颜渊》:"君子之德风,小人之德草。草上之风必偃。"风拂草偃的柔顺画面很适于形容儒家的德化思想。此外,类似的意象也集中出现在《周易·象传》之中。

> 山下有风,蛊,君子以振民育德。
>
> (《蛊·象传》)
>
> 风行地上,观,先王以声方观民设教。
>
> (《观·象传》)①

如果说"象"是对具有某种共同属性或动态特征之事物、过程、趋势之形象化的抽取,那么这里的"风"显然符合这一定义。正如《论语》之风与草的比喻,风运动经历的空间也是通过山、天或地等自然物的纵向轴予以确定的,这一上下有度的空间,同时也是价值差异化的垂直方向的空间。在《诗经》的早期应用传统中,诸如"兴观群怨"等功能,多指向不平等阶层间的垂直的人际关系,即以某种阶层划分作为阐释的前提。在《诗大序》中,同样充满了各种各样的垂直关系,例如国君与臣民、国史与民众、中央与诸侯等等,它们同样是不平等的。尽管"风"、"教"或《诗》本身可以弥合其间的矛盾与冲突,但是并不企图消除这一阶层的差异。事

---

① 此外,又如《小畜·象传》:"风行天上,小畜,君子以懿文德";《姤·象传》:"天下有风,姤,后以施命告四方。"

实上,正是借助于政教结构中的势能差,才提供了风教或风化的根本动力。

从比喻的本体而言,"风"如同气一样,是柔软的无形质的存在,因此可以填补天、地、山之间的所有空隙。从这一比喻的喻体来看,"风"是不同于其他现实政治措施的教化因素,是柔和而润物无声的,这也使得政治性的差别被涂抹上了一层温情的色彩。作为来自音乐的术语,在为《毛诗序》所接纳之后,"风"并未丧失"乐和同"的根本属性,它以情感性的成分消融了不同阶层之间可能存在的裂缝与冲突。不过,对"风"的强调,并不意味着消泯了上下阶层的对立结构,而只不过是使其运转得更加圆融、更容易被接受而已。

需要强调的是,"风"所包含的垂直要素并不限于自身,而是充溢于《诗经》之整体。按照《诗大序》的说明,从"风"到"雅"——包括从"小雅"到"大雅"的环节——和"颂",这些不同部分的诗篇之间构成了价值上的递进。由于这一原因,"风"构成了这一序列的起点。

> 是以一国之事,系一人之本,谓之风;言天下之事,形四方之风,谓之雅。雅者,正也,言王政之所由废兴也。政有小大,有小雅焉,有大雅焉。颂者,美盛德之形容,以其成功告于神明者也。是谓"四始",诗之至也。

> (《诗大序》)

《毛诗序》对于"风"的定义是:"是以一国之事,系一人之本,谓之风";这实际上是一种俯临四方的政治性空间。在风教中作为本质性架构的垂直价值体系,具有两方面的功能,"上以风化下,下以风刺上,主文而谲谏,言之者无罪,闻之者足以戒,谓之风。""上以风化下"与"下以风刺上",它们的运动方向不同,但是文字上的对等无法掩饰对前者的偏重。"风"在表面上提供了不同阶层抒发心志的出口,但是仍然侧重于上对下之教化的维度。至少在对应于圣王时代的正风(包括"正雅")中,"刺"的存在是不必要的,"上以风化下"构成了理想性的格局。因此,即使存在着"下以风刺上"的情形,它也只不过是向理想样态迈进的暂时性的过渡环节而已。

"风"包含着若干不同的教化情形,例如"王者之风"或"诸侯之风",这意味着它本身即是由不同层级构成的①。随着"风"之功能的推展,当"风诗"圆满地完成任务之后,继之而来的依次是小雅、大雅与颂诗,这些皆是天子所用之诗。按照孔颖达的疏解,小雅和大雅分别对应于"天子之政"中较次要的和更重要的事务,前者包括"饮食宾客,赏劳群臣"等,后者则如"荷先王之福禄,尊祖考以配天"。至于颂诗,则将"美盛德之形容,以其成功告于神明",这是上达于天的至高阶段,是以《诗大序》云:"正得失,动天地,感鬼神,莫近于诗。"

由风、雅、颂的一体化结构,可以推知风教或风化在《毛诗》中异乎寻常的重要性。与后世的理解不同,《诗大序》的重点全集中于诗之教化作用的阐述,而对诗之体制的区分则并不关心——这显然需要以某种上下层级化的政治结构的建立为前提。在后世文艺理论中引起关注的比、兴,在该文本中并未受到关注。不过,如加以仔细的考察,相对最受关注的"兴",仍然处于"风"的脉络之中,并引发出新的问题,由此又与"美刺"说紧密相关。由此可以确证,《毛诗序》尽管存在表面上的不圆融,却在理论脉络上自成一体。

如前节所述,《诗大序》在将论述重心由"音"转到"言"的同时,也改变了作品与政治的对应方式。对于音乐作品而言,存在着合乎标准与不合标准的两类,但是对于文字性的诗歌作品,它们由于进入经典而享有同等的典范性。由于这一原因,《乐记》能够指出正统诗歌与郑卫变调的区别,这一立场在孔子对于郑卫之音的排斥中也同样体现出来;而《诗大序》则只能用一种统一解释模式将二者混为一谈,从而将二者建构为单一的经典。正如苏源熙所说,最佳类型的诗歌就是得到最好解释的诗

---

① 《诗大序》:"《关雎》《麟趾》之化,王者之风,故系之周公……《鹊巢》《驺虞》之德,诸侯之风也,先王之所以教,故系之召公。《周南》《召南》,正始之道,王化之基也。"

歌,或者与其社会状况完满对应的诗歌。易而言之,《诗序》将诗歌革新为一种手段,社会各阶层借此相互教育,诗歌之正当性的判断标准在于对美好社会的赞赏以及对不合理社会的批评。

《毛诗序》根据上述状况加以改动,其结果即是"美刺"说。"下以风刺上,主文而谲谏"、"吟咏性情,以讽其上",即是"刺";"美盛德之形容"则是"美"。"美"与"刺"的概念虽然在《诗大序》中没有明言,但是在小序中使用相当普遍。东汉末期,郑玄在《诗谱序》中为"美刺说"作了明确的界定:

> 论功颂德,所以将顺其美;刺过讥失,所以匡救其恶。

郑玄不仅做了原则性的说明,而且还把《诗》和历史结合在一起,企图按照诗的结构将历史同样划分为"正"与"变"。这一尝试并非自郑玄开始,在《毛诗》中已经表现得非常明确:

> 至于王道衰,礼义废,政教失,国异政,家殊俗,而变风变雅作矣。
>
> (《诗大序》)
>
> 故孔子录懿王、夷王时诗迄于陈灵公淫乱之事,谓之变风变雅。
>
> (郑玄《诗谱序》)

在此,《诗大序》接受《乐记》"声音之道与政通"的观点,但是又以历史演变为主轴,赋予所有作品以同等的价值。"正风正雅"为治世之音;而"变风变雅"则为乱世之音或衰世之音,二者的经典性并不因其所指向的时代而发生改变。正如前面论述三家《诗》时所见到的那样,无论是今文诗学还是古文诗学,均努力为诗歌寻找稳固的历史情境,通过将《诗经》作品和历史相匹配,从而将文艺作品转化为政治行为的索引。不过西汉今文家虽然对历史情境非常注意,但是由于受到"诗无达诂"的影响,因此并没有严格限定作品与具体历史的对应关系。当毛诗学派占据主流时,这一作品与历史对应的网络终于建立起来。例如在《小序》中,毛诗学派深刻体现出这一努力,某一国风即相应地转化成为该国之史。

正如顾颉刚在《毛诗序之背景与旨趣》中所做的总结："凡诗篇之在先者，其时代必早，其道德必优，其政治必盛。反是，则一切皆反。"由于这一原因，"国史"在《毛诗序》中被凸显为异常醒目的角色："国史明乎得失之迹，伤人伦之废，哀刑政之苛，吟咏情性，以风其上。"作为倡扬风化的核心，"国史"成为连接诗与史的中点，同时也成为连接王侯与民众的中点。

在讨论到历史化解读的时候，需要对"兴"的问题稍加说明。仍以《关雎》为例，如果诗篇的文字仅仅向我们呈现出某种自然意象，而并没有涉及任何的历史性因素，那么何以做出此类解读，便是不得不加以思考的问题——在自然物与历史情境之间，二者的平行线何以交汇于同一点。《毛传》在标注"兴"诗的场合中，一般使用"如"、"喻"、"犹"等词语进行连接，因此大致上可将其视为某种譬喻。但是，并没有充分的证据显示，相对于自然物而言，历史化情境的引入是外在的或者讽寓性的。从《诗经》之早期用例来看，并不存在所谓原意与喻意的二元化结构，因此，后世对于汉人解诗的批评也往往是外围性的。

"兴"通过譬喻的方式来完成诗的意旨，因此自然与历史的关系便需要确定。中国古代很少设想自然界与人事界的分离与断裂，它们同样处于至大无外的同一宇宙之内，并且遵循着同样的运转原则[1]。如果将自然界的循环往复悬为典范性的模式，那么在历史之中同样不难确立起这一原则，所谓正与变的交替出现即是如此。它表明了某种不同于西方之讽寓的独特方式——与其将诗歌的字面义与真正意义二者间的关系理解为哲学性的，毋宁视其为历史性的。不过，通过对兴诗中用韵的分析，自然物的选择往往不是来自亲身经历或想象，而更多出于韵律协和的目的；只有《豳风·七月》这类少量的诗，才会真正选择现实的自然物[2]。如果是这样，那么对于"兴"的考察就应当从诗歌的创作形式入手。"兴"意

---

① ［美］余宝琳：《讽喻与诗经》。

② ［美］苏源熙：《〈诗经〉中的复沓、韵律和互换》，载《中国美学问题》；陈世骧《原兴》，载《陈世骧文存》；叶珊《诗经国风的草木和诗的表现技巧》载柯庆明、林明德主编：《中国古典文学研究丛刊·诗歌之部》（一），台北：巨流图书公司，1978 年。

味着某种形式化的努力以及此中所包含的抒情性的需求。既然它对自然物的指称并不如先前想象的那样实在,那么它也并不妨碍历史化解读的自如展开。对于汉代的读者而言,诗篇的字面含义显然没有造成阐释的羁绊与束缚。

第六章　苞括宇宙：西汉中前期的美学思想

秦汉帝国在政治与文化方面的一致性，首先表现为大一统理想的持续伸展，其间内敛与外扩的情形反复不断。西汉建国伊始，基本上继承了秦帝国的各种政策；同时，鉴于秦帝国的迅速崩溃，又调整了某些过于强硬的部分，从而在整体上表现为相对和缓的状态；在"文景之治"中达到巅峰的黄老道家思想的支配，即是其显著的表现。与当时强调因循无为的思想趋势相应，在政治局面上，也大体维持着中央与诸侯之间的东、西对峙局面，这是秦帝国急速推进中央支配力所遭遇到的反弹之余势。不过，在建国七十余年之后，随着西汉中央政权的逐步稳固，以及经济的复苏与繁荣，中央政府重新获得积极扩张的可能性。因此，不可避免地与诸侯王展开了最终的对决，其中最关键者当属"七国之乱"及其平定。经过这一决定性的打击，地方诸侯王基本上丧失了抗衡的力量，在意识形态的方面，也同样丧失了独立的性格，转而置身于中央政策的同化之下而自居一隅。

在这一扫除封建制残余力量的历史进程中，思想与文化也呈现出复归于一统的显著趋势。尽管汉武帝时代的一统国家，在某种程度上可以看作是秦帝国的再现，但是在二者之间又存在着明显的不同。对于秦帝国而言，相对于文化与思想上的和柔，武力之征服与支配更受重视，它是凭借其军事实力获致统一并实行统治的典型国家。不过,当大一统的理想再次临近时,思想方面的因素却备受关注,这一点从"独尊儒术"的政策即可看出。面对中央支配力的不断增强,积极探索思想与文化政策的努力再次高涨。因此,在当时的思想界,表现出相当复杂的局面——与流行于该时代的期待、迎合等态度相对,还并存着疑惑乃至抗拒等相对次要的立场,例如本章中的淮南王刘安,即是如此。退一步来说,即使是在持肯定态度的士人中,也并非毫无保留地接受现实,而是针对种种问题展开认真的思考与批评。

与西汉初期的相对平静相比,在汉武帝时代的前后,思想世界屡屡掀起波澜。在大一统之理想真正实现的前夕,各种思想流派竞相提出宏观的方案——或者企图延续黄老式之因循的思想范式,或者主张以儒家的思想为中心进行统治。在这些思想的纷杂交错中,需要肯定如下的事实:西汉的各种思想呈现出彼此融合与互补的局面,尽管在学术史与目录中试图对思想派别进行清晰的划分,但是这一泾渭分明的状态——主要是对于先秦思想的划分——或许只是作为想象性的情形而存在着。因此,在冠以不同思想派别的名义之下,各种思潮之间并未呈现出绝对化的差异。事实上,应对于融合一统的时代趋势,没有任何一种思想能够真正保持自身的纯粹性。即使是新近成为官方意识形态的儒家思想,其内部也融合了法家、道家以及其他的成分;在坚持其核心主张的基础上,鲜明地表现出兼容并包的性格。因此,"苞括宇宙"的思想倾向,构成了本章的共同主题。

涵括万有的倾向,代表着新时代的内在要求。在司马相如的《难蜀父老》中,明确主张:作为"创业垂统,为万世规"的实现途径,需要"驰骛乎兼容并包,而勤思乎参天贰地"。可以说,"兼容并包"与"参天贰地"的时代精神,以不同形式贯穿于各个领域。例如,在《淮南子》与《史记》等思想著作中,某种独特的整体性结构分别被建构起来,并以此指涉宇宙万物与现实世界的运行;而在汉大赋中,纵横四海的漫游与对自然世界的分类则互为表里,构成了帝王努力控制世界的心灵折映。不过,这些恢廓的格局,并不是自然形成的,而是经历了历史实践的反复抉择;在这一历程中,某些思想被采纳为国策,另一些思想则伴随着失意者而归于湮灭。与此相对应,当涵盖天人的宇宙之网真正建立起来,当个体能够在该网络中落实自身的位置与价值时,透过大一统的繁盛表象,对于个体之不遇的敏感也随之滋生,这触发了某种深沉的悲哀感,并表现于大量文学作品之中。

思想界的剧烈变动,对美学领域造成了深刻的影响。大体上来说,汉代的审美思潮表现出两次明显的繁盛期,且均与政治格局变化紧密相关。第一次即在武帝时期,当中央大一统的理想真正转变为现实,一系列相关的美学思考也随之产生,宇宙万物的和谐秩序以及个体在其中之价值的相关思考,同时衍变出积极拓展与把握世界的飞扬心态与个体失落于其间的深沉的悲哀感,这些构成了本章的主要内容。第二次则是在两汉之际,亦即儒教之国教化地位确立之时,原本多限于缘饰吏治的儒家思想真正占据了主流,转而开始建构儒家化的文学史和审美标准。这构成了后面第七章的主要内容。

本章结构的安排大致上是根据文献及其作者的立场进行分类的。如前所述,在中央皇权强化的过程中,大致可以辨识出三种主要的态度:首先,是与中央立场相抵触的否定性立场,其具体表现为不同于中央儒家观念的道家思想,如《淮南子》;其次,则表现出积极而有节制的一致性立场,即认同大一统的观念并努力参与其中,但是同时又表现出对于皇权之无限扩张的谨慎,如董仲舒与司马迁;最后则是围绕皇帝并为之服务的文人,他们在汉赋的书写中展现出空前的自信力,在对关联性宇宙空间的掌控中完成了意识上的超越。

第一节 《淮南子》与其美学内涵

就《淮南子》一书而言,它与此前的《吕氏春秋》构成了某种有趣的对照。作为政治核心人物组织编撰的文献,它们均出现于强权中央王朝出现的前夕，并且包含着为大一统国家制定蓝图的充分努力，其兼容各种思想成分的因循风格，也颇有相似之处。就文献的内容来说，该书对《吕氏春秋》的承袭占据着相当的比例①；而从最终结局来看，它们均未获得统治者的认同，随着主其事者的身死，其影响更多地表现在思想而非实际政治的方面。尽管时隔百年，其间存在着不可忽视的差异，但是两部文献的类似遭遇或许暗示着：伴随着中央支配力在思想意识领域的不断增强，对于意识形态之统一性的需要，超越了自由争鸣的许可程度。

作为西汉前期集体编撰的重要文献，《淮南子》融合了来自不同思想派别的因素，其主旨则在于因循无为的道家思想。尽管对于此处的"道家"一词应详加限定，但是无可怀疑的是，它与中央的思想政策和占据主流的儒家思想，例如董仲舒的思想，构成了某种程度的交锋。从思想的层面来看，它主要继承了西汉早期道家的传统，同时又对其他传统兼收并蓄，以对抗和消解强纳思想于一途的中央立场；从现实的层面来看，它又委婉地反映了地方诸侯王希望保全自身、抗拒中央之强力政策的意图。考虑到该书进献武帝于建元二年，那么其中的主张或多或少地显示出时代的痕迹。

按照《汉书·艺文志》的分类，《淮南子》与《吕氏春秋》同属于"杂家"。所谓"杂家"，是指"兼儒墨，合名法，知国体之有此，见王治之无不贯"，亦即融合了各种不同思想的长处，为"王治"提供整体性的方策。这一性质，与司马谈《论六家要旨》中对"道家"的规定大致相同："因阴阳之大顺，采儒墨之善，撮名法之要"（《史记·太史公自序》）。因此，《淮南子》一书具有时代性的思想倾向，或可视为西汉早期思想的总结②。东汉的高诱曾对该书做出很好的评述：

---

① 按照徐复观的统计，《淮南子》对《吕氏春秋》一书内容的承袭，仅次于《老》《庄》二书。见徐复观：《两汉思想史》，第二卷，第 108 页。
② 徐复观认为，《淮南子》的道家思想，与流行于当时的黄老道家存在着根本的差异。后者将权谋数术乃至方技迷信杂糅进原始道家思想，从而成为最具势力的一系；而《淮南子》则并不重视黄帝传统，因此与黄老不同。见《两汉思想史》，第 113—114 页。

其旨近老子,淡泊无为,蹈虚守静,出入经道。言其大也,则焘天载地;说其细也,则沦于无垠;及古今治乱存亡祸福,世间诡异瑰奇之事。其义著,其文富,物事之类,无所不载。然其大较归之于道,号曰《鸿烈》。鸿,大也;烈,明也。以为大明道之言也。

(高诱《淮南子序》①)

巨细无遗的思想论域,反映出该书"博大而有条贯"的一面。需要注意的是,尽管"其旨近老子",且"大较归之于道",不过相对于先秦的原始道家,其宗旨已经发生了非常明显的变化。早期的道家所主要关心的,是以"道—万物"式的存在论为基础,致力于解决主体的自我超越问题,很少涉及肯定政治思想的内容;不过,在战国末期至西汉初期,"道"逐渐形而下化:在早期道家思想中相距遥远的"道"与"万物"两端逐渐接近,前者渐渐地向处于现实之中的万物下移。与此趋势一致,现实世界中的各种运动和制度,开始分有"道"的神圣性和权威性,从而实际上剥夺了"道"作为存在论根源的实在的含义②。由此,社会的各种结构与过程凭借着对"道"的分有,开始成为独立于人类个体深思熟虑的活动,具有充分自足的价值与"无为"的性质。在"道"的笼罩之下,它们被赋予了"自然"的面貌,而早期道家对它们的质疑、批判和抵触则被完全解除:

若吾所谓无为者,私志不得入公道,嗜欲不得枉正术,循理而举事,因资而立权。自然之势,而曲故不得容者,事成而身弗伐,功立而名弗有。非谓其感而不应,攻而不动者。若夫以火熯井,以淮灌山,此用己而背自然,故谓之有为。若夫水之用舟,沙之用鸠,泥之用輴,山之用蔂,夏渎而冬陂,因高为田,因下为池,此非吾所谓为之。

(《淮南子·修务训》)

---

① 与高诱注相近,《四库简明目录》指出:"大致原本道德,而纵横曼衍,多所旁涉。"
② [日]池田知久:《中国思想史中"自然"的诞生》,载小岛毅、沟口雄三编:《中国的思维世界》,第27页,南京:江苏人民出版社,2006年。

《淮南子》对"有为"和"无为"的明确界定，构成了对先前道家学说的扬弃，反映出道家思想发展的一大转折，尽管并不是在此突然发生，而是经历了相当漫长的时期。在《老子》和《庄子》为代表的早期思想中，"公道"和"正术"等因素无疑属于"有为"的范畴，因其背离"自然"的性质而被摒弃于大"道"之外，如今却一同被理所当然地看作"自然之势"，从而为"无为"的定义注入了新成分。在某种意义上，不妨将此理解为道家面对时代进展所做出的自我调整。据此，审美方面的诸多因素同样可纳入"自然无为"的领域之内。

在超越具体因素的"焘天载地"的层面上，"因循"成为支撑《淮南子》之整体的纲领。基于这一状况，需要慎重理解该文本的复杂性：尽管其中的思想因素往往指向不同的年代地层，其间亦有矛盾与歧出之处，但是尚不足以否定文本的整体性。当不同的思想成分以集体撰述的形式融为统一文本时，超越于其上的涵括或兼容性的立场，体现出其根本的宗旨。因此，在该文献中确实存在不同思想的冲突，但是相较于因循无为的根本观点，这些内容不妨视为相对次要的存在。

通过"因循"的方式，以《淮南子》为代表的西汉前期道家，将一切思想与现实的构成因素均纳入道之运行的领域。据此，关于审美的思考也呈现出相应的变化。例如，在宇宙万物之间，感应的关联网络大量引入，从而构成了新型的宇宙论，某种更为宏阔而又更为具体的世界进一步呈现。当这一世界与身体相互对应时，先秦道家式的身体观与关联式的医学身体观相融合，构成了独特的表现，它既注重具体身体的运行层面，又强调对于该层面的超越。这些均为重新理解审美现象提供了崭新的基础。

一、阴阳关联的世界

关联性思维的传统源远流长，它不仅出现在《管子》《吕氏春秋》等传世文献中，而且也体现在《睡虎地日书》与长沙子弹库《楚帛书》等出土文献中；特别是后者的记载，更加逼真地反映了思想历史的变动。从战国后期到秦汉初期，关联性思维已经具备相当完整的规模，并且与哲学传统相互融合，这一变化也深刻地影响了审美思想①。至汉代前期为止，关联性宇宙观始终存在于不同职业与知识传统的各种文本内，这些基于不同背景与职业传统的关联模式，则处于彼此共存、竞争、冲突与融合的持续进行之中。这些模式未必表现为严密一贯的系统，而是相对松散与变动不定，其间既存在差异又不乏交集。不过即使如此，随着时间的推移，某些显著的转变倾向仍然表现出来，旧时的时空结构与象征系统，诸如四方、四季、五行、十二月与色彩、乐音等因素，均相应地改变了自身的含义与功能②。

鉴于思想的变动期较为漫长，因此很难将其中的具体变化明确归结于《淮南子》一书。尽管如此，如若考察该书所反映的思想进展，那么关联性思维的成分势必进入我们的视野。从总体上说，由于年代较晚，《淮南子》大体上充当着集大成者的角色，不过这并不意味着该书缺乏自身的立场——这在它与《春秋繁露》的对峙中可以看出。如果说，从《楚帛书》到《吕氏春秋》，关联性思维的形态已经明确地转向以时间为主轴且循环不已的月令模式，这与基于空间方位的"四方"模式形成鲜明的对照；那么在《淮南子》中，或许可以将阴阳观念的拓展视为其相对突出的要素；当然，这一变化并不仅限于该文献自身。

阴阳观念在先秦时期已甚为流行，且无论在关联思维传统抑或哲学传统中均占据着重要位置。它不仅成为支撑前者展开的基本架构，而且在哲学讨论中也进一步抽象化，构成了宇宙创生的基本力量，这一表现可以追溯到《老子》的思想③。在这两种不同传统的阴阳思想之间，或许

---

① 《吕氏春秋·应同》："类固相召，气同则合，声比则应。鼓宫而宫动，鼓角而角动。平地注水，水流湿。均薪施火，火就燥。山云草莽，水云鱼鳞，旱云烟火，雨云水波，无不皆类其所生以示人。故以龙致雨，以形逐影。师之所处，必生棘楚。"

② 关于关联思维在战国后期至秦汉前期的变动情况，可参考王爱和：《中国古代宇宙观与政治文化》，第三章，上海：上海古籍出版社，2011年。

③ 尽管《老子》一书的思想中，将阴阳观念转化为抽象二元论的原则，但是它并不必然包含宇宙论的性质，亦即不一定存在某种共鸣或感应的关系。事实上，在该书中确实鲜有这些因素。

并不存在分明的界限，它们至少彼此分享着某些共同的思想设定。例如，无论阴阳具有何种性质，二者之间主要展现为某种相互弥补与调和的关系，而不是像传统西方思想那样，主要表现为相互对抗与冲突的关系。这一因素对于中国审美思想的发展至为重要。

从哲学的角度看，阴与阳不妨视为本体论性质的构成要素，但是二者在世界中展开的方式则更多带有关联思维的特色。从根本上说，将宇宙间的万物划分为阴与阳两种类型，这意味着某种链条式的关联网络建立起来。正如法国学者葛兰言所注意到的那样，传统中国思想试图全面明晰地排列所有对立与比较，而其他类型的思维则对之较为暧昧。尽管这一论断仍存在若干问题，但是确实在某种意义上注意到了中国思想的独特性，在葛氏看来，这一性质与中国文字的对偶化密切相关，而二者的兴盛皆主要发生在汉代。

尽管阴阳的相关论述产生较早，但是它明确扩充到宇宙世界之全体，并依此建立起具体而复杂的各种关联，则似乎相对较晚。在西汉前期，相继出现了以阴阳的二元化关联结构来理解整体世界的趋势。最早的例子或许来自马王堆帛书：

> 凡论必以阴阳明大义。天阳地阴，春阳秋阴，夏阳冬阴，昼阳夜阴。大国阳，小国阴；重国阳，轻国阴。有事阳而无事阴，伸者阳而屈者阴。主阳臣阴，上阳下阴，男阳女阴，父阳子阴，长阳少阴，贵阳贱阴，达阳穷阴。取妇生子阳，有丧阴。制人者阳，制于人者阴。客阳主人阴。师阳役阴。言阳默阴。予阳受阴。诸阳者法天，天贵正……诸阴者法地，地之德安徐正静……
>
> 　　　　　　　　　　　　　　　　　　（《黄帝四经·称》）

在这段文字中，借助于阴与阳的关键词，将一系列的范畴固定在相应的位置之上。如果将对应于"阳"的选项命名为 A，而将另一类命名为 B；那么，A 优于 B，且二者相互依存，并未因此导向"好/坏"或"正/反"的二元对立。阴阳所笼罩的范围不仅包括自然现象，也包括人事与社会现象,其间的主导逻辑则一以贯之,并无截然的分界。正如葛瑞汉所言,中国传统的对立项倾向于在同样一个链条中延展,这不同于西方传统思想中,"生/死"或"必然/偶然"等二元对立项所透露出的趋于消解、否定、克服的内在张力①。

与此相关的另一个例子来自《淮南子》本文。值得注意的是,这一以阴阳为基本结构的线性扩展在年代上与马王堆文献相当接近,且均与西汉前期的黄老道家思想相关。更为重要的是,阴阳不仅是贯穿于各种事物与现象的属性,同时也作为天地创生的关键环节融入了宇宙论。按照《天文训》的说明,阴与阳介于天地已形与四时万物的生成之间。

> 天地未形,冯冯翼翼,洞洞浊浊,故曰太昭。道始于虚廓,虚廓生宇宙,宇宙生气。气有涯垠,清阳者薄靡而为天,重浊者凝滞而为地。清妙之合专易,重浊之凝竭难,故天先成而地后定。天地之袭精为阴阳,阴阳之专精为四时,四时之散精为万物。积阳之热气生火,火气之精者为日;积阴之寒气为水,水气之精者为月。日月之淫为精者为星辰。
>
> (《淮南子·天文训》)

道分化为"宇"、"宙"的对立,在此,作为空间延展的"宇"与作为时间持续的"宙",遂成为天地万物滋生变化的循环场域。借助于阴与阳的性质,关键性的二元划分用以支撑起宇宙间的相似与区别,只要愿意,它们可以延伸出无穷无尽的两条平行线,这使得各种事物被串接起来,从而获得某种彼此相关的流动性,而非相互分离与绝缘的物体的集合。

> 天道曰圆,地道曰方;方者主幽,圆者主明。明者吐气者也,是故火曰外景;幽者含气者也,是故水曰内景。吐气者施,含气者化,是故阳施阴化。天之偏气,怒者为风;地之含气,和者为雨。阴阳相薄,感而为雷,激而为霆,乱而为雾。阳气胜则散而为雨露,阴气胜

---

① [英]葛瑞汉:《阴阳与关联思维的本质》,《中国古代思维模式与阴阳五行说探源》,第23页。

则凝而为霜雪。毛羽者,飞行之类也,故属于阳;介鳞者,蛰伏之类也,故属于阴。日者阳之主也,是故春夏则群兽除,日至而麋鹿解;月者阴之宗也,是以月虚而鱼脑减,月死而蠃蛖膲。火上荨,水下流,故鸟飞而高,鱼动而下。物类相动,本标相应。故阳燧见日,则燃而为火;方诸见月,则津而为水。虎啸而谷风至,龙举而景云属,麒麟斗而日月食,鲸鱼死而彗星出,蚕珥丝而商弦绝,贲星坠而勃海决。人主之情,上通于天,故诛暴则多飘风,枉法令则多虫螟,杀不辜则国赤地,令不收则多淫雨。

(《淮南子·天文训》)

在这后面的文字中,诸如"四时"、"五星"、"九野"等关联架构被相继引入,在此不赘。不过,阴阳的二元架构已经树立起充分坚固的骨架,万物皆得以附丽其中而自得其所。这一关联性的二元模式,试图将沉埋的事物提升至外表,用贯穿于整个体系的相似性与对立性、而非孤立的比拟,连贯起协调却又相对简单的体系,从而完成使万物体系化的目的。这一体系中所蕴涵的相似性,事实上缺乏所谓来自逻辑的严密的规定性,只是作为某种"家族相似"(family resemblance)的表象而存在。不过,这一点或许正是关联思维在汉代广泛流行的原因。阴阳链条在人类现象与自然世界之间自由地穿梭,从而建立起绝对而又普遍的必然性。

采用关联思维这一弹性构架来认识世界,尽管面临着不断产生谬误的危险,却得以在不同类别的存在物——包括实体、过程与现象——之间构建起以主体为中心的认识的拓展,从而赋予世界整体以价值化、亲切化的性质;易而言之,价值与存在是紧密融合在一起的。所有的存在物都根据它与认识主体的关联而确立自身的价值,特别是在相对遥远的领域中,这种主观化理解的倾向愈加显著:尽管缺少充分的信息来填充,相应的关联还是毫不犹豫地构建起来,它们在很大程度上填补了心理和情绪上的需要。在这种万物一体化的认识中,潜在地蕴含着审美化的关系,亦即不同的主体之间以及人与万物之间,被构想为某种和谐化的连接，它进一步造成世界的可认知性与情感上的稳定性。

在此同样需要注意的是这段文字的表达方式。如果说马王堆《称》篇的形式尚未臻于规整，那么在《淮南子》的上述引文中，已大致完成了文字的对偶化。在传统的中文书写中，倾向于采用并列连接与平行因果关系的文体以凸显对立的链条，客观地说，这一链条既表现为思想上的并列与对称，也表现为文学形式上的并列与对称。如果考虑现代语言学——例如结构主义语言学——的相关阐述，这一整齐的文字序列，充分展现出语言运作的某些规则，即在横向的句段关系与纵向的联想关系中，按照不同的坐标轴分别展开，并且通过替换完成种种变形与延展。这里可以纳入如下的考虑：例如"近似"（similarity）与"对比"（contrast）的交错，或者"隐喻"（metaphor）与"转喻"（metonym）的并存。总之，关联思维展开的方式，同时也是中国诗歌与骈文的展开方式；而前者努力凸显每一事物、现象或过程的思想性特征，或许在某种程度上，也与后者的文字运作策略以及审美化特征具有内在的相通之处。

从《淮南子》的阴阳思想过渡到中国诗歌与散文的特征，不免存在着过度联想的危险，它诱使我们忽视思想与文学自身的边界。不过，如果不严格地将二者的内涵与表现形式分离，那么，它们大致在同一时期开始勃兴，或许含有相似的基础——文字写作的对偶化与思想的对称结构，很可能借助于书写与思考的共同材料（语言文字）而产生交集。如前所述，在平行对比展开论述的过程中，彼此对称的环节相互呼应，并促使读者——考虑到汉字的形式化特性，不如说是"观看者"——将注意力集中于每一文字片断，并且在下一个阅读的瞬间又推移到另外一个片断。在不断转换视觉对象的过程中，每一部分都在形式与实质的双重意义上被提升至表层，并引起充分的注意；对称的表现方式，则进一步凸显了对立化因素的存在感。其间主要的差异在于，哲学文本引导我们关注文字的思想内涵，并由此展开思考，而文学文本则强调文字自身的独立意义与视觉特征，从而将其从日常语言的链条中解脱出来，凭借自身的意义而获得某种圆满性，这也正是审美化语言的独特之处。

　　总之，在理解阴阳对立架构的性质时，应当充分注意文字的表现形式——骈偶化的倾向制约着思想与文学的表现，同时也成就了二者。实际上，很难在思想与文学二者之间做出绝对的划分，特别是在传统中国的早期。至少对于一部分文字作品而言，它们采取骈偶结构、避免重复，并非完全基于外在的形式考虑，而是同时也希冀摹拟天道之阴阳运转的权威性，因此形式化的美感与内在的思考在一定程度上融合而不可分。《淮南子》的作者对于文字表现所采取的繁缛形式，具有充分的自觉，并且对此反复说明；其所持的理由在于："道论至深"而"万物至众"，故需要"多为之辞，以抒其情"和"博为之说，以通其意"①；易而言之，论说的文字形式与其内容是一体而不可分的，阴阳二分的文字结构同时也很可能是思维的结构。

　　在《淮南子》中，对于关联性的"类"有着相当自觉的认识。所谓"类"，是指在不同领域中，借助于某一共同的属性，将相关现象、实体或变化过程提取出来，置于同一链条之中；在不同的"类"之间，则进一步通过感应建立起横向的关联，从而将世界重新编织成井然有序的可认知的整体。在纵横交织的平行与对比中，逐渐接近"穿通窘滞，决渎雍塞"的效果。这意味着，对于《淮南子》的作者们来说，从思想上舍弃了万物之间的疏离、孤立与冲突，而以更富于内在联系与和谐感的模式取而代之，尽管这一整体性的思维并不直接等同于所谓的"有机主义"②。

　　　《览冥》者……乃始揽物引类，览取桥掇，浸想宵类。物之可以喻意象形者，乃以穿通窘滞，决渎雍塞，引人之意，系之无极，乃以明物类之感，同气之应，阴阳之合，形埒之朕。所以令人远观博见者也。

———————————

① 《淮南子·要略》："惧为人之惽惽然弗能知也，故多为之辞，博为之说。……夫道论至深，故多为之辞，以抒其情；万物至众，故博为之说，以通其意。辞虽坛卷连漫，绞纷远缓，所以洮汰涤荡至意，使之无凝竭底滞，卷握而不散也。"
② 关于整体主义与有机主义的差别，见：［美］本杰明·史华兹：《古代中国的思想世界》，第九章"相关性宇宙论——阴阳家"，南京：江苏人民出版社，2005 年。

> 《精神》者……所以原本人之所由生,而晓寤其形骸九窍取象与
> 天合同,其血气与雷霆风雨比类,其喜怒与昼宵寒暑并明,审死生之
> 分,别同异之迹,节动静之杨,以反其性命之宗。
>
> 《说山》《说林》者,所以窍窕穿凿百事之雍遏,而通行贯扃万物
> 之窒塞者也。假譬取象,异类殊形,以领理人之意;解堕结细,说捍
> 搏困,以明事垎事者也。
>
> (《淮南子·要略》)

在《要略》中,诸如"称喻"、"譬喻"或"引譬援类"的因素备受强调①,
它们是在关联系统中展开的种种运作,其发生的有效性是以万物之间流
动的比类关系为基础的。由于关联性链条贯穿于不同领域,因此,在进
行各种"譬喻"或"比类"之时,并非单纯以一方作为另一方的工具或媒介
物,而是彼此分有着对方的内在规定性,亦即在流动的过程中,借助于某
种关联性的近似而建立起二者的相通。这一模式在汉代的《诗经》学中
也不断出现:自然界的规则被引入政治、社会领域,反之,人事的种种差
异与变动又被赋予宇宙万物。尽管在《淮南子》中,"譬喻"的运作主要发
生在思想的层面;不过,它与汉代阐释学的基本模式存在着深层的共通
性——由此,审美的运作往往超越自身之外,表现为与政治、社会、思想
及其他各种可能要素的互动;在《关雎》的相关阐释中不同层面的交织即
是一例。

二、关于感性的论述——身体、情感与形神

如果说,以阴阳二元为核心的关联思维,在某种程度上影响了传统
中国美学的基本性格,那么,《淮南子》中对于身体、形神等感性因素的论
述,则构成了具体的美学思考,从而呈现出与审美思想的直接联系。尽

---

① 《淮南子·要略》:"《缪称》者……假象取耦,以相譬喻,断短为节,以应小具。所以曲说攻论,
应感而不匮者也。……《诠言》者,所以譬类人事之指,解喻治乱之体也……言天地四时而不
引譬援类,则不知精微……言君事而不为称喻,则不知动静之宜……知大略而不知譬喻,则
无以推明事。"

管该书代表着西汉前期思想多元主义的倾向，但是就整体而言，仍然遵循着某种道家式的方向；在此所谓"道家"，我们仅取其常识性的概念，即意味着某种超越世俗而与宇宙大化相融通的意图。这一意图，贯彻在关于感性的各种思考之中。

如前所述，《淮南子》肯定各种思想学说，并将其笼聚在道家式的主旨之下。这一性质导致在身体、情感与形神的思考中，也同样出现了彼此相关而又不同的层面。在围绕着具体身体的论述中，承认流行于当时的关联性身体观，藏府、经络等身体成分按照与自然界相对应的方式和谐运行，情感的运作与血气相裹挟，并且内嵌于"中—外"或"表—里"的整体结构之中。另一方面，当致力于讨论形与神的关系之时，某种超越或舍弃形体及其所含关联结构的努力开始彰显，转而以"神"或"精神"作为个体生命的主宰；因此，它既是对早先道家身体观的丰富与发展，又表现出以神制形的独特之处。无论如何界定这两方面内容的结合，从中都不难看出不同思想的融合，或者更明确地说，是关联性思维与哲学思考相互渗透的结果。

在《淮南子·精神训》中，可以看到与关联性身体理论相一致的种种描述。事实上，身体理论在当时尚未彻底完成，根据马王堆出土的部分文献，可以确定身体结构的观念构建仍在进行之中，而《淮南子》的编撰者则接受了这一潮流，并未因道家思想的主导性而弃之不顾。它在继承道家美学思想的同时，又吸收了时代性的身体观念作为论述基础，并且不断地展开修正。由此，在全书中经常出现与其他美学文献的重合之处，同时又显示出值得注意的微细差别。通过在不同层次分别采取相宜的立场，《淮南子》对各种学说与思想加以有序化的排列，从而显示出某种更富包容性的态度。

在各种关于感性的论说中，《淮南子》除了选择关联性身体架构以外，对情感与欲望的生成及属性的论说均承袭了此前的传统。考虑到该书的基本架构，可以设想这些内容在当时很可能均是最具权威性的解说，《淮南子》在牢笼诸说的同时，进一步强化了自身的权威性。

> 人生而静，天之性也；感而后动，性之害也；物至而神应，知之动
> 也；知与物接，而好憎生焉。好憎成形，而知诱于外，不能反己，而天
> 理灭矣。故达于道者，不以人易天，外与物化，而内不失其情。
>
> （《淮南子·原道训》）

按照这一说明，情感的产生是人与外物相感的必然结果，乃是无法避免的①。在其他思想系统的文献中，例如《礼记·乐记》，同样采用了这一范式，不过其间的差异亦相当明显。儒家学者强调情感的自然性，并往往由此过渡到正面的可塑性与风教理论；本文则更多重视情感之潜在的负面影响，所谓"性之害也"，即情感勃生以后泯没本性的可能性②。因此，较理想的做法是"不以人滑天，不以欲乱情"③。由于情感的产生是自然的，因此审美活动的感动力来自内心情感的真实抒发④。但是稍有不慎便会堕入过分的欲望追求之中，从而因人为造作而泯灭本有的天真，这一点在《淮南子》中引起充分的关注，并将此视为社会动荡与人生痛苦的根源。

在《淮南子》一书中，由于其多元主义的思想倾向，它并不激烈否定情感的价值，而是如同《庄子》某些后出篇章那样，予以有限度的肯定，从而建立起从礼乐制度到道家理想的超越之路。在这一阶梯化的初级层次，情感的涌动导致了各种外在化的礼乐的表现。它们均被纳入"道"的运转之中。

> 凡人之性，心和欲得则乐，乐斯动，动斯蹈，蹈斯荡，荡斯歌，歌

---

① 在《淮南子·俶真训》中，同样肯定了"且人之情，耳目应感动，心志知忧乐"。该段文字继而论述了因应物感动而丧失"静漠虚无"的危险，这与《原道训》的立场是一致的。

②《淮南子·泰族训》："今目悦五色，口嚼滋味，耳淫五声，七窍交争以害其性，日引邪欲而浇其身，夫调身弗能治，奈天下何？"

③《淮南子·原道训》："故圣人不以人滑天，不以欲乱情；不谋而当，不言而信，不虑而得，不为而成；精通于灵府，与造化者为人。"

④《淮南子》认为，音乐之所以能"动诸琴瑟，形诸音声"，皆因内在之真情在焉。《淮南子·汜论训》："及至韩娥、秦青、薛谈之讴，侯同、曼声之歌，愤于志，积于内，盈而发音，则莫不比于律而和于人心。何则？中有本主以定清浊，不受于外而自为仪表也。"

斯舞，歌舞节则禽兽跳矣。人之性，心有忧丧则悲，悲则哀，哀斯愤，愤斯怒，怒斯动，动则手足不静。人之性有侵犯则怒，怒则血充，血充则气激，气激则发怒，发怒则有所释憾矣。故钟鼓管箫，干戚羽旄，所以饰喜也；衰绖苴杖，哭踊有节，所以饰哀也；兵革羽旄，金鼓斧钺，所以饰怒也。必有其质，乃为之文。

（《淮南子·本经训》）

这一段文字亦见于《礼记·檀弓》及上海博物馆藏楚帛书，可见是相当流行的见解。值得注意的是，它们均采用对情感的自然化的表达，即强调情感之产生的自然性。《览冥训》中将"精神形于内，而外谕哀于人心"视为"不传之道"，即是其例。事实上，在情感的驱动与艺术性或审美化的表现之间，尚存在着种种复杂的操作层次。不过在此，一切均化约为主体情感的驱动力①。尽管《淮南子》仅仅在一定限度上承认礼乐成立的价值，最终仍然将其消解；但是，至少在局部的论述中，依然采用了肯定性的立场。这或许可以看作是对时代主流思潮的妥协与折中。该书的立场较原始道家更为缓和，视"礼乐"为救败之务。礼乐由于顺民性情而起，故亦属于自然之范围。根据"因时变而制礼乐"（《泛论训》）的立场，美与丑的相待乃是客观存在的。

> 百围之木，斩而为牺尊，镂之以剞劂，杂之以青黄，华藻镈鲜，龙蛇虎豹，曲成文章。然其断在沟中。壹比牺尊沟中之断，则丑美有间矣。

（《淮南子·俶真训》）

论及美丑之分别时，《淮南子》并不排除人造物的美的因素，如《说林

---

① 《淮南子》强调内在之质与外在之文的一致性。如果这一对应完全符合自然的过程，即未受到"智故"或"机心"的扰动，则予以充分的肯定。如《淮南子·诠言训》："故不得已而歌者，不事为悲"；不得已而舞者，不矜为丽。歌舞而不事为悲丽，皆无有根心者"；《修务训》："故秦楚燕魏之歌也，异转而皆乐；九夷八狄之哭也，殊声而皆悲，一也。夫歌者乐之征也，哭者悲之效也，愤于中则应于外，故在所以感。"

训》亦云："清醴之美始于耒耜，黼黻之美在于枢轴。"不过引文中对《庄子·天地》故事的援引，暗含着某种源自道家传统的批判态度。在有限度地承认情感与礼乐之后，继之而来的是对二者的否定。"礼者，所以救淫也；乐者，所以救忧也"；由于它们只在较初级的层面发挥作用，因此远不足以成为"通治之至"①。如果我们采取某种全面的立场，"以万物为一方"，那么美与丑的对待自然归于消解②。至于自然化的情感，则因其潜在的危险性而引起警惕。如波涛般泛滥的情欲，不仅会冲决道德的堤防，而且会使人丧失自我的冷静意识。

根据前面章节的论述，在以《七发》为嚆矢的汉大赋写作中，夸诞富丽的修辞造成了鼓荡血气的效果，它们与更早的"由情谕于礼"的审美方式同出一辙。这种借重情感的策略，与沉迷于感官享受的趣味，共同构成了《淮南子》的批评对象。充溢的情感激荡血气，最好的结果不过是在盈满与空虚的反复变换之间完成道德上的净化。这些运作由于极端铺陈感官的刺激性而引起各种批评。部分儒家学者试图以伦理为框架加以约束；与此不同，《淮南子》主张最终超越任何人为的伦理与政教观念，彻底回归到自然的人性，因此也并不赞同采取截然压制欲望的措施，而是顺应性情的伸展，使之合于自然的节度③。该书认为，情感与欲望的过度泛滥，必将导致精神散越、志气日耗的后果，这有违于道家之自然的宗旨。

---

① 《淮南子·齐俗训》："率性而行谓之性，得其天性谓之德，性失然后贵仁，道失然后贵义。是故仁义立而道德迁矣，礼乐饰则纯朴散矣，是非形则百姓眩矣，珠玉尊则天下争矣。凡此四者，衰世之造也，末世之用也。"

② 《淮南子·精神训》："是故视珍宝珠玉，犹石砾也；视至尊穷宠，犹行客也；视毛嫱、西施，犹其丑也。以死生为一化，以万物为一方。"

③ 对待欲望与快感的不同态度，可以参见《精神训》中对儒者的批评："衰世凑学，不知原心反本，直雕琢其性，矫拂其情，以与世交。故目虽欲之，禁之以度；心虽乐之，节之以礼。趋翔周旋，诎节卑拜，肉凝而不食，酒澄而不饮，外束其形，内总其德，钳阴阳之和，而迫性命之情，故终身为悲人。今夫儒者不本其所以欲，而禁其所欲；不原其所以乐，而闭其所乐。是犹决江河之源，而障之以手也。夫颜回、季路、子夏、冉伯牛，孔子之通学也，然颜渊夭死，季路菹于卫，子夏失明，冉伯牛为厉。此皆迫性拂情，而不得其和也。"

> 是故五色乱目，使目不明；五声哗耳，使耳不聪；五味乱口，使口
> 爽伤；趣舍滑心，使行飞扬。此四者，天下之所养性也，然皆人累也。
> 故曰：嗜欲者使人之气越，而好憎者使人之心劳，弗疾去，则志气
> 日耗。

（《淮南子·精神训》）

尽管《淮南子》的作者们承认身体关联结构的存在及其运作的原理，但是，他们并不因此墨守同样的逻辑。恰恰相反，在充分引证了各类关联之后，又遵照道家思想的基本原则，对前者进行超越与反拨。作为五藏的控制者，"心"的地位受到重视：

> 夫心者，五藏之主也，所以制使四支，流行血气，驰骋于是非之
> 境，而出入于百事之门户者也。是故不得于心而有经天下之气，是
> 犹无耳而欲调钟鼓，无目而欲喜文章也，亦必不胜其任矣。

（《淮南子·原道训》）

心对五藏的主宰提供了如下的可能性，即借助于"神"、"精神"或"心神"，超越形体及其运作的生理性的逻辑。《精神训》明确地肯定了"心"与"神"的关系[1]。借助于此，形与神的二元架构被建立起来，这实际上意味着道家本旨对于时代身体观念的超越与扬弃[2]。在论述形神关系之时，又将"气"的因素引入，从而构筑起更加复杂的论说。对于生命体而言，"形"、"气"与"神"分别充当了身体场域、生命力基础及宰制者的不同

---

[1] 《淮南子·精神训》："故心者形之主也，而神者心之宝也。"

[2] 类似的思想不限于《淮南子》一书。大致同时的司马谈在《论六家要指》中也有类似的论述。见《史记·太史公自序》："凡人所生者神也，所托者形也。神大用则竭，形大劳则敝，形神离则死。死者不可复生，离者不可复反，故圣人重之。由是观之，神者生之本也，形者生之具也。不先定其神形，而曰'我有以治天下'，何由哉？"又"夫神大用则竭，形大劳则敝，形神早衰，欲与天地长久，非所闻也。"不过需要指出，《淮南子》尽管强调"心"对"形"的宰制，但是"心"依然属于"形"之内，并且处于关联性架构之中，如《精神训》："故头之圆也象天，足之方也象地……以与天地相参也；而心为之主。是故耳目者日月也，血气者风雨也。日中有踆乌，而月中有蟾蜍。"

角色①;其中审美的能力则来自"气"与"神"两种因素的配合②;养志蓄神乃是第一要务③。但是在视听娱乐的过程中,气与神却往往因消耗过多而摇动,这样生命的根本便无法维持强固。

> 夫孔窍者,精神之户牖也;而气志者,五藏之使候也。耳目淫于声色之乐,则五藏摇动而不定矣。五藏摇动而不定,则血气滔荡而不休矣。血气滔荡而不休,则精神驰骋于外而不守矣。精神驰骋于外而不守,则祸福之至,虽如丘山,无由识之矣。

(《淮南子·精神训》)

世俗间的声色,直接作用于血气与情欲等成分,只能带来暂时的快乐,却很容易诱发道德的偏差与堕落。正如《原道训》所云,"喜怒"、"忧悲"、"好憎"、"嗜欲"等的过量累积,不仅会引起阴阳的失衡,而且还进一步造成疾病与灾祸;克服这些负面状况的最好办法,莫过于从根本上摒除情感或欲望的干扰,保持内心的虚静,从而最终"通于神明"④。据此,各种摇荡血气、驰骋精神的审美活动,自然被纳入否定之列;与此同时,更为玄妙也更富于超越性的美感,却在对前者的否定中凸显出来。在《原道训》中,明确地对于两种不同性质的美感做出了区分:

> 所谓乐者,岂必处京台、章华,游云梦、沙丘,耳听《九韶》《六莹》,口味煎熬芬芳,驰骋夷道,钓射鹔鹴之谓乐乎? 吾所谓乐者,人

---

① 《淮南子·原道训》:"夫形者,生之舍也,气者生之充也;神者生之制也。一失其位则三者伤矣。"

② 《淮南子·原道训》:"今人之所以眭然能视,瞥然能听,形体能抗,而百节可屈伸,察能分白黑、视丑美,而知能别同异、明是非者,何也? 气为之充而神为之使也。"

③ 《淮南子·原道训》:"夫精神气志者,静而日充者以壮,躁而日耗者以老。是故圣人将养其神,和弱其气,平夷其形,而与道沈浮俛仰。"这在当时是养生家与医学家的共同见解,如《内经》即云:"得神者昌,失神者亡。"

④ 《淮南子·原道训》:"夫喜怒者,道之邪也;忧悲者,德之失也;好憎者,心之过也;嗜欲者,性之累也。人大怒破阴,大喜坠阳,薄气发暗,惊怖为狂。忧悲多恚,病乃成积;好憎繁多,祸乃相随。故心不忧乐,德之至也;通而不变,静之至也;嗜欲不载,虚之至也;无所好憎,平之至也;不与物散,粹之至也。能此五者,则通于神明;通于神明者,得其内者也。"

得其得者也。夫得其得者,不以奢为荣,不以廉为悲,与阴俱闭,与
阳俱开。

(《淮南子·原道训》)

"得"者,往往用以阐释道家之"德"①;所谓"与阴俱闭,与阳俱开",又
见于《精神训》,这实际上是某种道家式的至高理想:"其生也天行,其死
也物化,静则与阴俱闭,动则与阳俱开。精神淡然无极,不与物散而天下
自服。"它完全超越了"悲乐"、"喜怒"与"好憎",而达到精神上的寂寞恬
淡,因此它是超越具体审美形态的精神的悦乐。能够达到这一层次,便
不再束缚于以身役物的悲喜起伏的情形,而是获得身心的彻底自由与
解放。

> 能至于无乐者,则无不乐,无不乐则至极乐矣。夫建钟鼓,列管
> 弦,席旃茵,傅旄象,耳听朝歌北鄙靡靡之乐,齐靡曼之色,陈酒行
> 觞,夜以继日,强弩弋高鸟,走犬逐狡兔,此其为乐也,炎炎赫赫,怵
> 然若有所诱慕。解车休马,罢酒彻乐,而心忽然若有所丧,怅然若
> 所亡也。是何则? 不以内乐外,而以外乐内,乐作而喜,曲终而悲,
> 悲喜转而相生,精神乱营,不得须臾平。察其所以,不得其形,而日
> 以伤生,失其得者也。

(《淮南子·原道训》)

在强烈快感的刺激之后,随之而来的则是空虚与惆怅的情绪。
包括审美在内的诸多活动,实际上引起了万物的扰乱与内心的外
倾,"以外乐内",意味着主体丧失了对自我的主宰,彻底沦落到为
外物所役使的境地;"精神乱营,不得须臾平",这一以袭自庄学之
"精神"概念为核心的论说,意味着作为真正的人,应当保持"以内
乐外"的超脱状态。所谓"极乐",大致相当于早期道家传统中的"大

---

① "德"即"得","得其天性"之谓也。如《淮南子·齐俗训》:"率性而行谓之性,得其天性谓
之德。"

247

乐无声",不过,它着重强调个体的精神自由,而并非纯粹是宇宙之无声的交响。

> 夫无形者,物之大祖也;无音者,声之大宗也……所谓无形者,一之谓也。所谓一者,无匹合于天下者也。卓然独立,块然独处;上通九天,下贯九野;员不中规,方不中矩;大浑而为一叶,累而无根;怀囊天地,为道关门;穆忞隐闵,纯德独存;布施而不既,用之而不勤。是故视之不见其形,听之不闻其声,循之不得其身;无形而有形生焉,无声而五音鸣焉,无味而五味形焉,无色而五色成焉。是故有生于无,实出于虚;天下为之圈,则名实同居。音之数不过五,而五音之变不可胜听也。味之和不过五,而五味之化不可胜尝也。色之数不过五,而五色之变不可胜观也,故音者,宫立而五音形矣。味者,甘立而五味亭矣;色者,白立而五色成矣;道者,一立而万物生矣。

> (《淮南子·原道训》)

需要注意的是,《淮南子》并未因为强调"精神"的纯一而否定处于关联性架构中的具体存在,而是以前者为枢轴,建立起与现实界的现象、属性与过程的关联,这在《要略》篇对《精神训》主旨的说明中亦可见出[1]。在《原道训》的引文中,"一"被设定为某种涵容万有而"无匹合于天下"的存在,正是在与它的合一中,个体得以真正把握自我,并获得精神与身体的真正自由。不过,这一至大无外的存在并不是与现实对立的,而是将后者容纳于自身。根据道家式的"有一无"转化的原则,超越性的"无"首先化生出"五音""五色""五味"等基本的关联范式,并由此衍生出对立差

---

[1]《淮南子·要略》:"《精神》者,所以原本人之所由生,而晓寤其形骸九窍取象与天合同,其血气与雷霆风雨比类,其喜怒与昼宵寒暑并明。审死生之分,别同异之迹,节动静之机,以反其性命之宗。所以使人爱养其精神,抚静其魂魄,不以物易己,而坚守虚无之宅者也。"

异、变化无穷的现实世界①。因此，各种现象或过程在遭受扬弃之后，又重新获得了自身的意义与价值。无论是视觉对象抑或听觉对象，它们均按照"道者一立而万物生"的模式不断孳生。《淮南子》对绘画、音乐等艺术的讨论，或许也应置于这一基础上加以考察。

> 画西施之面，美而不可说；规孟贲之目，大而不可畏，君形者亡矣。
>
> （《淮南子·说山训》）
>
> 故萧条者，形之君；而寂寞者，音之主也。
>
> （《淮南子·齐俗训》）
>
> 使但吹竽，使工厌窍，虽中节而不可听，无其君形者也。
>
> （《淮南子·说林训》）

在中国美学思想中，抒情传统是极为重要的部分，它往往以"传神"为最高的宗旨或意趣，在绘画等艺术中即是如此。倘若追寻这一美学理想的源泉，那么《淮南子》中"神"或"精神"的概念值得注意。从上引诸例可见，该书对艺术的讨论往往袭用"形—神"的二元结构，且并不限于绘画一类。由于在"形""神"之间潜在地存在着冲突之可能性，因此，孰者为主便极为重要："以神为主者，形从而利；以形为制者，神从而害"（《淮南子·原道训》）。进而言之，"魂魄处其宅，而精神守其根"，"根"即是"道""一"或"万物之初"。所谓"以神为主"，不仅意味着一般意义上的以"精神"宰制"形体"，而且也含有与道相冥的根本义②。如果忽视了后者，

---

① 由于《淮南子》囊括了不同的思想资源，因此在论述"有声"与"无声"的关系时，其理论支持也并不一致。在某些部分中，明确地引用《老子》"有生于无"的模式，见《泰族训》："琴不鸣而二十五弦各以其声应，轴不连而三十辐各以其力旋。弦有缓急大小，然后成曲；车有劳逸动静，而后能致远。使有声者，乃五声者也；能致千里者，乃不动者也。"此外，也有沿用儒家思想脉络加以论述者，同见《泰族训》："……朱弦漏越，一唱而三叹，可听而不可快者也。故无声者，正其可听者也……音不调乎雅颂者，不可以为乐。"其间的差异乃是相当明显的。

② "神"一词含有不同的意义，从一般意义的精神性自我到与天地相通的神化之境。《论衡》对形神观念的简单论述，实际上仅限于针对个人身体的前一层次，而不涉及后者。从这一角度看，《论衡》实际上压缩了《淮南子》思想的丰富性。

那么无疑忽视了《淮南子》思想的独特性——正是这一点,传递了《庄子》中对心灵之自由的憧憬;遨游四海而无拘束的自由精神,为中国传统艺术开启了无限的天地。

汉代的绘画以人物画像为主,因此,"形神"首先指向躯体与精神的二元化。不过,从绘画与音乐的共性而言,这一架构实则蕴含着更为广阔的维度。概而言之,如果对美的表达并未反映出与"道"的相通,而只是固守审美表现之自身的逻辑,那么这样的审美活动仅仅拘泥于物象之描绘或音声之操作①。反之,如果能够显示出与根源性之"道"或"一"的内在关联,便可以获得超越性的价值;这在某种程度上,或许可视为"游心于物之初"而获致的深层次的聆听与观照:

> 是故圣人论其神于灵府,而归于万物之初,视于冥冥,听于无声。冥冥之中,独见晓焉;寂漠之中,独有照焉。
>
> (《淮南子·俶真训》)

所谓"神"或"精神"显然并非拘于一己的存在,而是内在地要求与天地万物相通,因此,《淮南子》一书所努力伸张的,乃是对于"弦外之声"或"无音之音"的推重,这也是个体超越自身对外物之倚重、而与天地大化融合之后所达到的境界②。在这一境界中,某种庄子式的真人的漫游,成为完美的理想③;它超越了现象界之美丑的对待,"无美无丑,是谓玄

---

① 对于单纯美感的追寻会成为某种障碍,见《淮南子·诠言训》:"金石有声,弗叩弗鸣;管箫有音,弗吹无声。圣人内藏,不为物先倡,事来而制,物至而应。饰其外者伤其内,扶其情者害其神,见其文者蔽其质,无须臾忘为质者,必困于性。百步之中,不忘其容者,必累其形。故羽翼美者伤骨骸,枝叶美者害根茎,能两美者,天下无之也。"

② 《淮南子·说林训》:"听有音之音者聋,听无音之音者聪。不聋不聪,与神明通。"

③ 《淮南子·原道训》:"乘云陵霄,与造化者俱,纵志舒节,以驰大区……上游于霄雿之野,下出于无垠之门。"又《俶真训》:"忘肝胆,遗耳目,独浮游无方之外,不与外物相弊椷,中徙倚无形之域而和以天地。"《修务训》:"且夫精神滑淖纤微,倏忽变化,与物推移,云蒸风行,在所设施。君子有能精摇摩监,砥砺其才,自试神明,览物之博,通物之壅,观始卒之端,见无外之境,以逍遥仿佯于尘埃之外,超然独立,卓然离世,此圣人之所以游心。"

同"①,而这又来自个体在精神上与宇宙全体的相契。在此,《淮南子》展现出道家主旨与关联性思维的有效融合。战国以降,《庄子》的浪漫思想鲜有继承者,而《淮南子》则在时代环境的迫近之下,充当了西汉庄学的有力支点。当这一追寻个体精神之畅游无碍的理想再次蔚为风潮时,历史的指针已倏忽转到了遥远的汉晋之际。

第二节　从董仲舒到《史记》:理想与"不遇"

当《淮南子》的政治理想最终化为泡影时,绘制统一思想蓝图的努力则方兴未艾。身为春秋公羊学大师的董仲舒,满怀着憧憬之情,将相关的设想写入了《春秋繁露》。这部著作遵从今文经学的立场,论述了《春秋》中的伦理道德与政治原则,并根据流行的阴阳与五行等观念加以进一步确证。需要稍加注意的是,如同大多数早期文献一样,该书也明显分为若干不同的思想年代地层,其中"黄老"、"阴阳"与"五行"等主题相互交错,这不仅意味着无法将其尽数归于一人之手,从而无形中增加了文献利用的复杂性;而且也表明:即使在儒家思想的内部,也始终在努力吸收各种派别的思想,以期增加理论的圆满性②。

在"天人三策"中,董仲舒向汉武帝阐明了自己的政治理想,并因此推动了"罢黜百家,独尊儒术"之政策的实施。这导致董氏在中国思想史中占据着极其重要的地位。在《春秋繁露》中,对相关政治方案的讨论更加细致:作为一部阐述政治理想的著作,在其中颇不易发现纯粹的美学讨论;易而言之,该书中为数不多的美学论述并非单纯建立在审美探索

---

① 《淮南子·说山训》:"求美则不得美,不求美则美矣。求丑则不得丑,不求丑则有丑矣。不求美又不求丑,则无美无丑矣,是谓玄同。"

② 关于《春秋繁露》一书年代的考察,可参考下列文献:戴君仁:《董仲舒不说五行考》,载《台湾学者中国史研究论丛·思想与学术》,北京:中国大百科全书出版社,2005 年;[英]鲁惟一主编:《中国古代典籍导读》,"《春秋繁露》"章,第 81—91 页,沈阳:辽宁教育出版社,1997 年;[美]桂思卓:《从编年史到经典:董仲舒的〈春秋〉诠释学》,北京:中国政法大学出版社,2010 年。

的领域之内,而是以促进大一统、推动儒家政教之圆满运行为根本宗旨的。因此,该书中相当重视"性"与"情"之性质的讨论,并在此基础上构建起礼乐施行的必要性,这也是汉代最为关心的政教审美化的问题。此外,脍炙人口的"诗无达诂"说,往往引起后世在审美阐释方面的种种联想①。不过客观地说,这一经学命题,并未有意指向审美阐释之开放性的维度,或者说,它与后者缺乏直接的联系——除非将"诗"从经学中解脱出来,并赋予其普遍化的诗歌的内涵。

以性情礼乐为中心的美学思想,尽管在秦汉时期颇为常见,但是如果考虑董氏所处的年代,那么将其视为习惯性的套语或许并不合适。不仅如此,他还进一步将这些思想纳入更为庞大的天人系统之内,即按照关联性思维构建起来的相关性宇宙论,其中,"天"与人事界——特别是作为现实世界中心的皇帝——之间存在着彼此感应的互动关系。这一前所未有的学说,使董仲舒在现代深受指责,其批评的着眼点则不一而足:宗教、神权之张扬,或对中央权力的谄媚②。不过更为可信的事实在于,他企图借助关联性宇宙论对无限扩张的君权加以限制,这一点也导致其后半生的郁郁不得志。就此而言,董仲舒的经历构成了理想与现实的反差。

如果从理想与现实的错位进行考察,那么与之相似的人物无疑当推年代相若的司马迁,按照传统的说法,后者甚至亲炙董氏的学术③。二者

---

① 《春秋繁露·精华》:"《诗》无达诂,《易》无达占,《春秋》无达辞。"关于今文经学对《诗》的阐释,在本书第五章中有所讨论。董仲舒也是从《诗》的政治社会之现实角度进行诠释的,且侧重批评与讥刺性的用法。如《全汉文》卷二三《元光元年举贤良对策》:"及至周室之衰,其卿大夫缓于谊而急于利,亡推让之风,而有争田之讼,故诗人疾而刺之曰:'节彼南山,维石岩岩。赫赫师尹,民具尔瞻。'"

② 如果《史记》将邹衍归为儒家的做法(所谓"归之于节俭")可以相信,那么在董仲舒之前,已经出现过将相关性宇宙论与儒家学说加以融合的努力。不过,限于文献的残缺,能否这样理解尚成疑问。

③ 在《史记》的太史公评语部分,有"余闻之董生"的记载。司马迁师承董仲舒,自南宋真德秀《文章正宗》卷一六始倡此论,清邵晋涵《南江札记》亦主此说。不过对此尚存疑问,见陈桐生:《司马迁师承董仲舒说质疑》,载《山西师范大学学报(社科版)》,1994年第4期。

都见证了武帝时代的辉煌，并努力投身其中，致力于探索"天"与"人"的分界，且最终又均表现出某种晦暗的心境或结局①。不仅如此，与《春秋繁露》相似，《史记》同样以《春秋》作为其典范，司马迁在《太史公自序》中阐明了这一认识②。由于孔子作《春秋》被视为"素王"为汉朝立法，因此确认这一点相当重要，它意味着董仲舒与司马迁均含有类似的理想化意图。也正是在这一因素的对照之下，他们对于自身不遇的感喟才格外引人瞩目——这构成了传统审美文化中一项恒久的主题。鉴于此，倘若我们舍弃思想方面的具体差异，而单纯从政治立场来考虑，那么在大一统国家渐趋稳定的过程中，他们既充满期待，又不断流露出怅惘乃至愤懑的情绪，从而表现出士人个体在整体社会网络中的深沉的失落。

在论述二者的美学思想时，将面临两个难以解决的问题：文献的作者归属与所谓"美学"的边界。就前者而言，许多习惯上归于董氏或司马迁的文献已经引起质疑，这在很大程度上限制了相关材料的随意使用③。至于第二个问题，大致可以认为，二者的美学思想是以政治社会等现实问题为主轴展开的，因此它保持着相当的弹性，有时甚至延伸到了审美领域的外围，例如"性情""比德"等观念均是如此。或许在此采取较宽泛的做法更为适宜，即选择确定出自二者思想的部分，并结合其政治理论予以论述。这有助于提醒我们，美学领域并非封闭而自成一体的，而是

---

① "天人"问题在《荀子·天论》《性恶》等篇中已经出现，后一例在《素问·气交变大论》中有相似的记载。在汉武帝元光元年的策问中，"天人之际"成为核心的政治问题。今文学派一般倾向于强调"天"与"人"的连接而非分离。如《韩诗外传》卷七："传曰：善为政者，循情性之宜，顺阴阳之序，通本末之理，合天人之际。"按照徐复观的解释，与强调"天人相与之际"的董仲舒相比，《史记》没有突出"相与"的部分，因此对于"天"的态度是不一样的；"际"字含有"会合"与"界限"双重含义，而《史记》的用法则在于强调"划分天与人的交界线"。见徐复观：《论〈史记〉》，第 198 页。

②《史记·太史公自序》："幽厉之后，王道缺，礼乐衰，孔子修旧起废，论《诗》《书》，作《春秋》，则学者至今则之。自获麟以来四百有余岁，而诸侯相兼，史记放绝。今汉兴，海内一统，明主贤君忠臣死义之士，余为太史而弗论载，废天下之史文，余甚惧焉，汝其念哉……先人有言：'自周公卒五百岁而有孔子。孔子卒后至于今五百岁，有能绍明世，正《易传》，继《春秋》，本《诗》《书》《礼》《乐》之际，意在斯乎！意在斯乎！'"

③ 关于董仲舒与相关文献的分析，见［日］福井重雅：《儒教的国教化》，载［日］佐竹靖彦主编：《殷周秦汉史学的基本问题》，北京：中华书局，2008 年。

不断地与其他领域发生着互动与渗透。下面的论述将尝试忽略具体思想立场的差异,而致力于论述二者思想中所共有的双重维度,这大致可看作是时代的某种投影。

一、性情与教化

作为汉代儒家理论的重要奠基者,在董仲舒的政治理想中,天地所生的"性情"构成了圣王教化的起点[①]。这一因素在司马迁的《史记》中同样成为重要的主题。就前者而言,"性"与"情"在其理论体系中具有独特的规定性:"性者,生之质也;情者,人之欲也。"[②]作为生命的基本材质,它们并非具有固定抽象属性的存在,而是在与阴阳二元结构的对应中,随着经验世界的影响呈现出或善或恶的结果。

> 性情相与为一瞑,情亦性也。谓性已善,奈其情何? 故圣人莫谓性善,累其名也。身之有性情也,若天之有阴阳也。言人之质而无其情,犹言天之阳而无其阴也。
>
> (《春秋繁露·深察名号》)

"性情相与为一瞑",同时又蕴含着内外凝散的差异,这构成了礼乐的基础[③]。正如阴阳乃是贯穿于天与人的共同原则,性情也是二者所共享的属性。天的拟人化性格,为这一范畴提供了关联性的权威支持,"是故天乃有喜怒哀乐之行,人亦有春夏秋冬之气"[④]。这一"合类"的关联,将人类的情感因素纳入整体世界的网络之中。在董仲舒与司马迁的年代,天人关系的讨论甚为流行[⑤]。在《春秋繁露》中,此类推阐层出不穷,

---

① 《春秋繁露·深察名号》:"天地之所生,谓之性情。"

② 《全汉文》卷二三《元光元年举贤良对策》。对于"性"之自然属性的讨论,又如《深察名号》:"如其生之自然之资,谓之性。性者质也。"

③ 《全汉文》卷二三《元光元年举贤良对策》:"乐者,所以变民风化民俗也,其变民也易,其化民也著,故声发于和而本于情。"

④ 《春秋繁露·天辨在人》。另《阴阳义》:"天亦有喜怒之气,哀乐之心,与人相副,以类合之,天人一也。"类似的论述又见《阳尊阴卑》《人副天数》等篇。

⑤ 天人关系的主题,除《春秋繁露》与《史记》以外,在《淮南子》与《韩诗外传》中也有体现。

并以其浓厚的拟人化特色与价值色彩引人注目，所谓"美事召美类，恶事招恶类"，关联性的宇宙成为事实与价值判断的综合体①。

以董仲舒为代表的春秋公羊学派，依靠数或类的感应方式将天人世界抟聚成一个整体：人世间的行为能够引起不同性质的天变，从而降下祸福。由于"天"能够根据"人"的善恶做出反应，因此是值得敬畏的。不过，反过来说，这样的"天"也是可以理解的，是可以通过"人"的行为寻求解释的。暂且不论"人"的具体含义，可以肯定的是，"人"具有窥见天意、并通过改善自身行为而扭转"天"之状态的可能性。总之，"天"的所有部分在原则上都是可以被理解的。宇宙整体就像是无比庞大却又井然有序的网络，每一个体均有相对应的节点；他可以通过网络的颤动，来敏锐地查知外界的细微变化。按照这一框架，人之性情出于自然禀赋，且完全可能与宇宙和谐变化的节奏与轨迹相符合；不过，这并非自然实现的结果。在利用音乐现象说明万物"同类相动"的性质时，董仲舒点明了不和谐现象之所以发生的节点所在：

> 百物去其所与异，而从其所与同，故气同则会，声比则应，其验皦然也。试调琴瑟而错之，鼓其宫，则他宫应之，鼓其商，则他商应之，五声比而自鸣，非有神，其数然也……故琴瑟报弹其宫，他宫自鸣而应之，此物之以类动者也。其动以声而无形，人不见其动之形，则谓之自鸣也。又相动无形，则谓之自然，其实非自然也，有使之然者矣。物固有实使之，其使之无形。

（《春秋繁露·同类相动》）

通过对"自然"的讨论，董仲舒赋予万物某种微妙而又可探寻的关联性互动，尽管它不同于所谓因果关系或机械式的推动力。这一点使得对错误或不和谐因素的溯源成为可能。"使之然者"的存在，意味着关联性世界中的一切现象均可以认识与掌握，同样，其间的错误亦可以消除。

---

① 见《春秋繁露·同类相动》。

在此,琴瑟的不弹自鸣,往往被理解为单一音之共鸣的独立现象。不过,如果从单独的乐音拓展到绵延流动的旋律加以理解,可能更符合董氏的原意①。所谓"五音比而自鸣",事实上更适于描述由各种乐音组成的乐曲;这一譬喻也同样适用于天人和谐的交响。

按照董仲舒的理论构造,天人之间存在着某种潜在的关联,并表现为五行或四时的和谐律动;演奏出天人相契的主题旋律,正是关联性宇宙论的理想境界。不过,这一理想往往由于人为的造作而破灭,其原因在于:自然界并不会发生错误,错误出现在人类本身;人类,特别是作为其核心的统治者,往往按照主观意愿弹奏刺耳的不和谐音符,从而制造出不协调的共鸣。如果不能够恰当地理解与把握自我的"性情",那么这一源于自然的因素,也将因人为的扭曲而成为破坏和谐的环节。

董仲舒认为,"性"乃是自然之质,但是这并不必然保证它成为善的存在。与先秦主要儒家思想家不同,董仲舒并未将"性情"化约为某种抽象的属性,而是在经验世界中赋予其显现为善或恶的可能性——"性"之与"善",正如稻禾与米的关系,前者蕴含着产生后者的可能性,但是并不等同于后者;二者间的转化是在现实与经验层面完成的。

> 善如米,性如禾。禾虽出米,而禾未可谓米也。性虽出善,而性未可谓善也。米与善,人之继天而成于外也,非在天所为之内也。天所为,有所至而止。止之内谓之天,止之外谓之王教。王教在性外,而性不得不遂。故曰性有善质,而未能为善也。
>
> (《春秋繁露·实性》②)

---

① 对于共鸣现象的分析,可参考本杰明·史华兹《古代中国的思想世界》,第376—377页。
② 类似的论述,又如同篇:"性者宜知名矣,无所待而起,生而所自有也。善所自有,则教训已非性也。是以米出于粟,而粟不可谓米;玉出于璞,而璞不可谓玉;善出于性,而性不可谓善。"又如《深察名号》:"故性比于禾,善比于米。米出禾中,而禾未可全为米也;善出性中,而性未可全为善也。"

在这一譬喻中,禾与米之间存在着显著的差异;正是这一差异,为儒家的教化保留了充分的作用环节。尽管董氏强调天人之关联感应,但二者的分际在此则十分清晰。性之为善或恶,并不属于天之所为,而是人为的结果。性情出于自然,这构成了礼乐教化的基本动力①;但是过度的泛滥与无节制,则导致乱离纷争。为了矫正或避免此类错误,儒家教化遂成为不可缺少的举措②。董仲舒并未将人间事务推诿给"天",而是更加积极地肯定了移风易俗之可能性与必然性。王教之施行在促成性善的过程中,处于十分关键的地位;而礼乐等作为教化的手段,则由此获得了不可或缺的位置。董仲舒对儒家礼乐充满着理想,而相关性宇宙论则为此提供了积极实现的可能性。按照他的观点,王教能够充分治愈人事界的种种病态,使之回归到完美的运行轨道之中;这为审美化的政教提供了坚实的理论基础。

与董仲舒不同,《史记》中并未直接阐明相关的见解,而是通过文献的选辑综录间接表现的。对于性情礼乐主题的讨论,主要集中在《礼书》与《乐书》两篇,它们在《史记》十"书"中分列前两位。引人注目的是,这些内容具有典型的儒家风格;特别是《乐书》,其大部分文字与《礼记·乐记》等儒家文献重合。这些状况引发了相关的质疑,并且在很大程度上转移为文献学的问题,亦即更多地考虑《乐书》与《乐记》等文本的关联,

---

① 在《春秋繁露》中,民众性情之好恶构成了施政的潜在动力,这一点与法家的思想颇为相似。例如《春秋繁露·正贯》:"故唱而民和之,动而民随之,是知引其天性所好,而压其情之所憎也。如是则言虽约,说必布矣;事虽小,功必大矣……故明于情性乃可以论为政,不然,虽劳无功。"又《保位权》:"故圣人之治国也,因天地之性情,孔窍之所利,以立尊卑之制,以等贵贱之差。设官府爵禄,利五味,盛五色,调五音以诱其耳目,自令清浊昭然殊体,荣辱踔然相驳,以感动其心,务致民令有所好。有所好必有所恶,有所恶然后可得而畏也,故设法以畏之。既有所劝,又有所畏,然后可得而制。"
② 《全汉文》卷二三《元光元年举贤良对策》:"天令之谓命,命非圣人不行;质朴之谓性,性非教化不成;人欲之谓情,情非度制不节。"《春秋繁露·保位权》:"故圣人之制民,使之有欲,不得过节;使之敦朴,不得无欲。无欲有欲,各得以足,而君道得矣。"

而忽视了《史记》大量引用同等内容的根本动机①。

单纯就《礼书》与《乐书》的内容而论,《史记》直接袭用了儒家的礼乐思想。《太史公自序》中的说明文字证实,这一立场受到了司马迁本人的肯定。因此,即使这两篇文献系后人所添缀,它们在思想主旨上仍与司马迁大致不殊。在异常重要的礼乐制度史部分,之所以选择儒家的相关论述,这在整体上与《史记》的道家多元主义立场密切相关。

在《史记》的作者群中,最重要者当属司马氏父子,他们共同完成了该书的主体部分。根据顾颉刚的考证,《史记》的基本构思和主要题材在司马谈时已经大致齐备;司马迁之所以能够异常迅速地完成全书,乃是以其父的已有著述为基础,就此进行增删,并补入"元封"以后的历史②。因此,我们很难将《史记》单纯地看作司马迁个人的作品,而需要更多地注意司马谈的作用③。

司马谈曾"学天官于唐都,受易于杨何,习道论于黄子",具有浓厚的黄老学背景,因此在《论六家要指》中对道家最为推崇。在他看来,道家"因阴阳之大顺,采儒墨之善,撮名法之要""并包备具五家之长,集其大成",它不仅在个人修为的方面促成"精神专一"的效果,而且还能够"动合无形,赡足万物""立俗施事,无所不宜"。借助于"以虚无为本"的"因循"思想,赡足万物的庞大体系被建立起来。在这一体系中,

---

① 《礼书》和《乐书》是否司马迁自著;如系自著,究竟是沿用司马谈所准备的材料还是自行撰写;历代学者对此异说纷纭。《汉书·司马迁传》云"十篇缺,有录无书",又录三国魏张晏注以为证明。依此,《礼》《乐》二书同在亡佚的十篇之内,并非司马迁原作。清人钱大昕《二十二史考异》对张晏注存有疑问。王鸣盛《十七史商榷》卷一一虽认为是史公自著,却主张"子长《礼》《乐》二书亦空论其理"。不过,《太史公自序》中自叙写作二"书"的动机,表明司马迁对此具有清晰而明确的观念,而并非如王鸣盛所谓"空论其理"样无奈而勉强。可参考:《吕思勉读史札记》,中册,第四一三条"太史公书亡篇",上海:上海古籍出版社,2006年;余嘉锡:《太史公书亡篇考》,载《余嘉锡论学杂著》,北京:中华书局,2011年。
② 顾颉刚:《司马迁作史》,载《史林杂识初编》,北京:中华书局,1986年。
③ 尽管一般倾向于将《史记》与司马迁的个人悲惨经历联系在一起,但是,由于卷帙浩繁,司马迁再次改"述"为"作"的努力实际上很难贯彻,这从该书中多处矛盾的叙述不难得知。总之,无论司马迁在何种程度上变更了父亲的做法,材料的编辑与主题排列主要体现了司马谈的原初意图,应该是可以肯定的。

宇宙万物与社会制度各自维持着自身的价值与原则,并促成世界整体的良好运转。"因循"的基本原则在《太史公自序》中被正式确定下来,因此,当落实在礼乐制度的方面时,即表现为遵循儒家的礼乐论述展开建构。

据《论六家要旨》,儒家的长处在于"列君臣父子之礼,序夫妇长幼之别",这是"虽百家弗能易"的专长。基于"因循"式的多元主义立场,《史记》一方面将性情肯定为天然而合理的存在;另一方面,又按照儒家立场阐述了礼乐的性质与作用,通过礼乐节制性情,以期塑造和谐的现实世界。性情作为自然的存在受到充分肯定,并进而提供了礼乐教化的动力。由于这一原因,尽管《史记》的整体立场与董仲舒不同,但是在性情思想方面则大致相近。

> 太史公曰:"洋洋美德乎! 宰制万物,役使群众,岂人力也哉? 余至大行礼官,观三代损益,乃知缘人情而制礼,依人性而作仪,其所由来尚矣。"

(《史记·礼书》)

> 太史公曰:"夫上古明王举乐者,非以娱心自乐,快意恣欲,将欲为治也。正教者皆始于音,音正而行正。故音乐者,所以动荡血脉,通流精神而和正心也。"

(《史记·乐书》)

> 维三代之礼,所损益各殊务,然要以近性情,通王道,故礼因人质为之节文,略协古今之变。作《礼书》第一。乐者,所以移风易俗也。自雅颂声兴,则以好郑卫之音,郑卫之音所从来久矣。人情之所感,远俗则怀。比《乐书》以述来古,作《乐书》第二。

(《史记·太史公自序》)

"礼仪"根据人的"情""性"而制定,"因人质为之节文",故不同于"宰制万物,役使群众"的外在的"人力";"乐"作为"人情之所感",能够"通流精神而和正心",具有"音正而行正"的作用。由于礼乐基于人的本性而制定,因此它不仅具有"略协古今之变"的崇高地位①,也是达成"王道"的必经之路。礼乐本于人情,而在人的天性中又有求得欲望满足的一面,因此二者的结合恰好能够互补不足。

> 礼由人起。人生有欲,欲而不得则不能无忿,忿而无度量则争,争则乱。先王恶其乱,故制礼义以养人之欲,给人之求,使欲不穷于物,物不屈于欲,二者相待而长,是礼之所起也。故礼者养也。稻粱五味,所以养口也;椒兰芬茝,所以养鼻也;钟鼓管弦,所以养耳也;刻镂文章,所以养目也;疏房床第几席,所以养体也:故礼者养也。
>
> (《史记·礼书》)

"人生有欲",在满足欲望的过程中,往往由于缺乏节度而引起争乱。为避免争乱则需要制定礼义,这源自荀子的思想。另一方面,为满足欲望而进行的各种活动同样是合乎情理的,这一点乃是溢出儒家思想之处,而与《管子》等文献的主旨相通②。由此不难看出《史记》思想的包容性:一方面接受儒家的基本思想,承认礼乐制度基于人的本性而制定,强调对民众进行人格教育的必要,这显然不同于先秦道家以仁义礼乐为外加之物的看法;另一方面,又在《货殖列传》中主张欲望出于天然,满足欲望的经济活动合乎人性,这一点则迥异于先秦的儒家和道家,反而与某些主张借经济利益控制民众的法家思想具有共同的立论基础。但是,司马迁以礼乐制度作为节制欲望、避免争乱的手段,反对以"人力"甚至"诈力"的制民政策平息现实的纷争,则与法家思想针锋相对。因此,关于性情礼乐的思想充分显示出"并包备具五家之长"的特征;而这正是《论六家要指》对道家的评价。

毋庸讳言,在《礼书》和《乐书》中,大量袭用了《荀子·礼论》和《礼

---

① 如下文所述,"通古今之变"是司马迁对《史记》价值的殷切期许。因此,从这里的记载可以看出他对礼的异常重视。那些认为司马迁迫于儒者的压力而违心抄录《礼》《乐》二书的看法可能是不公允的。

② 关于《史记》受《管子》等文献影响的状况,参见日本学者板野长八论文《司马迁的经济思想》,载《日本学者研究中国史论著选译·思想宗教》,北京:中华书局,1993 年。

记·乐记》等儒家典籍的内容,这些文本及思想的雷同,在某种程度上降低了后世对《礼书》与《乐书》的评价。但是,恰恰是这一文献重合的情形,有必要予以充分的注意。受多元主义之整体立场的支配,《史记》在应对不同的领域时,分别采取适宜的原则与评价标准;表现在性情礼乐与风俗教化之方面时,则毫不犹豫地采纳了儒家的思想。这一方面反映出《史记》一书在思想结构上的包容性,另一方面又充分表明,在武帝时期,性情礼乐与教化已经成为最重要的时代主题之一,且受到不同派别思想家的共同认可。以这一状况为背景,以性情为起始倡扬风俗教化的措施,在《史记》的整体框架中得以固定下来。与董仲舒的相关表现相似,对性情与礼乐的肯定,充分显示出积极建构的富含理想性的一面。正如卫德明所指出的那样:"到了汉代,学者们的伟大和令其兴奋的任务是,试图通过获得制度的承认,巩固他们的地位和影响。"[1]董仲舒与司马迁的积极表现,表明他们同样致力于这一伟大的历史使命。

二、发愤抒情:"士不遇"的心灵模式

对性情与礼乐的讨论,乃是应对时代趋势所做出的积极回应。但是,董仲舒与司马迁并未限于这一单纯的立场。与此形成对比的是,二者同样以"士不遇"为主题抒发情志,从而呈现出与此前论述相去甚远的形象[2]。当然对此尚可提出疑问,如这些作品是否确为二者所作,它们究竟仅出于对某种已有主题的模拟,抑或是真诚的自我剖析。对于这些疑问,或许永远无法确认答案。不过,在存世汉赋中,明确以"士不遇"为题

---

[1] [美]卫德明:《"士不遇":对一种类型的"赋"的注解》,载费正清编:《中国的思想与制度》,第355页,北京:世界知识出版社,2009年。

[2] 董仲舒《士不遇赋》,载《古文苑》卷三、《艺文类聚》卷三〇。司马迁《悲士不遇赋》,载《艺文类聚》卷三十;此外,在《文选》所录江淹《诣建平王上书》李善注中,引录该文"理不可据,智不可恃"一句。赵省之认为《悲士不遇赋》确为司马迁所作,参见赵省之:《司马迁赋作的评价》,载《司马迁与〈史记〉》,北京:中华书局,1957年。

的作品仅此两篇,而其中所反映的黯淡心境,则确实与二者的境遇相符①。即使最终否定作品之隶属的真实性,"士不遇"之主题也暗示着某种时代思潮的出现,它在当时的文学潮流中鲜明地体现出来。概而言之,这一主题不仅反映了具体的历史情形,又在更为深沉的层次上造就了审美的人生感;伴随着内在矛盾的持续存在,这一感受在某种程度上长期充当着文艺创作的动力之源。

就存世的汉赋而言,它们所讨论的主题实际上相当有限。同一时代的作者们往往选用相同的主题,在前后相继的文学传统中亦是如此。不妨设想两种不必分离的可能性:首先是面临某种共同的处境而引发内心之共鸣,其次则是单纯遵循文学写作惯例,而不必与真实的自我相关。当然,更为合理的情形可能来自二者不同程度的混合。无论如何,如果将汉赋按照主题进行分类,那么不难发现,几乎所有的作品类型都带有鲜明的政治色彩,或者说涉及"文人在政府中的地位,以及他与决定他的地位的统治者之间的关系"②。

关于汉赋将在下一节予以说明,不过仍不妨提前区分性质不同的两类作品:大赋致力于歌颂皇帝的崇高地位、神奇力量与相应的各种政治或宗教行动,另一类作品则以官僚制度之理想与个体遭遇的错位为批评对象,以抒发自我的忧郁与悲哀;它们构成了彼此相关的两极。本节所涉及的士不遇赋、楚辞以及音乐赋,无疑属于后一支脉,其间所流露出的消极情绪,乃是统一帝国与官僚制度在现实发展中造成的,它们是文人身处帝国社会结构中的普遍感受;易而言之,所谓"不遇",已经超越了个体的失意与落魄,而升华为对同一阶层之境遇的写照。如果说,对于性情礼乐的讨论仍在努力营造审美与政治的同构;那么,对"不遇"的感叹,

---

① 在荀子的作品中已经出现了对"不遇"境况的关注,例如《成相》《赋》及《宥坐》;在《赋》篇中,"不遇"主题第一次进入这一文体。其后则表现在贾谊的《旱云赋》。关于这一发展历程的论述,可参考前引卫德明论文,第356—359页。宋玉《九辩》:"坎廪兮,贫士失职而志不平。廓落兮,羁旅而无友生。惆怅兮,而私自怜。"这里的自我描述,也含有"不遇"的意味,并将其指向"失职"的方面。

② 前引卫德明论文,第350页。

则揭示了二者的疏离。

单以司马迁为例，《悲士不遇赋》即便是伪托之作，也至少构成心境上的某种印证与呼应。作为武帝时代变化的观察者与参与者，司马迁由于卷入政治漩涡而遭受不幸。尽管在其后擢用为中书令，他仍然不忘昔日的耻辱，并将其有意塑造为创作《史记》的根本原因。此外，按照章学诚的见解，《史记》在每一类体裁中均借重首篇表现其整体意图，因此作为人物列传之首篇的《伯夷列传》，便不单是为事迹模糊的伯夷、叔齐所立的传记，而应看作七十篇《列传》的整体序例①。由此可知，《史记》对于受挫折者的事迹给予了明确的注意，面对人物及其遭遇的反差时，这种困惑的心情表现得极为清楚②。

在脍炙人口的如下文字中，司马迁将历史上的类似事例加以排比，从而塑造出源远流长的失意者的传统，自身则处于这一传统的结尾。其中有些事例，显然是故意修正的产物：

> 盖西伯拘而演《周易》；仲尼厄而作《春秋》；屈原放逐，乃赋《离骚》；左丘失明，厥有《国语》；孙子膑脚，《兵法》修列；不韦迁蜀，世传《吕览》；韩非囚秦，《说难》《孤愤》；《诗》三百篇，大底圣贤发愤之所为作也。此人皆意有所郁结，不得通其道，故述往事、思来者。乃如左丘明无目，孙子断足，终不可用，退而论书策，以舒其愤，思垂空文以自见。
>
> （司马迁《报任安书》）

在这一序列中，最值得注意的人物无疑是屈原，因为他自觉地将发愤抒情设定为写作的基本原则，从而对汉代文人产生了异常显著的影响

---

① ［清］章学诚：《文史通义·书教下》："迁书纪、表、书、传，本《左氏》而略示区分，不甚拘拘于题目也。《伯夷列传》，乃七十篇之序例，非专为伯夷传也。"见叶瑛：《文史通义校注》，上册第50页，北京：中华书局，2000年。

② 基于伯夷、叔齐和颜渊的事例，司马迁对于"天道无亲，常与善人"的原则产生了怀疑；在《外戚世家》《李将军列传》等部分中，也直白地表露出人物对命运——推而言之即是"天"——的无可奈何，这与《伯夷列传》中对"岩穴之士"的感慨相似。

力。对于绝大多数汉赋作者来说,屈原及其作品提供了至为重要的灵感,包括内心情绪之抒发宣泄的方式,以及深具南方特色的宗教传统——这最终导致在传统的认识中,将赋视为楚辞之流裔成为相当自然的习惯。对于司马迁而言同样如此。我们甚至可以想象,在撰写《悲士不遇赋》的过程中,屈原的事迹与作品构成了基本的参考范式。富于意味的是,就存世文献而言,屈原事迹的最早书写,恰恰是通过《史记》完成的:屈原与西汉初期的贾谊并列于同一传记,二者的思想关联被凸显为前景,这一关系在对《楚辞》作品集的编撰中也充分体现出来——例如在较晚的王逸《楚辞章句》中,贾谊的《惜誓》成为汉代第一部有意模拟屈原风格的作品,从而构成“楚辞”之年代链条的初始环节。

在论述汉代的《楚辞》传统之前,仍需就“士不遇”的主题再做一些补充。如果说,该主题的内涵在于“士”之阶层在政治活动中所遭受的不合理待遇,那么它实际上支配着两汉士人的内心世界;特别是在西汉中期以前,这一主题已经充分地类型化,并且确定了若干固定的写作主题,而相对远离沦落为纯粹写作惯例的危险。正是在这一确定主题的过程中,屈原及其作品受到前所未有的重视;进而言之,在某种“士”或文人之共同阶层的形成中,屈原成为某种可供模拟与反思的形象,通过心灵的反复追溯,最终成就了璀璨的楚辞文学。

如前所述,“士不遇”主题渗透着政治情愫,而且写作者事实上也多属政治性人物,而非纯粹以辞章为能事者。因此,如何选择“士不遇”的典型,实与其自身境遇密切相关。在汉代之前,“不遇”的典型性经验不止一类,它们在《史记》中均占据着显著的位置:例如伯夷、叔齐不遇于周,饿死首阳山;又如孔、孟周游列国,不遇而归;最后则是屈原忠而受谤,投江身死[1]。其中前两类尚属于“士无定主”的情况,故鲜少引起西汉士人的共鸣[2]。唯有屈原,由于困囿于君臣对立的格局之中,无法逃脱悲

---

[1] 关于“不遇”性质的区分与讨论,见颜昆阳:《论汉代文人悲士不遇的心灵模式》,载《汉代文学与思想学术研讨会论文集》,台北:文史哲出版社,1990年。
[2] 顾炎武:《日知录》,卷一三“周末风俗”条。

剧性的结局,因此格外激起汉人的悲悯与同情。如果考虑到屈原与楚辞传统塑型于西汉,那么"不遇"之倍受青睐,深切地体现出汉代士人的自我理解,例如道与势之相抗,才德与职位之匹配,这些问题正处于董仲舒与司马迁等人思想的中心①。

作为时代性心灵模式的体现,"士不遇赋"成为董仲舒与司马迁抒发情志的手段,理想幻灭的失落感借此得以纾解。尽管这一情绪并不必然外化为审美性的表现,但是在汉代,由此引发的辞赋创作确实蔚为大观。众所周知,各种文学与艺术在不同时期分别承担起政治批评的功能,从早期的《诗经》,直到较晚时代的明清小说,莫不如此;但唯有汉赋展现出与政治异常紧密的关联,时政与社会的思考被内化于审美形式之内,或者说,二者之间存在着紧密的共生关系。如果说董仲舒与司马迁的赋作,旨在宣示一己的经验感受;那么,为数更多的作品则以更为审美化的形式集中衍生出来,其中最重要者莫过于《楚辞》。

抒发"不遇"的作品大致具有如下的特征:在情感方面,流露出因忠君改俗之政教理想失落而引起的悲怨之感,但是在意志方面,则仍然坚持此一理想而并不放弃或妥协。在楚辞一系的后继作品中,这些特征是通过以屈原之遭遇为题材所做的复写而集中显现的。从历史的角度来看,这一文学传统,乃是通过屈原这一独特际遇的形塑作用,再加上汉代相似的个体经验,在深切同情中类化而成。屈原的经历,为楚辞文学提供了典范性的主题;不过,除了这一普遍性的因素以外,从文学写作的具体方式与审美策略来看,楚辞作品显然还具有更为深层的其他特质。

楚辞的突出特点之一,在于明确使用第一人称,这种对"自我"的刻意突出,与汉大赋的情形构成了鲜明的对比②。正是通过第一人称,后继

---

① 如司马迁《悲士不遇赋》:"悲夫士生之不辰,愧顾影而独存。恒克己而复礼,惧志行之无闻。谅才韪而世戾,将逮死而长勤。虽有形而不彰,徒有能而不陈。何穷达之易惑,信美恶之难分。时悠悠而荡荡,将遂屈而不伸。"

② 关于中国文学中第一人称的使用状况,可参考:(日)川合康三:《中国的自传文学》,北京:中央编译出版社,1999年。除楚辞作品外,使用"予"、"我"等第一人称代词抒情咏怀的作品还包括代言体,例如司马相如之《长门赋》及较晚的曹丕《寡妇赋》。

作品与先前的典范建立起内在联系，并在对屈原作品的反复模拟中，不断产生双重"自我"的重叠：首先是屈原作品中原初的"自我"形象，这构成了楚辞作品的阐释基础；其次则融入了拟作者的新理解，在对屈原的代入性模拟中，努力再现前贤的遭遇与心境。从审美的角度来看，正是通过对"朗丽哀志""绮靡伤情"的《离骚》《九章》等作品的效仿，不断地唤起内心的类似情绪，从而在阐释的反复循环之中，奠定了中国早期文学的抒情传统。

在《楚辞》中，对于内心的表达构成了最为重要的宗旨，而在这种表达中，笼罩和渗透着悲哀的情绪。单以《九章》为例，"章"往往被看作是彰显表露内在心志的含义；而其中所彰显的内容，正如朱熹在《楚辞章句·九章序》中所云："大抵多直致无润色，而《惜往日》《悲回风》又其临绝之音，以故颠倒重复，倔强疏卤，尤愤懑而极悲哀，读之使人太息流涕而不能已。"在这一诗篇中，关于抒发心中郁积情感的描述层出不穷：

> 惜诵以致愍兮，发愤以抒情。所作忠而言之兮，指苍天以为正……心郁邑余侘傺兮，又莫察余之中情。固烦言不可结诒兮，愿陈志而无路。退静默而莫余知兮，进号呼又莫吾闻。申侘傺之烦惑兮，中闷瞀之忳忳。

（《九章·惜诵》）

> 申旦以抒中情兮，志陈菀而莫达……窃快在其中心兮，扬厥凭而不俟。芳与泽其杂糅兮，羌芳华自中出。纷郁郁其远蒸兮，满内而外扬。

（《九章·思美人》）

在这些关于抒发情志的描述中，"中""内""外"等方位词占据着醒目的位置，从而引发了明显的空间性，即划分出内、外相对的空间化模型，并造成情感矢量之由内向外的运动。倘做进一步的联想，"中心"与容器之虚空的喻象相通，与之相应的则是郁积满溢的情感与水或气等流体的可类比性。在秦汉的音乐与文学理论中,这构成了最为突出的基本模式①。当时的主流审美思想,大致可以认为是以此为基础展开的。例如在《淮南子》的论述中,自我之内在情志的抒发即与身体结构密切联系起来,并作为审美化的过程加以强调。

在《离骚》等作品中,"要制造强烈印象的精神膨胀,越过了比喻的界限,升华为幻想"②。因愤懑而郁积于中的情绪逐渐满溢,并通过诗篇本身予以净化或消解。对于情感的极度强调,构成了楚辞作品的显著特色;而相关的具体描述方式也在后继者中承袭不绝。由于充沛情感的鼓荡,"诗言志"之命题在此得以进一步明确:"窃赋诗之所明"的内容乃是"介眇志之所惑"③,情感与个体的理想与意志因此无法分离。正如朱注所云:"又乐其所得于中者,以舒愤懑而无待于外,则其芬芳自从中出,初不借美于外物也。"情绪的排解同时也意味着高尚道德意志的呈现。

在此集中讨论屈原作品的性质,或许有混淆年代的嫌疑。但是不可忽视的是,对于汉代的继作者而言,所有这些因素都被自觉地认识并加以效仿,因此作为文学传统溯源的起点,它实际上被内化为汉代的历史。当屈原的存在借助于第一人称不断地向后延宕时,抒情的传统也不断地强化,从而显示为独特的书写策略。

从较明显的层面来看,楚辞类作品之所以强调"自我",乃是有意凸显由此造成的反差以及相应的情绪。"自我"作为情操与才华圆满的主体,与周围的整体环境产生了抵牾;尽管它表现为现实中的特定因素,但是自我之不遇却被处理为与整体时代的抽象矛盾,亦即屈原经常使用的

---

① 苏源熙将这一模式与李约瑟所强调的传统波动说等因素结合起来,视为"中国性"(Chineseness)之生产的实例。见苏源熙:《礼"异"乐"同"——为什么对"乐"的阐释如此重要?》,载《中国学术》2003年第3期。

② [日]吉川幸次郎:《〈诗经〉与〈楚辞〉》,《中国诗史》,第24页。

③《九章·悲回风》:"惟佳人之永都兮,更统世以自贶。眇远志之所及兮,怜浮云之相羊;介眇志之所惑兮,窃赋诗之所明。惟佳人之独怀兮,折若椒以自处;曾歔欷之嗟嗟兮,独隐伏而思虑。涕泣交而凄凄兮,思不眠以至曙;终长夜之曼曼兮,掩此哀而不去。寤从容以周流兮,聊逍遥以自恃;伤太息之愍怜兮,气于邑而不可止。纠思心以为纕兮,编愁苦以为膺。"

"世溷浊"①。此处之"自我"并非特殊性的自我,而是普遍性的个体,因此具有涵摄汉代士人精神共性的能力。正是在此情形之中,对于"命"——尤其是"时命"——的关注空前高涨。与此相比,作品中所引用的历史人物,则由于身处理想的年代而被赋予了圆满结局。对"时命"的感悟,在汉代继续受到关注,它与哲理性的讨论(如王充"三命"说)不同,将视线从造成"不遇"的特殊原因移开,始终强调自我与时代的不协调,并将天人关系视为悲观性的存在。客观地说,"哀时命"的感叹不限于楚辞类作品,而是广泛地充斥于各类赋作,董仲舒与司马迁对天人关系的思索,事实上亦可纳入其中,它们意味着人与天之关系的断裂或错位。进而言之,这一认识是以关联性天人系统的建立为前提的,它敏感地揭示了宇宙论理想所潜藏的危险。

不过"自我"的作用并不止此。正如陈世骧所指出的那样,与"命"凝为一体的"时",在《离骚》中第一次真正具有了"时间"的含义,但是,这却是独特的个体化的时间,它建立在"自我"这一主体的内心感受之上。通过对时间的主观化感受,外在的空间、事件与种种经验被带入个体的节奏,并内化于心灵之中②。尽管《离骚》等作品的篇幅相对于早期诗篇大大增长,但是却很难确定真正的故事化情节,而是通过强烈的情感,将所有外在的因素收束于自我;亦即借助于主体之自我的抒情活动,将错综复杂的各种经验、想象等因素融于一心。通过情感将外在诸因素予以内化,正是高友工所强调的抒情性的特征——它将重心置于内在的审美经验,而非作为该经验之外在表现与载体的作品自身③。

如果充分考虑抒情性成分的这一功用,那么对于汉代的相关作品,便需要调整已有的评价,并从中探讨审美的特殊性。一般对于汉赋,包

---

① [日]吉川幸次郎:《项羽的〈垓下歌〉》,载《中国诗史》,第 43—45 页。
② 陈世骧:《论时:屈赋发微》,载柯庆明、萧驰编:《中国抒情传统的再发现》,下册。
③ 高友工:《中国文化史中的抒情传统》,载《美典》。

括楚辞类作品在内，往往因其模拟的性质而视为缺乏独创性的存在①。大赋及"七"体作品姑且不论，至少对于高度抒情性的楚辞类作品，这一评价有失公允，因为它仅仅基于表面的相似性仓促地得出结论，而并未深入思考其内在的原因与作用原理。

楚辞的拟作之风肇兴于汉世并非偶然，伴随着这一文学现象的出现，某种对同一精神境界的领悟或审美策略的偏好成为必要前提，亦即拟作文学潜在地需要以拟作群体之出现作为条件。在楚辞系作品中，对于屈原及其作品存在着极为自觉的意识，这通过王逸《楚辞章句》所收录的诸篇序文可以得知；因此，在屈原作品中极其鲜明的抒情化性格，在汉代进一步得以凸显。在对屈原作品的效仿中，发愤抒情的模式一再重现。它们与原作之间出现了某种程度上的相似，即遵循后者的篇章结构与造句修辞。由于《离骚》等作品具有高度的修辞性，这进一步强化了后世对楚辞作品之形式方面的关注。不过需要指出的是，由于"贤人失志之赋"的一脉乃是以自我的情绪为中心的，因此抒情性在其中占据着重要位置，而非仅限于体式结构与炼字修辞；或者说，除了文字的运用层面，还存在着抒情性的心灵交流的层面，后者使得对审美经验的积极重现成为可能。

如果从抒情性的角度重新审视，那么审美经验之体验与再现，将取代较外围的文字层面，而成为该文学传统所倚重的中心。将视线从文本转移到审美经验或内在化的审美心象，意味着两种活动——移情（empathy）与赋形——成为审美经验展开的新枢轴。对于单纯的审美欣赏而言，读者与作者之间存在着辩证关系：以情感为推动力而形成的作

---

① 西方美学理论一般十分强调作品的独创性，这构成评价的基本要素之一。在传统中国，尽管拟作与代言的传统不断出现，但是也存在相应的批评，如顾炎武《日知录》卷一九"文人摹效之病"条。对于拟古与作伪，或者以"学习属文"与"尝试一较长短"释之，或者以"游戏性或挑战性动机"释之。见王瑶：《拟古与作伪》，载《中古文学史论》，北京：北京大学出版社，2008年；林文月：《陆机的拟古诗》，载《中古文学论丛》，台北：大安出版社，1989年。不过，至少对于汉代的楚辞之风，这些解释均相对忽视了更为内在性的因素，即拟作者在抒情性方面的根本要求，即一种以生命印证生命的活动。

者的审美心象,以文字为媒介转化为审美文本并固定下来,读者则在审美欣赏中,将其再次转化为想象世界或意象世界。在此,固然可以用"文本—读者"的模式将之视为以文本为中心的阐释循环,但是,鉴于楚辞作品中第一人称的显著地位,对于某种主观体验或审美经验的认知与再体验,实则超越了文本而成为焦点。由此,在楚辞作品中,努力建立起来的乃是主体心灵之间的交汇与融通,这其中同时含有道德与审美的成分。

考虑更为复杂的情况,即《楚辞》中不同作者——特别是拟作者与屈原——之间的关系时,心象世界之内化与外显的切换更加频繁。事实上,对于屈原作品的拟作,远非纯粹形式化的追摹;除了在用词遣句、篇章结构等相对外在化因素的方面苦心经营之外,不可缺少的另一因素即是对模仿对象之内心经验的再创造。至少在整体结构或形式上,拟作者与原作者共享着某种心理经验的组织历程;在拟作活动中,已有的写作范式不仅没有束缚后继者的创作自由,反而为其提供了以生命印证生命的契机。

从表面上来看,拟作仅仅是形式上的模拟,实则这一行动蕴含着在心理与情绪上对已有经典的回味与经验,即以某种内化的行动承载之,并且又通过文字的外化彰显之。易而言之,尽管文字的操作乃是不可或缺的环节,但是更为重要的则在于对内心之抒情体验的再经历。因此,楚辞作品的反复承袭,也就意味着这些作者们在不断强化抒情传统,通过文字追踪并沉潜于前人的思想与情绪之中。因此,在每一篇拟作中,都潜在地蕴含着双声话语(double-voiced discourse)之实现的可能性,它存在于"自我"与模仿"自我"之间,通过既外在于自我又内在于自我的双重视域,将已有的抒情经验予以传承与转化。

在楚辞的拟作中,不同作者为传达自身情志而展开书写。它替两个说话人服务,同时表达两种意图:说话者的直接意图和被折射出来的作者意图。这个话语中有两种声音、两种意义和感情。而两种声音也同时有对话关系,且总是有内在的对话。这样,单一作品在对典范的关联中,生成了不同时空的向度,既指向作为典范的屈原,又指向拟作者自身。

当这一模式进一步体现于不同的拟作时，某种历时性与共时性交织的复杂网络即告生成。可以肯定地说，这一网络远非"不遇"之单一主题所能结成，尽管后者提供了最为基本的核心要素；以抒情性为中心的审美模式，乃是楚辞作品不断繁衍的内在逻辑。在各种对"不遇"心境的表达中，楚辞类作品以其精巧而复杂的对话结构形成有机的传统——它既是抒发士阶层之苦闷的政治与思想传统，也是以抒情体验为中心的积极再生的审美传统。

第三节　汉大赋的政治美学

在汉代的各种文学作品中，最具时代特色者当属汉赋。王国维曾云："凡一代有一代之文学：楚之骚，汉之赋，六代之骈语，唐之诗，宋之词，元之曲，皆所谓一代之文学，而后世莫能继焉者也。"①严格说来，汉赋包含着不同性质与风格的作品，其面貌随着出土文献的增加更趋复杂；而本节所讨论的对象，则限于带有鲜明政治色彩的汉大赋。以京都苑囿、宫廷游猎等特定题材为中心的汉大赋，具有飞扬而纵横四海的气度，充分显现出赋作家们努力把握世界全体的自信与乐观。正是在这些作品中，呈现出某种独特的文学形式——恢廓曼衍的铺陈，夸丽恣肆的排比，各种主题的类分与列举，物象形态的摹拟与穷尽，以及对世界进行整体追踪的敏感意识。所谓"赋家之心，苞括宇宙"，指的正是这一特色。

汉大赋的基本主题，在枚乘的《七发》中已初露端倪；至司马相如则真正树立起大赋的典范。稍晚的王褒和扬雄，相继光大了这一为皇室服务的传统；晚至东汉，班固与张衡仍踵武其后，以京都大赋辅翼政治。在不同时期的赋作之间，呈现出相当稳定的写作体例，即使是充分反思该传统的班固，在具体写作中依然展现出对自身主张的某种悖离。这里写作实践与批评之间的差异暗示着，大赋的评价标准很可能来自后世的建

---

① 王国维：《宋元戏曲考·自序》，载《王国维文学论著三种》，北京：商务印书馆，2001 年。

构,因此无论赞美抑或贬斥,都可能遮蔽甚或湮没了实相。事实上,从两汉之际开始,大赋几乎承担了所有对于汉赋的批评。不过,凭借着文学传统强有力的惯性,汉大赋依然相当牢固地遵循着自身的逻辑,而不至于完全消解。维持该惯性的主要动力之一,即在于汉大赋与政治的密切联系。

按照传统的说法,汉赋作为"古诗之流",继承了自《诗经》而来的辅翼政教的正统功能;此外,它又与早期的纵横家、"行人之官"等因素存在着关联①。需要强调的是,作为时代稍早的文学传统,楚辞为汉赋提供了全面而深入的参考作用,并表现在从词汇意象、文体风格到宗教传统、思想意识在内的诸多方面。不过,无论如何溯源"赋"的属性,均无法忽视如下的事实:尽管汉大赋存在着复杂的历史渊源,但是其出现多少有些突如其来的意味,它在形成以后不久即臻于全盛。虽然从中不难寻找出对各种早期资源的承袭;不过,这些已有要素的再现之总和,并不能直接等同于汉大赋的独特形态——汉赋是渗透着时代政治内涵的文学遗产,是委婉地传达某种独特政治理想与意见的艺术。这一性质早在中央皇帝热衷辞赋之前,已经在相对独立的地方诸侯宫廷中有较充分的表现。

与其他文学体裁相比,汉大赋的政治性格至为浓厚,它直接为中央皇室提供特定的意识形态宣传。在武帝或宣帝等强力君主的周围,始终依附着大量的赋作家。按照作家对自身的描述,其身份或者类于俳优,或者是皇帝周围的新官僚阶层。值得注意的是,从汉大赋的开创者司马相如开始,经王褒到扬雄,这些最重要的大赋作者均来自蜀地。与文化传统悠久的齐鲁等地区不同,新开辟的川蜀以其丰富物产与商业扩张气氛为背景,不断地酝酿着新文化得以产生的氛围②。由于尚未受到传统思想或地方势力的束缚,因此更容易与皇帝产生直接的隶属关系,从而热情地讴歌后者的崇高与伟大力量③。正是由于这一原因,汉大赋被视

---

① 汉赋源流的传统权威见解,可参考:《汉书·艺文志》"诗赋略"序、《文心雕龙·诠赋第八》。
② [日]吉川幸次郎:《论司马相如》,《中国诗史》,第75—76页。
③ 《三国志·秦宓传》:"蜀本无文士,文翁遣相如东受七经,还教吏民,于是蜀学比于齐鲁。"

为"体国经野"的鸿篇巨制，从而在文体分类与文人的观念中占据着非常优越的位置①。

在汉大赋的发展历程中，武帝时代具有特殊的重要性：它不仅构成该传统的起点，而且堪称最为鼎盛的时代。与不好辞赋的景帝不同，武帝对此极为倾心，这显著地推动了汉赋创作在数量与质量上的同时繁荣②。与其将这一喜好看作纯粹个人化的选择，不如视之为时代要求之积极显现更为合适。事实上，"京都"、"郊祀"、"耕籍"与"畋猎"等大赋的制作，与帝国祀典具有紧密的内在联系：

> 文、景之间，礼官肄业而已。至武帝定郊祀之礼，祠太一于甘泉，就乾位也；祭后土于汾阴，泽中方丘也。乃立乐府，采诗夜诵，有赵、代、秦、楚之讴。以李延年为协律都尉，多举司马相如等数十人造为诗赋，略论律吕，以合八音之调，作十九章之歌。

> （《汉书·礼乐志》）

由此可见，大赋与乐府一样，是作为郊祀典礼的具体措施而出现的。班固在《两都赋序》中指出："至于武宣之世，乃崇礼官，考文章，内设金马石渠之署，外兴乐府协律之事，以兴废继绝，润色鸿业"，亦是指此。从赋家的身份及作赋场合来看，他们与郊祀礼典的关系非比寻常。西汉的献赋者多隶属礼职，或是属于皇帝身边随侍行礼的郎官系统；而他们的创作活动，则与帝王祭祀之礼的关系十分密切③。这一基本性质，在很大程度上奠定了汉大赋之审美模式的独特性。

汉大赋与郊祀典礼的内在联系，意味着国家力量直接参与并推动了

---

① 汉大赋在文体分类中的地位，可参考各类文选与别集的状况。就一般情况而言，赋总是占据着最醒目的位置，从《昭明文选》到后世的各类文集大致如此。鉴于其内容与主题的丰富性，赋之创作也被看作是体现才学的方式，是检验能否称为"才士"的重要标准。《世说新语·文学》载孙绰云："《三都》《两京》，五经之鼓吹"，这在某种程度上可视为共识。

② 根据《汉书·艺文志·诗赋略》的统计，武帝时期的赋几乎占据了总数的一半。这表明，汉赋之勃兴很可能并不仅是武帝个人之力奖掖的结果，同时也是时代环境使然。

③ 关于赋家的身份与活动性质，可参考许结：《汉赋祀典与帝国宗教》，载葛晓音编：《汉魏六朝文学与宗教》，上海：上海古籍出版社，2005年。

新文学传统的形成,并通过强有力的价值导向加以约束。从根本上说,大赋的基本性质受到帝国祀典乃至新的权力中心的规定:之所以在"祠太一"等行动中制作辞赋,原因正在于后者积极参与了大一统政治的建构过程。注意汉大赋勃兴的时机,乃是非常必要的——武帝至宣帝时期,正是开创未有之新局、且各项政治与宗教设施尚未建立的时期。因此有必要对汉大赋中的如下分际始终保持清醒的意识:一方面是历史悠久的宗教传统、思想主题、文学样式,另一方面则是新时代的政治理念、文化理想与审美精神;而将两方面因素凝聚为一体的动力,则来自时代的内在要求。

或许可以如此理解汉大赋的宗旨:在前所未有的政治与社会格局中,致力于重新建立天人关系,树立崭新的皇帝制度的无上权威,并使之在世俗政治与宗教两方面同时臻于顶峰。受此整体倾向的支持,汉大赋体现出不同于以往任何体裁的若干特质:凭借空间方位对世界进行的类分;对自然物种类的不厌其烦的列举与描摹;不断追寻和遭遇神秘力量的巡游队伍;语言文字的精致雕琢和华丽铺陈;主客问答形式所蕴含的"地域—中央"之鲜明对比,等等。所有这些内容,都不难在司马相如的赋作中找出对应的部分;它们的错综叠合,构成了汉大赋之独特的美感。本节拟以相如赋作为主,截取其中的相关主题,以此管窥大赋所蕴含的政治美学的维度。

一、巡游与四方结构

在汉赋所受的各种影响中,来自楚辞的因素既多且广。如果将楚辞的主要内容大致分为两类,其中一类不妨命名为忧郁、哀怨的诗,抒发诗人对昏庸的君王、残酷的命运,以及对腐朽、恶毒、不可理喻的社会所感到的悲痛和愤怒;另一类则可以称为巡游式的诗歌,描写诗人的旅途经历①。幻想、神游与哀伤,这些一般认为源自祭神巫歌的要素,在楚辞作

---

① [英]大卫·霍克斯:《神女之探寻》,莫砺锋主编:《神女之探寻:英美学者论中国古典诗歌》。

品中紧密地融合为一体，呈现出惝恍迷离的哀怨之感。但在为汉赋所继承时，这些要素迅即发生了分离。前节所讨论的汉代骚体赋，成为明显继承了忧郁、哀怨与愤懑情绪的一支；而在汉大赋中，幻想与神游的成分则与统治者的形象结合起来，阴暗积郁的风格一扫而空，代之而起的则是纵横恣肆、自由飞扬的积极而鲜明的格调①。作为二者之分野的显著标志之一，前者采用第一人称，以期不断复现抒情性的自我；后者则始终避免第一人称，努力营造出某种客观化的笼罩宇宙之全体的视野。

　　楚辞中对于早期宗教主题的选择，在汉代进一步被承袭下来，但是其作用却发生了明显的变化。在年代始于汉初的《汉郊祀歌十九首》中，已开始沿用早期巫师拜神仪式中的套数，并将其转用于增强皇室的权威与力量。与此相似，汉大赋中的一个突出表现，乃是对楚辞作品中"巡游"主题的袭用。在六龙驾御的车上，主角庄严地遨游于天际，其身旁簇拥着作为扈从的众多神灵，巡游队伍的规模与行踪颇令人眼花缭乱。对于这两类作品而言，尽管仍存在着若干差异，但是其共同性则在于：巡游的具体历程并不遵循规则化的时间线性展开，而是按照空间顺序加以构思，相继胪列宇宙的各个组成部分，并在不同的地点之间完成快速的切换②。这一突出空间线索的模式，表明游历世界并追寻神秘力量的意图始终受到关注，其差异则在于作品的主角由早期的萨满教巫师、浪漫的诗人变成了君临四方的皇帝。在此不妨再补充一点：以主人公之自我为中心展开的时空历程，自始即带有强烈的想象意味，因此，无论是在早期

---

① 刘熙载在《艺概·赋概》中将赋的美感分为三种："屈子之缠绵，枚叔、长卿之巨丽，渊明之高逸，宇宙间赋，归趣总不外此三种。"缠绵和巨丽的对比，实际上反映出情绪之低回沉郁与自由高扬的差异。

② 在《楚辞》中，经常出现"朝发轫于苍梧兮，夕余至乎县圃"一类的句式。按照霍克思的看法，在这一空间的游移中，空间距离实际上被压缩，故所采用的并非叙述性的语言，而是戏剧表演的语言，这可能沿袭了早期巫师在宗教仪式场合中的相应习惯。见前引《神女之探寻》第33—34页。此外，陈世骧也注意到，正是在《离骚》中，"时"字开始用以指称"时间"，且这一用法与自我密切相关，即，它是作为自我之主观化时间存在的；这一外在化的情节转化为自我心灵之内在体验的方式，有助于形成抒情化的表现传统。见陈世骧：《论时：屈赋发微》，载柯庆明、萧驰编：《中国抒情传统的再发现》。

楚辞作品中,还是在汉大赋中,漫游同时兼有心灵与现实的层面,以心灵融摄现实时空,二者遂相互交织而不可分。

伴随着相关性宇宙论在秦汉之际迅速发展,楚辞作品中表现出某种时空意识的变化,这一因素在其他早期文本中已经开始显现。政治上的统一,在知识领域引起宇宙理论的一体化。作为屈原的同时代人,邹衍已经开始尝试着将宇宙时空理解为单一封闭的系统,尽管这尚不足以代表该时代的普遍状况。需要强调的是,宇宙时空观并非对外在世界的纯粹数量化切分,而是与宗教传统密切相关,这一点吸引了汉代赋家的目光。在《穆天子传》或《山海经》中,想象性的旅程与空间认识,伴随着与各种神祇的相遇,这意味着漫游历程渗透着追寻神灵的意识,而这些文献无疑在此方面充当了指南手册。当对于神灵的探寻与空间意识的整齐秩序融而为一时,完整的巡游主题即告出现。

在《离骚》与《远游》之间,这一主题呈现出相当清晰的变化轨迹。正如霍克思所说,《离骚》以毫不含糊的鲜艳色彩,描写巫师以法术巡游天际,但对所游历的那个宇宙世界却语焉不详,甚至对巡游路线的描述也含糊其辞;而在《远游》中,则精确地描绘了一个对称的曼荼罗似的宇宙(与当时青铜镜文饰中的宇宙图案相同),描述了按适当程序先后谒见各方守护神、然后达到神力核心,最终使旅程臻于高潮的周游宇宙的过程[1]。所谓"曼荼罗式的宇宙",一方面指涉宇宙的关联性结构,另一方面亦包含内心对此结构的认识与操纵意识;心理层次与物质层次的转换与重合,意味着在空间历程的时间性展开中,某种追寻超自然力量的努力于此浮现。

司马相如在《大人赋》中继承了《远游》的这一要素,这表明该传统得到进一步的继承[2]。需要注意的是,巫术或宗教性的原型,在新时代被转化为对大一统政治的礼敬;《大人赋》之创作动机,乃是为了向武帝展现

---

[1] 前引《神女之探寻》,第40—41页。
[2] 章太炎指出:"相如《大人赋》自《远游》流变",见《国故论衡》,"辨诗",上海:上海古籍出版社,2006年。

帝王所应享有的神秘境界;事实上它也确实造成了应有的效果①。如果考虑到秦皇、汉武均痴迷于五岳的封禅祭祀,那么这一追求充分意味着宇宙的匀称结构已经建立起来,即"中央—四方"式的基本框架。在这一框架内部,宇宙被规则地切分成对称的不同部分,每一部分则由相应的神祇支配。通过巡游于其间的特定地点,即可伸展世俗权力,并象征性地获得当地神祇所奉献的宗教神力——这两种因素的结合,为统治者提供了至高权力的支持。

正如汉大赋与郊祀太一之礼存在着内在的联系,在巡游的主题中,作为主人公的皇帝与超自然的力量之间形成了直接的沟通,这正是巡游封禅一事的真实动机,它与郊祀太一的意旨相通,即意图逾越任何关联性宇宙论的限制,建立起不受束缚的随心所欲的权力。汉武帝之所以从《大人赋》中获得飘然凌云的感受,其原因亦在于此。从这一角度来看,大赋作者们的积极创作,乃是作为政治运作之一部分出现的,他们意在建构宇宙的真正主人,这与此前两节中抗拒或疑虑的立场迥然不同。

巡游于四方的主题,深层次地显现出中国传统宇宙观的特质,亦即通过关联性的结构,四方与四时融合为一,"时间的节奏率领着空间方位以构成我们的宇宙,所以我们的空间感觉随着我们的时间感觉而节奏化、音乐化"②。如果说在月令系统的文献中,已经形成这一时空交织的整体架构,那么在此则存在着明显的进一步变化:对于前者而言,天地万物尚内在于此时空结构中,并呈现出节奏化的律动;在后一状况中,则开始出现超越时空整体结构、希冀从外部自由地掌控一切的至高权力者的形象。进而言之,皇帝在驾驭车马巡游于四方时,将自身置于宇宙的中心,并以其主导的路线来规划宇宙自身的循环变化。

---

① 《汉书·司马相如传》:"见上好仙,因曰:'上林之事,未足美也,尚有靡者。臣尝为《大人赋》,未就,请具而奏之。'相如以为列仙之儒,居山泽间,形容甚臞,此非帝王之仙意也,乃遂奏《大人赋》。"作为其结果,"天子大悦,飘飘有凌云气游天地之间意"。这表明该赋作的目的在于造就帝王的神化,班固的相关评论可能是不客观的。

② 宗白华:《中国诗画中所表现的空间意识》,《宗白华全集》第三卷。

通过汉大赋中的巡游主题,世界被划分为井然有序的时空结构,从而为进一步的文本书写提供了基础。按照关联性宇宙论的性格,宇宙万物均成为可以认识的对象,当这一点进入汉赋之后,则充分反映出某种极度自信的立场:无论是自然界、人事界抑或神秘的神灵世界,一切均可以得到阐释并为人所征服;而这一力量则集中体现于皇帝之手。在四方与四时的循环往复之中,宇宙万物、天地神祇各自归属于恰当的位置;通过类别化的命名与描述,进而又建立起巡游者对世间各部分的支配。在汉大赋中,对于自然世界的分类描述,以及语言文字的堆砌铺陈,一向因其冗杂复重而遭受批评。但是如果将它们置于前述的架构之中来理解,那么也就不难窥知其间所流露出的操纵世界的积极意图。

二、"繁类以成艳":铺陈的自然

如果随着大赋的笔锋所指,将注意力集中于自然描述和语言运作的方面——这两个方面紧密地结合在一起,难以区分——那么结果将是饶有趣味的。据前所述,无论在何种意义上,作品中的自然物象与风景都很难看作纯粹现实的反映;与其说这些内容来自作者对经验世界的模写,倒不如视其为某种理想化的构造。对此大致可以从两个层面加以理解。首先,从文章的基本结构来看,汉赋中的自然物,环绕着巍峨的人工建筑与广阔的池沼,是按照相对固定的空间秩序展开的,这意味着自然物并非作为纯粹描写性的对象罗列在一起,而是被纳入某种有意建构的框架之中,其间明显散发着想象性或心灵性的氛围。其次,在现实性的自然物之间,分布着种种惝恍迷离的形象,诸如神话性的鸟兽或异域的供奉之物,它们或者来自人世之外,或者被置于现实中并不存在的秩序之中①。

---

① 对于汉赋这一非现实色彩的批评,在很早即已出现,特别是当"义正"的要求出现以后。例如《文选》卷四左思《三都赋序》:"然相如赋上林,而引卢橘夏熟……假称珍怪,以为润色……考之果木,则生非其壤;校之神物,则出非其所。于辞则易为藻饰,于义则虚而无征";又卷四五皇甫谧《三都赋序》:"若夫土有常产,俗有旧风,方以类聚,物以群分,而长卿之俦,过以非方之物,寄以中域,虚张异类,托有于无。"

尽管赋作家们不吝笔墨,对不同类别的自然物予以细致的描述,但是很难在这些对象与人类世界之间划出清晰的界限。从根本上说,这些自然物相继映现于巡游君主的目光之中,并且在苑囿或畋猎过程中相继展现。在《子虚》《上林》赋中,司马相如首次创造了全景式的赋体,他择取了胪列方位与名物的传统,将宫殿、屋宇、苑囿、湖泊等空间要素及点缀于其间的种种自然物予以展示;繁复的自然物按照属性各自归类,并被统摄在相对松散的空间结构之中。这一为自然赋予人工性的做法,在班固与张衡的相关赋作中仍然存在。

与《大人赋》不同,《子虚》与《上林》赋并未展现出均衡而规则的四方式空间结构。它们似乎无意提供充分精确的空间感,而只是努力营造如下的效果:读者在面对这些恢弘壮丽、雄伟庄严的描写之时,情不自禁地为格局之异常宏阔感到惊奇,并在微微的眩晕中叹为观止。作为该赋的主题,上林苑乃是汉武帝时期建成的,它通过缩影的形式复现其幅员辽阔的帝国的山林川泽,并进而象征皇帝对宇宙的占有。如果考虑到若干相似的传统艺术——例如脱胎于宗教背景的盆景、早期山水画或青铜镜,那么不难理解,上林苑同样构成宇宙的复制,通过它可以实现对于后者的神秘操控;唯一独特之处在于,它仅为皇帝个人而非普通的宗教徒服务。

顾彬指出,汉赋中的自然既非《诗经》所描述的农业式的自然,亦非《楚辞》中渲染了宗教色彩的自然,而是统治思想范围内的自然;因此,其中不仅有作为"包围圈"的苑囿,以及围在其中的荒野自然和野生动物,而且还有异国情调的风物描写,即以在中国根本不存在的自然勾画一个广阔、完美世界的映象,这个世界的主人就是中国的皇帝①。与此相对应的是,作品的高潮总是出现于皇帝巡行之时,对特定之人的显耀而非物的铺叙,成为大赋的主旨。据此,所有关于自然物的描述,均服从于广义的语言的运作。

---

① ［德］顾彬:《中国文人的自然观》,第54页,上海:上海人民出版社,1990年。

"上林"既指向现实中的皇家苑囿，同时又指向宇宙的整体，二者的重影即构成赋作的主题。基于这一二重性质，后世对于上林苑之具体设置及其中动植物的考据往往失之拘泥，而某些逾越常规的描述手法则因此变得容易理解。在《子虚》《上林》中，存在着地理空间比例失衡的现象，这与前述方位感不清晰的印象相映成趣。尽管按照赋作家的本意，云梦与上林在规模上明显不同，但是对二者的描述却不能反映出相应的差异，反而极易因夸张而造成对象比例的混淆。不仅如此，对上林苑的描述，显然是按照宇宙性的规模展开的，因此反复援引早期作品中关于巡游的叙述模式；在想象性的铺陈中，真实与想象层面不断交错或平移，造成微观园林与宏观宇宙的同一化。这一点也约束着对自然物的描绘——借助于神话中的动植物意象，赋作者引导读者超越世俗环境的拘限，意图迈向更为高妙的超自然境界。

尽管《子虚》《上林》没有采取均衡切分的空间布局，其间仍然存在着指示性的方位词。至少在部分内容中，凭借着"于是乎"和"其东"、"其北"、"其下"等反复出现而控制力又相对较弱的连接词，大致营造出如下的顺序："从无生命的自然到有生命的自然，从无机的自然到有机的自然，从高处到远处，从大到小，从广到狭，从高远再到有限的空间"[1]；其中某些原则可能来自早期的传统，如枚乘《七发》对于自然物象的排列。然而，欲在此方面确立某种贯彻性的通例则甚为困难。与整体的空间感相比，将山、石、动植物等加以类别化的努力更加明显。虽然赋中明言"若乃俶傥瑰玮，异方殊类，珍怪鸟兽，万端鳞萃，充仞其中者不可胜记"，不过类分仍然构成赋作展开的主要方式，以至于《文心雕龙·诠赋》评价相如赋作"繁类以成艳"——这一简要的评价，既点出"类"的组织原则，又强调了"艳"的语言审美效果。

根据自然物的不同属性加以类分，并不厌其烦地予以排列，这一表现早已超出纯粹描绘性的需要，而流露出对物类划分及语言运作的强烈

---

① 顾彬：《中国文人的自然观》，第 58 页。

兴趣。易而言之，与纷多的物类相应，在繁冗语辞的表层之下，流露出某种依次检阅万物并力求控制之的意图。事实上，相对于繁杂无序的世界而言，任何类别化的努力都意味着对世界的新理解，意味着某种秩序的生成。从这一角度加以考虑，无论认为作品在纯粹地进行现实化的描述，抑或满足好奇或炫技的心理，都不足以概括其真正的用意。极力罗列各种物象，并将其编织成经纬灿然的图画，乃是对于崭新世界观的进一步实践，它与此前的空间化的努力是一以贯之的。如果说通过时空的划分，宇宙被切分为若干空格，那么接下来的工作便是在每一格中填充相应的物类，从而实现宇宙的完整；当然，在这一宇宙中，除了来自日常经验的种种自然对象，也包括人类的文明以及超出现实层面的想象性的构成要素。

对于自然物类的划分，是通过语言文字来实现的。单就"上林"这一主题而言，如果说这一皇家苑囿构成了宇宙的映象，那么语言文字连缀而成的苑囿图景，则进一步构成了映象的映象，亦即双重性的映象；它在承继宇宙性本质的同时，又通过语言文字的艺术特性，对前者的形态加以调整。因此，在汉大赋中，既包含着内容与主题的意识层面，又包括了文学书写的审美层面，并且有必要更加积极地看待语言文字的功能——语言文字对于现实的干预，正如同上林苑对于宇宙的模拟与掌控，它不仅是可能的，而且在逻辑上是必需的。从这一意义上说，上林赋与上林苑相仿，构成了多重映射的宇宙之象征。

无论如何追溯汉赋的起源，"赋者铺也"始终具有极大的影响力，它将汉赋归结为某种铺陈或铺张的产物，这意味着在语言文字的极度使用中，流露出某种溢出现实的倾向①。在大赋中这一特征尤为明显。屈原以后至汉初的辞赋文学，谨守屈原作品的韵律形式，不断锻炼用词，从而

---

① 这一观点在汉代后期甚为普遍，例如：《九章·悲回风》"窃赋诗之所明"王逸注："赋，铺也"；刘熙《释名》卷六《释典艺》："敷布其义，谓之赋"；《周礼·春官·大师》"六诗"郑玄注："赋之言铺，直铺陈今之政教善恶。"刘勰在《文心雕龙·诠赋》中，正式采纳了这一定义："赋者铺也，铺采摛文，体物写志。"

逐渐增强了作品的修辞性。不过司马相如的状况有所不同，创造性的因素超越了惯性的推动力。正如吉川幸次郎所说，像司马相如那样极度促进辞赋文学修辞性的作品，是从未有过的，"他积极搜集与罗列了脱离日常生活的、陌生的、然而又是整齐的词汇……完全消除了那些在《楚辞》里还残留着的简单的用词"①。由于采用夸诞繁丽的行文风格，司马相如往往被视为"丽以淫"的始作俑者，因此不断受到后世的批评。当然，对此也存在完全相反的见解，吉川氏即认为司马相如开启了纯粹夸示韵律之美的传统，这意味着以自身美感为充足理由的纯文学的诞生②。

毋庸讳言，司马相如作品的修辞风格，给读者留下了异常鲜明而深刻的印象，但是为何选择这一风格则值得深入探索。一般认为，极力罗列的动机主要在于修辞欲或者某种形式化写作的意图，从而将其纳入文学自身发展的轨道。诚然，在汉赋的流变史中，始终存在着语言风格的惯例化的承袭，这构成了相对自律化的审美传统。不过相如赋作中富丽而细腻的描绘，很难看作是纯粹受修辞欲之驱使的结果。不可否认，在司马相如的创作中，存在着引人注目的审美维度，即自觉地以艺术感染力为目标展开语言的制作及鉴赏，不过单纯倚重修辞的审美维度进行阐释，这一做法则未必充分。

扬雄将相如风格的作品贬低为"雕虫篆刻"，这体现出赋作语言与工艺相通的性质，即华丽雕琢的离镂之美。汉赋中语言文字的运作，也容易因此被视为纯粹装饰化或形式化的因素，例如吉川氏即认为，司马相如所采用的语言，乃是"纯粹以美的快感为目的的语言"。不过，如果同时考虑汉大赋之制作的基本背景，以及支配篇章结构的深层意识，那么，将语言从其他因素的综合影响中剥离出来，仅视为遵守单一美学逻辑的存在，不免会引起遮蔽大赋之根本性质的后果。实际上，在汉大赋的语言与所描述的苑囿之间，以及苑囿图景与其所象征的宇宙整体之间，存

---

① ［日］吉川幸次郎：《论司马相如》，第 81 页。
② 吉川幸次郎认为司马相如的赋作开启了中国文学的新纪元。参《论司马相如》。

在着一以贯之的相关性,即通过语言文字的雕琢罗列,尽力展现和掌控天地间的森罗万象;符号化的指称不仅指向对象,而且积极地作用于对象。正是借助于语言的描述功能,宇宙整体的架构与类别得以充分地伸展;对于处于巡行之中的皇帝而言,他既可以获得宗教神力,又被赋予规范万物的功能。从这一角度来看,司马相如的修辞风格,并非来自过剩的对艺术形式的热望,而是受到赋体之政治美学的内在推动不得已而为之——它在造成词汇语句之琳琅满目的同时,也充分实现了皇帝对宇宙万物的占有,从而达到以皇帝为中心的政治宣传功能。

第七章 儒家美学的确立：从扬雄到王充

　　如果尝试用相对简单的方式来概括汉代的特征，那么，伴随着大一统国家的不断稳固，儒教的成立无疑是带有根本影响力的事件，它刻划了汉王朝的基本性格，并且对此后中国社会的各方面产生了难以估量的影响，其中自然也包括美学在内。按照西嶋定生的见解，秦汉帝国为后世主要提供了两方面的遗产：首先是皇帝制度，其次则是儒家正统思想的建立①。鉴于此，在汉代美学中，作为最引人注目同时也最受非议的部分之一，儒家的美学思想是不能不提到的因素。从汉武帝确立尊崇儒术的政策开始，儒家的影响力便借助于官方的倡扬不断上升。尽管在儒学何时真正国教化的问题上，尚存在一定的争议；但是，从公元前二世纪中期开始，儒家思想的影响力呈现出有力上升的曲线；从西汉晚期到东汉初期，这一变化趋势更形显著——伴随着将儒教理想国付诸实施的尝试，儒家的影响力支配了中央政府几乎所有的重要改革，并且虽然经历了新莽的失败，这一进程却继续推进，直至东汉明帝、章

---

① ［日］西嶋定生：《白话秦汉史》，第 2 页，台北：三民书局，1980 年。

帝时代的正式完成①。

正如第六章所述，随着儒学影响力的不断增强，汉代美学呈现出两次高潮期：首先是汉武帝时代，与中央大一统的局面相应，各种囊括天人的恢廓思想于兹形成；其次则是本章所要论述的两汉之际。时隔一个世纪，思想世界的格局已经发生了重大的变化。从外围背景来看，王霸杂用、缘饰儒术的局面逐渐回落，儒家思想渗入了中央政府之各项制度与方略的根本；从儒家思想自身来看，相对一致的立场开始凝成，虽然在具体思想与学术派别方面仍然存在差异，但是相对于第一次高潮期，儒家思想占据着根本主导性之地位则是毋庸置疑的。

在这一时期，作为儒家美学的代表人物，刘向、歆父子、扬雄、桓谭、班固以及王充等人，构成了相对一致的思想立场，他们一方面显示出时代性的转变，另一方面又自觉地与其他思潮划清界限并展开辩论，从而借助于与他者的疏离而确定自身。由于"儒家"一词存在着相当大的弹性，从这一意义上说，上述学者所代表的美学，即使在儒家美学中，也只是较具影响力并得以绵延于后世的一支。他们或许在某些方面仍然持有不同的见解，但是就尊崇道德化的立场、坚持理性化的思维并自觉地以此来衡量文学与艺术这一点来说，则具有相当一致的共同性。他们在为各种文学、艺术提出新标准的同时，也针对过去的相关实践进行总结，从而建构起儒家化的审美的历史。

由于这些学者的思想占据了主流并为后世所熟知，因此，这种儒家化的审美的历史，在很大程度上被塑造成真正的历史，它不仅造成了某些儒家因素的放大，而且也自觉或不自觉地弱化乃至屏蔽了不符合儒家标准的审美思想。后世看待《楚辞》与《汉赋》等早期典范作品的视角，在这一扭转的过程中已基本确立。其中有些观念，至今仍顽强地保持着影

---

① 关于儒家思想的意识形态化或者"儒教的国教化"问题，学者看法不一，但是很多学者倾向于认为：在董仲舒的时代，儒家并未真正"定于一尊"。至西汉后期，儒家的影响力始显著增强，与此同时国教化进程亦大大加快，并在新莽与东汉政权的确立过程中最终完成。参见谷川道雄编：《殷周秦汉史学的基本问题》，北京：中华书局。

响力，例如班固"赋者、古诗之流也"、扬雄"劝百而讽一"等关于汉赋的论断，依然影响着今天的研究者。从这一意义上说，该时期儒家美学的影响力，除了明确的审美思想以外，还表现在对于审美之道德约束的强化——后一因素将儒家美学与国家政治教化的立场融合起来，从而真正确立了儒家在美学领域的正统地位。

从整体上看，在汉代文学逐渐自成系统，但仍然保持着与经术的紧密联系，因此政教与道德伦理的约束，乃是其最为显著的特征之一。无论是上述儒家学者，还是诸如《毛诗序》等美学文献，从根本上遵守着如下的命题：文学或艺术应当包含道德伦理的内容，并且以促进政教风化为旨归，因此其基本的评价标准，必然围绕着道德性与政教性这一中心而树立起来。王充在《论衡·对作》中指出："故夫贤圣之兴文也，起事不空为，因因不妄作；作有益于化，化有补于正。"如果将同一立场或态度从这里的"文"（包括文学在内）扩大到所有的文学艺术种类，那么这正是在后世不同领域中反复出现的情形；即使是那些极力要剔除或淡化道德因素的美学家，无疑也需要克服巨大的阻力，而这正足以表明该传统的强势。因此，追溯这一传统，两汉之际儒家学者的努力是不可埋没的；他们面对儒家思想与现实政治的关系而展开思考，诸如个体的审美修养与群体的风俗教化等问题，则构成其思考的中心。

需要补充的是，虽然汉代儒家美学的主旨大致如此，但是，将审美性质的文艺纳入政教的轨道，并不必然意味着它即是僵化的、保守的美学。对汉代儒家美学的主要批评，大致建立在如下的认识之上：汉代美学中包含着伦理教化的内容，因此审美成为道德的附属物，乃至于最终沦为统治者的工具，从而完全丧失了审美的自律性价值。不过，将审美视为某一纯粹自我独立的价值领域，这一抽象化的离析，在很大程度上来自于西方美学的塑造①。事实

① 关于审美属性与道德、历史等因素的关系，部分学者开始尝试克服长期以来的抽象与离析的处理方式，而是更多地考虑诸因素相互融合与包含的性质。参考：［美］诺埃尔·卡罗尔（Noel Carroll）：《超越美学》，第四篇"艺术、情感与道德"，第二篇"艺术、历史与叙事"，北京：商务印书馆，2006 年。

上,在美学史长期的演变与发展中,审美的要素始终与历史、道德、功利、情欲等因素紧密地融合在一起,难以分割;进而言之,在文学与艺术的大多数作品中,审美成分即使不是直接完成道德教化的功能,也至少能够在某种程度上提升品格,净化心灵,从而微妙地完成人格养育的用途。如果考虑到这一点,那么汉儒主张通过风教来变易气质性情,最终建立起和谐而稳定的社会,便不是难以接受的论断。我们需要承认:在审美与道德二者之间,除了外在的拼合关系之外,还存在着相互渗透、包含,乃至融合的可能,如果按照后一种可行性来展开儒家的诗乐教化,那么前面所提到的批评便未必成立。

如果要小心翼翼地避开主观化的评述,那么首先应努力避免使用诸如专制、僵化、保守之类的用语,因为这些词语中显然带有负面的价值色彩;不过,这些评语仍然在某种程度上反映出相对集中的倾向或趋势。概而言之,这一倾向或趋势,乃是对先秦儒家美学的继承与发扬:文学或艺术应当为道德教化服务,至少要促成后者的实现;作为人格的表现,审美化的文艺作品未必是独立自存的考察的中心,而只是借以揭示主体之性情品格的中介物,我们需要由此而溯源至作者或表演者的内心世界与相关情境。此外,这一倾向或趋势中,还含有一些先秦美学中很少讨论的问题;或者说,在新的时代环境中,将某些此前尚未凸显的问题予以推进并深化:例如,随着中央支配力的向外拓展,地域文化不断地被纳入更大的整体之中,在此过程中儒家的风教应发挥何种功能,这一功能又如何获得实现的可行性,一跃而成为时代的中心问题。关于这些论述,将在本章的后面部分予以论述。

尽管前面略述了汉代儒家美学思想的特征,不过在若干共同倾向的涵括之下,这些儒家学者仍然不吝展现其思想的独特性与创新性,而类似现象在每一时代都以不同的程度实际存在着。当我们将儒家美学的诸多不同命题化约为统一的公式时,内涵的独特性被抽取出来并被忽略,遗留下来的只有对时代思潮的失真的描述。鉴于这一潜在的危险性,本章尽管针对不同的思想家分别展开评述,但是,在兼顾儒家美学的若干共性的同时，也尽力深化讨论的主题，尝试克服简单化处理的倾向。例如，长期以来占据着显著地位的王充，其思想展现出相当独特的面目，本章尝试着做出更加中肯的评价。

此外，还有必要强调一点，以扬雄、班固为中心的儒家美学并非孤立而起的；其文学史与美学观念的建立，实际上与其他思想成分保持着同步；审美观念与理想的探索，其根本目的在于辅翼作为整体的儒家思想，以审美的方式促成儒教帝国的风俗教化。因此，审美标准不能脱离其整体的思想基础而自存①。忽视这一点，很难真正理解美学方面的批评，也将会忽略儒家美学的真正作用——这在具体的审美欣赏与审美创作理论中均有所表现。职此之故，在本章除了探讨美学思想之外，还将适当旁涉相关的主题，例如人物观念的变化。严格说来，人物观念的道德化并不属于审美的范畴；不过，作为魏晋人物品鉴的先导，汉代的儒家人物观构成了无法避开的思想背景，因此有必要在此做相应的说明。

第一节　扬雄的美学思想

在两汉之际的儒者中，扬雄的经历颇为独特：他不仅在身份方面显现出从地域到中央、从赋作家到儒家学者的双重变化，而且置身于从西汉到新莽之时代剧变的中心，而这正是儒家影响力急剧伸张和正式确立的年代。作为风气转变的显现，这些因素并非仅体现于扬雄一人，例如班彪与班固父子的情形亦与此相近，但是单就思想的表现而言，扬雄采取儒家化之自我约束的立场似乎是最为明显的；可以说，其文学创作与思想的历程，实际上构成了儒家思想变化的标尺②。当然，单纯以儒家为

---

① 例如，在儒家学者们对于《史记》的批评中，审美评价贯通着基本的思想立场。扬雄批评司马迁"爱奇"，便与《汉书·司马迁传》所谓"是非颇谬于圣人"的语句形成呼应。

② 朱东润肯定了扬雄的重要性，他指出："东汉一代文学论者，首推桓谭、班固，其后则有王充。谭、固皆盛称子云，充之论出于君山，故谓东汉文论全出于扬雄可也。"见《中国文学批评史大纲》，上海：上海古籍出版社，2005年。

标准加以概括，并不能充分反映出扬雄思想的复杂性——例如，他早年曾沉迷于老子的哲学。不过，恰恰是由于这一点，更加显示出其思想立场不断变动的实相①。关于道家思想的因素，则不若将其视为思想涵容的实例更为合适：在所谓"儒家"的名义之下，各种思想成分不断地混合并成为一体。

按照扬雄的自述，他在早年热衷于汉赋的写作。作为武帝与宣帝时代最为著名的赋作家，司马相如与王褒均来自地处西陲的蜀郡，扬雄则自觉地追随着前贤的道路，将这一地域性的文学传统继续推进——尽管他同时也是该传统最早的有力否定者。或许由于儒学的影响力较晚波及，蜀郡盛行对财富的推崇与追求，在文学方面则呈现出富丽夸诞的新风气，这似乎意味着当地受传统的约束较少；相对自由的思想环境，可能是赋作家们相继进入王廷并为皇帝效力的原因之一。

尽管对蜀郡的情形难以做出进一步的论述，但是在这一西部地区与中央之间，无疑存在着某种明显的差异，即儒家思想影响的程度。当扬雄还在为前辈的赋作激动不已时，刘向已经致力于编纂帝国图书馆的目录提要。随着扬雄进入京师，儒学的熏染也由此开始。从地方到中央的转换，为扬雄从赋作家向儒家学者的转变提供了契机。这一转变，在当时或许是相当常见的情形。例如来自西北边地的班氏家族，原本只是地方性的豪族，借助于与皇室结为姻亲而势力炽盛；但是从班彪到班固，已经明显转变为儒者的性格。这些事实表明，在西汉末期到东汉初期，儒家思想的影响力急剧扩散；至少在某种程度上，中央向地方的文化渗透是借助于儒家思想完成的。

在刘向的思想中，已经充分显示出儒家美学的各种要素，诸如"有诸内必形于外"、重视情感与欲望、强调美刺与讽谕等；此外，他也为新型文学观与人物观的确立提供了基础。不过相对来说，他仍然较多因袭了此

---

① 徐复观在《扬雄研究》中曾经将其思想分为三个阶段，即早年热衷于汉赋写作的阶段、对道家思想兴趣强烈的阶段，以及最后纯然归于儒者的阶段。这种分法较为全面地考虑了扬雄思想的复杂性。

前的传统。或许我们可以认为,从扬雄开始,儒家思想较多地呈现出崭新的变化,并且从各方面对审美的现实状况加以约束。易而言之,扬雄是旧传统与新传统的连接点,他通过批评旧传统而努力建立起新传统,从而为稍后的班固等人提供了前行的方向,在人物观与文学观等方面的转进即是证明。

单就审美理论而言,所有与扬雄相关的材料都来自其生涯的后半期,在这些流露着追悔情绪的儒家式论述中,对于汉赋创作的反思构成了重要内容;这些又为班固、王充等所继承,从而被进一步确立为主流的见解。据此,扬雄的美学大致呈现为后期对前期的反拨与批评。不过,除了这一转折性的格局之外,也存在着某些一以贯之的因素。例如,在扬雄的赋作中,明显展现出从口头诵读到书面文字的写作方式的变化,这对于赋作的欣赏同样成立。以文字为中心,意味着某种脱离创作与表演主体的独立之物开始出现;与此相关,相对于此前吟诵中醒目的音乐性,文字的视觉性因素后来居上,从而改变了文学作品的欣赏方式,同时也改变了作为其基础的欣赏的原则。从赋作中词汇属性的变化也可以确认,空间性的平衡对称与循环反复,与时间性的因素一道成为赋作的根本特征。需要肯定的是,这一现象并不是孤立存在的。从整体上说,从音乐理论向文学理论的推移乃是时代性的根本趋势,从《乐记》到《毛诗序》的线索可视为其代表,这正反映出文学逐渐取代音乐的趋势;此外,扬雄又明确树立起"明道、征圣、宗经"的三原则,将真正的思想权威由圣人转移到他们所创造的经典——而后者同样是以文字为中心的。就此而言,以文字为中心,是贯穿于扬雄之前后期的根本特征,这一点不仅决定了他在创作中的审美追求,而且也决定了美学批评的根本宗旨——无论是文学作品还是儒家经典,它们作为"文"的显现,都与"质"无法分离,并且其自身又呈现为"丽"的形式。

一、文与质的思想

"文"与"质"的对举最早见于《论语》,因此从根本上说,这一命题承载着悠久的儒家传统①。不过发展到扬雄的时代，"文"与"质"早已不再局限于先秦旧义，而至少在两方面呈现出新时代的特色：首先，《周易》赋予"文"以宇宙论的恢廓内涵，而不复停留在个体仪容、工艺品之文饰、文字等具体因素的层次；其次，从董仲舒开始到东汉时期，"文"与"质"又与王朝的运行模式相连接，诸如三代施政的繁琐或朴质，与这一对立范畴相互匹配，构成反复循环的周期，这又为汉王朝之统治方针提供了历史性的借鉴②。这两方面的新变化，虽然存在着内容的差异，但均是由关联思维模式的伸展造成的。

有趣的是，上述两种新内涵并未对扬雄发生同等的影响力：他在通过《太玄》努力摹拟《周易》思想的同时，似乎又竭力规避文质的政治含义。扩而言之，扬雄对于西汉中期的部分儒家思想——例如最为著名的董仲舒及其学派——似乎表现出相对平淡的态度，这与刘向形成了鲜明的对比：至少在"诗无达诂"之类的讨论中，显示出刘向与董仲舒的若干思想渊源；而与此仿佛的情形，却很少出现在扬雄的著作之中。与宏阔的政治性讨论相比，扬雄的"文质"思想更接近先秦儒家的立场，并且主要集中在学术与文学的领域，从而表现出相当自觉的思想意识；当然，这并不是说其思想中缺少崭新的质素。继承与趋新的融合，在此构成了扬雄思想的特征。

正如《周易》在不同层次上使用"文"这一术语，扬雄也同样将"文质"应用于不同的意义。以"质"为例，它或相当于"情"，或相当于"事"，或相当于形而上之"道"；相对于这些不同的意义，"文"也分别呈现出相应的差异。不过，无论阐释如何多样化，这对范畴仍然呈现出相对一致的核

---

① 《论语》有两处提及"文、质"。《雍也》："质胜文则野，文胜质则史；文质彬彬，然后君子"；《颜渊》："棘子成曰：'君子质而已矣，何以文也！'子贡曰：'惜乎，夫子之说君子也，驷不及舌。文犹质也，质犹文也，虎豹之鞟，犹犬羊之鞟。'"这里主要是从仁与礼的角度展开的。

② 关于"文质"之周期循环的王朝模式，如《春秋繁露·三代改制质文》："王者之制，一商一夏，一质一文。商质者主天，夏文者主地，春秋者主人。"参考：[美]桂思卓：《从编年史到经典：董仲舒的〈春秋〉诠释学》，第八章。此外，"文质"还被用来说明事物变化的普遍原则，如《史记·平准书》："是以物盛则衰，时极而转，一质一文，终始之变也。"

心意义,"文"相当于文采或文藻,而"质"则相当于质底或素质①。文质与阴阳相互对应起来,即构成宇宙万物之共同原则:"质"为内敛的情实,"文"则为外散的形式,二者的协和与平衡,构成"万物粲然"之条理化、秩序化的世界。

> 阴敛其质,阳散其文。文质班班,万物粲然。
>
> （《太玄·文》）

尽管"文质班班"在句式上与《论语》颇为相似,但是"班班"这一深具形式美感的词语,却令人联想到《周易》的思想传统——例如"虎变"与"豹变"等词语即是。扬雄的文质思想中所含有的宇宙论层面,是先秦所不曾有的;"天文地质,不易厥位"——"文"与"质"通过与天地的匹配,从根本上决定了世界之可能的样式。不过从根本上说,它仍然符合先秦的传统原则,即"文"与"质"须构成某种平衡;如果将这对范畴置换为"辞"与"情"、"事"或"华"与"实",那么这一体现和谐关系的程式仍然成立:

> 或问君子尚辞乎?曰:君子事之为尚。事胜辞则伉,辞胜事则赋,事辞称则经。足言足容,德之藻矣。
>
> （《法言·吾子》）

内容充实而缺乏华采,不免于率直粗野,徒有华采而缺少内容,则华美而空洞;唯有当华采与内容相符称时,才真正合乎礼仪与法则②。关于文质的对称化叙述方式来自《论语》。扬雄似乎颇为喜爱这一方式,在模拟经典的写作中一再采用,并力图将其贯彻到不同的方面中去。不过,这一论述并不止于单纯的平衡,其间还包含有层次的分异,这是与儒家传统的语言观和文字观结合在一起的。

"文"与"质"的平衡,并不意味着二者的关系完全对等,其间仍存在主从或先后的差异,在孔子思想中已是如此。在《太玄·文摛》篇中,扬

---

① 《太玄·玄捝》:"文为藻饰";"直……质而未有文也";"质者,文之素也。"
② 《法言·修身》:"实无华则野,华无实则贾,华实副则礼。"

雄认为"大文弥朴，质有余也"，亦即内在之"质"的充盈与密实，构成了文质平衡的前提条件。这一命题往往视为道家思想影响所致，不过在此强调"质"之"有余"，意在否定徒然追求外在形式的"雕彀之文"，而并非对所有的"文"采取彻底否定的态度①。"文"的存在的合理性，来自其作为内在之"质"的自然焕发；当后者充溢于内并自然地流露出来，"文"即是显露于外表的恰当的形式。凭借着与内在之质的表里一致，最终构成了完美的文质关系。就最理想化的情形而言，在文与质之间，存在着彼此完全对应一致的可能性，这正是儒家的终极目标：

> 或问："君子言则成文，动则成德，何以也？"曰："以其弸中而彪外也。般之挥斤，羿之激矢，君子不言，言必有中也；不行，行必有称也。"
>
> （《法言·君子》）
>
> 言不能达其心，书不能达其言，难矣哉！唯圣人得言之解，得书之体……面相之，辞相适，抒中心之所欲，通诸人之嘤嘤者莫如言……故言，心声也；书，心画也。声画形，君子小人见矣。声画者，君子小人之所以动情乎！
>
> （《法言·问神》）

诸如"中、外"、"中心"、"心声"、"心画"等用语，将文质关系纳入"内—外"式的架构之中。对于书写作品或树立道德人格的主体而言，"文"所反映的"质"即是内在的"心"或"中心"，并且前者应彻底而透明地建立起与后者的映射关系。"文"的价值一方面取决于与内在状态之符合的程度，另一方面则取决于自身的形式要素。相对而言，前一种因素是更具决定性的。因此，即使是最富于美感的文学作品，也应如实显示出作者或分享者的内在情怀，其中道德性的含义无疑构成了不可缺少的部分。

---

① 《太玄·文·次八》："测曰：雕彀之文，徒费日也。"

务其事而不务其辞,多其变而不多其文也。不约则其旨不详,不要则其应不博,不浑则其事不散,不沈则其意不见。是故文以见乎质,辞以睹乎情。观其施辞,则其心之所欲者见矣。

(《太玄·玄莹》)

据此,"文"与"辞"并非完全独立的范畴,其价值需依照与"质"的关联而确定,因此,与其专注于文辞的雕琢,毋宁转向"事"或"变"等更为本质性的因素。"文"与"辞"不仅具有形式化的样态,而且需要如实地反映内在的"情"、"质",洞明主体的真实动机而不致屏蔽之。与此相似,在《太玄》卷四中,他指出相反的情形:"画象成形,非其真也",如果纯粹修饰外表而缺乏相应的内在情质,则不过是虚有其表而已①。

这些因素在早期思想中已经出现,由于扬雄模拟《论语》与《周易》制作经典,因此对"文质彬彬"与"修辞立其诚"的理论应非常熟悉。不过,作为将"文、质"范畴首次移用在学术与文学领域的思想家,扬雄也为这一思想注入了新质。他将这一对范畴纳入了循环流变的关联系统,这无疑是受到了《周易》的影响。

初一,袿绘何缦,玉贞。测曰:袿绘何缦,文在内也。

次二,文蔚质否。测曰:文蔚质否,不能啐也。

次三,大文弥朴,孚似不足。测曰:大文弥朴,质有余也。

次四,斐如邠如,虎豹文如,匪天之享,否。测曰:斐邠之否,奚足誉也。

次五,炳如彪如,尚文昭如,车服庸如。测曰:彪如在上,天文炳也。

次六,鸿文无范泆于川。测曰:鸿文无范,泆意往也。

次七,雉之不禄,而鸡茮谷。测曰:雉之不禄,难幽养也。

次八,雕戵谷布,亡于时,文则乱。测曰:雕戵之文,徒费日也。

---

① 司马光:《太玄集注》:"饰外貌而无内实……故三画象成形,孚无成。"

　　上九，极文密密。易以黼黻。测曰：极文之易，当以质也。

（《太玄·文》①）

　　正如《周易》使用六爻来摹拟现实的变化，扬雄进一步发展了这一模式，以三线条取代阴阳爻模式的运作，大大增加了对现实指向的复杂性②。从初一到上九，构成不同的九个位阶，它们分别对应于某一类典型状况；而区分这些位阶的因素，则来自"文"与"质"彼此消长的程度。值得注意的是，这些"赞"辞与"测"文不仅再次阐述了"鸿文无范"一类的具体见解；而且又以文质关系之起伏作为变量，构筑起指导占测的程式。除非我们认为这些文句只是杂乱地拼凑在一起，否则需要对这些以文质关系为主轴的描述进行合理的阐释：文与质在此处于思考的核心，并承担起认识世界与指导行动的功能。传统的文质观念，《周易》的重文思想，以及关联性思维模式，共同凝成这一独特的思想。

　　由此可见，扬雄的文质思想尽管继承了传统的因素，但是又流露出新时代的特征。根据《周易》运作的法则，不仅六爻自身构成有机的整体，同时当某一爻发生变化时，它又与其他卦产生关联，某种新的变化随之呈现。考虑到《太玄》模仿《周易》、努力创造某种完整的变易的程序，那么，关于文与质的各种论述，就不再是孤立的理论条例，而是处于流转变化的复杂网络之内，构成了对情境变化的某种暗示——例如，在"上九"条中，它告诫我们，当文饰趋于过度的繁复时，则有必要重新向质回归，这类似于"绚烂之极，归于平淡"的思想。与后者不同的是，这些内容并不是独立自存的，而是与现实情境密切结合的指示性命题；也就是说，它们构成了指向现实世界的重要法则，在"文"与"质"不断变化的模式背

---

① 此外，与文质思想相关的类似事例还有关于语言的说明。《太玄·饰》："初一，言不言，不以言。测曰：言不言，默而信也。次二，无质饰，先文后失服。测曰：无质失文，失贞也。次三，吐黄舌，柑黄聿，利见哲人。测曰：舌聿之利，利见知人也。次四，利舌哇哇，商人之贞。测曰：哇哇之贞，利于商也。次五，下言如水，实以天牝。测曰：下言之水，能自冲也。"

② 关于扬雄《太玄》的性质，可参考［日］辛贤：《〈太玄〉的"首"与"赞"》，载《日本学者论中国哲学史》，上海：华东师范大学出版社，2010年。

后,呈现出对现实的类比与模拟。它们囊括了文与质之种种显现的可能性,并向外投射和贯彻到整体世界;易而言之,这是对整体世界的性质的描摹,同时也是对治各种失衡与偏离现象的指南①。对扬雄而言,儒家经典文献、文学与音乐作品等因素,与国家制度、礼仪一道,构成了其中最具代表性的部分——特别是儒家经典,它们是作为宇宙真理之英华而绽放于世的。

二、经典与"法度"

尽管扬雄一度对老子思想发生兴趣,并且在对《周易》的仿作中,也不可避免地沾染道家式的因素,但是这些并不足以动摇其儒家思想的主干。需要强调的是,扬雄对于儒家经典的推崇是空前的,通过明道、征圣、宗经这一思想体系的构建,他赋予经典以中心的地位。这与其文质思想是一以贯之的。

对儒家之道、圣人与经典的肯定早已有之,对荀子而言,儒家圣人掌握着道的锁钥,并通过经典予以揭示和阐发,因此,"《礼》之敬文也,《乐》之中和也,《诗》《书》之博也,《春秋》之微也,在天地之间者毕矣"②。据此,作为宇宙真理的道被完全归束在儒家圣人的手中;另一方面,圣人制作的五经又深刻体现出道的内涵,所有的宇宙奥秘都可以在其中得到昭示。扬雄的思想与此相似,但又具有新时代的性格,即五经是作为中心性的存在被确立下来的。

> 舍舟航而济乎渎者,末矣;舍五经而济乎道者,末矣。弃常珍而嗜乎异馔者,恶睹其识味也?委大圣而好乎诸子者,恶睹其识道也?山径之蹊,不可胜由矣;向墙之户,不可胜入矣。曰:"恶由入?"曰:

---

① 扬雄经常使用"文质"对具体作品展开批评,例如,他后期认为司马相如的赋作"文丽用寡",又在《反离骚》中批评屈原作品"何文肆而质薁"。依朱熹注:"肆,放也。薁,狭也。言其文辞放肆,而性狷狭也。"

② 《荀子·劝学》。又《荀子·儒效》:"圣人也者,道之管也。天下之道管是矣,百王之道一是矣,故《诗》《书》《礼》《乐》之归是矣。"

"孔氏。孔氏者,户也。"

（《法言·吾子》）

或曰:"人各是其所是,而非其所非,将谁使正之?"曰:"万物纷错,则悬诸天;众言淆乱,则折诸圣。"或曰:"恶睹乎圣而折诸?"曰:"在则人,亡则书,其统一也。"

（《法言·吾子》）

在扬雄看来,尽管追求真理的道路不可胜数,但真正通达者唯有孔氏一途。试图绕开圣人与五经去追求道,正如舍弃舟船而横渡江河,最终必将归于失败[①]。作为道的唯一体现,圣人及其制作的经典,一道构成了判断各种思想与行为的标准,它建立起符合道的周遍而无私的立场,从而为审察不同视角与立场的偏差提供了可能。不过,道虽然通过圣人显现出来,圣人却早已离开人世,故后世之人只有通过五经来学习儒家的真理。正如荀子那样,扬雄也明确认为《五经》最能辨明事理,所有最重要的问题均可在其中寻得解答。

或问五经有辩乎? 曰:唯五经为辩:说天者莫辩乎《易》,说事者莫辩乎《书》,说体者莫辩乎《礼》,说志者莫辩乎《诗》,说理者莫辩乎《春秋》。舍斯,辩亦小矣。

（《法言·寡见》）

对扬雄而言,道的权威性在此发生了由"圣"向"经"的转移。尽管经书的权威性是经由圣人而获得的,但是随着圣人的逝去,经书实际上构成接触道的唯一媒介。扬雄将儒家圣人及其经典视为现实世界的根本规律和法则——"道"——的体现,但是二者的价值并非一体而泯然无差的。"宗经"意味着经典的中心化,亦即由文字记述的经典构成道的唯一载体;文字而非与人一体的语言,作为最终的表现物,垄断了一切接近并

---

① 所谓"渎",指四渎。在其他篇章中,也存在以此指示儒家之道的例子。如《法言·君子》:"仲尼之道,犹四渎也,经营中国,终入大海。他人之道者,西北之流也,纲纪夷貉,或入于沱,或沦于汉。"

触及道的可能。这一情形的发生,与经典的流传形态密切相关:自此开始,经典完全凭借其文字内容构成独立自足的存在,而不再需要依靠口授来传达圣人的微言大义,一切阐释都以外在于思想者与学派的文本为唯一的依据。对扬雄来说,师徒口授的方式很可能由于人为因素而造成传承与理解的双重偏差,从而破坏经典自身的圆满性①。

从口传向书面化的变迁,并不仅限于经典传授的领域,其他方面也相应表现出类似的倾向。如前所述,从司马相如到扬雄之间的赋作,从创作到欣赏方式均发生了重要的变化。在司马相如的时代,虽然存在阅读赋作的事例,但是"不歌而颂"仍然构成汉大赋的主要呈现形式,其间或许还糅合了戏剧与舞蹈等表演性因素②。不过,随着书面文字上升为汉赋的主要呈现方式,文字的视觉性因素遂引起充分的注意,小到同一联绵词之不同字形的选择,大到作品整体的空间性结构,它们共同催生了新的审美形式。如前章所述,汉大赋的语言风格和类分结构,乃是力图掌控宇宙四方之意图在语言文字方面的反映,这一性质与儒家经典实有共通之处:二者均是对世界的语言文字化的操作,且包含消极表现与积极操纵两方面的因素。如果说口头传统可以用"语言—内心"或"语言—世界"的模式加以概括,那么在扬雄的时代,更为复杂的"文字—语言—内心"或"文字—语言—世界"的三级结构开始崭露头角。从较浅显的层次上看,书面文字的优点在于能够"记久明远",超越时空的限制:

> 面相之,辞相适,抒中心之所欲,通诸人之嚚嚚者莫如言;弥纶

---

① 扬雄明确地表示出对今文经师的批评,见《法言·问神》:"或问经之艰易。曰:'存、亡。'或人不谕。曰:'其人存则易,亡则艰。'"有趣的是,扬雄对当时学术的批评,有时也集中在过分追求文饰的倾向之上。如《法言·寡见》:"今之学也,非独为之华藻也,又从而绣其鞶帨。"需要补充的是,这并不意味着扬雄即是古文经学一派。事实上在当时今古文的分界并不如后世想象的那样分明。有学者指出:"从《法言》片言只句分析,扬雄所受经学,主要是今文经学。具体来说,《诗》所受的是鲁诗,《易》所受为京氏易,《春秋》所受为公羊学,《礼》所受为《仪礼》,《尚书》所受为《今文尚书》。"见王青:《扬雄评传》,南京:南京大学出版社,2000年。

② 关于汉大赋可能含有的戏剧或表演性因素的分析,参见:冯沅君:《汉赋与古优》,载《冯沅君古典文学论文集》,济南:山东人民出版社,1980年;[日]清水茂:《从诵赋到看赋》《辞赋与戏剧》,载《清水茂汉学论集》。

> 天下之事，记久明远，著古今之昏昏，传千里之忞忞者，莫如书。故言，心声也；书，心画也。声画形，君子小人见矣。
>
> 　　　　　　　　　　　　　　　　　　　　（《法言·问神》）

语言与文字同样指向内心，就其反映内在情志的程度而言，"心声"与"心画"并无高下之分。但是，语言的使用仅限于特定的时空，且在传播过程中较易发生偏差；文字记载的使用，则不仅降低了文本变化的可能性，而且克服了时间与空间的双重限制，同时也打破了学派与思想者的垄断，为每一个体提供了平等的阅读机会。随着"心画"的出现，"言之无文，行而不远"的局面从两方面得以改观：首先是"画"所涵的审美化因素，能够更为精巧地记录语言，其次则是使其传之久远而无所滞碍。此外，"心画"的引入，还使得如下的命题成立："书尽言，言尽意。"对于《周易》而言，"心生而言立，言立而文明"，文字、语言与内心意旨的现实差异，只有圣人可以完全消融。

当宇宙之道或人之内在情志的立足点从自然性较强的语言回溯至更富于人工性的文字时，这实际上意味着：与表面上强调自然性的倾向不同，某种潜藏于底层的重视"文"的传统于兹确立，它蕴含着高度的技巧与匠心，并且最终以其平衡、对称的形式固定下来。尽管富含形式化美感的"文"——无论是五经抑或是汉大赋——无一纯粹出于自然的生成，但是它们的构思、加工与思考的过程往往被有意隐藏起来，并凭借着与宇宙或人心的直接关联而获致外观上的自然属性。需要指出，在扬雄的著作里，"文"的人工性并未被完全隐藏起来：

> 夫作者贵其有循而体自然也……譬诸身，增则赘，而割则亏。故质干在乎自然，华藻在乎人事，人事也具，可损益与？
>
> 　　　　　　　　　　　　　　　　　　　　（《太玄·玄莹》）

"华藻"一词，既具有形式方面的规定性，又与自然的质干相通；因此一旦完备，便不复允许损益于其间。由此相推，五经之所以被视为宇宙真理的寄托，不仅体现在其内容方面，也体现在形式即"文"的方面。

"道"本身玄奥精微，但是它的晦涩并不意味着混乱；而是恰恰相反，它展现为条理化的秩序①。五经只有将这一内在的秩序抽取出来并加以表现，才能够称为"经"——这一词语具有"恒常"之义，同时又暗示着纵横丝线所构成的绚烂图案，其本身即含有形式化的内涵。正是由于五经深层次地绅绎出宇宙的条理与秩序，因此"文"才构成了经典的内在因素，而非纯粹形式化的外饰。

> 或曰：良玉不雕，美言不文，何谓也？曰：玉不雕，璠玙不作器；言不文，典谟不作经。
>
> （《法言·寡见》）
>
> 或曰：辞达而已矣，圣人以文，其隩也有五：曰元、曰妙、曰包、曰要、曰文。幽深谓之元，理微谓之妙，数博谓之包，辞约谓之要，章成谓之文。圣人之文，成此五者，故曰不得已。
>
> （《渊鉴类函·文章》引《法言》佚文）

所谓"达"，是指文辞与质实保持彼此的一致。扬雄在肯定"辞达"的同时，又强调"文"之成分不可或缺。圣人制作的经典，具有五种不同的特征，作为完善的整体形式，"文"与幽隐深曲、道理精微、数术弘博、辞旨简约等属性一道，构成圣人之"文"的基本内涵。将"文"纳入权威的"五"的分类法，并将其视为"不得已"，均表明"文"虽然显现于外表，却并非只有外在的价值，而是从整体上将圣人之"文"乃至"道"加以条理化、规则化。

需要注意的是，作为圣人之"文"的第一种属性，"元"即幽深一再受到强调。由于宇宙之"道"弥纶万物、无所不包，而"文"又反映了前者的形态，因此"文"最重要的属性之一就是"深"，这一性质是由宇宙之道本身决定的。

---

① 当"道"落实到作为个体的君子之时，"文"的因素也随即体现出来，如《法言·吾子》："君子之道有四易：简而易用也，要而易守也，炳而易见也，法而易言也。"

或问:"圣人之经不可使易知与?"曰:"不可。天俄而可度,则其覆物也浅矣;地俄而可测,则其载物也博矣。大哉! 天地之为万物郭,五经之为众说郭。"

（《法言·问神》）

典谟之篇,雅颂之声,不温纯深润,则不足以扬鸿烈而章缉熙。盖胥靡为宰,寂寞为诗,大味必淡,大音必希,大语叫叫,大道低回。是以声之眇者,不可同于众人之耳;形之美者,不可揆于世俗之目;辞之衍者,不可齐于庸人之听。

（《解难》）

"文必艰深",意味着"道"的幽隐难识,这实际上肯定了世界变幻莫测的本相。由于"文"系由内在之"质"转化而来,因此揭示宇宙真理的经书秉有"深"的性质,乃是无可非议的。联想到《太玄》中较《周易》更为庞大复杂的操作系统,扬雄对"文"之深度的抉发,表明他对世界的剖划更为精密。单纯根据其表面意义,判定扬雄"好为艰深之词,以文浅易之说",可能是不甚合理的①。值得注意的是,稍后主张写作须明白晓畅的王充,也并没有否定扬雄的这一思想,而是明确地在著作的深浅之间做出划分,并与接受者的能力对应起来。由此可知,扬雄所主张的"文必艰深",实际上抬高了儒家文士的地位:当经典成为道之显现的中心时,相对于"世俗"的"众人"或"庸人",经典的阐释者垄断着终极价值的来源,他们凭借着经典的艰深阻断了普通民众的阐释的意图,并保持着自身在文化与政治上的优越性。

当以文字构成的经典被确立为中心以后,其中所涵的儒家原则便自

_____

① 苏轼:《答谢民师书》:"扬雄好为艰深之辞,以文浅易之说,若正言之,则人人知之矣,此正所谓雕虫篆刻者。其《太玄》《法言》皆是类也,而独悔于赋,何哉? 终身雕篆,而独变其音节,便谓之经,可乎? 屈原作《离骚经》,盖风雅之再变者,虽与日月争光可也。可以其似赋而谓之雕虫乎? 使贾谊见孔子,升堂有余矣;而乃以赋鄙之,至与司马相如同科。雄之陋如此比者甚众,可与知者道,难与俗人言也,因论文偶及之耳。"苏轼讥讽扬雄"终身雕篆",实际上触及相当关键的问题:在扬雄的时代,文字运作的本身即往往具有某种超越性的力量,而不是仅仅限于记录或艺术性的用途。

然地成为文学、音乐、语言等因素的"法"或"法度"。扬雄在著作中一再使用此类术语,以约束容易泛滥的感官快感与情欲。除了后面两节将要提及的部分以外,如下的事例显示,这一法度对于所有语言与文字的制成品均为有效:

> 书不经,非书也;言不经,非言也。言书不经,多多赘矣。
>
> 《法言·问神》

> 好书而不要诸仲尼,书肆也。好说而不要诸仲尼,说铃也。君子言也无择,听也无淫,择则乱,淫则辟。述正道而稍邪哆者有矣,未有述邪哆而稍正也。
>
> 《法言·吾子》

在"书"与"言"的外围,笼罩着符合儒家法度的强制性规范力。作为最显著的表现,扬雄针对自己曾参与其中的赋作进行了批评。"诗人之赋丽以则,辞人之赋丽以淫",这一论断中大致包含两方面的内容:首先,"则"与"淫"构成了对立的因素,其差异则在于是否合乎儒家的法度;其次,就形式而言,无论是诗人之赋还是辞人之赋,它们都含有"丽"的因素,这正是"文"在文学作品中的具体表现。扩而言之,辞人之赋之所以产生价值上的堕落,其原因并不在于追求"丽"的审美效果,而是这一审美效果缺乏与之相应的内在的情实,其泛滥放荡的形态乃是单纯文字运作的结果。

> 或曰:女有色,书亦有色乎?曰,有。女恶华丹之乱窈窕也,书恶淫辞之淈法度也。
>
> 《法言·吾子》

> 或问:"交五声十二律也,或雅或郑何也?"曰:"中正则雅,多哇则郑。""请问本?"曰:"黄钟以生之,中正以平之,确乎郑卫不能入也。"
>
> 《法言·吾子》

> 或曰:"君子听声乎?"曰:"君子唯正之听。荒乎淫,拂乎正,沈

而乐者，君子弗听也。"

（《法言·寡见》）

所谓"正道"、"正"、"雅"、"中正"，即是合乎法度的部分，而"淫辞"、"邪哆"、"郑卫"等，则是违背和破坏法度的因素。与汉赋的情形相似，无论是"书"还是音乐，它们都不可避免地呈现出形式化的美感。引起危险的因素并不在于"文"的存在，而是脱离内在之"质"、过分追求文字与音乐效果，这一行为极易引起欣赏者感官性的激烈反应，从而需要以儒家原则进行约束。事实上，扬雄对音乐或汉赋的这些批评是否贴切并不重要，重要的是，他所采取的文质观与儒家立场，开启了此后绵延不绝的儒家美学理论的流裔。需要注意的是这种以儒家法度规范审美活动的努力，并非全然出于牵强。例如在五声十二律中，黄钟就是作为技术与价值两方面的融合而出现的，在此，"法度"对"文"的约束呈现出某种内在化的性格。

第二节　审美历史的建构——关于楚辞与汉赋的论说

当儒家思想的影响力在两汉之际臻于顶峰时，儒家化的审美理论纷纷随之建立起来，并呈现出相当一致的理论兴趣。这不仅表现为前节所述的各种范畴与原则的树立，同时也体现在历史之积极建构的方面。重视历史与文献，强调"述而不作"，原本是儒家的悠久传统；从刘向到班固的儒家学者们，则进一步继承了这一传统，给予历史以异乎寻常的关注。正是在儒家思想立场的推动之下，中国文学与审美的思想、文献第一次被纳入历史的框架之中，并因此获得新的身份与意义。从某种角度上看，这种重构也不妨视为儒家对于文艺思想的第一次"规训"。

长期以来，儒家对文艺的积极影响似乎并未受到应有的重视。通常在道家空灵自由之精神的映照下，儒家思想更多地被看作某种束缚性的存在，但是事实或许并非如此。早在先秦时代，儒家便积极地肯定文明与文化，从而间接认可了文艺活动的正当性；与道家、法家或墨家相比，这种态度是相当独特的。进而言之,在西汉时期——特别是汉武帝时代与两汉之际,这两次相对集中的审美实践与思考,与中国文学之自觉意识的发展历程渊源极深。可以说,如果没有儒家一贯而持久的努力,中国文学便不可能呈现今天繁盛的面貌。

如果我们将文学史视为以自觉的文学观念进行书写的历史,而非单纯文学性文本的历史,那么,自觉地强调作品的审美性,正是从汉武帝时代开始的①。诚如吉川幸次郎所说,"自觉的文学生活成为中国社会中悠久的传统,是从武帝时代开始的……到了武帝时代,人们认识到,以艺术感染力为目标的语言的制作及鉴赏,是人类生活不可或缺的一部分。此后,这种语言的制作,一直成为中国社会的持续性行为;也就是说,忽视文学的时代转变为重视文学的时代"②。通过中央政府独尊儒术的政策,新的官僚层同时尊崇道德品格与政治才能,而文学与哲学对他们而言则成为不可缺少的能力。值得注意的是,这些与中央政府构成君臣隶属关系的官吏,不是作为普通的文学爱好者,而是积极地作为创作者投身于文学之中的;因此对他们来说,对文学性写作的自如操纵,从另一方面构成了身份之自我界定的标志,这对此后的文学史发生了极大的影响。

继此而更进一步的变化出现在两汉之际。如果说汉赋意味着对语言文字之艺术性的充分自觉③,那么,将这一自觉的视线投射到过往的不同作品之中,试图编织出首尾一贯的历史脉络,则构成文学之"史"的滥觞——而这一历史化的建构,正是经由儒家学者之手而完成的。比较突出的早期表现是刘向编撰《楚辞》,这是在王逸之前的第一次针对"楚辞"的结集工作。此后,班固在《汉书·艺文志》中又用"诗赋略"的名义整理

---

① 关于"文学史"的定义众说纷纭,龚鹏程则主张相对于文学文本,应该更多考虑文学观念的产生及其影响。作为该主张的实践,他将中国文学史的开端从先秦时代推迟至汉代,且论述对象专注于文字艺术。见龚鹏程:《中国文学史》(上册),北京:世界图书出版公司,2009年。

② 吉川幸次郎:《论司马相如》,《中国诗史》第70—71页。

③ 在两汉之际,汉赋较明显地呈现出由口头表演文学向书面文学转化的过程,这从连绵词的使用及文字字形的转变情形可以看出。参考:[日]清水茂:《吟诵的文学——赋与叙事诗》《从诵赋到看赋》《辞赋与戏剧》,均载《清水茂汉学论集》。

涵纳了赋作与歌诗。虽然这些对《楚辞》、汉赋与汉代歌诗的看法，还很难用后世的"文学"观念加以笼括，但是无论如何，其注意力开始集中在文学性的作品之上，并且以编年的顺序加以整理，这是应给予充分注意的。不仅如此，这一主要针对文学领域的历史化建构，又为书法、绘画等艺术形式提供了可效仿的范式，即有意识地将在時空上存在距离的不同作品，基于某一共同的属性或原则，按照历史编年的线索串接为整体性的新秩序。从普遍的意义上说，由于这一文学史传统的构拟，历史的回溯观念被引入审美的领域，自觉的美学史意识也因而随之成立。

在历史的框架之内，容纳了针对各种文学体裁的具体看法，其中楚辞与汉赋构成了主要内容。两汉之际的文学史建构，大致通过两方面的活动展开：首先是通过图书与目录编撰活动，建立起文学史之框架的雏形，我们随后还将要进一步讨论其间所蕴含的基本原则；其次，则是扬雄、班固等人关于文学作品的具体评述。这两方面的因素并不是彼此分离的，而是相辅相成，共同融合为儒家化的文学史观念和审美意识——进而言之，后者较具体的论述是以前者为骨架而成立的。在下面，将分别就文学史之建构、楚辞与汉赋的评价两方面加以叙说。

一、文学史的建构

中国早期的思想资源中，与文学相关者所在多有，但是真正强调语言文字自身的美感，并将文学作品划为单独的一类加以思考——即使只是从近似的意义上这样做——则是进入汉代之后才逐渐发生的。早期对于语言文字的使用，基本上建立在实用性的态度之上，或者从属于论辩，或者从属于政教与其他目的；即使是强调"言之无文，行而不远"的孔子，仍然具有非常强烈的道德教化的立场[①]。在此值得一提的是《楚辞》，

---

① 客观地说，与语言文字相比，音乐与美术的纯粹美感更早已经被感受到。不过，音乐理论至迟在汉代已经为文学所取代，而美术理论则远未成熟。从美术批评的原则与架构来看，其中移用了相当多的文学批评的要素。因此，汉代文学理论的发展与推进，是关系到美学史之整体的问题。

其绚烂华美的词汇与整齐的句式,带来与此前截然不同的美感的刺激。不过,《楚辞》作者的具体状况难以确定,所有相关的文本记录均起源于汉代;此外,在《诗经》到《楚辞》之间,几乎没有抒情性作品流传下来,这一突兀的事实造成了长期的空白。因此,从这一意义上说,《楚辞》的华美风格,与以前的渊源颇难确定,而与汉代的联系却异常紧密。尽管不能断然因此将《楚辞》的年代延后至汉代,但是,认为《楚辞》与汉代阐释无法分离,则大致没有疑问。在这一阐释史中,最引人注目的部分是对屈原作品的有意模仿,这一文学创作的因素在前文已有所述及,其内涵还有待于深入的阐述;其次,则表现为对这一"楚辞"系作品的整体历史回溯。

对《楚辞》及其仿作予以注意并撰为一集,始于西汉的刘向。根据史书的记载,这一举动是遵从汉宣帝的诏令。从宣帝还延请九江被公诵读《楚辞》的事例来看,《楚辞》的口头传统在当时已趋于式微,且这一状况亦已引起注意。与此同时,王褒与刘向分别模拟《楚辞》进行创作,其作品最终又均收入王逸的《楚辞章句》。值得强调的是,在《章句》一书中,除了王逸的自作之外,刘向的《九叹》与王褒的《九怀》乃是最后出现的作品,且与前者存在一个半世纪的断裂。因此,从这些情况来看,《楚辞》式的创作在宣帝时已趋于终止,其口头传承亦濒于断绝。换一种角度来看,《楚辞》系作品在西汉后期因某种原因而不再流行,与这一状况伴随而来的,是对于《楚辞》传统的回顾与总结,它表现为刘向编撰《楚辞》以及班固的目录归类。考虑到"诗赋略"很可能承袭刘歆的《七略》,那么其间的工作大致可以看作是连续进行的①。它们在较短的时间内相继出现,似乎不应看作是偶然的现象。

关于刘向编撰《楚辞》一事,因文献不足暂置不论。在《汉书·艺文志》中,"诗赋略"被区分为五类,赋居前四,其首类即"屈原赋之属"。通

---

① 依姚振宗所辑《七略》佚文,《汉志》"诗赋略"不仅在结构上沿袭了《七略》,而且具体细节也大致相同。参考:姚振宗辑录、邓骏捷校补:《七略别录佚文·七略佚文》,第71—73、155—165页,上海:上海古籍出版社,2008年。

过内容的比对可知,所有《楚辞》作品均列入该类。假如这一划分确实来自更早期的刘氏父子,那么将"楚辞"单独抽出汇为一类,便是颇耐寻味的行为。这或许意味着,对于刘向、刘歆及其后的班固而言,"楚辞"类作品具有某种独特的价值,需要单独进行编纂。关于赋的四分法,班固并未提供分类的原则,故在后世不断引起讨论,其中以刘师培的说明较为中肯。他认为"屈原赋之属"即是"写怀之赋",因此不同于"陆贾赋之属"的"骋辞"以及"荀卿赋之属"的"阐理"。"屈平以下二十家,皆缘情托兴之作也,体兼比兴,情为里而物为表。"[①]据此,"楚辞"的突出特征是"缘情托兴",亦即以抒情性为主的作品。事实上,刘向本人即擅辞赋,其赋三十三篇入"屈原赋之属",《九叹》亦被编入《楚辞》,表明他对这一抒情的传统是非常熟悉的;而所抒之情,即是前章所论述的"士不遇"之悲哀与怅惘。班固继承刘歆的做法,将该系统的作品再次确立为"诗赋略"的第一类,可以想见其重要性。

　　在此同时考虑"诗赋略"的整体性质并非无益。"诗赋略"之"诗",并不是作为经典列入"六艺略"的"诗三百",而是指乐府、歌谣之属,它们"感于哀乐,缘事而发",带有明显的抒情性;后来成为主流的五言诗,一般认为由此传统衍生而来。鉴于此,如果将"诗赋"看作以审美性为主的作品的总集,或许并不是纯粹的想象;至少需要承认,抒情性在其中占据着较重要的位置。联系后世的变迁不难看出,自此开始,"诗赋"作为整体而介入美学的讨论,它们在分享着《诗经》之权威性的同时,却又不断伸展抒情的性格,并在最后成为引领文学的重要体裁。扬雄将"诗赋"的审美共性确定为"丽",而曹丕则进一步将其与其他实用性作品相分离;在更晚的《文赋》中,"诗缘情而绮靡"的性质成为笼罩十种文学体裁的共同原则。尽管不能忽视魏晋时期"缘情"说的变化与个人立场等因素;不过,从另一面而言,两汉之际对诗赋的认识,实际上已经大致认可了抒情因素的存在,这是对此前辞赋创作实践的总结。

---

① 刘师培:《左盦集·汉书艺文志书后》,载《刘申叔遗书》,南京:凤凰出版社,2009 年。

总之,将"楚辞"作品编撰成书,以及将赋作与歌诗编成"诗赋略"独立列目,这些都包含着将特定作品与其他文献分离开的意识。而历史年代顺序的引入和对抒情性线索的注意,则意味着在当时最为核心的文献目录编撰活动中,透露出建构审美谱系的持续努力。根据这一因素,尽管本节的讨论对象限于文学,不过,作为审美意识之历史化的萌芽,它实际上在特定意义上展开了美学史的书写,虽然这一书写尚未臻于完善。

在这一历史化的结构中,较为突出的因素是对文学发展观的整体构想。对赋的源流性质进行说明时,《汉志》首先引用《卫风·定之方中》的《毛传》,认为"不歌而诵谓之赋,登高能赋,可以为大夫",借此将"赋"与《诗经》的传统衔接起来①:

> 古者诸侯卿大夫,交接邻国,以微言相感,当揖让之时,必称诗以谕其志。盖以别贤不肖而观盛衰焉。故孔子曰"不学诗,无以言"也。春秋之后,周道寝坏,聘问歌咏,不行于列国;学诗之士,逸在布衣,而贤人失志之赋作矣。

(《汉书·艺文志·诗赋略》②)

"诗赋"与"登高能赋"、"不歌而诵"之赋,分属名词性与动词性的用法,通过二者的连接来阐释辞赋的涵义,在班固或刘歆之前似尚无其例。不过,撇开这一点不谈,上文显然选择了"赋"之不同定义中与"诗三百"最为接近的一种;也就是说,通过词源学的同一化运作,"诗""赋"之间被构建出某种亲缘关系。这一关系随即通过历史情境的引入而再次得到强化——以历史上的某一事件为枢轴,"诗三百"自然地衍变出辞赋,即

---

① 关于此处"传"的性质,王应麟在《汉艺文志考证》中认为系《毛诗传》,而陈奂《诗毛氏传疏》则认为可能出于《鲁诗传》。
② 如前注所说,《诗赋略》几乎整体沿袭了刘歆《七略》,在此仅云《汉志》而不及《七略》,是考虑到《汉书》的可信度或较佚文更高,并非抹杀刘歆的见解。

所谓"学诗之士，逸在布衣，而贤人失志之赋作矣"①。

如果我们单纯从"诗赋略"所收录作品——特别是本节所集中探讨的屈赋类——出发，似乎很难在《诗经》与辞赋间寻找出令人信服的内在联系，尽管前者之中并不乏抒情性的作品或韵律齐整之作。此外，单纯从目录类别的命名来看，编撰者似乎也有意利用了"诗"这一术语的多义性：如前所述，这一类中的"诗"是指汉代的歌诗，因此无论按照年代还是具体文献的次序排列，都似乎应该称为"赋诗略"更为合适——"诗赋"的名称，很容易让读者不自觉地接受从《诗经》到辞赋的历史逻辑，同时这又反过来强化了辞赋与歌诗的权威性。鉴于这些原因，与其将这段说明视为史实，不如视其为后世的阐释更加恰当②。它反映出西汉末期儒者的某种心态，即努力将辞赋与歌诗等新时代的作品塑造为儒家经典的流裔。

认真思考这一颇具心思的运作，有助于进一步理解刘歆、班固等学者的动机。从表面上来看，这一建构确实将儒家经典之道德政教的性格施加于文学作品之上，从而完成对审美活动的整体控制，这并不违背儒家学者们的思想传统。不过，如果考虑到辞赋与歌诗的创作传统与规模，恐怕这一理解仍不够全面，因为单纯《诗经》的传统很难涵盖"诗赋略"的内容。实际上，同时代的儒家学者并不一定积极地接纳辞赋，深谙此道的扬雄即是如此，他认为"劝百而讽一"的辞赋对于政教鲜有益处，而这一见解也被纳入文学史架构的一部分：

---

① 除此以外，在《周礼·春官》中，"赋"构成了大师所教授的"六诗"之一，这往往被用来证明辞赋与《诗经》的联系，例如《文心雕龙·诠赋》即是如此。不过，无论大师所教"六诗"之"赋"如何理解，我们都找不出它与后世辞赋的内在关联。值得注意的是，在《汉志》中，班固并未引此来证明诗赋之渊源，这或许表明，他认为《周礼》之"赋"与辞赋无关。

② 章学诚已经注意到"诗赋略"中的具体次序的问题，在《校雠通义》卷三《汉志诗赋第十五》中，他指出："赋者，古诗之流，刘勰所谓'六义附庸，蔚成大国'者是也。义当列诗于前而叙赋于后，乃得文章承变之次第。刘、班顾以赋居诗前，则标略之称'诗赋'，岂非颠倒与？ 每怪萧梁《文选》，赋冠诗前，绝无义理，而后人竞效法之为不可解，今知刘、班著录已启之矣。"见王重民：《校雠通义通解》，第 117 页，上海：上海古籍出版社，2009 年。

> 大儒孙卿及楚臣屈原,离谗忧国,皆作赋以风,咸有恻隐古诗之
> 义。其后宋玉、唐勒,汉兴,枚乘、司马相如,下及扬子云,竞为侈丽闳
> 衍之词,没其风谕之义,是以扬子悔之,曰:"诗人之赋丽以则,辞人之赋
> 丽以淫。如孔氏之门用赋也,则贾谊登堂,相如入室矣,如其不用何?"
>
> (《汉书·艺文志·诗赋略》)

延续着此前的历史趋势,从诗经到辞赋的转变每况愈下——这既指时
代的变化,也包括与之对应的文学作品之价值的变化。其实早在《诗经》本
身,已经含有这一变化的因素,《汉书·乐志》云:"周道始阙,怨刺之诗起",
即是指此;诗赋的发展史,或者说文学的流变史,被转化为政治社会的演变
史。随着时间的推移,在荀卿、屈原等较早期的作品中,还保留着"恻隐古
诗之义",而从宋玉开始,辞赋写作不幸地转向了对"侈丽闳衍"之效果的追
求。单就上文可以确定,扬雄的悔恨心情为刘歆、班固等人所知,并且郑重
地采纳为官方性的评价。在儒家政教与华丽夸诞的辞赋文学之间,确实存
在着某种冲突的可能性,扬雄对此认识得非常清楚;但是,在建构文学史的
过程中,并不因此采取排斥的态度,而是相当积极地移用经典之权威性以
肯定文学的地位,这一努力也表现得相当显著。不妨以班固个人的情况为
例,表面上沿用《七略》对辞赋流变的见解,但是他本人却以司马相如为楷
模撰写了《两都赋》;虽然"风谕之义"为理论上所必需,但是就赋作类型
而言,并无逾越相如之处。因此,在实际写作过程中,班固仍然遵循着文
学本身的惯性,这一对文学的尊重促使他在编撰文献目录时,以折中的
态度维护辞赋的地位①。由此,或许需要调整对两汉之际儒者的看法,并
给予更为积极的评价:他们在用儒家思想笼络文学的同时,也很可能含

---

① 这并不是说《两都赋》中没有儒家思想的因素。实际上该作品的根本动机,即在于肯定东汉
定都洛阳以上承周道,强调按照儒家的理想来确定帝国的中心,从而合乎轨则地治理国家。
这与西汉诸大赋强调帝王超越现实世界并实现对于后者的把握不同。如果考虑班固本人的
籍贯更靠近长安而非洛阳,那么这一与中央一致的立场便更加值得回味。不过,从作品展开
的方式来看,仍然沿袭着大赋的写作范式,因此很难摆脱"曲终奏雅"、"劝百讽一"的批评。
此外,从赋作颂扬中央皇室的立场来看,班固与司马相如等西汉赋家并无根本的差异。

有为文学——特别是抒情性作品——寻求正当性的意图。这并非单纯文学史的问题，而是与汉魏审美思潮的演变密切相关。

从上面的文字还可以看出，文学的历史呈现出从某种理想形态逐渐降落的态势。固然，在早期儒家的思想中，确已表现出有限的复古倾向，但是将此倾向贯彻到文学史的脉络之中，却是在汉代真正完成的。《乐记》中治世之音与乱世之音的对立要素，为《毛诗序》所继承并加以发挥，发展出"正—变"的历史模式；在这一巧妙的正反运作中，"国史"承担着异常重要的重建理想社会与政治的任务，这实际上是儒者赋予自身的时代角色。在《汉志·诗赋略》中，大致相同的框架被构建起来，也正是在不同时代的价值差异之间，刘向到班固等儒者为自己预留了引领时代进展的关键性地位——既有效地将历史的权威转化为自身的力量，又为此后的变动拓展了空间。或许正是基于这一传统延续与变革的辩证关系，同一模式反复地出现在艺术的不同领域，从而构成了中国美学史中异常鲜明的风景线。

二、楚辞与汉赋的评价

在宏观的文学史建构过程中，作品评价与审美原则等具体因素是不可缺少的，正如骨架须充实以血肉一样。如前所述，在两汉之际儒者的评价中，无论《楚辞》还是汉赋，均处于以《诗经》为起点的延伸线上；由于这一线索在很大程度上出于儒者的建构，因此在进一步确定不同时期文学之地位与价值的过程中，具体的评价便甚为重要。尽管在价值降落的历史序列中，辞赋逐渐远离了昔日的理想，但是，它们所获得的评价仍然值得关注，这可能意味着开始援用某种崭新的标准来评价已有的文学传统，且事实上这一标准在后世绵延甚久，无法予以忽略。

对文学史的塑造，只是诸多时代性措施的一方面，儒家官僚因应着时代的进展，将某种统一的理念施加于各种领域，其思想鲜明地表现为儒家与中央大一统政治的融合，亦即新时代的国家主义。如果说，武帝时期的汉帝国在疆域上基本实现了中央的一统，那么在思想方面，却仍然更像是一个巨大的试验场。在元、成之后，中央政府的儒家化进程加快进行,至两汉之际则显现出儒家思想之强有力的一致化。不难想象,作为个体的文学家与思想家,在置身于庞大的国家官僚机器之中时,其立场或许并不是单一化的,有时也会呈现出折中、矛盾甚至冲突的状态。此外,在每一时代的文学创作与批评之间,也存在着不同程度的差异与张力;我们不能将文学批评轻易地等同于当时创作的实情。基于这些复杂的变数,在评价新审美标准的时候,便需要充分地考虑其具体的情境。

从思想领域的情形来看,儒家势力的伸张毋庸置疑。在对《淮南子》及《史记》展开评论时,扬雄等人的立场相当一致,其间渗透着儒家的精神。在此之所以选择早期的著作进行批评,很可能表明它们仍然具有巨大的影响力,因此才首当其冲,受到儒家学者们的抵制和清理。

> 或曰:淮南、太史公者,其多智与?曷其杂也?曰:杂乎杂。人病以多知为杂,唯圣人为不杂。
>
> (《法言·问神》)
>
> 仲尼多爱,爱义也;子长多爱,爱奇也。
>
> (《法言·君子》)

由于黄老式的因循思想越出了儒家的规矩,因此这些文献被批评为"杂"或"多奇"。与此相关,在《汉书·艺文志》的"诸子略"中,《淮南子》与《吕氏春秋》等著作也被归入"杂家"类。所谓"杂",并非指庞杂无绪,而是指其根本宗旨与儒家不符。所谓"多奇",也是相对于仲尼的"爱义"而言的,因此显然不尽符合儒门之"义"。对于"多奇"的批评,在班氏父子的著作中表现得甚为激烈:

> 其是非颇缪于圣人,论大道,则先黄老而后六经;序游侠,则退处士而进奸雄;述货殖,则崇势利而羞贱贫,此其所蔽也。
>
> (《汉书·司马迁传赞》①)

---

① 《后汉书·班彪传》:"其论术学,则崇黄老而薄五经;序货殖,则轻仁义而羞贫穷;道游侠,则贱守节而贵俗功。"此外又见《典引序》所引汉明帝评论。

关于《史记》的正面评价多集中于"实录"的性质，即秉持经验与常识的立场，摒除不可信的历史记录，这与扬雄、班固等对待谶纬的态度基本一致，也符合儒者所倡扬的"不语怪力乱神"的根本精神①。由此可见，针对思想异端加以强有力的规范，乃是当时相当普遍的思潮，这同样波及文学的领域，特别是作为主要部分的楚辞与汉赋。其中，关于屈原的评价，构成了最为激烈的焦点，这涉及士人官僚在新形势下对自身境遇的新理解。

几乎对于所有一流的汉代文学家，楚辞都提供了丰富的心灵滋养，或者展现出种种文学性的技巧以供摹拟，或者以其精神引起后人的共鸣。不过，楚辞的影响力还表现在更加深刻的层次——至少对于相当一部分思想者而言，屈原之身世令其敏感地联想到自身的处境，从而陷入深沉的怅惘与悲哀之中，这或许也正是屈赋在后世流传不衰的根本原因。在许多情况下，屈赋的影响是从思想与文学两方面同时展开的，例如在汉代，它清晰地表现为楚辞的传统，刘向正是这一传统之最后的体现者。伴随着西汉末该传统归于衰歇，对其价值的反思与审视也大致同时展开。

作为明显受到屈赋影响的儒者，扬雄是重新评价过程中的关键人物。正如《汉书》传记所载，他曾经热衷并擅长于辞赋的写作，且以屈赋为样本不断模拟，但又正是他第一次对辞赋提出批评，并追悔此前的选择。概而言之，儒家思想的影响，使扬雄成为旧传统与新传统的交汇点。

> （扬雄）又怪屈原文过相如，至不容，作《离骚》，自投江而死，悲其文，读之未尝不流涕也。以为君子得时则大行，不得时则龙蛇，遇不遇命也，何必湛身哉！乃作书，往往摭《离骚》文而反之，自岷山投

---

① 扬雄的相关评价，见《法言·重黎》："或问《周官》，曰'立事'。《左氏》，曰'品藻'。太史迁，曰'实录'。"这一点尤为班固所继承，如《汉书·司马迁传》："自刘向、扬雄博极群书，皆称迁有良史之材，服其善序事理，辩而不华，质而不俚，其文直，其事核，不虚美，不隐恶，故谓之实录。"关于《史记》一书的"实录"性质，可参考：刘节：《中国史学史稿》，郑州：中州古籍出版社，1982年；[日]内藤湖南：《中国史学史》，上海：上海古籍出版社，2008年。

诸江流以吊屈原,名曰《反离骚》;又旁《离骚》作重一篇,名曰《广
骚》;又旁《惜诵》以下至《怀沙》一卷,名曰《畔牢愁》。

(《汉书·扬雄传》)

对淮南王刘安与司马迁而言,屈原的不幸遭遇深切地引起同情而非
批评,扬雄则逆转了这一立场。在《法言·问明》篇中,扬雄将自己的立
场归纳为"治则见,乱则隐";因此对于"不得时"的屈原来说,本是不必
"湛身"的。基于强烈的惋惜与悲哀之情,扬雄模仿《离骚》等作品,以此
思悼屈原。这一"明哲保身"的立场为班固所继承:

且君子道穷,命矣,故潜龙不见,是而无闷。《关雎》哀周道而不
伤,蘧瑗持可怀之智,宁武保如愚之性,咸以全命避害,不受世患,故
《大雅》曰:"既明且哲,以保其身。"斯为贵矣。今若屈原,露才扬己,
竞乎危国群小之间,以离谗贼。然责数怀王,怨恶椒兰,愁神苦思,
强非其人,忿怼不容,沈江而死,亦贬絜狂狷景行之士。

(班固《离骚序》)

班固的态度更多地具有否定的性质,不过借《大雅·抑》篇反驳屈原
的"露才扬己,怨刺其上",从根本上说,依然将楚辞置于《诗经》的脉络之
中。不必讳言,班固与扬雄虽然均主张"明哲保身",但是后者不过悲悯
于屈原的遭遇,前者则更加明显地体现出新型君臣伦理的严格要求,由
于屈原的忠正不足以抵消其"狂狷",故而班固认为其"非明智之器"。

对屈原的批评,进一步落实在作品的批评之上。《离骚》等作品,具
有鲜明的神话色彩与汪洋恣肆的风格;正如同排拒《史记》之"爱奇",这
些同样被看作是"不合经义"的因素,因此需加以剔除。扬雄在评价屈原
与司马相如的作品时,将二者的缺点分别概括为"浮"与"虚",这是指它
们夸张的风格不符合儒家"实录"的作风①。班固的立场与此相似:

---

① 《文选·谢灵运传论》李善注引《法言》:"或问:'屈原、相如之赋孰愈?'曰:'原也过以浮,如也
过以虚,过浮者蹈云天,过虚者华无根。'"

多称昆仑冥婚宓妃虚无之语，皆非法度之政，经义所载。谓之兼《诗》风雅，而与日月争光，过矣。

（班固《离骚序》）

对神话因素的排斥，反映出将此类记载加以合理化的倾向，亦即采用基于经验与常识化的标准，对此前的文学传统加以删削，将其纳入规矩。从后世的立场来看，扬、班的批评因接近常识较易接受，不过，如果联想到当时的普遍风气，那么这一竭力求实的倾向反而显得相当独特——从哀、平之际到东汉初期，正是谶纬最为兴盛的时期。虽然儒家学者衷心拥戴统一王朝，但是在对待谶纬的态度上，他们基于自身的哲学理念，转而与中央政府分道扬镳，这在桓谭等人那里表现得极为清楚。

从先秦开始，儒家思想已经强烈表现出对日常生活与现实社会的关心，而对于"怪力乱神"等神秘与超自然之物，则因缺乏兴趣而加以抑制；后来的部分儒者们更进一步强化了这一立场，对于《史记》的褒贬即是如此①。这一思想倾向同样延伸到审美的方面。作为经典而被置于诸种艺术之渊源的《诗经》，充满着以现实生活为中心的色彩。以此为开端，中国文学在长期的发展中，凝聚为两方面的特色：首先是作品题材的平凡与日常性，即尊重非虚构性的素材；其次则是语言文字技术的高度发达，力求以审美化的方式完成对日常现实题材的不平凡的表现②。由于中国文学——特别是诗文——居于各种艺术的中心，因此在这一点上，对其他艺术的审美性格也造成了显著的影响。毋庸讳言，来自楚地的屈赋，

---

① 这里强调先秦儒家"不语怪力乱神"的性格，并不是说它完全排斥了神话、宗教等方面的因素。事实上儒家内部的传统远较我们在《论语》《礼记》等传世文献所见复杂得多；在某种程度上，这一印象是历经后世儒者的加工而不断形成并固定下来的，至少在两汉之际，已经明显地表现出这一立场：从当时对孔子形象的看法，就可以看出扬雄、班固等儒者之立场的独特性。参考：[美]詹启华：《孔子：野生的圣人，感孕而生的神话典型》，载夏含夷主编：《远方的时习：〈古代中国〉精选集》，上海：上海古籍出版社，2008年。另外，尽管司马迁的思想受到批评，但是就"实录"这一点而言，不妨考虑其与孔子的联系。通过《太史公自序》可知，孔子作《春秋》一事是作为五百年前的典范而存在的，司马氏父子所采取的"实录"风格，尽管与其尊重现实的黄老因循立场相关，但是也不能完全排除踵武孔子的意识。
② [日]吉川幸次郎：《中国文学史的一种理解》，载《中国诗史》。

以其瑰丽的文辞与浪漫的想象力构成了另一独特的传统。如果说后者的出现对于前述文学特征提出了挑战，那么至少在两汉之际，儒者们开始重新回归经典的原则，对《楚辞》系作品进行再评价，这也正是以合理化、现实化之态度，试图绳束自由不羁之抒情艺术的努力。

事实证明，扬雄与班固等人的努力，确实收到了显著的效果，文学评价的原则自此牢固地树立在儒家的思想基础之上；在一个半世纪之后，这一影响体现于王逸的《楚辞章句》。从王褒、刘向到王逸的漫长间隔，意味着王逸再次意识到久已湮没的楚辞之价值，乃是相当值得瞩目的举动①。出于对屈原的推崇，他努力反驳班固的讥评，重新肯定屈原及其作品的价值。不过，这一辩护同样是以儒家立场为基础的。在为屈原自沉辩护时，王逸援引经典以证明屈原的忠直②；而屈原的创作，则被纳入"依托五经以立义"的逻辑：

> 而屈原履忠被谮，忧悲愁思，独依诗人之义而作《离骚》，上以讽谏，下以自慰。遭时暗乱，不见省纳，不胜愤懑，遂复作《九歌》以下凡二十五篇。

（王逸《楚辞章句序》）

---

① 刘师培注意到楚辞传统的中绝，并试图寻找其中的原因："盖东汉文人，咸生北土，且当此之时，士崇儒术，纵横之学，屏绝不观，《骚经》之文，治者亦鲜。故所作之文，偏于记事析理，而骈辞抒情之作，嗣响无人。唯王逸之文，取法《骚经》。"参见刘师培：《南北文学不同论》，载《清儒得失论：刘师培论学杂稿》，北京：中国人民大学出版社，2004年。

② 王逸《楚辞章句序》："且人臣之义，以忠正为高，以伏节为贤。故有危言以存国，杀身以成仁。是以伍子胥不恨于浮江，比干不悔于剖心，然后忠立而行成，荣显而名著。若夫怀道以迷国，详愚而不言，颠则不能扶，危则不能安，婉娩以顺上，巡以避患，虽保黄耇，终寿百年，盖志士之所耻，愚夫之所贱也。今若屈原，膺忠贞之质，体清洁之性，直若砥矢，言若丹青，进不隐其谋，退不顾其命，此诚绝世之行，俊彦之英也。而班固谓之'露才扬己'、'竞于群小之中，怨恨怀王，讥刺椒、兰，苟欲求进，强非其人，不见容纳，忿恚自沈'，是亏其高明、而损其清洁者也。昔伯夷、叔齐让国守分，不食周粟，遂饿而死，岂可复谓有求于世而怨望哉。且诗人怨主刺上曰：'呜呼小子，未知臧否，匪面命之，言提其耳！'风谏之语，于斯为切。然仲尼论之，以为《大雅》。引此比彼，屈原之词，优游婉顺，宁以其君不智之故，欲提携其耳乎！而论者以为'露才扬己'、'怨刺其上'、'强非其人'，殆失厥中矣。"关于"忠"之内涵的变化，可参考颜崑阳：《论汉代文人"悲士不遇"的心灵模式》。

所谓"依托五经以立义"，并不单纯表现在屈原写作动机的忠直，在王逸看来，这一立场也渗透在《离骚》等作品的具体写作策略之中，它们是沿循着《诗经》之"比兴"讽喻的方式展开的：

> 夫《离骚》之文，依托《五经》以立义焉："帝高阳之苗裔"，则"厥初生民，时惟姜嫄"也；"纫秋兰以为佩"，则"将翱将翔，佩玉琼琚"也；"夕揽洲之宿莽"，则《易》"潜龙勿用"也；"驷玉虬而乘鹥"，则"时乘六龙以御天"也；"就重华而陈词"，则《尚书》咎繇之谋谟也；"登昆仑而涉流沙"，则《禹贡》之敷土也。故智弥盛者其言博，才益多者其识远。屈原之词，诚博远矣。
>
> （王逸《楚辞章句序》）

> 《离骚》之文，依诗取兴，引类譬谕。故善鸟香草以配忠贞，恶禽臭物以比谗佞，灵修美人以媲于君，宓妃佚女以譬贤臣，虬龙鸾凤以托君子，飘风云霓以为小人。其词温而雅，其义皎而朗，凡百君子，莫不慕其清高，嘉其文采，哀其不遇而愍其志焉。
>
> （王逸《离骚经序》）

按照王逸的理解，在《离骚》的词汇意象中，处处体现出"引类譬谕"的原则，这与《诗经》是一致的；这一道德化、象征化的解读，奠定了后世阐释《楚辞》的基调。此外，将错杂缤纷的动、植物一概视为人格的象征，意味着将关注焦点从意象的丰富内涵转向单纯扬善讥恶的立场，这也体现出追求合理化的儒家精神。由此可见，王逸虽然不满于班固的否定态度，但是却更加牢固地将《楚辞》置于儒家经典之衍变的脉络上。单就二者的思想基础而言，无论是班固所遵循的"温柔敦厚"，还是王逸援用的"诗可以怨"，实际上均未越出儒家的藩篱。

上述关于屈原的评论，大致也适用于汉代的辞赋。尽管在作品形式与写作主旨等方面，汉赋至少可以区分为"体物"、"写志"及"说理"等种类，但是作为其中最具代表性的作品，汉代大赋均继承了繁复蔓衍的语汇与华丽绚烂的风格。就语言文字的审美性及其内涵而言，它们在很大程度上突破了《诗经》的日常化传统。因此，如同屈赋一样，自然也无法脱离儒者们的批评。

尽管刘向已经意识到楚辞传统的存在，但是真正对辞赋展开批评的乃是扬雄。同为蜀郡人士，青年时代的扬雄十分仰慕司马相如赋作的"弘丽温雅"，因此"每作赋，常拟之以为式"①。事实上，扬雄的赋作达到了很高的水准，堪称司马相如及王褒的后继者，可谓能洞见其中的玄奥。但是，在接触儒家思想之后，扬雄的态度发生了急剧的转折：

> 雄以为赋者，将以风之也，必推类而言，极丽靡之辞，闳侈巨衍，竞于使人不能加也，既乃归之于正，然览者已过矣。往时武帝好神仙，相如上《大人赋》，欲以风，帝反缥缥有陵云之志。由是言之，赋劝而不止，明矣。又颇似俳优淳于髡、优孟之徒，非法度所存，贤人君子诗赋之正也，于是辍不复为。
>
> （《汉书·扬雄传》）

所谓"推类而言"，以及"丽靡"、"闳侈巨衍"，即是《汉书·艺文志》所说的"侈丽闳衍"，这是扬、班等人对汉大赋的共同见解。与此相对的乃是内在于作品的"风谕之义"。从扬雄的著名论断——"诗人之赋丽以则，辞人之赋丽以淫"——可以看出，在合乎法度的"诗人之赋"与不合法度的"辞人之赋"之间，既存在共性又存在差别。在强调汉赋与早期作品的承继关系时，作为作品展开之有序结构的对称与类分（即"丽"）等形式被看做是二者的共性；而差异则集中在是否符合儒家之风谕的准则，这一政教性的功用，成为评价的根本所在。在这一点上，扬雄持否定的看法，这也是他"辍不复为"的理由，而班固的看法有所不同：

> 或曰：赋者，古诗之流也……或以抒下情而通讽喻，或以宣上德而尽忠孝，雍容揄扬，著于后嗣，抑亦雅颂之亚也。
>
> （班固《两都赋序》）

---

① 参见《汉书·扬雄传》。

从这一曲为回护的辩词中，不难察觉某种折中性的因素。班固对于辞赋之看法，不仅反映出儒家政教化的审美思想，而且又向汉室中心的立场妥协，由于对皇室所热衷的辞赋无法遽加批评，遂采用儒家理想对辞赋加以约束。回顾汉宣帝对于辞赋之"辩丽可喜"的态度，可知对辞赋之讽喻性的要求，恐非此类作品的本意①。基于这一立场，班固不仅从理念上将辞赋统摄于"雅颂之亚"，而且对于著名作家亦秉持较为肯定的态度。

> 文艳用寡，子虚乌有，寓言淫丽，托风终始，多识博物，有可观采，蔚为辞宗，赋颂之首。述《司马相如传》。
>
> （《汉书·叙传》）

赋之劝诫讽喻的功能，非其本来所具有，而是在某种程度上来自两汉儒者的建构。从"文艳用寡"的判断来看，审美标准已经转化为政教讽喻等现实功能；由这一结论，可推导出两种不同的态度，或如扬雄扬弃而否决之，或如班固肯定其讽喻教化的功能。在大致同一年代，这一立场已经迅速扩散，其中包括远在会稽的王充：

> 以敏于赋颂、为弘丽之文为贤乎？则夫司马长卿、扬子云是也。文丽而务巨，言眇而趋深，然而不能处定是非，辩然否之实。虽文如锦绣，深如河汉，民不觉知是非之分，无益于弥为崇实之化。
>
> （《论衡·定贤》）

后世对待汉大赋的见解，大致不出扬、班二途。从刘勰到清代的程廷祚，即基本摇摆于这两种相对立的看法之间，但是透过表面上或褒或贬的差异，其判断的标准却是一样的，均奠定于两汉之际的儒家

---

① 《汉书·王褒传》："辞赋大者与古诗同义，小者辩丽可喜。辟如女工有绮縠，音乐有郑卫，今世俗犹皆以此虞说耳目。"尽管明确肯定了"大者与古诗同义"的可能性，但是这段话的重心明显落在"小者"，即辞赋的娱乐功能方面，这让我们怀疑前一句或许只是游辞。

传统①。

> 《诗》有六义,其二曰赋。赋者,铺也;铺采摛文,体物写志也。昔邵公称公卿献诗,师箴赋。《传》云:登高能赋,可为大夫。《诗序》则同义,《传》说则异体,总其归涂,实相枝干。刘向云'不歌而颂',班固称'古诗之流'也……然赋也者,受命于诗人,拓宇于楚辞也……与《诗》画境,六义附庸,蔚成大国。
>
> (《文心雕龙·诠赋》)

根据这一段对"赋"的标准化传统解说,或许还可以作进一步的推测:"赋"与诗之"六义"的重合,很可能为讽喻化的阐释提供了转化的桥梁。在《毛诗序》中,仅仅解释了"风雅颂",而"赋比兴"的含义仍付诸阙如;至东汉末期,这一空白则为郑玄所填补:"赋者,铺也,铺陈今之政教善恶。"②在这一阐释中,郑玄巧妙地利用语义重心的转移,将诗教的内涵赋予"铺陈"这一形式;而"铺采摛文,体物写志",正是汉赋的典型特征。如果说,对于"赋"的注释往往有意移用,以便提供正统性的支持;那么这一倾向,事实上早在两汉之际就已经颇为显著。

第三节 人物观的形成及其儒家化

借助于对历史的评价来表达现实立场,是中国传统中引人注目的现象;对历史人物的回顾,则是其中相当重要的组成部分。在回溯历史人物的行为中,常常涌动着新时代的观念。从《史记》、汉画像石与屏风画,直至咏史诗,均是如此。如果努力追溯这一贯穿中国历史的线索,那么人物观念的勃兴与汉代思想的关系,实际上是非常密切的。概括地说,

---

① 程廷祚:《青溪集·骚赋论》:"至于赋家,则专于侈丽闳衍之词,不必裁以正道,有助于淫靡之思,无益于劝戒之旨……赋也者,体类于骚而义取乎诗者也。"此外,程氏又以汉大赋和楚辞分别对应于《诗》之"赋"与"比兴"两种传统,认为前者"体事与物者也,长于体万物之情状"、"主于浏亮",后者则"陈情与志者也,长于言幽怨之情"、"主于幽深"。
② 郑玄注《周礼·春官》"大师教六诗:曰风,曰赋,曰比,曰兴,曰雅,曰颂。"

它大致形成于《史记》一书，又随着儒家思想的兴起而凝聚成正统的人物观；直至魏晋南北朝时期，才大幅度地突破了这一人物观念，而这恰恰是以人物品鉴开启审美新思潮的时代——甚或如宗白华所言，乃是审美自觉的时代。尽管汉代人物观的形成与变动大致发生在美学领域的外围，但是作为魏晋风度的历史前奏，仍然有必要予以说明。通过如下的阐说，将会发现对人物的评价与对文学作品的评价，同样渗透着道德化的原则。

在《史记》中，描述人物的文字占据着巨大的比例。以熔裁古今的如椽之笔，勾勒出栩栩生动的人物形象，是该书在史学与文学两方面的伟大成就。不仅如此，它还在错综复杂的穿插叙议之中，展现出完整清晰的人物观。与现代的史学不同，《史记》采用的著述方法是忠实地引用原有的资料，然后再对此作若干补正。这种方式被法国汉学家沙畹（Chavannes）形象地称为"集积式"。对人物的描写自然也不例外，它包含着对来源复杂的各种史料的复写。进而言之，我们所能够看到的这些部分，既含有此前的文献材料和口头记录，又包括了撰述者精心剪裁的匠心。鉴于《史记》的这一特征，我们需要同时考虑两个层次：除了一般所注重的史料的层面，还存在着对这些史料进行处理的主观层面，它包括宏观的思想结构和具体的叙述方式。对于《史记》中大量的人物描写而言，即表现为相应的人物观。

根据司马迁的叙述，以帝王世系为主的十二《本纪》，构成了全书的"科条"，这与《春秋》所采用的编年方式相一致；而它与《世家》所构成的北辰与二十八宿的关系，则与"三十辐共一毂"的比喻相合①。与带有明显政治因素的前两类不同，《列传》中的人物具有参差不齐的地位与身份，其体例亦不甚一致，或单独立传，或共同构成某种性质的群体②。作为纪传体的主要部分，《列传》人物的功能，是环绕《本纪》进行叙事与阐

---

① 关于《史记》体例的说明，参见《史记·太史公自序》。
② 徐复观基于列传的性质，推测此"列"字与"彻"、"通"相通，故"所谓列传者，乃不复计其身份地位，而通称为传之意"。见前引《论〈史记〉》，第231页。

释,表现这些人物在其生存的历史时期中,对他们周围的社会群体所作的贡献①。

《列传》与前两类存在着本质的区别。在《本纪》或《世家》中,帝王或诸侯的世系是作为历史编纂线索而存在的;而在《列传》中,个体则成为记载的直接对象。鉴于《列传》所占的比例,《史记》对人物的重视乃是前所未有的。与流行于东周时期的编年史格式不同,《史记》建立起描述历史的基本单元,其中个人的生活和行为成为考察历史的直接对象;与此同时,历史学家的观点与评价成为历史叙述不可分割的部分②。

《列传》的以人系事,实际上将诸多人物划归于若干类型,而人物需依附于某一类型方能展现自身的意义。诚如吉川幸次郎所说:"《列传》是作为其世界观的分论来写的,但那与其说是想写促进历史发展的英雄的传记,倒不如说是有想表现人物的类型的一面。"③这种按类型进行区分的方式,是《史记》观察并描述历史的方式。Burton Watson 指出:"对于中国人,特别是对那些认为社会和自然界有着森严等级观念的汉代人来说,形式与意义是同义的。"④这一敏锐的观察切中了《史记》人物观的特征,即类型的聚合决定了历史的意义。

在《史记》中,"杰出的历史人物是最基本的出发点。这种态度是基于这样的观念:每个人都与他人分享一些共同的特征或动机,因此每个人都属于一个与历史的基本主题或人类的本质相关的更大分类,因而,历史上的男子或女子既是独立的个人又是某种原则的化身"⑤。随着历史人物被各自纳入不同的类型,"类型"就成为"作为一种修辞学工具的历史暗喻";也就是说,《史记》的人物观建立在类型之上。借助于由个体

① 逯耀东:《魏晋史学的思想与社会基础》,第 6 页,北京:中华书局,2006 年。
② [美]巫鸿:《武梁祠:中国古代画像艺术的思想性》,第 168—169 页,北京:三联书店,2006 年。
③ [日]吉川幸次郎:《中国文学史》,第 55 页,成都:四川人民出版社,1987 年。
④ Burton Watson:*Ssu-ma Ch'ien*,*Grand Historian of China*,New York:Columbia University Press,1958,p102.
⑤《武梁祠:中国古代画像艺术的思想性》,第 168 页。

所构成的类型,史书得以清晰地表达出政治和道德原则①。

在《史记》中人物的类型十分繁多:既包括政治家、军人与思想家,又包括刺客、游侠、俳优、隐者、妇女、医者、卜者与商贾等等。这与《史记》广阔恢宏的风格相一致。这些人物的形象,在先秦著作——如《左传》《国语》《国策》——中是不曾有过的;即或有之,也没有像司马迁写的那样形象化②。在这种不拘一格的分类法中,兼顾了人类的不同侧面,同时又赋予其恰当的理解;在表面上纷杂的状况中,《史记》努力克服固定化的视角,对各种人物类型的价值进行恰如其分的说明——即使是佞幸"能亦各有所长"——这构成了《史记》的特色。在借助类型来表达意义的原则之下,对类型的不同划分与组合,即意味着对历史的不同理解方式。

在类型划分的背后,存在着独特的思想基础。顾颉刚指出,《史记》的基本构思和主要题材在司马谈时已经大致齐备;司马迁之所以能够异常迅速地完成百三十卷,原因正在于以其父的已有著述为基础进行增删,并补入元封以后的历史③。因此,虽然《史记》不成于一人之手,但是作为收集、整理材料的指导原则,司马谈在《论六家要旨》中所清晰表达出的黄老思想立场,至少为《史记》的人物观奠定了起始的方向,因此,对于《史记》的人物观而言,"因循"的原则值得注意。

事实上,"因循"思想渗透在《史记》的众多人物类型之中:他们作为合理化的人间形象,被分别纳入多样化的类型,且作为不同价值的载体而共同存在。尽管在现实中"自然"与"因循"的理想无法完全实现,但是在道德因果律的协助之下,"天"的幽昧的色彩在很大程度上被澄清,同时《史记》以形诸文字的方式弥补了志行之士"不遇"的缺憾,而舍弃了其

---

① 《武梁祠:中国古代画像艺术的思想性》,第 170、171 页。
② 殷孟伦:《略谈司马迁现实主义的写作态度》,载《文史哲》杂志编辑委员会编:《司马迁与〈史记〉》,北京:中华书局,1957 年。
③ 顾颉刚:《司马迁作史》。

他的神秘化的途径①。这些都是在没有违反"因循"原则的前提下展开的。概而言之,我们在《史记》中所看到的人物,乃是置身于人间的多样化的存在,他们不懈地努力实现一己之价值,且由此而成为类型的代表者。或许其真正价值在现实中受到了遮蔽与湮没,但是,依靠《史记》的撰写,他们终于实现了自我的圆满性,即各如其分地参与世界的整体运行。

以类型化的方式理解人物并进而把握历史,这一方式为后来的文献及图像所承袭。例如刘向的"三纲"人物观即是一例。但是,在表面上对《史记》范式的继承中,人物观的整体结构发生了明显的变化。在司马迁死后,《史记》经受了双重性的评价:一方面,《史记》的叙事结构成为典范,截至东汉早期,企图继踵《史记》的事例多达十余家②;同时,其运用史料的精确性亦作为"实录"受到赞赏。不过与此相反,其思想立场屡次受到了严厉的批评,并因此削弱了影响力。东汉时期《史记》"未知见重",正是因为作为"谤书",贯穿全书的因循史观迥异于尊儒家为正统的立场③。当后者渐次确立为思想的主流时,《史记》受到排斥便成为相当自然的结果。在儒家伦理思想的灌注下,人物类型的概念发生了重大的变化。

正如罗思文(Henry Rosemont)所强调的那样,古典儒家将社会和人性理解为社群性的而非个体性的④。对于儒家而言,纯粹个体性的层面很少受到强调,人总是通过由众多人际关系所组成的社会网络来显现自身;家庭、社群与国家,构成了该网络的不同层级。由此之故,相对于单

---

① 关于天人关系的探讨,参考徐复观:《论〈史记〉》,《两汉思想史》第三卷,第230—231页。

② 见刘知几《史通·古今正史》。

③ 司马贞《史记索隐序》:"《史记》比于班《书》,微为古质,故汉晋名贤,未知见重。"吕思勉认为,《史记》的语言与口语相近。因此并不"古质"难懂。见吕思勉:《秦汉史》,第705页,上海:上海古籍出版社,2006年。徐复观认为,《史记》"未知见重"的原因在于其史学精神对中央政权的专制性格构成了强烈的挑战。这种看法在一定程度上是正确的。见《两汉思想史》第三卷"论《史记》"章。

④ Henry Rosemont:"Human Rights:A Bill of Worries," in W. T. de Bary and Tu-Weiming eds. ,*Confucianism and Human Rights*,New York:Columbia University Press,1998,p63.

纯的个体,儒家更倾向于强调通过履行各方面的人际关系来完善自我,道德伦理也因此表现为处理与复数的他者之间的关系。早在战国时期,这种交互性的社会伦理观念已经成为儒家的讨论主题,并且被总结为五种主要的类型:君臣、父子、夫妇、兄弟和朋友(如《礼记·中庸》)。进入汉代以后,其中最具代表性的三种类型被进一步择取出来,并统一名之曰"三纲":

> 物莫无合,而合各有阴阳。阳兼于阴,阴兼于阳。夫兼于妻,妻兼于夫。父兼于子,子兼于父。君兼于臣,臣兼于君。君臣、父子、夫妇之义,皆取诸阴阳之道。君为阳,臣为阴。父为阳,子为阴。夫为阳,妻为阴……王道之三纲,可求于天。
>
> (《春秋繁露·基义》)

在西汉后期刘向的一系列著述中,完整地展示出将"三纲"熔铸于人物观的努力。在《列女传》中,刘向明确地秉承了董仲舒的这一理念,指出"君臣、父子、夫妇三者,天下大纲纪也",这实际构成了对其撰述性质的说明。就整体而言,刘向的著作与"三纲"观念是紧密对应的:《列女传》聚焦于夫妇之间的伦理关系;《孝子传》聚焦于父子之间的伦理关系;而《说苑》与《新序》则说明了君臣之间的伦理关系,其中尤以《说苑》中《君道》《臣术》两篇的讨论最为集中①。除此以外,部分具体主题的设置状况,也为这一宏观结构提供了辅助性的证明②。据此,刘向不仅按照"三纲"观念明确地进行著述,而且在部分著作中又安排了若干相同的主

---

① 《武梁祠:中国古代画像艺术的思想性》,第 204 页。关于《孝子传》的讨论,见同书第 286—287 页。

② 从篇章的主题来看,《新序》之《义勇》《节士》两篇、《说苑》之《建本》《立节》两篇,各与《列女传》之《贞顺》《节义》对应,而《说苑》之《尊贤》《敬慎》则与《列女传》之《贤明》《仁智》对应,《善说》《奉使》亦与《列女传》之《辩通》相应。此外,在《新序》之《刺奢》《节士》《义勇》等篇中,其所采用的叙述模式,与《列女传》的《仁智》《贤明》等篇颇为相似,均表现为不佳事态的预先阻止,或在事态部分发生后将其扭转。参考俞士玲:《论〈列女传〉女性观及其与男性德行原则的一致性》,第 144—147 页,载莫砺锋主编:《周勋初先生八十寿辰纪念文集》,北京:中华书局,2008 年。

题,体现出撰述者计划的详密。

借助"三纲"的框架,刘向建立起标准的编撰格式:将符合儒家伦理的历史人物及其故事汇编为若干类,进而由此展现其承载的具体内容。此后对类似伦理图式的追求屡见不鲜。例如,各种版本的《孝子传》一再复述同一主题,它们不厌其烦地将"孝悌"理想的承载者聚合一处,从而使之不断地凝定与强化。

《说苑》与《新序》等文献代表着西汉末期人物观的形态。但是刘向所奠定的人物合传的形式,例如"高士"、"孝子"之类的主题,则在历史中不断延续。随着崭新典型的陆续出现,这些传记的内容也不断更新,从而在一再重复的筛选与排列中完成人物塑造的经典化。在人物谱系的编定过程中,同时包含着肯定和排斥两种相反的作用,跻身于合传的人物在彰显自身价值的同时,也通过价值标准的树立排除了异端的存在——这正是编选者的最终目的。随着儒家伦理成为社会的普遍标准,刘向的儒家人物观迎合了时代的需要,并且以其身兼激励与拒斥的双重性质,成为长期沿用的动态的人物品评模式。即使是在人物面目丰富的《世说新语》中,也依然沿用了类目合传的形式。

随着刘向撰述工作的完成,儒家的伦理观成为支配性的因素,因而扭转了司马迁的人物观念。不过刘向并未对后者提出批评,而仅仅肯定了《史记》的精确性,态度更为明确的乃是扬雄:一方面他给予《史记》以"实录"的赞赏①,另一方面,则又对后者进行了否定,认为太史公"不与圣人同是非,颇谬于经"(《汉书·扬雄传》),从而展示出二重性的态度。扬雄的双重意见,构成了班彪及班固父子评价《史记》的基础。班固对司马迁"是非颇谬于圣人"的著名批评,依照《后汉书·班彪传》的记载,应当

① 《法言·重黎》:"或问:'《周官》。'曰:'立事。''《左氏》。'曰:'品藻。''太史迁。'曰:'实录。'"视《史记》为"实录"不仅限于扬、刘乃至班氏父子,在某种程度上这也是相当多东汉学者的共同见解。《论衡·案书》篇"子长少臆中之说"及《感虚》篇"太史公书汉世实事之人"的记载,可资证明。

是通过其父班彪而受到扬雄的影响所致①。

除了对《史记》的评价,扬雄与班固的共同性还进一步体现在人物评论的方面。在《法言》的《重黎》与《渊骞》两篇中,扬雄率先展开了历史人物的评论,并在该书的序中就写作动机作了说明。

> 仲尼以来,国君将相卿士名臣参差不齐,一概诸圣,撰《重黎》;
>
> 仲尼之后,迄于汉道,德行颜、闵,股肱萧、曹,爰及名将尊卑之条,称述品藻,撰《渊骞》。
>
> (《汉书·扬雄传》②)

与此相应,在《古今人表》中,班固也设计了一种前所未有的体例,即按照时间顺序,将汉代以前的著名历史人物分为九等:首先分为"上"、"中"、"下",然后又各自分为三种。其中最卓越的三等——"上上""上中"和"上下"——分别对应于"圣人""仁人""智人",最下一等则为"愚人",贯穿于其中的无疑是儒家的原则。清代学者梁玉绳对此有很好的归纳:"班《汉》《人表》,创例也……其实褒贬进退,史官之职。始三皇以讫嬴秦,圣仁愚智,不胜指数,马迁既未能尽录,班氏广征典籍,搜列将及二千人,存其大都,彰善戒恶,准古鉴今,非苟作者。"③《人表》基于"三"和"九"进行分类,似乎来自汉代对某些特殊数字的偏好,扬雄即曾经在《太玄》中借助于这些数字,重新描绘了宇宙的运行原理。不过相对于具体的数字,更为重要的是精确化的等级划分——这一划分虽然并非严格对

---

① 《汉书·司马迁传赞》:"故司马迁据《左氏》《国语》,采《世本》《战国策》,述《楚汉春秋》,接其后事,迄于天汉。其言秦汉详矣。至于采经摭传,分散数家之事,甚多疏略,或有抵牾。亦其涉猎者广博,贯穿经传,驰骋古今,上下数千载间,斯以勤矣。又其是非颇缪于圣人,论大道则先黄老而后六经,序游侠则退处士而进奸雄,述货殖则崇势利而羞贱贫,此其所蔽也。然自刘向、扬雄博极群书,皆称迁有良史之材,服其善序事理,辨而不华,质而不俚,其文直,其事核,不虚美,不隐恶,故谓之实录。"

② 汪荣宝认为,《法言》中《重黎》与《渊骞》本为一篇,"以文字繁多,故中析为二";"序"中对《渊骞》篇所作的说明也并非原貌,而是校《法言》者依据《汉书》增补所致。见《法言义疏》,下册第571—572页。尽管如此,汪氏亦承认两篇"皆论春秋以后国君、将相、卿士、名臣之事",故将二者合并在一起使用,仍然合乎原文的性质,实际上并不对两篇内容造成影响。

③ 梁玉绳:《古今人表考》卷一。转引自王利器:《汉书古今人表疏证》,济南:齐鲁书社,1988年。

应于当时的官僚制度,但是试图将人物按照德行高低加以有序排列,终归反映出后者的影响。武帝时期对于儒家的接受,意味着承认其地位与教养协调一致的理念,这与官僚制的选拔举荐是相通的。因此,班固的《人表》,反映出《汉书》之整体上的汉室中心主义的立场。

对比《古今人表》与扬雄《法言》序的内容,两段文字清晰地显示出共同的思想基础。

> 自书契之作,先民可得而闻者,经传所称,唐虞以上,帝王有号谥,辅佐不可得而称矣,而诸子颇言之,虽不考乎孔氏,然犹著在篇籍,归乎显善昭恶,劝戒后人,故博采焉。孔子曰:"若圣与仁,则吾岂敢?"又曰:"何事于仁,必也圣乎?"……可与为善,不可与为恶,是谓上智……可与为恶,不可与为善,是谓下愚……可与为善,可与为恶,是谓中人。因兹以列九等之序,究极经传,继世相次,总备古今之略要云。
>
> （《汉书·古今人表》）

首先,二者均以历史人物为对象,试图从整体上进行评价;其次,均采用儒家的道德观念,即"显善昭恶"或彰扬颜、闵之"德行";再次,以孔子为代表的"圣"乃是评价标准中最高的品级,它代表着人格的完美状态。据此,扬雄对历史人物的评判,是早在班固《人表》之前已经进行的尝试。虽然因采取《论语》的语录体而稍显分散,且评判层次的划分亦不如《人表》详细缜密,但是这种努力确实为班固提供了值得效法的形式。事实上,通过仔细比对具体的内容,不难发现,《法言》的人物评论存在着如下的特色:首先,凭借儒者的强烈自信批评诸子的学说,以保证儒家思想的独特地位;其次,借助儒家"德"与"力"的基本范畴,对政治家、军事家以及游侠、刺客等各色人物进行评定,从而将儒家的道德标准贯彻到汉前的全部政治历史之中;再次,通过有意突出部分儒家人物之特殊性的方式,塑造正统的圣贤系谱,以及向未来开放的评价体系。在所有这些方面,《汉书古今人表》与《法言》的内容几乎完全相合:不仅表现在评价的基本原则上，而且也体现在具体的评价结果之中。我们固然可以将《人表》看作对《法言》的进一步发展，例如体例的精确化；反过来说，设若不考虑著述年代的先后，将《法言》的相关评论视为《人表》的注释亦无不可。

当然，在二者之间也存在着较显著的差异，首先是人物年代的问题。与《法言》不同，尽管人表冠有"古今"二字，但实际上有古而无今，所有的人物都截止在西汉以前，其界限极其清晰，这也就是前引梁玉绳所云"始三皇以讫嬴秦"。从这一角度来说，这部人表其实更近于"录鬼簿"[①]。同时还有相关的第二个问题。尽管《人表》采取了更为精辟的等级体系，但是并未像《法言》那样对评价原则予以充分的说明，这是应该注意的。杨勇认为："盖因《汉书》拟论为历史中者，已有定论，故可加品第。"[②]不过，这无法解释品第原则缺失的原因。班固对此的省略可能出于某种特殊原因，在此不予讨论。

扬雄对历史人物的评价不应视作个体化的行为，而是从根本上反映了时代精神的重要事件，这从他对班氏父子、桓谭、王充、张衡等一流学者的巨大影响完全可以看出。在此之前，对历史人物进行通盘评论的事例仅见于司马迁，然而，《史记》的人物观早已不合时宜，对扬、刘等儒家人物而言，有必要确立起新时代的人物观。稍稍留意扬雄对于刺客、游侠、诸子等的评判，即可明白其品藻人物，实则是针对司马迁的史观而进行的：他并未由于尊崇司马迁而全盘接受其见解，而是顺应儒家的主流立场对其予以澄定。这样，对于扬雄的思想，我们不妨视为时代精神的凝结而予以充分的重视和理解。

限于篇幅，这里对于汉代人物观仅限于叙述，而无暇讨论其深层的

[①]《全晋文》卷六○录孙楚《秦废九品为大小中正》："九品汉氏本无，班固著《汉书》，序先往代贤智以九条，盖记鬼录次第耳，而陈群依之，以品生人。"尽管按照宫崎市定的研究，九品中正制度的精神与《九等人表》完全不同，但是，孙楚所说的"记鬼录次第"清楚地表明了《人表》所收人物的性质。

[②] 杨勇：《清谈对于佛学的影响》，转引自范子烨《世说新语研究》，哈尔滨：黑龙江教育出版社，1998年。

原因。不过还需要稍作补充。依照儒家伦理纲目对人物进行类分的方式，成为东汉人物画像石以及后世屏风画的起源。这些美术品的目的或在于劝谏，或在于宣扬儒家理想；因此为了增强效果，将文字转化为视觉图像，乃是相当自然的趋势。据说刘向本人也曾经在屏风上画像以辅助文字。不过随着这一转化，原本用于劝谏的画像，有时反以其视觉特征诱使观看者沉迷其中。美丽的列女画像，曾吸引了包括汉光武帝在内的众多观赏者。增强感染力的手段最终导致伦理目的的消融，这不能不说是带有讽刺意味的吊诡。因此，为了保持形式与内容的某种平衡，在运用"三纲"模式的同时，人物图像的设计需要采取古朴简练的形式，以便排除诱发欲望的各种因素。这种古朴与简练的风格，在传世的画像石中仍可见到。作为汉画像石的代表作，武梁祠的人物画像一向备受关注。一般认为，这些画像与汉代"三纲"观念相对应，体现了流行于当时的儒家伦理。

不过，类型化的人物观虽然相对简单而固定，但其中仍蕴含着展示特定内涵与功能的可能。即以武梁祠人物画像石为例，刺客画像中的"复仇"因素即反映出儒家理想的多重性。在汉代游侠风气和公羊学说的双重影响之下，刺客画像中的复仇因素得以凸显，并由于含有否定权力的意图而成为当时争论的重要问题。墓主武梁集中使用这一敏感主题装饰墓室，实际上是对自我政治意识的明确展示。鉴于汉代丧葬仪式的性质，祠堂画像充当着沟通死者与吊祭者的媒介作用，因此刺客画像不仅反映了武梁个人的意识，同时也体现出东汉后期部分士人阶层的共同观念。刺客画像中忠诚与复仇两种因素，反映出这些士人对待二重性君臣关系的现实态度与政治理想①。这些状况表明，汉代的美术品除了审美属性之外，还具有复杂的现实维度，它们提供了道德、政治与审美诸因素相互作用的生动范例。

---

① 关于武梁祠的刺客画像石，可参考：巫鸿：《武梁祠》；任鹏：《武梁祠的刺客画像研究》，载《清华大学学报》（哲学社会科学版）2012 年第 3 期。

第四节　王充的美学思想

作为东汉最著名的思想家之一，王充在中国思想史上多少有些特殊，其经历的隐晦与死后声名的显赫形成了鲜明的对比——这一情形至少发生过两次，第一次是在汉魏之际，第二次则发生在 20 世纪。单就后者而言，在主要的思想史著作中，王充受到了充分的肯定与推崇：他或作为唯物史观的思想家，或作为科学精神的体现者，被赋予了崇高的地位；毫不过分地说，他是作为崇尚理性、破除迷信的思想家而存在的①。

毋庸置疑，在王充的著作中，确实充满了对于各种迷信、偏见与盲从的批评，其破除的对象涵括甚广，乃至于对备受推崇的孔子也不轻易放过；这在《论衡》中不难找到确证②。但是与此同时，他无疑又是一位坚守汉室中心立场的思想家，这造成了若干表面上的矛盾：一方面，该书到处充斥着基于经验与常识的辩驳，其批评对象涉及哲学、历史、文学、宗教乃至自然科学的广阔领域；另一方面，对于图谶与瑞应的批评却未能贯彻全书，在触及汉王朝时毫不犹豫地让位于热情的颂扬③。这两方面的

---

① 以所谓"科学精神"评价王充源自胡适，他在《中古思想史长编》《中古思想小史》和论文《王充的〈论衡〉》等论著中均有类似的论述；至于以唯物史观推崇王充，则是二十世纪下半叶大陆学界较为一致的观点，在此不再赘述。关于王充与《论衡》的评价问题，可参考：龚鹏程《汉代思潮》，第九章"世俗化的儒家：王充"，北京：商务印书馆，2005 年。

② 《论衡·自纪》："伤伪书俗文，多不实诚，故为《论衡》之书"；《对作》："是故《论衡》之造也，起众书并失实、虚妄之言、胜真美也"；《佚文》："《论衡》篇以十数，亦一言也，曰：疾虚妄。"至于该书批评孔子等儒家圣人的事例，可参见《问孔》《刺孟》等篇；又如在《知实》篇中，为了论证"圣人不能神"和"圣人不能先知"，王充连续列举了十六个具体的事例。

③ 《论衡》一书体现出两种不同的态度，即在一般情形之下，对各种伪误或迷信成分不遗余力地进行批评；而当涉及汉王朝时，则表现出无条件的颂扬。这一点早经学者指出，例如钱大昕认为："《论衡》八十五篇，作于汉永平间，自蔡伯喈、王景兴、葛稚川之徒，皆重其书，以予观之，殆所谓小人而无忌惮者乎！观其《问孔》之篇，掎撼至圣；《自纪》之作，诋毁先人；既己身蹈不韪，而《宣汉》《恢国》诸作，谀而无实，亦为公正所嗤。"钱氏的儒家立场姑置不论，这里所指出的对于汉室的推崇奉承，正反映了王充思想的另一面。见《潜研堂文集》卷二七《跋〈论衡〉》，载《嘉定钱大昕全集》，南京：江苏古籍出版社，1997 年。

差异,导致了后世对王充的褒贬不定。由于多数评论往往带有时代观念的误植,王充通常被塑造成评论者所期待的形象,而与本来面目相去甚远。或许正是因此,王充在现代学术研究中长期占据着较多的篇幅,这一情形可能超越了他在历史上的真正影响力。

从永平初年到元和、章和之际,在长达三十余年的时间里,王充完成了《论衡》一书;从《自纪》篇自觉沿用《史》《汉》自传体例一事,不难看出他对该书异常器重的态度①。在这部心血之作中,王充表达了欲借此获致不朽声名的迫切愿望;幸运的是,他最终如愿以偿。虽然该书多达"二十余万言",但除了少量佚失以外,绝大部分内容均完好地保存下来②。不过,这一近乎完美的遭遇,并不意味着文本始终具有广泛的影响力。如前所述,至少在撰成后相当一段时期,王充与其著作是默默无闻的。

> 充所作《论衡》,中土未有传者,蔡邕入吴始得之,恒秘玩以为谈助。其后王朗为会稽太守,又得其书,及还许下,时人称其才进。或曰:"不见异人,当得异书。"问之,果以《论衡》之益。由是遂见传焉。
>
> (《后汉书·王充传》李贤注引《袁山松书》)

这一则故事中显然含有传说性的成分,类似叙述又见于《抱朴子》③。《论衡》一再被描述为汉晋士人所珍爱的秘藏,这与其内容丰富、论辩色彩浓厚等有益于"谈助"的性质有关。此外,这些故事还间接暗示着,《论衡》在东汉并未发生较大的影响,毋宁说它很可能是在潜藏状态中流传

---

① 王充在私人著述中沿袭《史》《汉》范式,是值得注意的;其间以第三人称来记述自传,意味着舍弃个人主观立场而选择社会公共立场进行写作,因此具有追求客观之权威性的意图。

② 一般认为,由于《招致》篇不存,使得原初的八十五篇尚存八十四篇。

③《后汉书·王充传》李贤注引《抱朴子》:"时人嫌蔡邕得异书,或搜其帐中隐处,果得《论衡》,抱数卷持去。邕丁宁之曰:'唯我与尔共之,勿广也。'"严可均辑《全晋文》卷一一七引《抱朴子》佚文:"叹为高文,度越诸子,恒爱玩而独秘之。"葛洪对王充的详细评述,见《抱朴子·外篇》卷四五《喻蔽》篇。王充备受推崇的这一事实,已经由胡应麟指出。《少室山房笔丛·九流绪论》:"王充《论衡》八十四篇……而东汉晋唐之间,特为贵重。"

至汉魏之际的。与《论衡》的这一遭遇相联系，还不妨考虑如下的事实：《后汉书·王充传》是存世最早的王充传记，不过，其简短的内容显然是根据《论衡·自纪》篇摘录而成①；也就是说，除了王充的自我描述之外，事实上对其鲜有所知。因此，王充虽然是一位东汉的思想家，但是其发生显著的影响力则在东汉之后。当然不能排除这样的可能性：《论衡》中的恣肆之论，导致其在当时受抑制而湮没不彰，直至魏晋时儒教松动之后，才再次引起关注②。

这部文献在完成后相当一段时期内，并没有引起充分的注意，这或许还与王充身处帝国的东南一隅有关。按照《后汉书·王充传》的记载，王充曾经"到京师，受业太学，师事扶风班彪"，这是他与中央的唯一联系，不过这一记述已经遭到有力的质疑③。由于没有充分的证据，不如谨慎地将其视为地方性的学者——这一点将影响对于其思想的整体认识。如果这样，在王充与其他声名显赫的儒家学者——例如身处中央的扬雄、班固、桓谭等人——之间，很可能存在着思考主题的差异。尽管其间明显存在着诸多时代所赋予的共同性；但是，与上述身处帝国核心的学者相比，王充似乎缺少某种精英气质，而更多地受到民间思潮的影响——这在导致他无缘参与若干时代性话题的同时，也带来了某些不同

① 对王充的评价，最早或来自三国谢承《后汉书》："充之天才，非学所加，虽前世孟轲、孙卿，近汉扬雄、刘向、司马迁，不能过也。"需要注意的是，这条评价见引于《后汉书·王充传》李贤注。此外《后汉书·班固列传》引谢承《后汉书》《北堂书钞》引司马彪《后汉书》又有如下记载："班固年十三，王充见之，拊其背谓彪曰：'此儿必记汉事。'"从这一小说式风格不难推断，谢承的前述评价未必如实。
② 王充批评孔孟的激烈态度，或是造成其埋没的原因。参考更晚时期学者的评价即可想象出这一点，如王应麟《困学纪闻》卷十《诸子·论衡》、胡应麟《少室山房笔丛》卷二八《九流绪论·〈论衡〉》、赵坦《宝甓斋文录》卷上《书〈论衡〉后》等。相对中肯的评价，见章学诚《文史通义》内篇三《匡谬》。
③ 王充师事班彪，因见于正史传记，故历代皆以为真，如唐韩愈《后汉三贤赞》、清沈云楫《〈论衡〉序》等。侯外庐已注意到该记载的可疑，不过仍尽力弥合，见《中国思想通史》第二卷，第264—266页，北京：人民出版社，2004年。对该记载之否定性批评，参见徐复观：《王充论考》，《两汉思想史》第二卷，第346—348页。

于中央学者的因素①。例如，对他而言，基于儒教国家立场建构审美原则的愿望似乎并不是很强烈，而对于具有高超写作能力之文人自我的关注，却显然更为迫切。或许正是由于缺乏身份上的支持，王充才不得已借助文章以彰显自身。此外，王充对于流行的种种迷信痛加针砭，但是这些因素——特别是在民间广泛散布的思想——似乎并未引起扬、班等人的密切关注，至少就其论著而言是如此。

就美学思想而言，王充的独特性体现在如下的若干方面。首先，借助于普遍流行的气性论与身体观念，他将个体之差异追溯至骨相等因素，并且又与更大范围的地域之气相互联系起来；这一观念在曹丕的《典论·论文》中，进一步落实为"体气"——即文章与个体的关系——与"齐气"。其次，通过层级化的价值排列，王充赋予文章写作能力以显著的位置，这一点或许与官僚阶层的快速成长背景有关。作为这两方面思想的前提，王充极其强烈地要求将"实诚"的原则贯彻于写作之中，这一点颇值得注意，它顽强地继承着儒家的文学观念，但是又与传统不同。综而言之，如果说《论衡》的遭遇将我们的注意力引向东汉末期，那么其思想方面的诸多因素，同样印证了这一印象：它之所以从汉魏之际开始备受关注并非偶然，与《典论·论文》之间的密切联系，或许意味着《论衡》具有某种跨越时代的因素。二者之间的链接，反映了思想的历史有时以跳跃的方式进行；不过，我们并不能断然否定其间还存在过渡性的环节——毕竟像《论衡》这样完整流传下来的文本并不多见，我们只能凭借着有限的证据来想象历史。

一、气性论与身体观

汉代思想多采取以气论性的思维模式，因此屡受后世的批评；无论

---

① 鲁惟一、徐复观及龚鹏程等学者均就王充思想的性质及地位提出异议，如徐复观认为："就《论衡》来说，不仅论政的比例占的少，并且在内容上，除了以他自己的遭遇为中心，反映了一部分地方政治问题外，对于当时的全盘政治的根源问题，根本没有触到……我的解释，除了他过分力求表现的气质以外，和他身处乡曲、沉沦下僚，没有机会接触到政治的中心，因而也没有接触到时代的大问题，有不可分的关系。"见《王充论考》，第 344 页。

是传统的宋明儒学，还是现代意义上的哲学研究，相关评价基本上是从心性论的立场展开的。就汉代哲学的一般理论而言，宇宙万物均由气构成，并依照气之厚薄、精粗与多少的差异，而表现为纷纭万物与错综复杂之现象的聚散流转。与先秦气论思想不同的是，汉代的"气"与宇宙论思想密切结合，它不仅表现为某种抽象的万物之共性，而且还包含着时空的展开与气类的具体生成①。在由气陶化而成的复杂架构中，人占据着特殊的地位，相对于其他物类，它表现为"精气"所凝，或者"五行之秀气"，而其气又进一步体现为个体的情性与喜怒哀乐。

王充仍然遵循着以气论性的普遍进路，他认为，人从根本上禀受了天地自然之元气，并且在聚合成人伊始，性情之善恶偏向以及寿命之长短即已随之决定，这些决定了每一个体的特殊面目。

> 人禀元气于天，各受寿夭之命，以立长短之形……用气为性，性成命定。体气与形骸相抱，生死与期节相须。
>
> 　　　　　　　　　　　　　　　　　　　　（《论衡·无形》）

由"气"而凝定为"性"，同时也确定"命"，在此过程中，每一个体均形成独特的"体气"②。所谓"体气"，是指身体形骸对宇宙之气的分有，其状态因人而各各不同，具体则表现为伦理方面的善恶与智力性情上的贤愚等方面。

> 禀气有厚泊，故性有善恶也……人之善恶，共一元气，气有少多，故性有贤愚。
>
> 　　　　　　　　　　　　　　　　　　　　（《论衡·率性》）

将"性"之善恶与阴阳对应起来，视其为二元关联思维在人性中的反映，是汉代普遍流行的思想。王充在《论衡·本性》篇中引述了周人世硕

---

① 关于汉代气论的特征，可参考张岱年：《中国哲学大纲》，第40—41页。
② "用气成性，性成命定"并不意味着"命"的确定晚于"性"，二者乃是一同确定的。《论衡·初禀》："人生受性，则受命也。性命俱出，同时并得；非先禀性，后乃受命也。"

的见解，认为"情性各有阴阳"，亦即"人性有善有恶"；而"善恶在所养焉"，"举人之善性，养而致之则善长；性恶，养而致之则恶长"。王充在此并未致力于讨论人性之善恶的哲学依据，而是将其经验性地归结于气禀的因素①。气之厚薄决定"性"之善恶，而气之多少则决定"性"之贤愚。不过，虽然人性在很大程度上受到先天所禀之气的约束，但这并不意味着它缺少变易转化的可能；恰恰相反，作为气之凝聚的显现，内在于个体的体气并不是固定的，后天的培养至为重要。需要注意的是，王充特意提到世硕"作《养书》一篇"，而他自己在晚年也曾作《养性书》十六篇，这表明王充对于"养性"之问题相当重视，至少他对于"性"之能养持有肯定的态度②。外在环境或社会风气与主体相摩相荡，能够促使其情性发生相应的转变——其间最受重视的是教化的因素。

> 论人之性，定有善有恶。其善者，固自善矣；其恶者，顾可教告率勉，使之为善。凡人君父，审观臣子之性，善则养育效率，无令近恶；近恶则辅保禁防，令渐于善。善渐于恶，恶化于善，成为性行。

> （《论衡·率性》）

在转化人性的过程中，"教告率勉"等行为发挥着重要的作用，它能够促成由恶向善的转化；这即是王充所谓"凡含血气者，教之所以异化也"（《论衡·率性》）。王充强调，除了先天形成的"性"之外，后天的"教"同样重要，它甚至完全可以扭转前者，因此他沿用了荀子著名的"蓬"与"纱"的比喻③。按照这一见解，即使先天所禀之性并不理想，但是通过后

---

① 在《本性》篇中，王充列举了情性与阴阳的不同配合：董仲舒以为"性生于阳，情生于阴；阴气鄙，阳气仁"；而刘向则认为"性，生而然者也，在于身而不发；情，接于物而然者也，出形于外。形外则谓之阳，不发者则谓之阴"。《春秋繁露》中的性情思想，主要集中在《深察名号》《竹林》诸篇；而刘向以性为阴的思想，因其较为特殊且缺乏旁证而引起研究者的争论。

② 《论衡·自纪》："年渐七十，时可悬舆……乃作养性之书凡十六篇。"这一事实在《后汉书·王充传》中也提到过。《文心雕龙·养气》："昔王充著述，制《养气》之篇，验己而作，岂虚造哉？"

③ 《论衡·率性》："十五之子，其犹丝也。其有所渐化为善恶，犹蓝丹之染练丝，使之为青赤也。……人之性，善可变为恶，恶可变为善，犹此类也。蓬生麻间，不扶自直；白纱入缁，不染自黑。彼蓬之性不直，纱之质不黑，麻扶缃染，使之直黑。夫人之性犹蓬纱也，在所渐染而善恶变矣。"

天的教育与教化，仍然可以向更好的状态转化。王充在《率性》篇中，还举了关于西门豹与董安于的例子进行说明。如果将这一变易性情气质的可行性由个体扩而及于更大的群体范围，那么不难发现，王充的人性论与儒家的风化理论存在着契合之处。就这一点而言，王充的美学思想带有鲜明的儒家的特色。

> 情性者，人治之本，礼乐所由生也。故原情性之极，礼为之防，乐为之节。性有卑谦辞让，故制礼以适其宜；情有好恶喜怒哀乐，故作乐以通其敬。礼所以制，乐所为作者，情与性也。
>
> （《论衡·本性》）

作为"养性"之荦荦大者，"礼乐"与作为其结果的"风俗美善"构成了汉代儒家的共同主题，从《乐记》到《毛诗序》的演变轨迹，即是以此为枢轴而展开的①。王充同样阐发了类似的思想。正如《乐记》将"人情"比喻为"圣王之田"，"情性"也构成王充论述的基础。由于这一因素为全体民众所共有，因此大一统帝国有必要推行儒家的风教。不过，承认这一整体的格局，并非忽视其间的种种差异。从较大的格局上划分，风气首先呈现为地域性的差异：

> 楚、越之人，处庄、岳之间，经历岁月，变为舒缓，风俗移易。故曰：齐舒缓，秦慢易，楚促急，燕戆投。以庄、岳言之，四国之民，更相出入，久居单处，性必变易。
>
> （《论衡·率性》）

从这一段文字，我们至少可以认识到两点。首先，不同的地理与社会环境，会对生活于其中的群体社会造成潜移默化的影响，从而形成不同的气质类型，例如齐地民众的气质较为舒缓伸张，而楚地的民众则相

---

① 如董仲舒《举贤良对策》："乐者，所以变民风、化民俗也；其变民也易，其化人也著，故声发于和而本于情，接于肌肤，臧于骨髓"；《毛诗序》："故正得失，动天地，感鬼神，莫近于诗。先王以是经夫妇，成孝敬，厚人伦，美教化，移风俗。"

对急促逼仄。其次,不同地域的群体之所以会形成差异,原因在于随着环境的熏陶,人性也会相应地趋于稳定;不过风气的化易处于不断的变动之中。因此,通过有意地施加教化,可以人为地改变民众群体的气质与性情,从而将其纳入儒家大一统国家的风教体系,最终迈向儒家理想的道德社会。在同一时期的《汉书·艺文志》中,同样以地理观念为框架论述"乐府"的来源:

> 自孝武帝立乐府而采歌谣,于是有代赵之讴、秦楚之风,皆感于哀乐,缘事而发,亦可以观风俗、知薄厚云。
>
> (《汉书·艺文志·诗赋略》)

联想到《诗经》"采诗"的历史传统,可以说,汉代的歌诗也在尽力追摹理想中的前代;不过,上述文字更多涉及汉代学者对风俗教化的构想,其间渗透着文化、地理与政治的交融。对不同地域风气的注意以及向中央归化之倾向的倡扬,不妨视为该时期儒家学者们的共同立场。地域与民众性情气质的对应关系,对汉代的学者与思想家们来说,是极为重要的问题,它并不单纯停留在对人性之哲学性质的抽象讨论上,而是进一步牵涉到中央王权的教化与统治之实施等重要的现实问题。

随着中央王权对地方支配力的不断强化,对于地域风气与文化之不同性格的关注,在秦汉帝国的扩张过程中逐渐上升为时代性的意识①;这一意识很可能又在某种程度上调整了对此前文献的理解。例如,作为与文艺联系最为紧密的经典,《诗经》的解读即流露出这一倾向——在汉代经学家的研习过程中,对十五《国风》之"风"的差异,想必留下了深刻的印象,这一问题意识又引领他们按照地域及相应文化的性质,将诗篇区分为不同的类别。从某种角度而言,当汉代学者根据地域的框架来理解《诗经》时,这一结构在某种程度上也渗入了帝国理想的成分,并进而投

---

① 在《淮南子·地形训》中,同样存在"土地各以其类生"的论述,不过它主要指出各种地形、水土、寒暑的不同影响,而没有涉及地域化的差异。对于不同地域之民风的关注,较早见于《史记·货殖列传》,其后又见于《汉书·地理志》等文献。

射到现实之中；中央与地方之间的文化落差，为"风教"的推行提供了充分的动力。在此不应忘记，风俗教化的最有效的手段，正是审美化的诗乐。

对王充而言，气的差异表现为不同的层次：除了不同地域的差异之外，又具体地表现在不同个体之间。王充的气性论在此对身体观念发生了显著的影响。王充的身体观——特别是其中的形神观念——颇受重视，不过，它在何种程度上代表当时的普遍见解则仍有疑问。[①] 如前所述，王充认为个体禀受天地之气而凝塑成形，其性、命的性质与分限也随之确定；他还认为，由于这一原因，有些因素"至老极死不可变易"，例如"面色或白或黑，身形或长或短"等外显的部分，以及不易窥见的骨相。需要注意的是，王充对于"命"做了细致而清晰的分辨，在此恕不赘述。

> 人命禀于天，则有表侯于体。察表侯以知命，犹察斗斛以知容也。表侯者，骨法之谓也。
>
> 　　　　　　　　　　　　　　　　　　　　　　（《论衡·骨相》）
>
> 命在初生，骨表著见。今言随操行而至，此命在末，不在本也。则富贵贫贱皆在初禀之时，不在长大之后，随操行而至也。
>
> 　　　　　　　　　　　　　　　　　　　　　　（《论衡·命义》）

骨相作为禀气于天的表侯，能够显示出个体的富贵贫贱、吉凶穷达等命运。与命不同，同为初生所禀，性之善恶则可因教化而变易。但即使如此，在性与骨相之间，仍然存在着内在的联系：

> 非徒富贵贫贱有骨体也，而操行清浊亦有法理。贵贱贫富，命

---

① 由于王充思想自身的独特性，在关于汉代身体观与死亡观的讨论中，已经有学者注意到文献记录之代表性的问题。如果其论述更多带有地域性与民间性，而未必能代表当时主流思想界的普遍情形，那么对于《论衡》中涉及形神、魂魄等主题的文字，则需要慎重考虑其适用程度。也就是说，在考古发现与该书记录之间存在差异其实是相当正常的，致力于弥合二者的，反而很可能会不自觉地犯下方法论的错误。参考：（美）白瑞旭：《汉代死亡学与灵魂的划分》，载夏含夷主编：《远方的时习：〈古代中国〉精选集》。

也；操行清浊，性也。非徒命有骨法，性亦有骨法。

(《论衡·骨相》)

他在列举文王为例时，也认为"王者一受命，内以为性，外以为体"（《初禀》）。因此，坚硬、恒久的骨体，一方面与固定的"命"相应，另一方面则与受教化影响而变动的"性"相关联。这意味着骨体同时对应着固定不变的部分与可变易的部分。除了骨体以外，面相也是可据以察知性命的媒介物。王充认为"人面色部七十有余"，如果"颊肌明洁，五色分别"，即可"隐微忧喜，皆可得察，占射之者，十不失一"。相关具体理论姑置不论，在此只需确认一点：王充认为人的性命可外显于身体的表候，由于每一个体的气禀均存在差异，因此其性命与身体之表征亦各不相同。

骨相曾受到荀子的有力批评，不过在汉代它并没有被儒者抛弃，王充与其后的王符、荀悦，均肯定这一观人方式的有效性。例如，在王符的思想中，身体进一步被赋予与外在世界的对应性，所谓"一人之身而五行八卦之气具焉"，这来自《周易》"近取诸身"的垂训。王符又认为，"人之有骨法也，犹万物之有种类，材木之有常宜"，故"曲者宜为轮，直者宜为舆，檀宜作辐，榆宜作毂"（《潜夫论·相列》）。联系到汉魏之际的《人物志》及九品官人法，不难发现这是前后相继的思想传统。从王充、王符到刘劭，骨相之作为观人的方法，与官僚选拔的现实用途联系日密。事实上，以独特性的骨相来验知个体之性命材力，并非与美学毫无关联。一方面，作为官吏之重要能力的另一端，写作技术同样被赋予独特性的内涵，"文学作品—个体—骨相"，这构成了官僚制影响下贯穿于个体的链条；另一方面，与身体相关的这些术语后来直接被用于文学和艺术领域，成为影响深远的审美范畴。

二、"文"与"实诚"

从整体上说，《论衡》的美学思想服从于全书的宗旨，对于"实诚"的追求和"虚妄"的排斥——二者实际上是一体之两面——构成了审美活动的必要前提。析而言之，所谓"实诚"，首先指向个体之"胸臆"，即思想与情感要真实；其次，是指对正确的思想立场的秉持；最后则是要求克服语言的扰动，约束其自身逻辑的运作，从而将前面两种因素平正无误地予以表达。对王充而言，不论是出于荒诞的迷信，还是艺术性的夸张，溢出真实的记录都构成了理解上的障碍。这并不一定是指超越了知性与想象力的运作，而是说不真实的因素造成理解的偏差，它没有致力于反映外在世界或内心的真实，反而以语言运作的复杂情形构成了误导。尽管儒家普遍认同语言文字与内心的一致性，但是早在先秦的语言观中，已经注意到语言使用过程对表里之一致性的干扰。王充对许多虚妄记载的批评分析，可视为对语言自身运作逻辑的某种约束，后者所产生的虚构成分受到了压制：

> 世俗所患，患言事增其实；著文垂辞，辞出溢其真。称美过其善，进恶没其罪。何则？俗人好奇。不奇，言不用也。故誉人不增其美，则闻者不快其意；毁人不益其恶，则听者不惬于心。闻一增以为十，见百益以为千。使夫纯朴之事，十剖百判，审然之语，千反万畔。

> （《论衡·艺增》）

溢美隐恶之所以发生，被归结为世俗普遍存在的好奇的心理倾向。如果联想到扬雄曾在评价司马迁时使用过"爱奇"一词，那么，这里所谓"好奇"，或许并非王充随意选择的词汇，而是可能含有类似的动机，即批判语言之夸诞对儒家之"义"的悖离。这显然表明，王充评价写作价值的标准在于其实用性。《自纪》篇云："为世用者，百篇无害；不为用者，一章无补。如皆为用，则多者为上，少者为下。"所谓"用"，不是功利性的现实考虑，而是以是否有裨益于政教为标准，即圣贤通过写作经传，教化民众，敦朴风俗，使社会重新归于"实诚"——从后文可知，"实诚"也是主宰着文学写作的根本因素。

> 圣人作经，贤者传记，匡济薄俗，驱民使之归实诚也……故夫圣

> 贤之兴文也,起事不空为,因因不妄作。作有益于化,化有补于正。
>
> (《论衡·对作》)

"文"的兴发生成,并非纯粹源于其自身的运作,而是受到更为根本的政教之需要的驱动。只有针对现实有效地促进社会风化的完善,才是合乎理想的"文"。因此,对王充来说,并不存在与现实因素相对独立的审美领域;后者的一切努力,均以现实性的指向为宗旨。如果仅仅按照语言文字自身的规则,追求其审美效果的最大化,那么便丧失了根本的意义:

> 夫文人文章,岂徒调墨弄笔为美丽之观哉?载人之行,传人之名也。善人愿载,思勉为善;邪人恶载,力自禁裁。然则文人之笔,劝善惩恶也。
>
> (《论衡·佚文》)

> 文丽而务巨,言眇而趋深,然而不能处定是非,辩然否之实。虽文如锦绣,深如河汉,民不觉知是非之分,无益于弥为崇实之化。
>
> (《论衡·定贤》)

王充批评了单纯追求美感效果而丧失政教风化功能的文章。从他对"文"这一术语的界定来看,并无不妥之处。他认为古代圣贤的言行,通过竹简与丝帛流传下来,能够感化人心,使人聪明睿智,堪称是文章的典范①。王充不仅强调文学写作的现实动机,而且还努力将这一动机加以自然化。"夫养实者不育华,调行者不饰辞",故"为文欲显白其为"(《自纪》篇)。他认为,人们承受天地的文采,从内心生出文章,并非孜孜于此而不暇空闲;写作正如水源向外流溢、热气必然上升那样,乃是极其自然的行为。这一强调自然化的描述,实际上在相当程度上屏蔽了构思等工作的重要性——这直到陆机《文赋》才正式成为讨论的主题。王充之所以如此,乃是出于将文与人等同起来的目的:在文如其人的等式中,

---

① 《论衡·别通》:"圣贤言行,竹帛所传,练人之心,聪人之知。"

他不容许任何独立的因素与环节构成其间的变数。

> 心思为谋，集札为文，情见于辞，意验于言……精诚由中，故其
> 文语感动人深。
>
> （《论衡·效力》）

王充在《论衡》中不止一次引用《系辞传》中"圣人之情见乎辞"的文句，这大大压缩了"文"与"情"之间的距离。由于"文"被有意塑造为从心中自然流淌出来的产物，因此，这一自然的属性赋予其"感动人深"的效力。与此类似，在《诗大序》中，同样沿袭《乐记》中音乐之生成的自然化途径，而不顾其间产生的抵牾，并且同样强调"其感人深"的特征。由于异常重视文字表达的效果，因此《论衡》一书中，反复强调语言文字的明白晓畅[1]。

对于汉代儒家学者来说，"文"的重要意义几乎是不言自明的。从先秦流传下来的相关思想，与盛行于汉代的《周易》相结合，促使"文"从不同的层面笼罩着文化与文明的所有因素。各种相关的含义相互混融，从天地的秩序条理到纹饰与文字的夸丽，审美化的"文"最终获得宇宙论的权威性。王充对此具有清醒的意识，这从他的相关论述中可以看出。

> 天有日月星辰谓之文，地有山川陵谷谓之理。
>
> （《意林》卷三引《论衡》佚文）
>
> 上天多文而后土多理，二气协和，圣贤秉受，法象本类，故多
> 文采。
>
> （《论衡·书解》）

"文"首先指向天地的文理，它反映着阴阳二气彼此协和而形成的秩序化与条理化。因此从根本上说，"文"是与天地宇宙之本质相通的。在这一根本属性的笼括之下，王充进一步详细区分了"文"的不同含义：

---

[1]《论衡·对作》："故为《论衡》，文露而旨直，辞姧而情实。"此处"姧"通"干"，指直率之义。

> 五经六艺为文，诸子传书为文，造论著说为文，上书奏记为文，文德之操为文。立五文在世，皆当贤也。造论著说之文，尤宜劳焉。何则？发胸中之思，论世俗之事，非徒讽古经、续故文也。论发胸臆，文成手中，非说经艺之人所能为也。

（《论衡·佚文》）

尽管上述说明反映出涵义的复杂性，究其根本，它们仍然是以文字写作为核心展开说明的。由此不难看出王充对此异常的器重。与稍后的年代相比，王充的注意力尚无法扩展到书法与文字等方面，不过对于"文学"的重视，却与曹丕《典论·论文》有相通之处。值得注意的是，王充并不是平等地对待所有的种类——在五种"文"中，他尤其重视"造论著说之文"，因为它可以"发胸中之思，论世俗之事"，而不必局限于"说经艺之人"的"讽古经，续故文"。对于王充而言，写作需要抒发个人的情志与思想；所谓"论发胸臆，文成手中"，实际上凸显了写作之个体的维度。联想到王充对于个人之不朽念兹在兹，那么这种彰显个性化的写作，便颇受其重视：一方面，它可以凭借直抒胸臆的特质造成相应的影响力；另一方面，从现实层面来看，它也有助于避开身份等因素的限制——对于偏居乡里的王充而言，讽诵经艺或"上书奏记"等活动恐怕是难以企及的。在这一思想的基础上，王充进而将从事文字活动的人们区分为若干种类：

> 通书千篇以上，万篇以下，弘畅雅闲，审定文读，而以教授为人师者，通人也。杼其义旨，损益其文句，而以上书奏记，或兴论立说、结连篇章者，文人鸿儒也。好学勤力，博闻强识，世间多有，著书表文，论说古今，万不耐一。然则著书表文，博通所能用之者也……凡贵通者，贵其能用之也……夫通览者，世间比有；著文者，历世希然……故能说一经者为儒生，博览古今者为通人，采掇传书以上书奏记者为文人，能精思著文连结篇章者为鸿儒。故儒生过俗人，通人胜儒生，文人逾通人，鸿儒超文人。故夫鸿儒，所谓超而又超

者也。

（《论衡·超奇》）

王充的这一分类，是按照运用文字之能力的高低展开的。"儒生"与"通人"仅擅长讽诵经艺，而缺乏写作能力，是故处于较低的位置①；"文人"与"鸿儒"则因其具有不同的写作能力，遂依次处于更高的层次。就后二者而言，"采掇传书、上书奏记"尚受到现实用途的限制，不能完全根据个人的思想立场展开，故在价值上又逊于"鸿儒"。与通常的观念不同，王充赋予"鸿儒"以"精思著文、连接篇章"的特征，这一注重个体性创作的立场，与前述"五文"中推重"造论著说"是一致的。从整体上看，王充不仅推重文字写作，而且尤其推重研精覃思、自抒机杼的写作。王充曾明确表达对于个体之独创性的推崇：

> 各以所禀，自为佳好……文士之务，各有所从，或调辞以巧文，或辩伪以实事……美色不同面，皆佳于目，悲音不共声，皆快于耳。

（《论衡·自纪》②）

尽管两汉时期普遍重视"文"，但是王充的思想依然反映出新的立场。如前所述，对于王充来说，"笔能著文，则心能谋论，文由胸中而出，心以文为表"，因此"文"能够充分表征出个体的独特性，而这一表征是以内在情志的高尚与充实为前提的。"文"所表述者，非仅个体之性情，其才智、能力的偏向皆于此表现昭彰。据此可知"文"所表现的"心"，既包

---

① 王充对"通"的看法值得注意。从汉代到魏晋南北朝，对"通"的追求构成了思想与学术的发展趋势，这体现在对今古文经学、经纬之学、儒道佛三家之学等对立范畴的不断超越之中；不仅如此，"通"还表现为对单纯的思想或学术的超越，追求某种符合时代观念的行动。例如东汉末年邴原对郑玄的评价即是如此。参见：［日］吉川忠夫：《六朝精神史研究》，"序章：六朝士大夫的精神生活"，南京：江苏人民出版社，2012年。王充所说的"通人"，事实上与此存在差异。《超奇》："凡贵通者，贵其能用也"；"著书表文，博通所能用之者也"；"夫通览者，世间比有；著文者，历世希然。"据此可知，尽管王充认为"通"应含有"能用"的内涵，但是"通人"则仅仅是"通览"经艺，并未达到"能用"的层次。

② 同篇又云："饰貌以强类者失形，调辞以务似者失情。百夫之子，不同父母，殊类而生，不必相似，各以所禀，自为佳好。"

括创作之心,亦包括谋划、经世之心等在内,是故观文可以知人。在"文"与"人"之间,存在着类似于正比例的对应关系,所谓"德弥胜者文弥缛,德弥彰者人弥明"(《论衡·书解》),即是指此。如果能够在写作能力方面臻于顶峰,那么同时也意味着在其他诸多方面达到相应的程度;由于这一原因,王充认为,"繁文之人,人之杰也"(《论衡·超奇》),创作文字作品的能力足以成为衡量个体之综合价值的尺度。

王充对于文字写作的态度,在东汉时期颇具有代表性,这或许与其经历相关。他在论述写作的功能时,确然流露出某种内心的压力,而这一因素在扬雄或班固那里则不见踪影。对王充来说,文字和写作不仅仅是襄助政教、表达情志的媒介,它也是铭镂自我以臻于不朽的有效方式,同时,它或许还具有现实的意义。尽管他所使用的"文"或"文学"等术语,仍然遵循着传统的用法,不过对"文"的执着追求,仍然体现出某种崭新的因素,这在某种程度上也提升了审美活动的地位。

> 《易》曰:"圣人之情见乎辞。"出口为言,集札为文,文辞施设,实情敷烈。夫文德,世服也。空书为文,实行为德,著之于衣为服。故曰:德弥盛者文弥缛,德弥彰者人弥明。大人德扩其文炳,小人德炽其文斑。官尊而文繁,德高而文积。
>
> (《论衡·书解》①)

从《周易》的权威性文句开始,"文"的指向贯穿不同的方面;从内在的论证思路来看,这一论述无疑也适用于文字运作的领域。由上文可见,王充在努力论证"文"与"人"之内在性关联的同时,相应地构建起某种层级化的序列。所谓"官尊而文繁,德高而文积",正是将个体之德与其职位相互匹配的儒家官僚制的特征;由于王充认为"文"乃是"德"之必

---

① "德弥盛者文弥缛"一句,亦见于更早的《说苑·修文》。值得注意的是,在这句话之前,刘向引用了其他文献中的"触情从欲,谓之禽兽",亦即涉及情欲的相关问题。

然的显现①，因此这一序列也自然地延伸到文学写作——在写作能力与
个人品格及政治身份等因素之间，建立起前后一贯的对应关系②。易而
言之，以文字写作能力为中心的评价体系，与儒教国家官僚制的要求保
持一致；如能在运用文字方面展现出卓越的能力，即可因其所表征之德
而获得官僚制金字塔中的相应位置。这实际上意味着对于文字写作能
力的高度肯定，至少在王充的理想中，文学作为儒家官僚所必需的教养
而被接纳。

身处帝国官僚制网络之最末端的王充，未能如扬雄或班固等人那样
进入中央并显赫于当世。从《论衡》憾恨于一己遭遇的多处文字，可知现
实对他构成了重重阻碍，这实际上也是在儒教帝国确立之后，普通士人
所面对的共同处境。对于他们来说，当缺少门径以迅速实现自身抱负之
时，凭借优秀的文化能力超拔于同人之上，便成为最具可行性的理想举
措。王充对于"文"的重视，深刻体现出普通士人对于政治的强烈依附
性；对于文字写作能力的推崇，不应单纯从王充之个体的角度加以理解，
同时还需要考虑更为根本的因素，即文学在根本上是作为自我理想之实
现的手段而存在的，这一理想包括对政治身份的渴望，毫不夸张地说，后
者乃是决定官僚制社会中个体之际遇的主要因素。

如果这一论述并非完全谬误，那么，某种值得注意的新变化在此开
始发生，即，个体之文艺创作能力——这时主要表现为文学——开始与
儒教国家的整体性格发生关联：即使是最具个性化的写作，也完全有可
能作为该个体的评价因素而被纳入官僚制的整体之中。早在先秦时期，
儒家学者已经尝试着以其文化能力四处寻求诸侯的青睐，这一性格在政

---

① 《论衡·书解》："且夫山无林，则为土山；地无毛，则为泻土；人无文，则为仆人。土山无麋鹿，
泻土无五谷，人无文德不为圣贤……物以文为表，人以文为基。"
② 王充在《书解》篇中，明确地论证了出仕经历与写作的关系："问事弥多而见弥博，官弥剧而识
弥泥。居不幽则思不至，思不至则笔不利。"此外值得注意的是，王充在《程材》《量知》《超奇》
《别通》《效力》诸篇屡屡将儒生与文史相对比，论述其各自的长短。这似乎暗示着王充的理
想即在于，凭借儒生的广博知识，出仕以展示现实的才能。在《论衡》全书中，王充对于出仕
的主题相当敏感、且再三述及。

治结构发生根本性转折之后,再次呈现出新的局面——以审美属性作为主要标准的文艺创作,很可能深层次地受到政治的约束与吸引。除了直接在文艺作品中宣扬政教以外,审美与政治的潜在镜像关系更值得注意:文艺作品的审美价值,在某种程度上可以转化为政治方面的对等之物;文学的积极表现,成为儒家士人的内在要求与身份标志。考虑到这一点,有助于理解如下的情形——在后世的科举制度中,不仅重视道德与智力的因素,同时也十分重视其中所蕴含的美感;直到帝国晚期,八股文仍然异常强调文章的对称、严整等审美的因素,虽然这并不是唯一的因素。

鉴于此,从普遍化的意义上说,"文"在体现个体之价值的同时,也能够促进礼义教化的推行,从而最终促成儒教国家之理想的实现。个体审美修养与官僚制国家的一体化关联,或许只有在儒教大一统格局真正形成之后才能够成立①。王充肯定"古之帝王建鸿德者,须鸿笔之臣,褒颂纪载,鸿德乃彰,万世乃闻"(《论衡·须颂》),他对于汉王朝的态度也是如此。尽管不便援引后世的标准对其进行批评,但是,王充之所以视汉王朝远逾前代,正是基于个体对于国家的彻底认同,这反映出士人对于大一统国家的依附性,同时也包含着个体之审美活动对于后者的根本的依附性。

充分肯定"文"与"文人鸿儒"之余,王充进一步考察了具体作品的属性,这是上述原则向文学与审美领域的渗透。需要补充的是,对于王充而言,文学创作能够反映个体内在的情志与思想,但同时它又是为官僚候选者所垄断的卓越能力。《论衡·超奇》云:"衍传书之意,出膏腴之辞,非倜傥之才,不能任也。"因此对于文学创作的论述,并非可有可无,事实上,它构成了以能文自负的王充之论述的中心。

> 有根株于下,有荣叶于上;有实核于内,有皮壳于外。文墨辞说,士之荣叶、皮壳也。实诚在胸臆,文墨著竹帛,外内表里,自相副

---

① 《论衡·效力》:"化民须礼义,礼义须文章。行有余力,则以学文;能学文,有力之验也。"

称，意奋而笔纵，故文见而实露也。人之有文也，犹禽之有毛也。毛
有五色，皆生于体；苟有文无实，是则五色之禽，毛妄生也。

（《论衡·超奇》）

在这里，王充连续使用植物与动物性的比喻，反复说明"文"与内在
之"实"的关系。从这些比喻，可以清楚地获得王充对于"文"的理解：首
先，"荣叶"与"根株"作为一体所生，其间生机流动，因此，花朵与枝叶是
作为内在生命力之勃发而滋长出来的，不能单纯视为外在化的形式或装
饰①；这一喻体的内涵，同样见于"五色之禽"的事例。其次，"文"能够真
实而充分地反映内在之"实"，而且这一呈现是作为胸臆之自然流露发生
的，这事实上是对于文实分离之观点的反驳②；此外，根据《量知》篇"无经
艺之本，有笔墨之末，大道未足而小伎过多"的论述，可知与"文墨"相对
的"实诚"，系以儒家的经艺为主③。再次，由于外显之"文"呈现出美丽的
图案与形式，因此在表现"实"的时候，真实性的显露同时也具有审美化
的性质；也就是说，对于"实诚"的追求，并不必然导致有质无文的结论；
恰恰相反，审美表现是道德与真理之不可或缺的伴生物——"夫华与实
俱成者也，无华生实，物希有之。"不仅如此，即使不考虑作品的伦理与政
教价值，纯粹审美化的因素同样构成对个体之"实"的显现。在"写作—
个体—国家"这一程式中，作品构成了深具美感与个性特征的一端，而个
人所置身其中的国家，则构成了隐藏的另一端，它通过某种潜在的逻辑
对个体及其作品展示出终极的控制力。

---

① 对于植物比喻的这一内涵，王充具有清醒的意识。如《论衡·超奇》篇："岂谓文非华叶之生，
根核推之也？心思为谋，集札为文，情见于辞，意验于言……刘向之切议，以知为本，笔墨之
文，将而送之，岂徒雕文饰辞，苟为华叶之言哉？"
② 《论衡·超奇》篇引用了颇具代表性的贬低"文"的意见："文由外而兴，未必实才学文相副也。
且浅意于华叶之言，无根核之深，不见大道体要，故立功者希。"这里同样使用了植物的比喻，
因此王充的论说实际上构成了与此针锋相对的批评。
③ 在这里虽然使用了"本末"的对立术语，但是并不蕴含对文墨之"末"的否定。单纯之笔墨固
不足重，但仍不可或缺，此一立场可参见《书解》篇论龙虎之有文，及《量知》篇论人工的部分。
需要注意的是，"本"与"末"实际上暗含着植物性的比喻，这意味着二者不可分离。

王充论"文"的思想中,颇多与儒家传统的契合之处,后者始终有节制地肯定"文"的重要性,不仅强调"言之无文,行而不远",而且也努力追求"文质彬彬"的和谐。《论衡》引用《周易》中的"虎变"与"豹变",其主旨即在反对文与质的截然二分①。不过与之相比,王充的理论仍然具有时代性的特色,它第一次将广义的文学写作——包括狭义的审美化写作在内——纳入官僚政治的运行逻辑,从而深刻地显现出儒教国家对于文艺的深层操纵。这一逻辑未必总是体现为明确的控制,有时反而是以相对疏离与隐晦的方式完成的。从这一意义上说,尽管王充的思想表现出某些不尽规范之处,但是就其对现实的反应而言,实际上清晰地展现出儒家美学的另一面,这是作为现实的审美政治策略的另一面。王充所谓"文人之休,国之符也",充分体现出知识阶层强烈要求"文人当尊"的呼声,这与儒教国家中以文士官僚取代贵族和功臣的理念是一致的。

---

① 《论衡·佚文》:"《易》曰:'大人虎变其文炳,君子豹变其文蔚。'"

第八章　因文见道：东汉中后期的美学思想

　　随着东汉官僚制度的成熟，士人阶层的势力不断增加，并开始尝试展现自身的力量。这一阶层的成员一般具有如下的共同特征：从幼年时期饱受儒家教育的洗礼，在思想与学术方面所受儒家的影响至为深刻；置身于汉帝国官僚制的庞大金字塔之中，具有出仕的现实性与可能性①；对于自己所属之整体阶层的自觉意识日趋于明晰，并以此自我标榜；以儒家大一统国家之理想的贯彻为己任，对现实政治保持敏锐而强有力的批判。东汉后期，由于政治的混乱与腐败，士人阶层作为政治性的集体，成为宦官与部分地方豪族所共同把持的中央政府的对立面。在将对立者贬低为"浊流"的同时，士人阶层则以"清流"的崭新身份登上了政治的舞台。

　　"清流"及其展开的"清议"，是东汉后期引人注目的历史现象，它在

---

① 在东汉中后期，隐逸人士的数量不断增加，他们对现实政治感到失望与厌恶，从而对于官僚制采取了拒斥的立场。不过，从另一方面来看，部分隐逸人士拒绝官方的征召，实际上具有抬高自我之身价的现实作用，这一情形相当普遍。此外，大多数隐逸作为中央之"浊流"的对立面，其反抗行为仍然发挥着对于政治的批评作用。从这一意义上说，他们构成了以"清流"为主体之阵线的右翼。见［日］川胜义雄：《六朝贵族制社会研究》第一章，上海：上海古籍出版社，2007年。另外，有学者认为，"隐逸"真正摆脱政治的影响，而开始具有自足的价值，是以陶渊明《五柳先生传》为标志的。参：［日］川合康三：《中国的自传文学》。

某种程度构成了肇始于魏晋且长盛不衰的"清谈"之先声。所谓"清议"大致是指，在冠以"清流"之名的士人阶层内部，针对中央政府与部分地方豪族的堕落行为，以儒家理念为基础、蓬勃展开的批评性的政治舆论。由于这一政治因素的影响，从东汉中后期到魏晋南北朝，"清"字几乎成为出现最为频繁的术语，广泛使用在政治、思想、社会、文艺等诸多领域[①]。从东汉后期"清议"势如燎原的情形，我们不难想象，在这一时期，士人阶层已经积聚了相当浑厚的力量；这同时也意味着，他们对于自我身份产生了非常清醒的意识。以"清"自我标榜，充分显示出政治立场的自觉，不过这一凝聚的意识并不仅仅限于政治上的集体认同。从士人阶层逐渐产生并扩大其影响力，到全国性清流网络的最后形成，该阶层得以凝聚为一体的原因是多方面的。与政治上遵从同一立场的情形相似，在文化思想的方面，他们也表现出某种内在的共同性，即对"文"的重视与专擅。

伴随着《周易》的风行，"文"的诸种含义影响日增，诸如纹样或线条、文字、文化、文明、文学、文章等，它们产生的时代虽然存在差异，但最终均参与构成该范畴的不同侧面，并凝为相对集中的整体。其中值得注意的是，"文"潜在地指向不同的文学与艺术类型，是作为"中国美学的中心概念"存在的[②]。在中国美学史研究中，同一术语或范畴往往具有多重含义与面向，这一灵动多变的性质，导致在不同的行文情境里指向不同的具体意义。不仅如此，当我们在使用其中某一意义时，它并不必然排斥或遮蔽其他的多重含义；而是往往相反，在彰显核心意义的同时，又在某种程度上召唤与引发他者，从而形成互动的综合体。作为这一类的例

---

① ［日］上田早苗：《清官的来历及其形成》，载《日本中青年学者论中国史·六朝隋唐卷》，上海：上海古籍出版社，1994年。早在先秦时期，"水"的借喻已成为哲学思想界的普遍主题，水所具有的种种品质，自然地延伸到人类社会的领域之中。"清"本用以形容水流的清澈与洁净，后来则衍生出对人物道德品格——甚或个体宗教信仰之维度——的指称；受儒家社会的影响，"清"同时还承担着对社会行为（如"清正"、"清廉"等）的评价功能。随着"清流"与"清议"的出现，这一词语被赋予了政治性的含义，并以其强有力的呈现遮蔽了许多原有的用法。
② 宗白华：《中国美学思想专题研究笔记》，《宗白华全集》第三卷，第515页。

子，当"文"的某一特殊形态在具体情境中向我们展现时，其他的形态和含义则作为背景，或隐或显地发生着作用。

不难揣测，"文"的承载者——士人阶层——的出现，与上述现象密切相关。由于该阶层势力的不断提升，东汉中后期在文学、艺术乃至文化的诸多领域发生了彼此关联的重要变化，直至魏晋以降仍然具有深远的影响力。作为典型的表现，图像与文字形式的凸显，书法及其理论的萌生，文学中骈偶成分的大量增加，"文学"之价值的深化，以及文人自我意识的形成等，这些均在大致相近的时期内蓬勃展开，相当引人注目。就此而言，如何把握"文"的各种表现，对于我们理解东汉美学向魏晋的转变是至关重要的。我们应该从总体上考察"文"的种种表现，并将其作为整体予以把握，其中既包括文字与图画的外形与意义，也包括文化与文明的创生叙事，最后还包括人类在文明之中如何顺应宇宙的节奏与韵律，以文字或线条为素材，创造出具有独特价值的艺术作品。最为重要的是，在所有的这些方面中，潜存着某种贯通性的力量，它推动着时代精神的全面绽放："这个潜在的力量启动了书写的字内在所有的部件之间的张力，它主导着绘画里各种形象所蕴含的冲力与运动，它使文学作品产生感动人心的效果。"①

需要说明的是，在东汉中后期的政治斗争中，所谓士人或文士，与"清流"是发生叠合而并非完全等同的群体——文化阶层与政治阵营的划分未必存在严格对应的关系，因此与"文"相关的领域亦非"清流"所专有。部分文人士大夫由于受到现实政治与经济利益的胁迫或诱导，放弃了儒家伦理的自我约束，转而投向豪族领主化的扩张路线。不过，从总体上来看，"清流"的成员一向以儒家伦理和政治理想为使命，他们在不断强调这一思想主线的同时，也相应地分享和占有着儒家的种种文化行动方式。在儒家的思想中，语言、文字和文学等因素具有积极的存在价值；随着儒学的兴盛与儒教的正式国教化，学术、知识、文学等内容则进

---

① ［法］于连：《势：中国的效力观》，第 56 页，北京：北京大学出版社，2009 年。

一步成为士人修养的核心部分。因此,"清流"士人在进行聚会时,集中化的交流场所的出现,是相当自然的结果;在这种沙龙式的场所中,不难想象,士人们在展开政治批评的同时,也以"文"为纽带开展彼此的交流,而后者滋养并约束着文学艺术的创作与沟通方式,——诸如诗文的吟诵,书法或音乐的表演与欣赏,乃至于对语言的审美化使用等等①。自此开始,文人阶层内部的文艺交流圈,无论是作为实际的存在,还是作为某种程度的虚构化想象,成为诸多美学与艺术理论诞生的摇篮,同时也决定了文人艺术的沟通性特征。士人阶层在努力提升自身的政治地位的同时,也努力营造出文化方面的优越性。在对中国美学史进行研究时,这是一项不可忽视的因素。

除狭义的"清流"士人以外,对于选择更为消极的隐逸道路的士人而言,其生活形态不仅体现出儒家对出处进退的独特理解,同时还涵容了对于道家之恬淡生活理想的向往。对于政治现实的厌恶与舍弃,在某种程度上促使其将注意力转向文学与艺术等领域。庄子式的逍遥天真的境界,在沉寂许久之后,再次引发了士人的歆慕。道家的学说尽管对于"文"的诸种存在持怀疑甚至否定的态度,但恰恰是这一注重自我之存在的思想,为士人们借"文"抒发性情提供了自由的心灵维度。当帝国尚维持统一并掩饰着思想上的分裂情形时,美学的各种见解也隐藏于其中而无缘展现。不过,随着统一的局面加速崩溃瓦解,个体与"文"的关系开始凸显,这是一条不断引向个体内心世界之审美化的道路。

余英时认为,随着中央集权趋于巩固,士人的身份和地位发生了历史性的新变化②。这一变化不仅促进了文人写作意识的兴盛,也最终促

---

① 从东汉到魏晋,"清议"向"清谈"的转变始终是难以说清的问题。冈村繁氏认为,"清议"的内容或许并非严格限定在纯粹的政治论议之内,其中也包含着带有机智游戏色彩的谈话,例如孔融见李膺即是一例。如果这样的事例果真发生于东汉,而非仅仅出于后人想象性的文饰,那么它就意味着对语言的使用脱离了对现实的指向,开始以其本身获得快感,诸如语言游戏、典故、工整的语言组织等等,于此转向语言非实用的另一维度。或许借助于对这一点的强调,我们更容易理解魏晋"清谈"的出现。
② 汉代中后期一般被视作士人阶层的形成期,这一看法以余英时为代表。

进了作为文人身份认同手段的书法艺术与人物品藻的兴起，它们经过不断地发展，直接引起了书论与清谈的出现。此外，流行于魏晋时期的人物品藻，体现着优雅睿智的审美趣味，在中国美学史上占有非常重要的地位。事实上，这种审美趣味在东汉后期已有所体现。东汉士人们在品藻中努力追求言语游戏的效果，从而造成了由伦理向审美的风潮的转移。

在这里我们不妨通过较晚的事例来反溯汉魏之际的变化。在《文心雕龙》的开篇，刘勰对"文"尤其是"人文"推崇备至。借助于精致典雅的骈体文，"文"的形式与内容、实践与理论在此奇妙地融合为一。该篇综括性的议论，有助于我们深化对于东汉中期以降审美风潮变化的理解。

> 文之为德也大矣，与天地并生者何哉？夫玄黄色杂，方圆体分，日月叠璧，以垂丽天之象；山川焕绮，以铺理地之形。此盖道之文也。仰观吐曜，俯察含章，高卑定位，故两仪既生矣。唯人参之，性灵所钟，是谓三才；为五行之性，实天地之心。心生而言立，言立而文明，自然之道也。

> （《文心雕龙·原道》）

在刘勰的阐述中，从头到尾贯彻着儒家的立场。与天地存在的种种自然形式相对应，人事界的各种制作被赋予了源于自然的权威性，这里显然袭用了《周易》中的"三才"思想与对"易象"的规定。事实上，"心生而言立，言立而文明"，即是由乾、坤两卦独有的《文言传》转化而来。尽管这一段文字出现于较晚的南朝时代，然而刘勰的观点更多是对此前文化经验的总结，我们视其为东汉的描述亦未尝不可。对于"文"的追寻与探索，早在汉代就已经充分展开。可以说，此后相当长的一段时间内，文学艺术的流转衍变，都是在汉代的这一基础上继续拓展的；其间承继的关系相当明显，类似于汉代"气"的哲学在魏晋文学艺术领域的推衍。

第一节　文字的哲学认知

作为"文"的基本含义,线条与文字构成了中国传统文学与艺术的基本要素。线条的要素拓展至绘画、雕塑以及性质相似的建筑、园林、舞蹈;文字则渗入书法、诗歌、戏曲乃至文学的整体;最终,二者又在后世文人的日常艺术实践——例如诗、书、画、印四位一体的艺术——中异常紧密地融合在一起。无论传统艺术发展至何种阶段,对于线条与文字之形式的追求都占据着醒目的位置,这些带有抽象意味的形式,反映了宇宙运化的节奏与韵律,从而成为中国传统艺术之高妙境界的来源。

线条和以其为基本元素的美术图像,在汉代已经引起充分的注意,并尝试着对此做出理解。在相关的阐释中,"气"的哲学与感应比类的观念被引入进来,某些因素则为后世沿袭而不衰。在文字的方面,也存在着类似的情形。进入文字的相关讨论之前,首先简略地涉及美术方面的大致状况。

中国美术成为士人阶层的怡情之物,比起书法相对要晚。从某种意义上说,汉代的宇宙论儒学、儒家士人与绘画之间并未产生融合的关系,这直到魏晋南北朝时期才真正发生[①]。尽管我们无法从文人阶层的角度对早期艺术品进行分析,但是这些美术品本身包含的线条之美,颇具摇荡心神的魅力。按照罗樾(Max Loehr)对中国绘画的分期,从汉代到南宋,即公元前 2 世纪至公元 14 世纪初,构成了崇尚再现的第二阶段,它扭转了早期美术的装饰性艺术传统,再现的性质不断加强,对空间物象的描绘也愈来愈真实,至北宋而达到再现的顶峰。罗氏的这一见解或许仍可商榷,不过,在中国早期绘画或造型艺术中,当对物象的逼真再现尚未成为普遍化的主题时,妩媚流畅而富于力度的线条仍然具有独立的视觉地位,并构成了特殊的美感。无论是战国的帛画、青铜器的图案纹饰,

---

① 关于汉代绘画与宇宙论儒学的关系,可参考金观涛:《中国画起源及其演变的思想史探索》,载《中国思想与绘画》,杭州:中国美术学院出版社,2013 年。

还是汉代的漆器，线条在其中均占据着重要的位置。在中国早期的美术品中，线条的伸展与曲折、飞动与稳定，以及其中所含的秀雅与坚韧，或许是最为吸引观看者的要素。

　　早期以线条为主的美术，其制作不同于书法的用笔，因此未能共享书写性的审美经验。但这并不意味着这些美术品与宇宙的属性绝缘。例如汉代的画像石与画像砖，特别是遍布仙人与珍禽异兽的丧葬美术品中，各种生命和珍奇之物在浅浮雕表面若隐若现，其间分布着漩涡、云气等图案，将各种彼此独立的构图要素予以连接。这种连接不仅表现在构图层面上的美观，同时还指向精神性的贯通，即每一个体均融冶于宇宙之气的流转之中。根据包华石的研究，在汉代的美术品中，动物的整体轮廓通常被加以线条化的处理，而线条的蜿蜒流动又与云气的轮廓线自然融合，二者的差异泯灭于无形①；对于人物衣饰的处理往往也是如此。因此，气的线条或线条状的气，融合了万物与虚空，线条的功能实际上包含着对抽象之气的具象描绘。

　　除了线条与纹样，汉代的艺术往往强调平衡与对比的运用。"汉画像石艺术强调平衡以及其微小的语域，并允许艺术家用画像的形式表现出来，它反映了基本的社会关系……对比创造出一种简单的视觉标准（一个微小的语域），并在描绘的形象间浮现出来。""比较的能力是古典传统本身重要的特色。"在这里，或许平衡与对比只是自觉采取的构图手段，而未必与某种根源性的思想相连接；不过，考虑汉代气论的盛行，期待画面中阴阳对立之结构的出现或许并非奢望。与尚未文人化的美术相比较，真正确定与宇宙神秘力量相通、而又充分体现出阴阳二元化原则的艺术，首先从书法开始，这与当时对文字的认知密切相关。

　　作为中国文化的基本载体，汉字从远古开始，便被视为某种神秘力量的体现，这一源远流长的观念凝入了"文"之范畴的意义群，并为其他

---

① Martin J. Powers：*Art and Political Expression in Early China*：Yale University Press，1984.

各种"文"的表现所分有。在汉代尤其是东汉时期,较为显著的学术现象之一,是若干综合性的字书的出现。它们针对文字的外形构造、语音和意义进行说明,其重点则各有不同。诸如《说文解字》《释名》等著作,已经成为中国早期文化研究中不可或缺的文献。

重新思考这些著作的性质及其出现的原因,与中国美学史的关联似乎不大。不过对于文字的认识,在很大程度上制约着美学范畴的理解。特别是当《说文解字》之"六书"成为书法的指导原则时,认为古文字学与审美相去甚远的想法可能并不客观。如果注意到在东汉时期古文字学与书法均开始风行,那么其间存在怎样的联系,确实是令人兴趣盎然的问题。

中国使用文字的年代甚早,在许慎等人所处的年代,文字早已流行于社会的各个阶层,并且承担了种种不同的用途。不过,由于字体的使用比较混乱,因此有必要加以彻底的整理与确定。考虑到这一背景因素,那么许慎的下面一段话,就颇为值得玩味。

> 古者庖羲氏之王天下也,仰则观象于天,俯则观法于地,视鸟兽之文与地之宜,近取诸身,远取诸物,于是始作易八卦,以垂宪象。及神农氏,结绳为治,而统其事。庶业其繁,饰伪萌生。黄帝史仓颉,见鸟兽蹄迒之迹,知分理之可相别异也,初造书契。百工以乂,万品以察,盖取诸夬。

(许慎《说文解字·叙》)

这段文字基本上沿用了《周易·系辞传下》的文字,不过仍存在着重要的差异。在《系辞传》中,并未涉及八卦与文字之间的关系,而许慎则第一次将二者联系起来,从而使文字分有了来自前者的权威性[①]。我们不应把这种联系看作是某种漫不经心的比附。正如蔡宗齐所指出的那

[①] 许慎不仅第一次将文字追溯到八卦之上,而且还将神农氏与"结绳"联系在一起。单就存世文献而言,这在此前是不曾有过的。许慎的行为可以理解为对文字之神圣来源的塑造。相关分析参考祝敏申:《说文解字与中国古文字学》,第一章,上海:复旦大学出版社,2011年。

样:"一旦书写文字被追溯到并等同于八卦和六十四卦,它们就能享有后者具有的全部权力,而不仅享有其神圣的起源和效用。"①仓颉所造的汉字,在本质上等同于伏羲所创造的八卦:"通过参照伏羲神话来描述仓颉的造字过程,许慎建立了如下具体的书写观念,即书写不但包含着具体的自然现象的形式,而且还直接呈现'道'——统治所有自然力和自然过程的根本法则。"②尽管对这一说明的理解存在差异,但是其权威性一直延续到清代而未受根本的质疑。例如,清代学者阮元仍然认为:"故六书出于八卦,而指事、象形、形声、会意、转注、假借,皆出于'易'……书契取于夬。必先有夬卦,而后有夬意;先有夬意,而后有夬言;先有夬言,而后有夬书;先有夬书,而后有夬辞也。"③

中国古代对文字的兴趣远远超过语言。自然生成的语言现象,似乎很少能够吸引学者的注意力;反而是文字的创造,被视为人类文明的标志,从而遗留下"天雨粟,鬼夜哭"的记录。中国的文字具有与口语相抗衡、并努力获得独立地位的倾向,这一点是讨论文字学与文学的基础。因此,从整体上来说,中国古代语言中的事物命名,并非纯然被动地依顺外物的结果;而中国的文字,也并不纯粹是语言的记录工具。

文字作为符号,处于何种位置,这关系到中国早期符号学的独特性格。正如徐复观所指出的那样:"逻辑是要抽掉经验的具体事实,以发现纯思维的推理形式。而我国名学则是要扣紧经验的具体事实,或扣紧意指的价值要求,以求人的言行一致。逻辑所追求的是思维的世界,而名学所追求的是行为的世界。"④所谓"追求行为的世界",意味着文字等符号不仅可用以指示世界,而且在某种程度上也可以积极作用于世界。在阮元看来,"名"的出现较早,而"文"来自"名",故二者之间具有内在的联系:

---

① 蔡宗齐:《比较诗学结构:中西文论研究的三种视角》,第 195 页。
② 同上书,第 195 页,注释 1。
③ 阮元:《易书不尽言言不尽意说》,《揅经室集》"一集"卷一。
④ 徐复观:《公孙龙子讲疏》,台北:学生书局,1966 年。

古人于天地万物皆有以名之。故《说文》曰："名，自命也，从口从夕，夕者冥也，冥不相见，故以口自名。"然则古人命名之义，任口耳者多，任目者少，更可见矣。名也者，所以从目所不及者，而以口耳传之者也……名著而数生焉，数交而文见焉，古人铭词有韵有文，而名之曰铭。铭者、名也，即此义也。①

（《揅经室三集》卷二《名说》）

对于许慎来说，编辑一部字典，意味着使数千个字符按照形、音、义各就其位。字或词，并非通过逐渐积累的社会约定过程，而依附于对实在世界任意切割而成的断片之上的语言学符号。字词之中可能含有道德化的成分，或者是非纯粹的对存在物的指称——它能够指示并制约着世界、社会与自我的性质。因此"名之于实，各有义类"，表明文字对于语言、语言对于现实世界均具有积极主动加以操控的一面。"行为"这一中心词，同样被陈汉生加以使用：

> "行为唯名论"一词抓住了中国思想家哲学思想的两个"消极"特征。我使用"行为的"，是因为在特殊体和属性的内在心理描述上，中国的心灵观是动态的：心灵是辨别和区分"质料"进而指导评价和行为的能力。我使用"唯名论"，是因为中国哲学家除了名和对象之外，不承认任何实体。西方哲学中由诸如意义、概念、观念或思想等词项所扮演的角色，在中国哲学理论中毫无地位。
>
> 若作积极的刻划，则汉语图式如下：语言由名组成，名与实具有一一对应的关系。我认为中国的本体论是部分整体学的本体论，因为对于对象的每一个抽象集合，人们都可以把该集合的所有元素当作一个不连续的质料，从而构造一个具体的部分整体学的对象。辨识该集合的不同元素，等同于辨识时空中相同质料的不同部分。在学习名称的同时，我们学会把实在区别或划分成这些被名称所命名

---

① 《释名》："铭、名也。"《礼记·祭统》："铭者，自名也。"

的部分整体学的质料。命名不是基于抽象概念、属性、本质或理想类型的概念，而是基于找出事物间的"界限"。中国哲学家不是把心灵看作那些被称作观念的神秘对象的储藏所，而是看作包含着区分质料的能力和倾向的官能。这一物质质料观可以从汉语名词逻辑结构的特征上得到解释。这一解释又需借助我们自己的感觉，即如果我们的语言具有汉语的语法特征，那么，怎样谈论语词都是合理的或可靠的。①

根据这一普遍化的理解，汉代学者编纂字典的过程，实际上也是分类部居、主动理解并把握世界的过程。对于《释名》的"释"，也当作如是观——即揭示名词所蕴含的本质，而揭示的过程亦即是对世界施加分类的过程。

《说文解字》是真正意义上的第一部综合词典。就成书年代而论，《尔雅》当较《说文解字》更早，但是《尔雅》在更大程度上是一种针对经典阅读的词库而非解析词典。许慎于公元 100 年左右已经完成此书，但由于当时学术环境的影响，直至 20 年后才得以呈献给皇帝。这一文献的编纂，不能视作纯粹源于语言学或词典编纂学的动机；因为在这部伟大的著作里面，至少包含着如下的思想因素：相信确凿无疑地还原对于古代经典之理解的必要性；为汉王朝服务的意识（例如王充之"宣汉"立场）；以及通过占统治地位的中央政权而实现其使人类所有活动领域都秩序井然的直接目标②。

中国对于"名"即符号的基本要求，是旨在正名，务稽实以定名。因此，"名"之与实的关系，往往不被看作任意的、设定的符号与存在物的对应关系，而是更加内在化的紧密的联系。作为符号中最为醒目的一种，文字尤其表现出这一特征。汉代的字书引入《周易》宇宙论模式的事实，实质上强化了文字与其所指的关联。

---

① ［美］陈汉生：《中国古代的语言与逻辑》，第 31—32 页，北京：社会科学文献出版社，1998 年。
② ［英］鲁惟一主编：《中国古代典籍导读》，"《说文解字》"章。

由于符号所具有的这种特殊性质,因此古代中国的"哲学家往往以替万事万物命名的方式,来说明他们对世界的看法;或重新考察名谓,界定事物存在的性质"①。例如早在《左传·桓公二年》的记载里,晋师服的议论就是如此:"名以制义,义以出礼,礼以体政,政以正名。"对于文字这一符号的特定子类,同样的情形也表现出来。文字学家们通过对文字的阐释,表达对于世界的整体看法;而具体的文字分类,则反映出同样的"界定事物存在的性质"的努力。对于文字的认识并不是对符号的被动或消极的接受,而是积极地参与宇宙与社会的整体变化,并在相当的程度上对后者予以协调。对这一点的认识从早期一直延续到后世,例如张揖对《尔雅》的认识即是如此。

> 周公制礼以导天下,著《尔雅》一篇,以释其义……爰及帝刘,鲁人叔孙通撰置《礼记》,文不违古,今俗所传三篇《尔雅》,或言仲尼所增,或言子夏所益,或言叔通所补。

(张揖《上广雅表》)

虽然关于《尔雅》作者的说明莫衷一是,张揖对此也无法确定,不过该文献被看作《礼记》一类的经典则无疑问,因此它事实上被赋予了指导和调整现实世界的功能②。在传统中国,这一文献并不被看作单纯的字书,而是视为"九经之通路,百氏之指南"(陆德明《经典释文》);既然经典中蕴藏着世界的奥秘,那么《尔雅》也因此成为掌握世界的关键,承担着"包罗天地,纲纪人事"的功能。

在《尔雅》的结构中,前三部分《释诂》《释言》《释训》解释相对抽象的事物,其他部分则将各种事物划分为若干类别并予以集中解释。由于该文献大致成书于公元前三世纪,因此针对宇宙万物的类别化的阐释展开得相当早。该书的内容主要是针对经典中隐晦深奥的术语进行阐释,但是从全书的具体安排来看,则首尾一贯而自成系统。"《尔雅·释诂》首

---

① 龚鹏程:《汉代思潮》,第五章"文字意义的探索",第 101 页。
② 吴承仕:"《尔雅》者,《礼记》之流。"《经典释文序录疏证》,北京:中华书局,2008 年。

详始字之训,终详死字之训",实际上体现出宇宙中生灭循环的范式,这是部分儒家典籍在结构上普遍存在的现象①。东汉时期的许慎也是如此。许慎在当时被评价为"五经无双"(《后汉书·儒林列传下》),其思想深受易学与董氏公羊学"深察名号"思想的影响;在《说文解字·叙》中,这一双重性的影响相当明显。从这一意义上看,《说文》的结构既是对《尔雅》一书的继承,又是对它的拓展与深化。

> 其建首也,立一为端。方以类聚,物以群分。同条牵属,共理相贯,杂而不越,据形系联,引而申之,以究万原,毕终于亥,知化穷冥。
>
> (《说文解字·叙》)

在许慎的整体构想中,文字按照各自的性质而划分类别,并且构成首尾相应的循环系统。许慎在撰写《说文解字》时,引入了汉代流行的十二月消息卦循环系统,从而将九千多个文字营造为宇宙的微观对应物。按照汉代的理解,"万化始于子,终于亥。子为一,属复卦,名天一生水,一阳生,万物滋长,岁在十一月;亥为坤卦,岁在十月"②;"亥,十月,微阳起,接盛阴,亥而生子,复从一起。"由此可知,许氏的文字排列是出于对宇宙生生循环之形态的模拟。进而言之,许慎对文字的编排以一开始,以亥结束,凡五百四十部首,这显然是汉易象数思想的表现:"六为九之变,九为阳之变,六九五十四而十倍之,而'十,数之具也,一为东西,一为南北,则四方中央备矣。'"③

所谓象数易等思想的影响,并非仅仅表现在外部的框架与顺序上;对于具体文字意义的阐释而言,同样如此。例如,在解释干支、五行及方位的文字时,兼采《太乙经》与阴阳五行年历方位之说,这些均由西汉今文经学及孟喜思想沿袭而来。对于数目字的解释,则多依据易纬之说。这意味着易学思想为《说文解字》提供了宇宙论的依据。

---

① 刘师培在《小学发微补》一文中对《尔雅》《春秋》和《说文解字》的内在结构进行了说明。
② 龚鹏程:《汉代思潮》,第102页。
③ 金春峰:《汉代思想史》,第535页,北京:中国社会科学出版社,2006年。

一，惟初太始，道立于一，造分天地，化成万物。凡一之属，皆从一。

（《说文解字·一》）

作为部首的字，意义十分重要，具有统率该部首所属全部文字的作用。这里对于"一"的解说，来自《易纬·乾凿度》。所谓"皆从一"，不仅指示该部首的文字在字形方面皆具有同一因素，同时也意味着它们均分享着该部首所具有的深层含义。《说文》许多部首的解说中，渗透着阴阳五行思想，从而将该部所属文字纳入阴阳五行的宇宙框架之下。上述干支、五行、数目及"心"部、"玉"部等字，即是其例①。

心，人心，土藏，在身之中，象形，博士说以为火藏。凡心之属皆属心。

玉，石之美，有五德：泽润以温，仁之方也……凡玉之属皆属玉。

在文字被串接为如此庞大系统的同时，文字之间通过语音或字形的近似而建立起关联。这种关联不仅包含字义的阐释，而且也推动着字义的延展，由此而得以形成流动不已的意义链，这实质上是对宇宙变动不已之实相的摹拟。例如：

秋，緧也，緧迫品物使时成也。冬，终也。物终成也。

（《释名·释天》）

秋之为言愁也，愁之以时察守义者也。冬之为言中也，中者，藏也。

（《礼记·乡饮酒义》）

"秋"与"愁"、"冬"与"终"的关联建立在字形的相似之上，而"秋"与"緧"、"终"与"中"的关联则来自读音的相近。通过这些线索，文字网络向外不断地延伸。

---

① 金春峰：《汉代思想史》，第 537 页。

《说文解字》沿用了传统的"六书"系统,针对字形和字音两方面考察了文字意义的衍变情况。在许慎的时代,"六书"的概念并不确定。班固在《汉书·艺文志》中沿用了刘歆的理解,此后郑众也曾提出不甚相同的解释①;这些理解之间的差异,表明文字学思想在当时仍处于动态的形成之中。在许慎看来,文字的视觉要素比读音更为重要,这导致了后世许多研究者的质疑。在许氏"六书"中,有三种与读音相关,但是从整体上来看,它们只不过构成了视觉要素的辅助,形声字中形旁与声旁的地位便体现出这一偏向。贯穿全书的分类原则——旨在涵容 9353 个汉字与 1163 个同文异体字的 540 个部首,正是按照字形结构排列的视觉化的存在。

单就上述内容而言,与其将《说文解字》的整体性质视为文字学,倒不如看作哲学乃至政治哲学更为合适。许慎在对字义进行阐释的时候,其主要目的不在于探究该文字的历史源流关系,而是努力建造起文字形体内部各部分的关系,以及与其他汉字之间的关系,从而在文字与现实、符号与所指之间建立起动态的模拟关系,就如同周易的卦画模拟宇宙间的种种变化一样。许慎对于文字的阐释,包含着他对于宇宙万物的哲学性的理解,《说文解字》中对文字的解读,与其说是单纯在古文字学的领域内追溯意义,不如说同时还包含着如下的成分,即展示该文字在宇宙之中的位置,及由此被赋予的意义。许慎将文字视为"经艺之本,王政之始",并强调"本立而道生,知天下之至赜而不可乱也",正是从这一立场上得出的结论。出于这一考虑,将《说文解字》中对涉及美感的若干文字的讨论,视为许慎的美学思想,确实具有其一定的合理性。

对于字形的重视,不仅限于许慎一人。随着经典的文本化,文字的

---

① 《周礼·保氏》:"养国子以道,乃教之六艺:一曰五礼,二曰六乐,三曰五射,四曰五驭,五曰六书,六曰九数。"《汉书·艺文志》中援引刘歆《七略》,将此处"六书"解释为"象形"、"象事"、"象意"、"象声"、"转注"、"假借";郑众在注释《周礼·保氏》时,认为是指"象形"、"会意"、"转注"、"处事"、"假借"、"谐声"。与许慎《说文》相比,这些说法在具体项目与顺序上均存在不同。

视觉因素日益受到重视,甚至成为窥测宇宙奥秘、探索世界变化的参照物。在汉代谶纬家中非常流行的"拆字解义",以及道教的道符,都是在文字与宇宙相通的层面上对其加以利用的。与此同时,文人士大夫基于对文字的熟练使用能力,将此发展为文字游戏,这在某种程度上亦不妨看作是以审美游戏印证自身之文士身份的表现。在东汉末年,孔融曾经写下《离合作郡姓名字诗》,亦是通过字形拼合的方式,以二十二句诗合成"鲁国孔融文举"六字,这显然已成为"绝妙好辞"一类的娱心之作。不过,字形的重要性始终没有消泯,值得一提的是,后世的古琴减字谱,仍然采用了汉字笔画拼合的方式;如果我们将其与琴谱中的其他成分——如绘画、诗歌等因素——相互比照,那么尝试借重文字之宇宙论意义的企图是相当明显的。

第二节 "文字"的视觉形式:书法及其理论

作为书写的艺术,书法代表着文人艺术中最为微妙而又富含心灵趣味的一类,它舍弃了造型的复杂与色彩的绚丽,而独具幽玄深远的境界。从东汉中期开始,书法逐渐受到士人阶层的重视,研习书法蔚然成风,无数士人醉心于此并深感其乐。作为艺术实践经验的凝定,早期的书法理论在汉代不断出现,从而为魏晋书论的勃兴导夫先路。由于书法的技法及其理论在更晚的时代全面渗入绘画领域,并在相当程度上规定了后者的性格与理想,因此这一艺术在汉末的风行,实际上具有某种普遍性的意义:它标志着新的审美经验的产生,也意味着新的审美理想与审美评价标准的确立。关于汉代的书法,康有为有很好的表述:

> 汉人极讲书法……降逮后汉,好书尤盛……至灵帝好书,开鸿都之观,善书之人鳞集。万流仰风,争工笔札。当是时中郎为之魁,张芝、师宜官、钟繇、梁鹄、胡昭、邯郸淳、卫凯、韦诞、皇象之徒,各以古文草隶名家……又有皇象《天发神谶》、苏建《封禅国山碑》,笔力伟健冠古今。邯郸、卫、韦精于古文,张芝圣于草法。书至汉末,盖

盛极矣,其朴质高韵,新意异态,诡形殊制,融为一炉而铸之,故自绝于后世。

(《广艺舟双楫·本汉》)

书法借助于笔和墨的互动、身体与工具的互动,致力于呈现同一文字内部的笔画的配合,并进而追求整体布局中文字与文字之间、行列之间,乃至文字与空白之间等不同层面的对立与和谐。需要特别指出的是,书法的展示对象始终限定在文字本身,即使是用笔精简、难于辨识的草书,也没有因对线条的形式化偏爱而完全放弃文字的形象性。如前所述,文字作为神圣的文化创造物,通过抽象的字形呈现出宇宙造化的节奏与韵律,因此它与宇宙之道构成了彼此呼应的两极:文字不是对后者的某种模仿或再现,而是自身即包含着造化力的流转,从而构成了宇宙的微观化。由于文字中的视觉要素承载着此类意义,因此在汉代备受关注。从西汉时期谶纬中的拆字解义,到东汉《说文解字》以字形为分类原则的汉字系统的建立,无不体现出这一倾向。对于东汉的书法家崔瑗,这一点同样是非常明显的。

书契之兴,始自颉皇;写彼鸟迹,以定文章。

(崔瑗《草书势》①)

字画之始,因于鸟迹。苍颉循圣,作则制文。

(蔡邕《篆势》)

崔瑗与蔡邕对书法起源的描述,均沿袭了许慎的成说,这反映出东汉中后期的普遍见解。我们不妨借用意象派诗人庞德(Pound)的理解:汉字是“基于自然运作的生动的、速写式的图像”,“其表意的语源把自然的动感表现出来(verbal idea of action)”②;由于内在的“自然的动感”的存在,当两个或两个以上的单体字合成为新的文字时,它们“加在一起并

---

① 崔瑗《草书势》已佚,此处所引为晋卫恒《四体书势》中的辑文。见严可均:《全后汉文》。

② Fenollosa: *The Chinese Written Character as a Medium for Poetry*, p8, City Lights, 1983.

不产生出第三样东西，而是提示存在于它们之间的某种本质联系"①。庞德的敏锐观察揭示出汉字中至为重要的原则，——而这一原则的充分显现正是借助于书法而完成的——即"自然的动感"，也就是"势"或动势。换一下角度考虑，当不同的单体字组合在一起时，固然可能产生新的文字，例如"会意"；但是在另一方面，它们在空间中的纯粹并置也会创造出新的意义，这来自不同文字之形式上的动势的沟通。在前一种情况中，动势尚存在于某一文字的内部，表现为偏旁、部首等部分之间的相互呼应；对后一种情况来说，动势则突破了文字之间的空间间隔，获得一体融通的流动性。书法家们正是窥见了不同汉字在空间形式中的内在关联，从而通过身体支配笔墨而将其传达出来。

在汉字发展的早期阶段，如甲骨文与金文中，曾经存在许多原始的象形汉字，它们与其他文明（如古埃及）中象形文字的性质相类似。但是在汉字的演变过程中，伴随着由繁趋简的变化，动态或势能的因素日趋于明显，文字被视为自然动力的视觉表现。文字与物形之间的关系，显非单纯的"象形"概念所能牢笼。文字在充溢着语词意义并向外延展的同时，又单凭借其视觉形式本身，与其外的宇宙、世界建立起特别的映射。书法正是在后一层面上展开了各种具体的运作。

当文字与自然造化力量的关联进一步延伸到书法中时，书写者的加入再次拓展了这一维度。借助于书法，人在自我与宇宙之间建立起特殊的联系，这一联系不同于通常意义上的"模仿"，而是超越了再现的维度，致力于通过抽象的笔画与线条呈现宇宙之运行的本相。就身体的维度而言，书写的姿势支配并贯彻着书写者的整个身体，书写的动势通过笔与手的连接而贯穿人与艺术。正如弗朗索瓦·于连所指出的那样，书法"将艺术活动视为一种现实化（actualization）的过程，使现实的内在力量以一种个别的形态展现"②。借助于汉代的宇宙观与"气"的哲学，这种

① Fenollosa: *The Chinese Written Character as a Medium for Poetry*, p8, City Lights, 1983: p. 10.

② 于连：《势：中国的效力观》，第56页，北京：北京大学出版社，2009年。

"现实的内在力量"贯通宇宙、人与书法三者，最终完成了对世界真实的多重体认。

在书写的过程中，身体与文字的关系处于不停变化的协调之中，并且合二为一——完成的作品与书写的动作实质上是同等的。当文字的动势流动于每一笔画之中时，这一动势同样在运笔的姿态及整个身体的相应动作中呈现出来；反过来说，书写者的动势穿过字形而应和着宇宙的节奏。因此，每一次书写都会带来崭新的体验，在某种意义上，这是不断将自己融入世界整体从而获得天人之相合的神圣性的仪式。与最终完成的固定作品相对，书写者在书写过程中的体验乃是动态的、时间性的，它与静态呈现于空间中的书法作品构成了时与空、动与静的平衡。即使是在凝固如雕塑般的书法作品中，流动的时间性也从不曾丧失对观者的吸引力。

贯通天人的宇宙创生力，聚焦在书写的特殊过程中，"势"因此成为书法的核心因素。从汉魏到六朝时期，书论著作中以"书势"为题者相当醒目，这意味着，从书法理论形成伊始，"势"便占据了重要的位置，并且成为长时期内书法家们关注的焦点①。这一点在汉末蔡邕的《九势》中充分显现出来。毋庸讳言，前面关于书法的论述不仅适用于汉末，也同样适用于其后的时代；不过，对于最初发现这一奥秘的汉代人而言，书法带来的体验是前所未有的。从东汉起草书开始流行，这大大增强了书法的美感，从而逐渐将其视为一种美的艺术，并加以玩味、欣赏。汉魏之际，一般的书体已渐趋齐备，书法的实践者开始将自己的性情寄寓于其中，努力创造妍丽文字的时代风气于此形成。因此，对当时的书法家和欣赏者来说，这种崭新的审美经验，乃是划时代的突破，——是在审美实践与理论上的双重进展。

---

① 关于"书势"理论，日本学者中田勇次郎认为，尽管崔瑗的《草书势》和蔡邕的《篆势》可能确实形成于东汉，但是，由于它们借助西晋卫恒的《四体书势》保存下来，故是否为东汉著作尚不能确定，且其间很可能经过后者的修改加工，因此严格说来，"书势论"的出现当断自西晋为始。参：中田勇次郎：《中国书法理论史》，第15页，天津：天津古籍出版社，1987年。

草书从诞生伊始,即受到文人的青睐,相对于更加规整的隶书来说,它不必局限在单个字的轮廓之内谨微地表现运动,而是跨越字与字、行与行之间的界限,在无拘无束地展现出笔迹的势能之时,体现出宇宙之流动的性质。在这时,"毛笔的运动突破了单字外形的局限,因而它再现的不只是一个或一组客体所释放的、或是潜在于一个或一组物体中的势能;作为一种抽象的艺术韵律,它的目标是再现道这一宇宙的根本法则,正是这一法则造就和维持着自然界中的所有势能。这种由对局部势能的揭示一跃而呈现宇宙之道的过程,也正标志着汉字在书法领域内的发展。"①

> 夫书肇于自然,自然既立,阴阳生焉;阴阳既生,形势出矣。藏头护尾,力在字中,下笔用力,肌肤之丽。故曰:势来不可止,势去不可遏,唯笔软则奇怪生焉。

(蔡邕《九势》②)

"九"在汉代衍生出根深蒂固的传统,它来自对数字"五"的二次切分,在空间上则表现为圆心与均等化的八方,同时在易学中它又承载着特别的意义。此外,在文学领域,《楚辞》中的作品也多以此名篇。蔡邕采取"九势"为名,无论受到何种传统的刺激或暗示,都充分显示出"势"的重要性,以及尝试去全面掌握各种宇宙动势的努力。这一名称,或许还意味着如下的可能性:对"势"的思考,可能此前已经历过多样化的讨论,崔瑗的《草书势》只是其中之一,而蔡邕的《九势》,则不过是进一步予以总结或归纳而已。

所谓"书肇于自然",意味着书法所体现的内容,来自对宇宙中造化流行之形态的撷取,它应当充分表现自然中的种种动势。"自然"在汉代天人相应的宇宙体系中,意味着无可置疑的权威性,书法与绘画、诗歌的

---

① 蔡宗齐:《比较诗学结构:中西文论研究的三种视角》,第 183 页。
② 《历代书法论文选》,第 6 页,上海:上海书店出版社,2006 年。关于"九"为实数抑或虚数这一有趣的问题,可参考汪中《释三九》以及杨联陞《中国古代的数字》。

价值均溯源于此。所谓"下笔用力"，指书法的用笔须蓄积出内在的"势"，以昭示自然的张力或动态。如果书法没有能够恰当地呈现出"力"或"势"，就会因"笔软"造成违背"自然"的后果，从而导致"奇怪生焉"。书法是对宇宙的微观性再现，尽管每一笔画、每一单字乃至整篇文字的造型乃是简单而相对固定的，但是书法所显现的不止是个别现象的势能，而是透过笔画线条描绘变动不已的情状，进而反映了宇宙全体的和谐节奏，因此"它是正在形成的形状，是发展过程中的形状，可引申为运动的形状"①。中田勇次郎对"势"的含义进行了仔细的辨析，他认为，与后世所注重的笔势之有无不同，早期更关心书体所具有的与自然现象相类似的生动形态②。

作为宇宙运行的二元性法则，阴与阳贯穿于宇宙之中，并伴随万物的生灭迁转而流动不息。在书法中这两种力量互为消长，通过形式的对称造就了"丽"的效果。"丽"，与"离"、"俪"相通，体现出"文"的对称性，是"灿然而章"的悦目的美感。将"丽"描述为"肌肤"的表层，反衬出"势"实际上承担着文字之血气脉络的作用③。与形式之美感不可分离的是，"丽"同时也含有阴阳之更深层次的对立与对称；具体表现在视觉形象中，即是上下、左右等结体关系。如《九势》下文所说：

> 凡落笔结字，上皆覆下，下以承上，使其形势递相映带，无使势背。
>
> 转笔，宜左右回顾，无使节目孤露。
>
> 藏锋，点画出入之迹，欲左先右，至回左亦尔。

虽然这里是针对具体技法的说明，但是并不限于单纯的布局、运笔

---

① John Hay：The Human Body as a Microcosmic Source of Microcosmic Values in Calligraphy，in Susan Bush & Christian Murck ed.，*Theories of the Arts in China*，Princeton University Press，1983.

② 前引《中国书法理论史》，第 15 页。

③ 汉魏时期在论述文章、书法等作品的美感时，往往借助于草木或身体的隐喻展开，例如本与末、肌肤与骨骼等等。这些隐喻由于同属于不含二元化划分的有机体，因此不能轻易地等同于所谓的形式与内容。

等技法层面;毋宁说,这些技法的要求与对书法本质的认识密切相关,从根本上服从于对势的表现。所谓"左右"、"上下",不只是简单的方位或相互位置的空间性规定,同时也包含着由此及彼、回环不已的动势。所有笔画均由内在流动的势所鼓荡、充溢,因此,与技法的要求相平行,文字的动势抽取万物运转的本相,进而描绘出深奥微妙的造化力。内在之力的蓬勃伸张,促使书法不再专注于单纯形式的平衡,而努力追寻对规矩的超越;在抑扬与倾欹的轻微失衡中,我们感受到笔画之内所蕴积的生命力,即所谓"放逸生奇":

> 观其法象,俯仰有仪,方不中矩,圆不副规。抑左扬右,兀若疏崎。兽蚑鸟跱,志在飞移。狡兔暴骇,将奔未驰。或黮点染,状似连珠,绝而不离,畜怒怫郁,放逸生奇。或凌邃惴栗,或居高临危,旁点邪附,似蜩蟟挶枝。绝笔收势,余綖纠结,若杜伯揵毒,看隙缘蠍,腾蛇赴穴,头没尾垂。是故远而望之,摧焉若阻岑崩崖;就而察之,一画不可移,几微要妙,临时从宜。

(崔瑗《草书势》)

为更准确地传达出书法中所蕴藏的动势,文中列举了一系列自然的物象。通过鸟兽、草木、山川及其他各类物象,书法的形式与姿态被描绘得栩栩如生。与草书忽急忽缓、奔腾兀突的线条相应,崔瑗有意地选择了充满动感的物象:它们或者呈现为运动之中的姿态,或呈现为引而未发、充满张力的姿态,这相当于于连所谓"运动中的事物"(外显的动势)与"事物中的运动"(内涵未发的动势)。崔瑗在字里行间所呈现出的飞动之美,体现出草书不同于相对规整凝重的篆书与隶书的特质。不过需要指出的是,在汉代的书法评论中,借助自然物象的描述方式极为常见,并不仅限于草书[1]。另外,在后世的文学与艺术评论中,也往往受此影响,而采取类似的"譬喻"的论述策略。其最彻底也最具情趣的表现,莫

---

[1] 下文所引李斯论书的文字,即是针对篆书立论,但是它同样采用了类似的描述方式。

过于《二十四诗品》中"采采流水,蓬蓬远春"之类的诗歌理论。因此通过自然物象的描摹来展现作品的内容、风格或性质,在中国古代的审美传统中具有显著的普遍性。这种传统发皇于汉代,意味着某种审美方式的确立,它牵涉到如下的若干重要问题:艺术与自然的关系;艺术理论的非概念、非逻辑化;欣赏艺术的方式与根本目的;以及对艺术的评价标准等。

> 凡欲结构字体,皆须象其一物。若鸟之形,若虫食禾,若山若树,若云若雾,若横有托,运用合度,可谓之书。

> 夫书功之微妙,与道合自然……夫用笔之法,先急回,后疾下,如鹰望鹏逝,信之自然,不得重改;送脚如游鱼得水,舞笔如景山兴云,或卷或舒,乍轻乍重。善深思之,理当自见矣。①

如前所述,对于文字动势的自觉呈现,并行不悖地存在于若干不同层次之中。在这些层次上,均存在书法艺术与自然界物象的动态的对应关系。所谓"凡欲结构字体,皆须象其一物",是在文字字形之视觉因素的层次上,以书法引发与某"一物"所共有的内在的动态倾向。所谓"送脚如游鱼得水,舞笔如景山兴云",则是在单纯笔画之操控的层次上,追求与之合宜的微妙的动势效果。

在"譬喻"这一词语上加上引号,原因在于书法与自然界的物象之间并非譬喻的关系,二者之间不存在本体与喻体的分别。

> 为书之体,须入其形,若坐若行,若飞若动,若往若来,若卧若起,若愁若喜,若虫食木叶,若利剑长戈,若强弓硬矢,若水火,若云雾,若日月,纵横有可象者,方得谓之书矣。

> （蔡邕《笔论》）

> 书者,散也。欲书先散怀抱,任情恣性,然后书之;若迫于事,虽中山兔毫不能佳也。夫书,先默坐静思,随意所适,言不出口,气不

---

① 李斯语,见祝嘉:《书学史》,第12页,成都:四川古籍书店,1984年。

盈息,沉密神彩,如对至尊,则无不善矣。

(蔡邕《笔论》①)

"势"既内涵于文字的书法结构中,又映现在书法家的内心之中;易而言之,笔的运动一面指向宇宙的创生化育,一面又指向创作者或欣赏者的心灵运动。对于书法中各种动势的体验,实际上也是对于宇宙造化之各种动势的体认。这一境界是审美的,同时也是宗教性的。书法的理想境界,或许更多表现为某种混融性的情形,而未必拘于割裂的审美或宗教等名目。至少在早期对书法的认识中,对书法所显现的宇宙之美的陶醉,可以与天人合一的宗教性体验并行不悖,后者乃是某种"万物与我为一"的造化之境。

进而言之,东亚的艺术往往在作为欣赏对象的同时,又具有某种沟通天人或自我修行的神秘功能,特别是在早期的许多类艺术中,这种神秘的宗教性维度普遍存在——例如山水画、盆景与假山——尽管其间的宗教性质仍然存在着差异。或许,这一序列也应包括书法。综合来说,神秘性的宗教修行往往采取神游的态度,或者想象自身获得某种神秘性力量,自由地周游六合,或者将宇宙缩于方寸之间,对之作全面而动态性的观照。在自我的身体虚化之后,通过想象性的神游,就能够充分地体验自然之势的种种变化。如果考虑早期中国文字的神秘性(如诵经、道符等),那么汉晋之际对于书法中自然动势的执著或许也包含着这一因素。通过书法以窥见宇宙的奥秘,可能并非书艺爱好者的一致认识,但是它始终作为理想化的维度存在着,这也正是书法之所以拥有权威性的根源。

第三节　文丽以则:形式化的美感

如果试图追溯"文"的来源,那么如下的原初涵义是无法忽略的:

---

① 均见《历代书法论文选》,第5—6页。

"文"来自"文章"一词的规定："文"即"彣"，"章"即"彰"，二字均与纵横交错的纺织品图案相关。据此，在"文"承载更为丰富的美学含义之前，它已经首先拥有了来自视觉的初始含义——某种空间化的或者视觉的美感；这种美感不仅容纳了不同色彩的对比与调适，也包括图案的复杂与单纯，以及各组成部分的安排与对称。至少从西汉中期开始，这一视觉化的涵义，被自觉地移用于文学作品之中，汉赋的写作往往被类比为制作纺织品的过程。由于中国文学从一开始即显著地表现出独立于口语的倾向，因此，通过复杂的技巧，以语言的精致运作实现对日常题材的不平凡表现，很容易导致文字之形式层面的凸显。前述空间化的美感，也在后世的文学作品中以种种方式沿袭下来，并且又演化出各种不同的新形式。

随着文学内涵在后世的不断扩容，视觉因素所占的比重似乎有所降低，至少单纯追求形式化的视觉美感这一因素，不复提供作品的主要吸引力；但是，它并没有因此而归于黯淡。在后世的文学作品中，来自形式之规定性的对偶或对称，始终占据着重要的位置，它不仅造成表层上视觉美感的效果，而且又促成作品之自身结构的复杂化，如采取更为隐蔽的形式，内化为作品的骨架与脉络，从而深化作品的表现力。从某种意义上说，各种以对称、平衡与循环为形式的文字结构，将空间性引入了文学作品，从而与口头诵读所体现出的时间性形成了鲜明的对照，并借助于对方而丰富自身。

尽管对于作品之形式化的追求往往遭到批评，但是严格说来，在中国文学的长期演变中，没有哪一类作品能够完全与对偶或对称等形式因素划清界限。即使是竭力主张散文化写作、力图以所谓"古文"取代骈体文的韩愈，其文章依然无法彻底清除对称的因素。具有讽刺意义的是，在以韩柳欧苏为典范的《古文笔法百篇》中，韩愈的《原道》恰恰被引用为范例，以展示散文中对偶的手法如何操作。更不用说作为古文之早期典范的《史记》，其文章亦不可避免地使用了对偶的技巧。尽管我们不能轻易地将此归因于汉字本身的性格，但是汉字的运用，确实在相当程度上有利于培植对偶等形式化的倾向性——几乎所有论及文学之形式化美感的著作,都不会忽略汉字本身的因素。

正如所有讨论骈文的论著所指出的那样,早在先秦的典籍之中,对称或骈偶就已经作为突出的构成要素而存在。它们在汉代继续发展,直至魏晋六朝时期成为文学的主流。它一方面表现为诗歌之自我完善的过程,另一方面则表现为繁缛华丽的骈体文写作。随着六朝骈文与唐代律诗的出现,最为精致的对称结构于兹形成:对称语句及其各对应部分之间的对立与对偶,对偶部分与非对偶部分的间断出现,造成了作品中时间性与空间性的交错与呼应。这一因素后来又从文学进入其他艺术领域,显现出更为复杂的影响力。例如,随着诗歌与书法一同进入画面,诗歌中的对称因素作为相对稳定的空间结构,在与自身的时间流动性形成二元对立的同时,又与绘画中富于时间流动性的笔触与线条构成了新的对比,从而丰富了绘画的内在结构层次。此外,单就文学而论,即使在明代后期的长篇小说中,对称或对偶仍然借助于各种诗词、偈语或其他韵语短章,形成文言对口头语言的节制与切分,这又进一步造成小说文本之整体形式的节奏化。

如果将美学的视野适当拓宽,针对文学领域审美因素的显著变化进行分析,那么从汉代特别是东汉后期文体的演变之中寻出审美意识的演变,并不是没有意义的。从较宽泛的意义上说,正是由于广泛存在着这一类处于美学领域边缘的现象,才有可能孕育出六朝时代追求丽文艳辞的审美风气。或者不妨说,魏晋六朝的文学之所以成立,其哲学基础已经内涵于汉代的思想与美学理论之中,包括《文心雕龙》在内的诸多后世著作,有时仅仅是在某种程度上将这一基础更明确地指示出来而已。

所谓形式上的美学特征,在《诗经》中即已存在。首先,这一特征在听觉方面表现为语音要素的重复类型,如:韵脚、头韵、迭字等。其次,套语的出现切分了诗歌的整体结构并营造出特殊的视觉节奏,在《国风》的代表性诗篇中,"往往是以高度对称的、整齐的两组四四诗节,与不对称的第三诗节相对峙,后者往往伴随着韵脚的变化、或是背离初始意象,这似乎显示出了一种敏感于对称与不对称交相变奏的诗学效果的早期自觉。"①继之而起的发展是楚辞与汉赋,特别是后者,因兼有诗歌与散文的因素,而跨越了二者之间的界限②。它对后世的影响也因此呈现出两种不同的方向:一方面指向律诗诗学的形成,另一方面影响了古典散文美学③。当然,与唐代律诗种种复杂的对仗相比,汉代诗赋中的对偶因素一般还停留在声音、语词、意象或语法模式的简单对称,但是文学风格在两汉之间的显著变化,已经足以引起我们的重视。至少在关于对称因素的意识上,汉代已经显示出某种自觉。这一现象与文学之趋向文字形态具有内在的联系。

关于汉魏文学发展的倾向,刘师培在《论文杂记》中做出了全面而清晰的论述。他指出,在文体变迁的若干倾向之中,对偶因素的增强是最为突出的特征,而这一变化是在从西汉到魏晋的漫长时期内不断推进的:

> 由汉至魏,文章迁变,计有四端。西汉之时,箴、铭、赋、颂,源出于文;论、辩、书、疏,源出于语。观邹、枚、扬、马之流,咸工作赋,沈思翰藻,不歌而诵;旁及箴、铭、骚、七,咸属有韵之文。若贾生作论,史迁报书,刘向、匡衡之献疏,虽记事记言,昭书简册,不欲操觚率尔,或加润饰之功,然大抵皆单行之语,不杂骈俪之词;或出语雄奇,或行文平实,咸能抑扬顿挫,以期语意之简明。东京以降,论辩诸作,往往以单行之语,运排偶之词,而奇偶相生,致文体迥殊于西汉。建安之世,七子继兴,偶有撰著,悉以排偶易单行;即非有韵之文,亦用偶文之体,而华靡之作,遂开四六之先,而文体复殊于东汉。其变

---

① [美]浦安迪:《平行线交汇何方:中西文学中的对仗》,载《浦安迪自选集》,第355—356页,北京:三联书店,2011年。

② 扬雄:"诗人之赋丽以则,辞人之赋丽以淫。"作为两种风格不同的赋的共性,"丽"首先含有对称的含义在内。

③ 针对汉赋作为"有韵之文"的特性,Burton Watson 在《早期中国文学》(Ancient Chinese Literature)一书中经过斟酌,最终将其译为"Rhyme-Prose",这一译名凸显了汉赋的两栖性质,强调汉赋的两种不同的文体样式或风格。

迁者一也。①

由于汉字具有单音节与缺少形态变化的特点,因此,在排列组合成诗歌或文章的时候,自然地倾向于寻求稳定的结构,例如《诗经》中的四字句即是如此。基于对这一性质的自觉意识,在东汉时期出现两种不同的处理方式:或者采用反向的策略,有意打破诗歌中四字句的稳定结构,以造成五言诗的跌宕起伏的效果;或者在文章中更多地采用四字语句,并加以对偶排列,以更多层次的偶数单位凝成稳定的结构。就后一倾向而言,正如刘师培所指出:"西汉之时,虽属韵文,而对偶之法未严;东汉之文,渐尚对偶;若魏代之体,则又以声色相矜,以藻绘相饰,靡曼纤冶,致失本真。"对偶的渐兴,是从西汉开始直到魏晋六朝的持续性的倾向。

从西汉到六朝的文学中,对偶因素的重要性逐渐增加,并在最后成为支配性的主流形态,其背后的成因自然是非常复杂而多样的。因此这一漫长的变化,很难单纯用某一因素加以笼统的解释。不过,如果我们设想,这一变化并不仅仅源自文学形式自身的演变,而是潜在地存在着某种思想观念的刺激,那么,风行于汉代的《周易》思想,无论如何应视为主要因素之一。在此固然无法将其影响加以绝对化,但是它至少赋予文学写作以宇宙论的地位——文学的各种形式,作为"人文"的体现,乃是与天文地理等宇宙现象处于同一的层次。这一认识是在三才思想的框架之内发生的。在"人文"的根本特征中,秩序与条理化的表现是相当引人注目的因素,因此对文采的形式化追求,不是纯粹外在化的修饰,而是具有内在的思想渊源。

在前章论及扬雄思想的部分中,已经涉及汉赋由口头向文本形态过渡的情形。在此不惮复述同一内容,旨在强调这一变动对于文学乃至美学的显著影响,——这也正是对文学之形式化的自觉意识显著增强的阶段。汉赋的总体特征,是以其存在形态加以界定的,即"不歌而诵谓之赋",这构成了它与其他作品的基本差异——例如与最为接近的《诗经》

---

① 刘师培:《中国中古文学史·论文杂记》,第 116—117 页,北京:人民文学出版社,1998 年。

相比,能否歌唱成为区分二者的主要因素。在汉代骚体赋中,吟诵的方式延续了早期《楚辞》一系作品的风格,它们均采取某种楚地音调的诵读方法,从而构成该类作品的共同特征。尽管在事实上并没有足够坚强的证据,可以确定其他类别的赋作——例如大赋——也采取同样的楚地式吟诵;但是,后者在较早时期同样以口头诵读为主,这一点通过文献的记载可以得到证实,另外在汉赋文字的演变中亦不难加以确证①。

汉赋之所以难以获得后世读者的青睐,在很大程度上源于文字的难解,以及双声、叠韵联绵词的大量使用。由于联绵词的意义主要取决于语音而非字形,因此在载录司马相如的作品时,针对同一个联绵词,《史记》《汉书》与更晚的《文选》往往写法不同。这一字形上的鲜明差异,反映出两方面的情形:首先,以不同的视觉表现指向同一词语,如"芙蓉"与"夫容",而不致影响意义的理解,这是以赋作中联绵词的大量使用为前提的,从而印证了早期赋作与口头因素的密切关系;其次,对于同一词素,积极采取不同的视觉表现,在某种程度上也显示出将听觉之同一性转化为视觉之多样性的可能性。视觉性的表现在《史》《汉》与《文选》之间,或许尚非有意为之,而仅仅是在确定文字形态的过程中不可避免地造成的差异,不过在扬雄的赋作中,则可以充分地确认这一点②。

尽管扬雄对其赋作表现出追悔之意,后世也往往将其与司马相如并称加以评论,不过,这并不意味着二者的作品性质完全相同。至少单就作品的创作形态而言,扬雄的写作更加偏向书面化的方式,或者更确切地说,他对于文字书写产生了更为充分的自觉。例如在《长杨赋》中,虚构的人物角色不复是借助语言展开交流的"子虚"与"乌有先生",而是指

---

① 所谓汉赋从口头向书面化的转变,是就其大致的趋势而言,并非二者之间存在截然的划分。例如武帝时期的司马相如、枚皋,宣帝时期的王褒,往往在扈从皇帝行幸时当场作赋,这些很可能是直接口诵的。但是除口头表演以外,书面阅读也同样存在,汉武帝对司马相如的初次印象,便是在"读《子虚赋》而善之"的过程中发生的。参见《汉书·司马相如传》。

② 关于赋作中口头与书面因素的变化,可参考:清水茂:《从诵赋到看赋》,《清水茂汉学论集》第232—237页。

称书写行为的"子墨客卿"与"翰林主人"①。除了对书写方式的这一强调之外,在扬雄的赋作中,联绵词的使用方式也发生了明显的变化。在使用同一联绵词的场合中,扬雄往往自觉地采取不同的字形以区别之,例如《校猎赋》中的"淋离"与《河东赋》中的"渗漓",即是一例。如果这一字形的差异反映了原初的情形,那么将文字殊异化的选择,意味着视觉性因素的考虑开始发挥主要的作用。

重视书面形态的写作实践之所以在扬雄这里发生,或许并非出于偶然。当然,不妨将此视为时代转变的产物,即学术与文学写作在此时更加重视书面化的形态。不过除此以外,探讨扬雄个人的因素亦非无益。与司马相如相比,扬雄在一定程度上摆脱了纯粹作为皇帝扈从的赋家身份,并且自觉地向儒家化的文人官僚转化。根据《汉书》传记的记载,扬雄尚在以辞赋为君主服务时,就已经对儒家文化发生了相当浓厚的兴趣,并积极要求进入石室遍览藏书,以充实自身的才学。如果没有这种思想方向的扭转,那么后来对早期经历的改弦更张便很难出现。这一思想倾向的转折,很可能影响了创作方式的变化。对于早期的司马相如、王褒等人而言,辞赋主要发挥着服务君主的功能,或者颂扬君主的声威,积极伸张其世俗权力与宗教性的神秘力量,或者以俳优式的表演取悦君主。因此,文学的功能在总体上附属于政治的权威之下,并没有获得新的理论资源以促成自身的改变。但是对于扬雄而言,则并非如此,他所具有的文人的身份,为文本化书写的行为提供了新的支持。

扬雄在《太玄》这一论著中,充分体现出服膺《周易》思想并力图超越之的立场。进一步考虑到他赋予"文"以崭新的用法,即首次在学术与文学的意义上使用该术语,那么他对文学的看法势必与更加宏阔的宇宙论结合起来——文学本身是作为宇宙之某种律动的条理与秩序而呈现的,而这一秩序与条理也具有某种空间化的层次。如果说,《周易》中对"文"

---

① 《汉书·扬雄传下》:"……雄从至射熊馆,还,上《长杨赋》,聊因笔墨之成文章,故藉翰林以为主人,子墨为客卿以风。"

的相关论述,为文学地位之确立提供了潜在的理论基础,那么扬雄的努力,则进一步将这一理论支持明朗化——在文学获得与宇宙论的连接之后,似乎有必要以书面形态将其空间性确定下来。

扬雄对于书面文字的重视,还表现在其他方面。例如,他对于小学颇有研究,这事实上意味着书写的规范化,尤其是对书写之视觉性的规范化。此外,他在文学理论中异常重视"丽"的范畴,这是所有辞赋必须遵循的审美标准,而"丽"、"俪"与"离"的关系则是相当明显的,其间存在着一条从文学到宇宙世界的形式化通路。不妨认为,随着文学的重心由口头转向书面化,文学与文字在此产生了交集,视觉化的表现成为二者共同关注的因素;从单字的配合到文句的对偶,作品不断从整体上强化审美的规定性,"艳"、"丽"、"美"等注重形式美感的准则在此成为主流。这一理论上的自觉在其后得以延续,用以指导文学实践,直至六朝时期达到高峰。

有充分的理由将扬雄视为美文发展历程的关键环节,因此,早在东汉中期以前,就已经开始自觉地追求文学自身的美感,这在很大程度上是由书面性因素的彰显造成的。当然,在此强调扬雄的作用,并非肯定从西汉末期到东汉末期之间缺少明显的变化,如前所述,刘师培已经准确地把握住东汉"文体迥殊于西汉"的特征。从美学思想的基础来看,东汉文学的进展仍然基本处于扬雄思想的延长线上,同时又表现出一定的差异。东汉之所以在对偶化的道路上进展迅速,至少需要考虑如下的因素:首先是《周易》思想的影响;其次则是儒家文人官僚阶层的迅速扩大——二者之间很可能又存在着内在关联。这些政治与思想的外部情境,共同造就了文学的正统风格,即骈偶化的风格,它通过援引宇宙论的权威,主宰着较长时期内的文学写作。易而言之,至少到六朝时为止,无论是在与政教密切相关的作品中,还是在表面上远离政教而致力于描述风景与个人内心的作品中,对称均成为主导性的审美风格。

除此以外,在东汉中后期,还涌动着文学内部因素的变化。作为东汉文学的典型,五言诗的兴起可谓最重要的主题,它不仅意味着某种新文体的诞生,而且也在文学的视觉性表现方面构成了新的突破。如果说骈文作为形式化美感的充分显现,是积极采用对偶等因素的结果;那么五言诗则恰恰是选择了相反的方向,消解了自《诗经》以来长期存在的四言式传统。从四言到五言,表面上仅增加一个字,但是从结构上来说,却发生了根本性的变化。此前十分稳固的"二/二"句式,变为相对不稳定的"二/三"或"二/一/二"句式。对于固定形式的破除,反而带来更加灵活多样的形式:它挣脱了相对僵化的偶数形式的束缚,并进入更富于变化的层次之中。通过一联诗之内部结构的复杂化,某种新的自我闭合的空间结构随之形成,它既包括固定位置上不同元素的对应或对立,又包括流动状态中前后部分的比照或承接。在较晚的时期,音乐性的因素如平仄四声等又加入进来,从而推动五言诗的形式更趋于复杂,同时也更富有表现力。关于不同形式的关系,我们不妨借助如下说明:

> 故立文之道,其理有三:一曰形文,五色是也;二曰声文,五音是也;三曰情文,五性是也。五色杂而成黼黻,五音比而成韶夏,五性发而为辞章,神理之数也。
>
> (《文心雕龙·情采》)

按照刘勰的本意,作为"文"的特定表现,存在着三种不同性质的"文",即"形文"、"声文"和"情文"。从表面上看,三者对应于不同的感知形态,分别指向视觉、听觉与性情感受的侧面,并且主要以美术、音乐与文学的形态表现出来。但是,它们又具有共同之处并相互融合:与自然过程并生,均符合所谓"神理之数";对于文学作品而言,则将"情文"析为"五性",视其为催生辞章的直接源泉,这实际上肯定了在情性外显为文学作品的过程中,其辞章的形式化美感乃是自然发生的。除了在美术、音乐与文学这一较明显的层次,实际上单纯在文学内部,也存在着三种因素的并存,即语音变化所带来的音乐性,文字字形与语句形式所含有的视觉性,以及由五性转化而来的情感因素,这是以书面化写作的确立为前提的。如果考虑三种因素汇合于文学之内的状况,即以情性为根本，同时融合视觉与听觉的错综的表现，由此呈现出符合自然的文学，这样即构成了文学作品的"立文之道"，同时，这也顺理成章地成为文学所追求的理想。也就是说，文学中的视觉化要素乃是内在于作品本身的不可忽略的部分。

不难想象，在五色构成的"形文"与文学作品的视觉化呈现之间，存在着本质上的相似性，它们均向上与世界整体的条理秩序相通。由于这一原因，在天地或阴阳的交错与对比的背景之下，无论是图案化的错综交织，还是文字的穿插交互，它们均努力与前者产生结构上的呼应与类比，至少在理想的情形中是如此。由于这一点，文学上对于形式的持续追求，应该放置在更加宽广的思想情境中进行阐释。单就对偶而言，这一最为普遍而重要的形式要素，不仅具有整齐语句、增强美感的功能，同时也承载着协调作品结构以便反映世界变化与宇宙律动的使命——从后一方面来说，对偶意味着阴与阳的调适，也意味着二者之差异的合理化。因此，基于美文的这一潜在的政教性功能，六朝的文学大致采用了骈偶的形式。

需要强调的是，在扬雄吸取《周易》思想以努力提升文学的地位之后，上述状况并非一蹴而就，它乃是在较长时期内逐渐形成的。在汉代的文学与六朝骈文之间，仍然存在着不容忽视的差异；而扬雄个人的思想，也远不足以解释其后数世纪内的巨大变化。不过，就总体倾向而言，对于对偶等因素的积极追寻，是贯彻于该时期的基本特征；它与作品之音乐性的积极进展一道，努力将文学雕琢为富含形式之美的珠玉。由于这一原因，尽管我们很难就每一阶段的具体发展做出富于层次的论述，但是将这一整体倾向的开端放置在两汉之际，或许仍具有一定的合理性；至少它告诉我们，在汉代美学思想中，孕育着后期思想得以展开的胚芽；其间的连续性与传承性，可能要强于其突变性或断裂性。

宗白华曾将中国古代的美感分为两类，即"出水芙蓉"与"镂金错彩"，并认为由后者向前者的转化意味着美感的演进。如果说，在视觉形式上利用文字的特性对作品进行精心雕琢，这一形态与早期的丝织品图案或青铜器纹样存在类似之处；那么，需要补充说明的是，这种雕琢的性质并非纯粹外在的或形式化的，即便它的确在视觉方面造成了形式的吸引与刺激。就理想的境况而言，形式的安排与设置，与内容方面的因素交融而不可分，它实际上是作为某种更为深刻的宇宙原则的类拟而出现的。因此可以肯定，伴随着对于文学作品之形式美感的追求，在理论方面也发生了相应的自觉——这不仅为中国前期的文学提供了有力的支持，而且也促使我们将其正式纳入美学的讨论范围，由此确定的乃是错综整齐、绚丽雕琢的审美原则，这与宋代以后的平淡的趣味构成了鲜明的对比。

第四节　曹丕与《典论·论文》

从秦汉到六朝的文学嬗变，大致遵循着形式化美感不断增强的方向。至汉魏之际，随着以曹氏父子为首的建安文学集团的出现，文学风格再次表现出与前期的明显差异：在文章方面，展现出所谓"悉以排偶易单行"的变化；至于诗歌，更是产生了崭新的进展，个性化的写作和对于作品本身的关注后来居上。因此鲁迅认为，"用近代的眼光来看，曹丕的一个时代，可说是文学的自觉时代，或如近代所说，是为艺术而艺术的一派。"①

从美学方面的变化来看，其间颇引人注目的因素之一，乃是文人集团之出现这一事实本身——此类集团不仅构成了文学写作的主要力量，同时又成为文学批评的对象与主题。除了个人化文学作品的写作，文人们的集体行动还展现在其他的方面，如东汉后期书法艺术的实践，或者鸿都门学中辞赋写作的兴盛，以及贵游圈内部的应酬唱和。从这些不同的方面，我们能够感受到某种时代性的脉动，即文人开始以新的集体性姿态登上历史舞台：无论从规模还是性质上说，它都与此前的文人团体

---

① 鲁迅：《魏晋风度及文章与药及酒之关系》，载《而已集》。

迥不相若;而作为本节主角的曹丕,也正是在文人集团的簇拥之下出现的。

由于曹丕身处新旧时代的切换点,因此在讨论其美学思想之前,有必要说明他在美学史中的位置,以及与美学史分期的关系。按照一般美学史的说明,汉魏之际的美学思想发生了显著变化,并造成前后时代的差异;其代表性的人物与理论著作,则首推曹丕与《典论·论文》(以下简称"《论文》")。一般认为,在这篇短论中,凸显了文学自身地位的重要性,同时"文气"说也占据着显要的位置。例如刘师培即指出:"此篇推论建安文学优劣,深切著明,文气之论,亦基于此。"①由于在建安时代,政治与制度随着王朝的更替产生突变,因此这一分期也不自觉地被平行引入文学与美学领域;"文气"说连同对"文"的推重,相应地被视为分期的明确标志。

需要注意的是,《论文》不仅是一般性的文论著作,它还具有独特的历史情境。在针对某一具体的文人团体展开论述时,批评者与批评对象双方均处于时代的中心,亦即政治与文学的双重中心;其批评策略亦往往颇具深意,富含现实的指向。从根本上看,"文气"的相关讨论,并非不受现实羁绊的思维之高蹈;对写作背景挖掘越深,这一性格就越为显著。在此不妨强调一点,"文气"说虽然旨在论述文学作品与个体之间的联系,但是其论述架构并不仅限于文学的内部,至少在书法方面,它也具有充分的阐释力——后者所要说明的,乃是文人官僚与其书写能力之间的对应关系。从这些方面可以看出,《论文》虽然针对文学的问题展开,但是却反映出更为普遍的审美意识——至少它是作为文学与书法两大领域的共同意识存在的。更进一步说,这种将书写或写作能力与个体相对应的认识,又超出美学的领域,与当时作为官吏考察之思想基础的才性论保持一致。正是由于这一原因,而非基于常见的美学史分期,本节特

---

① 刘师培:《中国中古文学史》,第三课"论汉魏之际文学变迁"。此外,沈约也就此提出著名的"三变"说:"自汉至魏,四百余年,辞人才子,文体三变。相如巧为形似之言,班固长于情理之说,子建、仲宣以气质为体,并标能擅美,独映当时。是以一世之士,各相慕习。"

意将其拈出，作为秦汉美学史的结尾予以讨论。

根据《论文》的内容，曹丕的思想同时指向前后两个维度，即对前代的延续性与对未来的开创性，二者的融合造就了独特的美学思想。就整体而言，《论文》的许多主旨仍处于东汉美学的延长线上，例如"文气"与"体气"、"文学"之地位等主题均是如此。但是从另一方面来看，其间又流露出新时代的痕迹，如沙龙式的文人集团，以及《论文》本身的若干特征。举例来说，单纯以"论文"为题，并将其纳入《典论》的一系列主题之中，这已经显示出不同于汉代的新风气；它不再像《毛诗序》或郑玄那样采取经典注疏之外围的方式，而是脱离儒家经典的框架，直接围绕广义的写作为中心展开论述。姑且不论"文"的具体内涵，单就摆脱旧日的形式而言，"文"已经以其自身跻身于讨论的主要对象，这是此前所罕有的。如果说这在某种程度上意味着审美趋向于自觉，或许不是过分牵强的论断。

作为政治与文学的双重领导者，曹丕充分彰显了自身的优越地位。《论文》中渗透着自上而下的俯视角度，这保证了全能者之判断的公正无私；精心选择的文人们如骏马并驾齐驱的意象，则暗示着其后存在着一位游刃有余的揽辔者。事实上，这一优越意识体现于《论文》乃至《典论》的整体写作之中。作为对于恒常原则（即"典"）的揭示，《典论》不仅受到曹丕本人的充分肯定，而且也受到曹魏朝廷的持续支持，例如魏明帝即命令将此刊石，并立于庙门及太学之外①。不过，这一优越地位并不是自然展现出来的，而是曹丕在面临帝位争夺时所有意做出的姿态；即使表面上远离政治的文学批评，也同样构成了政治争斗的一部分，其攻击的对象，正是一流的诗人曹植，他同时也是政治继承人的有力争夺者②。

---

① 《三国志·魏志·文帝传》："初帝好文学，以著述为务，自所勒成垂百篇。"裴注引胡冲《吴历》："帝以素书所著《典论》及诗赋饷孙权，又以纸写一通与张昭。"此事在黄初三年，即公元222年。关于《典论》刻石的情况，可参考：《三国志·魏志·明帝纪》"太和四年二月戊子"条；《齐王芳本纪》"景初三年二月西域重译献火浣布"条裴注；《太平御览》五八九引戴延之《西征记》；郦道元《水经注》"灅水"条；杨衒之《洛阳伽蓝记》"开阳门"条等。
② 关于《典论·论文》写作背景的论述，可参考王梦鸥：《曹丕〈典论·论文〉索隐》。

将《论文》归结于现实的刺激，确实承负着取消思想之独立层面的危险；不过客观地说，尽管该文以对作品与作者的评价为主要内容，却仍然渗透着政治性的回响。政治的因素不仅通过写作背景表现出来，而且也内化于《论文》的基本框架之中。只需注意如下的事实即已足够：曹丕与文人们的关系既是文友，也是君臣，二者通过文学与政治的双重链条紧密地缠绕在一起。在考虑《论文》的审美表达时，以新时期的官僚选拔制度为内容的政治因素并非外在的背景；在这篇美学文本中，内在地包含着政治性的层次。因此在下面的各部分论述中，即使是讨论纯粹文学的问题，我们仍然需要对政治因素保持敏感——这不是政治对审美领域的干扰，而是政治策略之有效的审美化。在下面关于"文人相轻"与"文气"的连续论述中，可以看到，政治与审美构成了互为表里的一体。

一、"文人相轻"

在《论文》的起始部分，"文人相轻"这一主题即刻映入眼帘，这造成了相当醒目的印象。由于无法断定该文是否保持着完整形态，因此在进行评价时尚需谨慎。不过，根据《典论》其他篇佚文所反映出的写作通例，曹丕总是开门见山地阐明写作动机，而在《论文》中，这一部分正是由对"文人相轻"的批驳来承担的。因此这对于曹丕而言具有特别的意味。可与此相印证的是，在曹丕之前，除王充以外，似乎并没有其他的思想家对此展开讨论。如果考虑到王充的思想在东汉鲜有反响，那么曹丕更为完整的论述可谓是独创性的。刘勰在感叹知音难寻时，也将"文人相轻"的讨论追溯到曹丕为止①。

如果稍微注意《论文》的内容，那么不难发现，它与此前思想的联系，

---

① 《文心雕龙·知音》："夫古来知音，多贱同而思古，所谓'日进前而不御，遥闻声而相思'也。昔储说（《内外储》）始出，子虚初成，秦皇汉武，恨不同时；既同时矣，则韩囚而马轻，岂不明鉴同时之贱哉！至于班固、傅毅，文在伯仲，而固嗤毅云：'下笔不能自休。'及陈思论才，亦深排孔璋，敬礼请润色，叹以为美谈，季绪好诋诃，方之于田巴，意亦见矣。故魏文称'文人相轻'，非虚谈也。"

主要体现在与《论衡》之主题的相似性。无论是气的理论抑或对"文"的积极肯定，都显示出二者间的共性。至于"文人相轻"的讨论，亦是如此。当然，我们不能根据这些表面现象，即武断地认定其间存在着思想发展的脉络；恰恰相反，或许正是由于这些话题已成为时代主题，王充的著作才会被重新选择，在漫长的冷落之后受到重视与赞赏。

在《论衡》中，王充对于文人相轻的事例展开了说明，并且还列举了具体的故事作为例证①。按照他的解释，文人之所以相互轻视，来源于贵古贱今的心理惯性②。当然，王充竭力消解"古今"、"故新"的差异，不能排除尊崇汉王朝的因素。不过他的说明本身仍不够完善。事实上，曹丕已经充分注意到上述因素，例如他指出："常人贵远贱近，向声背实，又患闇于自见，谓己为贤。"这里的"远近"，既可以理解为时间上的距离，又可以理解为不同地域的空间距离。因此，除了历史的因素以外，同一时代的遥远距离亦很可能造成"向声背实"的后果，这是王充所没有提及的。但是，曹丕并不满足于上述的一般性结论，而是试图发掘"文人相轻"的深层次原因，以及相应的解决之道。

尽管曹丕认为"文人相轻"是自古即有的现象，不过他所举出的事例只是在东汉初年，这与王充所述相去不远。这一点暗示我们，"文人相轻"未必如其表面所显示的那样，只是文人气量宽宏与否的琐细问题；而是与文人写作的兴盛相伴而生。至少对于某些精于写作的文人而言，由于在擅长的文体中浸淫颇深，其所体验到的深层审美经验往往难以为外人道，因此，在评判的方面赋予自身以优越的地位，这恐怕也是"文人相轻"现象形成的内在原因之一。进而言之，文人的相互轻视的态度，与自我身份的确认有直接关系；正是由于这一深层的历史内涵，因此才引起作者的充分重视，并因此为契机而撰写《论文》。根据曹丕的分析，"文人相轻"源自如下的吊诡，即"善于自见"与"不自见"的两面性：

---

① 这里是指扬雄与张伯松的事例，见《论衡·齐世》。
② 《论衡·案书》："夫俗好珍古不贵今，谓今之文不如古书。夫古今一也，才有高下，言有是非，不论善恶而徒贵古，是谓古人贤于今人也……盖才有浅深，无有古今；文有真伪，无有故新。"

> 文人相轻,自古而然。傅毅之于班固,伯仲之间耳,而固小之,
> 与弟超书曰:"武仲以能属文为兰台令史,下笔不能自休。"夫人善于
> 自见,而文非一体,鲜能备善,是以各以所长,相轻所短。里语曰:
> "家有弊帚,享之千金。"斯不自见之患也。

所谓"善于自见",是指清楚意识到并善于表现出自身的长处;所谓
"不自见",则是指自身的短处构成了盲点,这些均是在努力昭显自我时
产生的问题。这里之所以使用同一个词语,或许是因为作者清晰地意识
到如下的事实:自我彰显与自我遮蔽是一体之两面,它们相互支撑而不
可分离,正如同光线与其所带来的阴影。

如前引文字所述,"贵远贱近,向声背实",固然是造成文人相轻的原因
之一;不过同时还存在着另外的可能性,即"闇于自见,谓己为贤"。从上下
文脉不难看出,曹丕对于前一种原因并不重视。贵古贱今,贵远贱近,均源
自心理上的惯性,它无法有效解释如下的现象:恰恰是在日相切磋的过程
中,文人相轻的风气大量滋生,而其间往往并不存在时间或空间的隔阂;易而
言之,文人之相轻,并不必然需要援引古代或遥远的典范作为映衬,而是在彼
此的直接对比中即可以建立起来,或者更极端地说,以自我作为评价的标准
即足以造成"文人相轻"。曹丕认为,造成这一后果的原因主要在于"文非一
体"而"鲜能备善","是以各以所长,相轻所短"。这与文学的分类密切相关。

> 夫文本同而末异,盖奏议宜雅,书论宜理,铭诔尚实,诗赋欲丽。
> 此四科不同,故能之者偏也;唯通才能备其体。

在《论文》中,文体的分类是紧承"文人相轻"并作为其可能的原因而引出
的。对于这段文字,研究者往往集中于文体分类自身的讨论,而较少涉及该
分类之所以提出的理由。从表面来看,"四科八体"显然模仿了《论语》中孔门
弟子的分类,所谓"四",也往往是用以指称世界之全体的神圣数字①。在此,

---

① 以"四"来代指对象之整体,最显著的例子即是"四方"或"四时",它们指示所有的方位与时
令。以四部作为图书目录分类,亦是指图书的整体。另外,在后世的著作中,明确沿袭《论
语》之"四"来划分人物类型者,如《世说新语》《华阳国志》等即是。

需要注意两个问题：首先，曹丕强调了某种"本—末"的模式，与之相对应的则是体现在作品与作者之中的双重结构：各种偏才仅能从事于作为"末"的一部分文体，唯有"通才"能够兼擅各体，通过自如地操纵各种文类而深探其本①。其次，诗赋在文体中尚处于较低的位置，至少从排列的顺序上看是如此；且每一科都存在彼此不同的评价标准。因此，诗赋之"丽"的原则尚不足以覆盖文学的主体。在这里，"体"的范畴实际上具有某种贯通性，它首先指向"文体"，同时它又潜在地指向写作主体的某种能力或者性质。如果参考后面的论述，就会发现它们其实是一而二、二而一的。

如果单纯考虑文体的分类，那么在此仅仅表现出若干因素的平行并置；但是"四科"的用语，暗示着超越其上的某种理想状态。这一"本末"的模式，实际上形成了金字塔式的结构：作为通才——我们不妨设想他是孔子般的历史人物、曹丕理想中的人物、抑或曹丕本人——由于具有高超的写作能力与深刻的理解力，而处于这一金字塔的顶端；至于偏才，则按照才能的大小被赋予相应的位置。如果我们将写作能力视为才能的一种，那么这一论述在当时对应着更为宏阔的思考，其突出表现即是刘劭《人物志》中的才性论。

在东汉末年，随着政治的隳败与大一统帝国理想的破灭，原先作为帝国骨架的官僚金字塔中，相当一部分士人采取不合作的态度，转而致力于在民间建立清流网络，并以此展开道德评判，与中央政府相对抗。通过道德舆论的方式，他们获得了对于现实世界的支配，使"德行立于己志"和"显誉成于僚友"的理想合二为一②。与中央的官僚金字塔系统相对，民间也存在着由层层乡论重叠形成的道德金字塔：在道德评价与实

① 关于"本"、"末"，考虑其如下的性质或许并非无益。它们同为会意字，本指树木的根本与枝叶。早在《诗经·大雅·荡》中，已经用来指示王室。在《论衡·超奇》与陆机《文赋》中，则被用在文学的方面。

② 引文见《后汉书·郑玄传》中《戒子益恩书》。《艺文类聚》二三、《太平御览》四五九及严可均《全后汉文》卷八四亦收录。

际政治影响力之间,形成了对应的链条关系。当然,随着党锢事件的发生,乡论体系在浊流权力的重创之下转入沉潜的状态。不过,这一金字塔体系事实上仍然存在,并且在汉魏之间发挥着重要的作用。

当曹魏政权取代汉政府时,为了解决官吏遴选的问题,九品官人法适时出现,与官吏选拔相关的考课法也应运而生①。在这一时期,出现了许多以"才性"为主题的讨论。"名学偏于人事,为东汉清议演为清谈之关键"②,而汉魏之间"方人不过《人物志》"③。作为"正始前学风之代表作品"④,该书主要采取"弗乖于儒"(《四库全书总目提要》)的基本立场,并同时吸收了注重实效的成分。作为核心思想之一,该书选择了"圣人"、"兼材"与"偏材"的"三度"分法:

> 故偏至之材以材自名,兼材之人以德为目,兼德之人更为美号。是故兼德而至,谓之中庸;中庸也者,圣人之目也。具体而微,谓之德行;德行也者,大雅之称也。

(《人物志·九征》)

"圣人"兼具各种不同的"德目",故能够践履"中庸"的至高境界;而作为"具体而微"的次一级的贤者,则成为"以德为目"的"兼材之人"。"能出于材,材不同量;材能既殊,任政亦异"(《才能》);在《流业》篇中,刘劭进一步根据"材能"与"任政"的差异将"人流之业"分为十二类。依据《文心雕龙·论说》的看法,"魏之初霸,术兼名法"⑤;在人物品级的分辨中,《人物志》明显受此影响而侧重于政事的实际方面:它将"至德"解释为各种材能的融合体,从而在"德"的名目之下纳入各种"治国用兵之

---

① 关于汉魏之际的这一变动,参考:(日)宫崎市定:《科举前史:九品官人法研究》,北京:中华书局,2008年。
② 《汤用彤全集》第四卷,第53页,石家庄:河北人民出版社,2000年。
③ 章太炎:《国故论衡》,"论式"部分,上海:上海古籍出版社,2003年。
④ 《汤用彤全集》第四卷,第14页。
⑤ 关于魏晋之际重视法令的情况,可参考:《吕思勉读史札记》,五一零至五一二"魏晋法术之学"条,中册第952—961页,上海:上海古籍出版社,2006年。

术",实际上也暗含了才性相离的主张①。总之,刘劭将材能与任职构拟为相互对应的整体。联想到刘劭此书正是在曹丕的授意下完成的,并且他又在后来为明帝作《都官考课法》七十二条,那么,如此注重材能与职位的一致性,其意图显然在于重新恢复某种名实合一的官僚体制。

按照上述的政治构想,个体之材能与其职位互相配合,构成和谐有序的政治统一体。作为较引人注意的一种才能,写作能力在此实际上被纳入官僚金字塔的整体之中,而不再单纯是孤立的个体化的禀赋。依据该能力的高低,文人官僚被赋予相应的职位;不仅如此,他们因其长处而占据不同的位置,又同样因其短处而受到限制,无法作为通才跻身于金字塔的更高位置。因此,对于文人而言,其内在的要求既包括通过努力写作为帝国服务,而且也包括提升自我认知与展开恰当的自我约束,从而与帝国的其他服务者保持和谐的关系。这样来看,对于身处塔尖的曹丕而言,客观地认识到文人们的长处与局限,乃是其分内的事务;尽管他没有明言"通才"所指,但是对建安文人进行评价这一事实本身,已经证实了他的特殊地位。

或许正是基于这一政治考量,"文人相轻"才越发引起了曹丕的密切注意。如其所言,文人之相轻,源自"闇于自见,谓己为贤",其后果则是忽略自身的缺陷,不自觉地抬高自己的价值,如此则可能会越出文学的领域,产生破坏身份秩序体系的潜在危险。有效的对治方法,则是"审己以度人",唯有如此才能"免于斯累"。对于曹丕而言,指责"文人相轻"固然含有现实的针对性,锋芒毕露的曹植往往在此犯忌,但是其批评尚不限于曹植一人,而是指向所有可能凭借着才气凌驾于他者之上、从而引起秩序淆乱的文学家②。就此而言,"文人相轻"也不单纯是文学界内部

---

① 有关曹魏时期"才性论"之讨论,可参考陈寅恪《书〈世说新语〉文学类"钟会撰四本论始毕"条后》、冯友兰《魏晋之际关于名实、才性的论辩》、唐长孺《魏晋才性论的政治意义》以及周一良《魏晋南北朝史札记》"曹氏司马氏之斗争"条诸篇。

② 在《典论》中,曹植始终构成批评的或隐或显的对象,除《论文》外,《奸谗》《酒诲》《内诫》等莫不如此。

的问题,而是关系到国家与社会整体之正常运转的重要因素。如果充分认识文人对于写作的器重程度,那么曹丕的担心或许不是没有理由的。

在论述"文人相轻"的过程中,曹丕还采取客观化的方式,对一流的建安文人进行评价,这些内容同样是从属于前者的一部分策略。文人之自身能力的局限,通过文学作品的表象展现出来,例如"应玚和而不壮,刘桢壮而不密",局限性总是如影随形。此外,在通才与偏才之间,还被赋予了中央与地域的差异化结构,例如徐幹所禀的"齐气",即意味着某种先天性的无法克服的缺陷。文人作为官僚,被有意地赋予某种限制性,这一点在曹植的论述中更为明确。

> 昔仲宣独步于汉南,孔璋鹰扬于河朔,伟长擅名于青土,公幹振藻于海隅,德琏发迹于此魏,足下高视于上京。

(曹植《与杨德祖书》①)

曹植将不同文人分配在不同的地域,与之形成潜在对照的则是来自中央的视角——这一架构在风教的施行中同样存在,它意味着某种中央对地方之无可置疑的优越性。尽管曹植对诸子的论述多含贬义,这与曹丕客观化的批评有所不同,不过其论述方式基本一致,——这似乎也反映出权力操纵者努力将文学纳入政治轨道的潜在意图,至少他们希望二者间的价值关系存在着某种可掌控的平行。

在此不妨再补充一点,在各种文体的排列中,以"丽"为审美标准的诗与赋位列最后;前面的三科六类则大多属于政教性或实用性的写作,这一点在与更晚的《文选》或《文心雕龙》之文类的对照中更形确定。由此可见,对曹丕而言,文学的价值仍主要在于为现实服务;而文学才能与政教的关联,也主要是通过这些内容来完成的。不用说,这一文学观念与后世的所谓"纯文学"相去甚远。从曹丕的努力中,我们可以看到他努力对文学领域加以控制的企图,这在一方面意味着政教因素对于文艺产

---

① 这一论述方式后来又为《文心雕龙·时序》所继承:"仲宣委质于汉南,孔璋归命于河北,伟长从宦于青土,公干徇质于海隅,德琏综其斐然之思,元瑜展其翩翩之乐。"

生了强力影响,另一方面则表明审美活动总是蕴含着某种逸出正统规定之外的可能性;控制与摆脱控制的两种倾向的交织,在此后作为重要的主题而不断绵延。

二、"文气"与不朽

如果像前节论述的那样,将"文人相轻"的解读落实在某种规训的意义之上,包括对于文学写作秩序以及作为其背景的政治身份秩序的双重约束,那么,其间必然要求在逻辑上补足如下的环节:在文字写作与作者之间,建立起充分的同一性,即视二者间的关联为唯一且可逆的。事实上,强调文如其人,将写作与文字作品构建为个人化的索引,乃是《论文》的另一重要内容。它是通过"文气"的因素建立起这一联系的。

> 文以气为主,气之清浊有体,不可力强而致。譬诸音乐,曲度虽均,节奏同检,至于引气不齐,巧拙有素,虽在父兄,不能以移子弟。

将文章归结于"气",大致源自两汉主流的气论哲学;依据这一普遍的理论,宇宙万物均呈现为气的不同形态,因此将文学作品视为气的某种绵延亦属可能。不过单就此处而言,"气"究竟属于"文气"抑或"体气"尚不易确定。从音乐的譬喻来看,由于在演奏者与表演形态之间,存在着彻底的一致性,因此不妨认为在文学作品与其作者之间,也存在着类似的关系,即文气反映作者之体气,或者作者的体气"自然"地延伸到作品之中。此外,"清浊"作为"气"的修饰词,则大致相当于阴阳的分化。不过,缘于"气"这一术语的模糊性,"清浊"不仅可以修饰"文气",也可以指向作者的"体气";在汉魏之际,该术语更多是在后一种意义上使用的。不仅如此,在稍晚的时代,"清浊"的二元化对立,更以基本的政治身份、家族社会的划分为枢轴,进而统摄了一切思想文学与艺术生活的领域。

引用音乐譬喻的事实表明,审美理论从音乐性向文学性的变化仍在持续,这在较晚的《文赋》中表现得更为突出。不过,文学对音乐理论的借鉴需要引起警惕，其间很可能潜含着某种改造与转变。正如"诗言志"命题的变化一样，当文学理论引述了演奏中"引气不齐"的现象作为例证时，音乐中的事实实际上被转化为文学中的虚拟性现象，即，音乐确实是凭借气的某种运动来实现的；但是所谓"文气"，则相对难以捉摸，毋宁说它是某种有意采用的虚化的策略。对于曹丕这样的文坛领袖，自然极其了解作文的甘苦，但是在此处强调"文"与"人"的一致对应关系时，他选择了"气"这一自然流动的因素，而将艺术创作中的种种复杂过程及力不从心的情形一概弃置不顾。遵循这一有意的忽略，遂营造出文学写作的自然性，以及"文如其人"的理想结果。

对于文学写作之个性化因素的强调，在早期并不鲜见，例如王充同样论述这一点：

> 各以所禀，自为佳好……文士之务，各有所从，或调辞以巧文，或辩伪以实事……美色不同面，皆佳于目，悲音不共声，皆快于耳。
>
> （《论衡·自纪》）

"所禀"亦即"气禀"，王充的哲学理论也同样支持这一点。在他看来，文人根据各自的禀赋而选择适宜的事务，乃是相当合理的格局。尽管这些事务不限于审美化的内容，不过最后两句却以审美效果作为例证。由此可知，作为气禀的最终体现，审美因素在东汉初期已经得到关注；不过需要承认，气禀与不同审美风格的对应关系在此尚未确定。而后一论断在东汉后期则一再出现，除《论文》以外，还有赵壹的《非草书》：

> 凡人各殊气血，异筋骨。心有疏密，手有巧拙。书之好丑，在心与手，若人颜有美恶，岂可学以相若也？
>
> （赵壹《非草书》）

相对于王充，赵壹明确地肯定了不同个体之间"殊气血、异筋骨"的事实，这在当时并非孤立的认识，例如用五行观念来解析人性，即是相当流行的做法①。随着赵壹将书法这一因素纳入进来,从个体到艺术作品的单一映射随即生成;后者处于气的延长线之远端,并被赋予了与主体的一致性。与《论文》稍有不同,赵壹注意到艺术表达之能力的问题,故"手"与"心"一道,以其巧拙疏密影响着"书之好丑"的表现,这或许与书法对技巧的倚重有关。不过尽管如此,他仍然主张每一书写者的作品都具有独特的面目,无论它是来自先天的气禀,还是来自后天技艺的精疏,它都是不可模仿的,也是不可改易的。所谓"岂可学以相若",即是曹丕所说"虽在父兄,不能以移子弟"。

这一思想,往往用来和《庄子》中轮扁斫轮的故事进行比附②。二者均假定父子的极端情境来展开论述。不过其意义与论说宗旨并不相同。在此或许有必要做一区分。《庄子》故事旨在说明某种由技入道的化境,即对于技艺的体验超越了语言文字所能承载的程度③;尽管它在表面上否定父子间传授的有效,但是却并不排除父子分享同一体验的可能性——只须借助于技艺的勤奋练习,便有可能获得玄妙的深层体验,至少轮扁本人已然如此。但是在《论文》的语境中,并不强调技艺的因素,也不强调由此获致某种更为超拔的感受,而是专心于划定个体之间的分际。对于曹丕而言,即使在父子间也无法移易的文气,构成了每一个体的自我之基础;凭借着这一基础,士人们在文学写作与政治社会两方面均留下了自身的烙印。

对于东汉以降的文人来说,写作已不再限于单纯的写作本身,而是

---

① 《太平御览》引任嘏《道论》:"木气人勇,金气人刚,火气人强而躁,土气人智而宽,水气人急而贼。"又《意林》引姚信《士纬》:"孔文举金性太多,木性不足,背阴向阳,雄倬孤立。"

② 《庄子·天道》:"桓公读书于堂上,轮扁斫轮于堂下,释椎凿而上,问桓公曰:'敢问公之所读者何言邪?'公曰:'圣人之言也。'曰:'圣人在乎?'公曰:'已死矣。'曰:'然则君之所读者,古人之糟粕已夫!'桓公曰:'寡人读书,轮人安得议乎!有说则可,无说则死!'轮扁曰:'臣也以臣之事观之。斫轮,徐则甘而不固,疾则苦而不入,不徐不疾,得之于手而应于心,口不能言,有数存乎其间。臣不能以喻臣之子,臣之子亦不能受之于臣,是以行年七十而老斫轮。古之人与其不可传也死矣,然则君之所读者,古人之糟粕已夫!'"

③ 在后世的理解中,也是多侧重于这一点,如宋代黄庭坚《戏题小雀捕飞虫画扇》云:"丹青妙处不可传,轮扁斫轮如此用。"即是如此。

融入了各种现实因素；换句话来说，写作或许从来没有纯粹作为自身存在过，它或作为思想的媒介，或作为辩论的工具，或作为政治的宣传品，现在它又挟持着文字的神圣性从天而降，为文人阶层提供了最有力的保障。凭借着对于文字及写作等行动的占有，文人们得以垄断精英化的思想世界，并以此充分体现自身优越的政治社会价值。作为相对同质化的阶层，文人还潜在地具有另一共同身份，即大一统国家的官僚，这构成了文人的现实所处或理想所寄；即使是在东汉中后期隐逸人士大量出现的时候，他们也没有因为退出政治舞台而失去了政治性身份，而是在道德化的乡论世界与察举征荐的例行循环之中，不断地确认自己的政治身份与等级。在这些前提之下，写作具有辅翼政教的政治功能和反映宇宙万物之变动的哲学功能，当然也具有展示文字之审美运作的美学功能。如果我们将政治、哲学思考与文学写作等能力的融合视为传统文人的普遍特征，那么这一特征在东汉时期大致上已经确定。由此可见，审美与政治原初并不是相互疏离的，而是紧密地交织、融合在一起。

与这一共同特征相伴而来的，乃是文人之确立自我身份的努力。诚然，作为国家机器的组成部分，这些文人官僚构成了某种整体化的形象，但是这并不意味着其间的差异与层次已彻底消泯。恰恰相反，关联性的宇宙与社会，依照各种差别与联系而建立起来，其最主要的表现即是礼法。对于作为个体的文人而言，当身处政坛与文坛之中时，泯没于整体而丧失自我的危险性，亦成为深自怵惕的阴影。如何在同质化的身份认同之中确立自身的独特面目，遂成为迫切的现实压力。当这一压力无法借助于政治事功或个体人格的树立而纾解时，个体化的书写，便成为印证自我的不二法门。

对于以书写获致声名的期待，早在王充的《论衡》中已经展现出来。与其说这一态度单纯出于对自身文学才能的惋惜，毋宁说更多是由于个人理想无法实现于现实世界，因此尝试以其他手段体现自我的价值。如前章所述，在大一统国家形成与稳固的过程中，理想与现实的反差已经凸显在士人面前，"士不遇"的憾恨与"成一家之言"的渴望，遂于此同时形成。当儒教国家正式奠定时，与高涨的国家情绪相对照，不遇士人的失落之情更形显著，王充极度强调写作的重要性，即是由此产生。倘若这一思想的裂痕无法在现实中得到弥补，则需要用文学写作换取生前与身后的声名。

对于个体声名的热烈渴望，在《论文》中同样存在；从某种意义上说，后者的态度甚至更为迫切，它体现为对于个体之"不朽"的新追求。在《论文》和其他相关文献中，"不朽"作为关键词反复出现①，这反映出时代思潮的影响。曹丕在视文章为"经国之大业"的同时，也充分强调了"不朽之盛事"的特征，这似乎将写作归入国家政教的维度。不过，作为对此点的阐释，反而是从个体化的角度展开的。曹丕虽然列举了儒家的圣王为例，但"年寿有时而尽，荣乐止乎其身"的局限性，却显然为一切人所共有。因此这里触及到一个根本性的问题，即如何克服个体之有限生命而臻于永恒。

所谓"三不朽"，最早见于《左传·襄公二十四年》，这是儒家士人长期以来信奉的科条。当然在此以外，还存在着以宗教或其他秘术获致"不朽"的法门。在东汉时代，对于不朽的期待日趋于兴盛；对于有限生命的空前的不安情绪，笼罩着整个时代。在《古诗十九首》等文学作品中，这种强烈的不安感，已经深刻地内化于审美经验之中。从曹丕及其他诗人的诗文中也不难感知，生命的流逝催动了文字中的悲剧意识，秉烛夜游与欢乐饮宴，遂成为增加生命密度以对抗时间的手段；作为类似的努力，服食与神仙也进入诗人们的思维之域。当意识到这一切只是徒劳，他们深感"未若文章之无穷"，于是以文学传诸后世来追求个体之"不朽"，遂成为写作的主要目标。认识这一点，对于理解曹氏兄弟的文学观相当重要。

---

① 如曹丕《与吴质书》："伟长独怀文抱质，恬淡寡欲，有箕山之志，可谓彬彬君子者矣。著《中论》二十篇，成一家之言，辞义典雅，足传于后，此子为不朽矣。"《三国志·魏志·文帝本纪》裴注引王沈《魏书》："与王朗书曰：'生有七尺之形，死唯一棺之土，唯立德扬名，可以不朽，其次莫如著篇籍。'"

在追求不朽的脉络上，《论文》将"文章"评价为"经国之大业、不朽之盛事"，这很容易被视为对文学之价值的崇奉，并且顺理成章地视为审美意识的自觉。不过，在此需要区分写作的若干不同层次，以便对这一认识做出客观的判断。

> 盖文章，经国之大业，不朽之盛事。年寿有时而尽，荣乐止乎其身，二者必至之常期，未若文章之无穷。是以古之作者，寄身于翰墨，见意于篇籍，不假良史之辞，不托飞驰之势，而声名自传于后。故西伯幽而演易，周旦显而制礼，不以隐约而弗务，不以康乐而加思。夫然，则古人贱尺璧而重寸阴，惧乎时之过已。而人多不强力；贫贱则慑于饥寒，富贵则流于逸乐，遂营目前之务，而遗千载之功。日月逝于上，体貌衰于下，忽然与万物迁化，斯志士之大痛也！融等已逝，唯幹著论，成一家言。

> （《典论·论文》）

> 昔扬子云先朝执戟之臣耳，犹称壮夫不为也。吾虽德薄，位为蕃侯，犹庶几戮力上国，流惠下民，建永世之业，流金石之功，岂徒以翰墨为勋绩，辞赋为君子哉？若吾志未果，吾道不行，则将采庶官之实录，辩时俗之得失，定仁义之衷，成一家之言。

> （曹植《与杨德祖书》）

单纯从文字来看，曹氏兄弟的意见存在轩轾之处，例如"翰墨"在二文中所引起的情绪态度便完全相反。不过这只是表面上的矛盾。曹丕将最上层的写作定义为儒家经典的制作，其事例是"西伯幽而演易，周旦显而制礼"，这似乎也可以看作是事功；其次则是所谓"一家之言"，在建安文人中，他认为仅有撰著《中论》的徐幹克以当此；除此以外的辞赋等作品，则显然无法跻身于此列，这也是他为其他文人未暇著论而深感痛惜的原因所在。如果勉强用"三不朽"的词句来绳括之，那么第一可谓是"立功"与"立德"兼而有之，第二层次则是"立言"。对于曹丕而言，他并没有赋予以"丽"为主的诗赋以彻底肯定性的地位。这些对于曹植来说大致同样成立。

曹植明确地表达了一己意欲"建永世之业、流金石之功"的态度，这是最上乘的选择。如果"吾道不行"，则转而"采庶官之实录，辩时俗之得失，定仁义之衷，成一家之言"。这里关于"一家之言"之内涵的说明，与徐幹大体相当。至于辞赋，则不过是"小道"而已，"固未足以揄扬大义，彰示来世也"。由此可见，在兄弟二人的不同论述中，存在着同样的价值划分——重视那些以引导或促进儒家政教为宗旨的文字作品，而相对疏离追求纯粹美感的辞赋以及抒发个人情志的诗歌，至少后者并不曾被赋予较优越的地位，这与陆机以诗笼括文学整体的表现形成了鲜明的反差。

因此，尽管曹丕以"文"为主题，以专论的形式讨论了各种相关问题，这确实意味着文学写作更多地引起了时人的注意；但是，其文学观念并未转到以追求审美效果为主的方面，而是固守于现实致用的期许。据此而言，即使这意味着对文学的推崇，也很难视其为审美意识之自觉的充分表现。或许对《论文》之美学内涵的理解应当从另一角度展开，即：通过文学作品与个体的一致性，努力构造文人阶层与儒教国家官僚体系的秩序与层级，并为了维护这一二重性的秩序而抑制"文人相轻"的不良倾向；在现实层面，努力保持文学写作能力与职位的合理匹配；而在面临生命短暂的局限时，则企图通过文学写作使之流传久远，从而获致个人生命价值的永恒不朽。

参考文献

《中国历代美学文库》，叶朗主编，北京：高等教育出版社，2004年。

《中国历代文论选》，郭绍虞主编，上海：上海古籍出版社，2001年。

《两汉魏晋南北朝文学批评资料汇编》，柯庆明、曾永义编辑，台北：成文出版社，1984；

《十三经注疏》，上海：上海古籍出版社，1997年。

《诸子集成》，上海：上海书店出版社，1996年。

《四库全书总目提要》，北京：中华书局，1983年。

《纬书集成》，[日]安居香山、中村璋八，石家庄：河北人民出版社，1994年。

《全上古三代秦汉三国六朝文》，严可均辑，北京：中华书局，1999年。

《玉函山房辑佚书》，马国翰，扬州：广陵书社，2004年。

《全汉赋》，费振刚、胡双宝等辑，北京：北京大学出版社，1997年。

《先秦秦汉魏晋南北朝石刻文献全编》，国家图书馆善本金石组编，北京：北京图书馆出版社，2003年。

《中国画像石全集》，济南：山东美术出版社，郑州：河南美术出版社，2000年。

《文选》，上海：上海古籍出版社，2005年。

《韩非子新校释》，陈奇猷，上海：上海古籍出版社，2002年。

《吕氏春秋新校释》，陈奇猷，上海：上海古籍出版社，2002年。

《吕氏春秋注疏》，王利器，成都：巴蜀书社，2002年。

《史记》，北京：中华书局，1996年。

《史记会注考证》，[日]泷川资言，太原：北岳文艺出版社，1999年。

《汉书》，北京：中华书局，1997年。

《汉书补注》，王先谦，北京：书目文献出版社，1995年。

《后汉书》,北京:中华书局,2001年。

《黄帝内经素问校注语译》,郭霭春,贵阳:贵州教育出版社,2013年。

《黄帝内经灵枢校注语译》,郭霭春,贵阳:贵州教育出版社,2013年。

《黄帝内经素灵比类校勘》,吴考槃,北京:人民卫生出版社,1987年。

《淮南子集释》,何宁,北京:中华书局,1998年。

《大戴礼记解诂》,王聘珍,北京:中华书局,1998年。

《春秋繁露义证》,苏舆,北京:中华书局,2002年。

《韩诗外传集释》,许维遹,北京:中华书局,2005年。

《说苑校证》,向宗鲁,北京:中华书局,2000年。

《法言义疏》,汪荣宝,北京:中华书局,1996年。

《白虎通疏证》,陈立,北京:中华书局,1997年。

《论衡校释》,黄晖,北京:中华书局,2006年。

《揅经室集》,阮元,北京:中华书局,2006年。

刘师培:《中国中古文学史·论文杂记》,北京:人民文学出版社,1998年。

《宗白华全集》,合肥:安徽教育出版社,1994年。

钱穆:《秦汉史》,北京:三联书店,2008年。

钱穆:《两汉经学今古文平议》,北京:商务印书馆,2001年。

顾颉刚编:《古史辨》,上海:上海古籍出版社,1982年。

顾颉刚:《汉代学术史略》,北京:东方出版社,2005年。

冯友兰:《中国哲学史》,上海:华东师范大学出版社,2006年。

张岱年:《中国哲学大纲》,北京:中国社会科学出版社,2004年。

李镜池:《周易探源》,北京:中华书局,1982年。

《周予同经学史论》,上海:上海人民出版社,2010年。

《朱自清古典文学论文集》,上海:上海古籍出版社,2009年。

杨树达:《积微居小学金石论丛》,上海:上海古籍出版社,2007年。

钱锺书:《管锥编》,北京:中华书局,1999年。

饶宗颐:《澄心论萃》,上海:上海文艺出版社,1997年。

王梦鸥:《古典文学论探索》,台北:正中书局,1983年。

徐复观:《两汉思想史》,上海:华东师范大学出版社,2004年。

汤志钧等:《西汉经学与政治》,上海:上海古籍出版社,1994年。

顾易生、蒋凡:《中国文学批评通史·先秦两汉卷》,上海:上海古籍出版社,1996年。

李泽厚、刘纲纪:《中国美学史》第一卷,北京:中国社会科学出版社,1984年。

敏泽:《中国美学思想史》,济南:齐鲁书社,1987年。

叶朗:《中国美学史大纲》,上海:上海人民出版社,1985年。

蔡钟翔等合编:《中国文学理论史》,北京:北京出版社,1987 年。

高怀民:《两汉易学史》,桂林:广西师范大学出版社,2007 年。

龚鹏程:《中国文学批评史论》,北京:北京大学出版社,2008 年。

龚鹏程:《汉代思潮》,北京:商务印书馆,2005 年。

杨儒宾主编:《中国古代思想中的气论及身体观》,台北:巨流出版公司,2009 年。

李学勤:《重写学术史》,石家庄:河北教育出版社,2002 年。

蔡英俊:《语言与意义》,武汉:华中师范大学出版社,2011 年。

刘成纪:《形而下的不朽:汉代身体美学考论》,北京:人民出版社,2007 年。

《乐记论辩》,北京:人民音乐出版社,1984 年。

蔡仲德:《中国音乐美学史》,北京:人民音乐出版社,2004 年。

柯庆明、萧驰等编:《中国抒情传统的再发现》,台北:台湾大学出版中心,2011 年。

梅家玲:《汉魏六朝文学新论:拟代与赠答篇》,北京:北京大学出版社,2006 年。

王爱和:《中国古代宇宙观与政治文化》,上海:上海古籍出版社,2011 年。

信立祥:《汉代画像石综合研究》,北京:文物出版社,2000 年。

[法]白乐日:《中国的文明与官僚主义》,台北:万象图书股份有限公司,1992 年。

[美]史华兹:《古代中国的思想世界》,南京:江苏人民出版社,2005 年。

[英]葛瑞汉:《论道者:中国古代哲学论辩》,北京:中国社会科学出版社,2003 年。

[日]青木正儿:《中国文学思想史》,沈阳:春风文艺出版社,1985 年。

[英]鲁惟一主编:《剑桥中国秦汉史》,北京:中国社会科学出版社,1995 年。

[英]鲁惟一编:《中国古代典籍导读》,沈阳:辽宁教育出版社,1997 年。

[英]鲁惟一:《汉代的信仰、神话和理性》,北京:北京大学出版社,2009 年。

[日]中田勇次郎:《中国书法理论史》,天津:天津古籍出版社,1987 年。

[日]吉川幸次郎:《中国诗史》,上海:复旦大学出版社,2001 年。

[美]陈世骧:《陈世骧文存》,沈阳:辽宁教育出版社,1998 年。

[美]夏含夷编:《远方的时习:〈古代中国〉精选集》,上海:上海古籍出版社,2008 年。

[美]夏含夷:《兴与象:中国古代文化史论集》,上海:上海古籍出版社,2012 年。

[美]艾兰、范毓周编:《中国古代思维模式与阴阳五行探源》,南京:江苏古籍出版社,1998 年。

[美]余英时:《士与中国文化》,上海:上海人民出版社,2009 年。

[美]陈启云:《儒学与汉代历史文化》,桂林:广西师范大学出版社,2007 年。

[美]宇文所安:《中国文论:英译与评论》,上海:上海社会科学院出版社,2003 年。

［美］高友工：《美典：中国文学研究论集》，北京：三联书店，2008 年。

［日］笠原仲二：《古代中国人的美意识》，北京：北京大学出版社，1987 年。

［日］山田庆儿：《古代东亚哲学与科技文化》，沈阳：辽宁教育出版社，1996 年；

［日］山田庆儿：《中国古代医学的形成》，台北：东大图书公司，2003 年。

［日］清水茂：《清水茂汉学论集》，北京：中华书局，2003 年。

［日］冈村繁：《汉魏六朝的思想与文学》，上海：上海古籍出版社，2002 年。

［日］渡边信一郎：《中国古代的王权与天下秩序》，北京：中华书局，2008 年；

［德］顾彬：《中国文人的自然观》，上海：上海人民出版社，1990 年。

［美］苏源熙：《中国美学问题》，南京：江苏人民出版社，2009 年。

［美］桂思卓：《从编年史到经典：董仲舒的〈春秋〉诠释学》，北京：中国政法大学出版社，2010 年。

［日］川合康三：《中国的自传文学》，北京：中央编译出版社，1999 年。

［法］于连：《势：中国的效力观》，北京：北京大学出版社，2009 年。

［美］巫鸿：《武梁祠：中国古代画像艺术的思想性》，北京：三联书店，2006 年。

［美］巫鸿：《礼仪中的美术：巫鸿中国古代美术史文编》，北京：三联书店，2005 年。

Martin J. Powers, *Art and Political Expression in Early China*, Yale University Press, 1991. Kenneth J. De Woskin, *A Song For One or Two: Music and the Concept of Art in Early China*, Michiga, Center for Chinese Studies, University of Michigan, 1982.

Steven Van Zoeren, *Poetry and Personality: Reading, Exegesis and Hermeneutics in Traditional China*, Stanford: Stanford University Press, 1991.

索　引